I0001710

ENCYCLOPÉDIE-RORET.

MAITRESSE DE MAISON.

AVIS.

Le mérite des ouvrages de l'*Encyclopédie-Roret* leur a valu les honneurs de la traduction, de l'imitation et de la contrefaçon. Pour distinguer ce volume, il porte la signature de l'Éditeur.

MANUELS-RORET

NOUVEAU MANUEL COMPLET

DE LA

MAITRESSE DE MAISON

OU

LETTRES SUR L'ÉCONOMIE DOMESTIQUE

Par **Madame PARISET**,

SUIVI

D'UN APPENDICE

PAR

Mesdames GACON-DUFOUR, CELNART, etc.

> Vous êtes comme la mère abeille,
> vous devez présider aux ouvrages,
> et veiller à l'entretien de la ruche,
>
> *Économiq.* de Xénophon.

PARIS

A LA LIBRAIRIE ENCYCLOPÉDIQUE DE RORET,

RUE HAUTEFEUILLE, 12.

1852.

NOUVEAU MANUEL COMPLET

DE LA

MAITRESSE DE MAISON.

———

LETTRE PREMIÈRE.

Paris, le 1er avril ....

INTRODUCTION.

Vous me comblez de bonheur, ma chère L.... en m'apprenant que votre mariage avec M. de.... est entièrement décidé; et que le jour où il doit être conclu est prochain. Votre respectable tuteur, par cette union de son choix, met le comble à tout ce que sa tendre sollicitude lui a fait faire pour vous depuis le jour où votre père mourant vous confia à ses mains amies. Déjà privée en naissant de votre vertueuse mère, que fussiez-vous devenue sans cet ange protecteur! Mais qu'il a bien rempli son honorable tâche! Sans doute s'il n'eût pas été célibataire, sa maison fût devenue votre asile paternel. Ne pouvant vous recueillir chez lui, il vous a confiée aux soins de l'institutrice la plus digne de sa confiance. Chaque jour sa vigilante surveillance l'a rendu l'heureux témoin du développement de vos aimables qualités; et vous voilà, grâces aux soins qui vous ont entourée, arrivée à dix-huit ans, jouissant d'une santé aussi brillante que parfaite, d'un cœur sensible et vertueux, d'une âme angélique, et d'un esprit orné de toute l'instruction désirable chez une femme. Vos agréables talents n'ont pas besoin d'acquérir plus de perfection, pour contribuer aux charmes de votre intérieur. Enfin, vous savez déjà par votre expérience, c'est-à-dire, par l'amitié dont vous êtes comblée, par le tendre intérêt que chacun vous porte dans l'asile que vous allez quitter, vous savez, dis-je, ce grand et vrai principe qu'il ne faut jamais méconnaître, *que le bien attire le bien.* Vous êtes aimée, vous serez regrettée; que vous manque-t-il donc pour vous rassurer sur la nouvelle position où vous allez vous trouver? Les mêmes causes produiront les mêmes effets, et l'attachement, la vénération, la confiance de votre heureux mari, vous sont assurés par cela seul que vous en êtes et en serez toujours digne.

Vous êtes effrayée, me dites-vous, de la nécessité où vous allez vous trouver de diriger une maison, n'ayant à cet égard aucune notion. Il n'est malheureusement que trop vrai, que les meilleures pensions où les jeunes personnes reçoivent la plus brillante éducation, manquent essentiellement de ce point capital, de ce principe fondamental de la véritable instruction, à laquelle toute autre devrait être subordonnée; de celle enfin qui fait une bonne ménagère, et par conséquent une digne épouse et une respectable mère.

Votre sage raison vous fait entrevoir ce qui vous manque à cet égard, et votre modestie réclame des conseils. C'est à moi que vous les demandez, à moi, dites-vous, que le *bon ordre et le bonheur environnent : à moi près de qui vous vous êtes toujours mieux trouvée qu'ailleurs, pendant les courts instants qui nous ont réunies.* Mon enfant, n'est-ce point une illusion de votre cœur? et ne dois-je pas attribuer cette opinion favorable, cette préférence, qui m'honorent toutefois, à cette sympathie naturelle qui existe entre votre âme et la mienne? J'étais la meilleure amie de votre mère, la compagne de son enfance : ma tendresse pour elle s'est toute reportée sur vous; elle s'est augmentée de mes regrets douloureux, et c'est toujours avec une effusion vraiment maternelle, que je vous presse sur mon cœur. C'est avec ce même sentiment que je vous écoute, que je vous parle. Le moyen avec une âme comme la vôtre, de trouver quelque chose à reprendre ou à blâmer là, où l'on est accueilli de cette manière? N'importe : bien que je reconnaisse mon insuffisance, bien que je sois convaincue que vous eussiez pu trouver un meilleur guide, je dois répondre à votre confiance, et le désir sincère que j'ai de contribuer au bonheur de votre vie suppléera peut-être aux moyens qui me manquent, je l'espère, et quoique je n'aie jamais réfléchi sur mes habitudes journalières de maîtresse de maison, que je n'aie jamais lu un seul livre sur ce sujet, je prends l'engagement de vous dire tout simplement ce que j'en sais. La suite et l'expérience vous donneront beaucoup de documents meilleurs que les miens, je n'en doute pas. En attendant, ceux-ci ne pourront vous nuire; et s'ils vous prouvent ma tendre affection, l'intérêt maternel que je vous porte, le charme que je trouve à répondre au désir que vous m'exprimez, je n'en veux pas davantage.

Je vous embrasse, ma chère L... et je suis à vous pour la vie.

LETTRE II.

Nécessité d'établir l'ordre entre la recette et la dépense.

L'objet de cette lettre, ma chère enfant, est le point capital, la base fondamentale de la véritable économie domestique. Tous les conseils que je pourrais vous donner par la suite deviendraient inutiles, si vous n'étiez pas persuadée de l'importance de celui-ci, et si vous ne le preniez pas pour règle constante et invariable.

Je vous ai vue quelquefois écouter avec intérêt et plaisir quelques anecdotes que ma mémoire me fournissait, et que le désir de vous instruire en vous amusant me faisait vous raconter. Dans cette même intention, je crois devoir vous faire part d'un trait de Voltaire, que je tiens de madame la marquise de Villette, avec laquelle j'ai eu quelquefois l'honneur de me trouver à la campagne. Vous jugez avec quel empressement, quel intérêt, je dirigeais le plus possible la conversation sur ce génie admirable, universel, qu'elle a eu le bonheur de voir de si près, pendant une longue suite d'années; et dont le souvenir a le droit de remplir son cœur et sa mémoire. Madame de Villette m'a raconté, que le jour de son mariage, avant d'aller à l'église de Ferney, Voltaire qui la dotait et la mariait, lui fit en outre présent d'une magnifique parure de diamants, dont il voulut lui-même orner sa tête, ses oreilles, son cou et ses bras. La toilette achevée, l'admiration fut générale, et la satisfaction de la jeune et belle fiancée bien naturelle. *Ma chère enfant*, lui dit Voltaire, *je viens de vous donner des bagatelles, des puérilités : le vrai trésor, la vraie richesse, les voilà :* C'était un grand livre relié en maroquin rouge doré sur tranche. Sur l'un de ses côtés était écrit, *recette des revenus de M. le marquis de Villette.* Sur l'autre, *dépense de la maison de M. le marquis de Villette.* Voilà, reprit encore Voltaire, la véritable parure d'une épouse et d'une mère. Ne négligez jamais l'usage journalier de ce livre : que la balance y soit exactement et scrupuleusement maintenue, vous serez riche et heureuse. —

Madame la marquise de Villette, par ses dispositions naturelles, était plus qu'une autre faite pour apprécier et mettre à profit un avis paternel donné d'une manière si solennelle et si touchante. Il a été le régulateur de sa vie, et l'a fait surmonter des embarras de fortune où d'autres auraient pu succomber.

Une femme qui a le bon esprit de bien comprendre ses véritables intérêts, de bien concevoir le rôle que la nature lui a assigné, doit mériter, avant tout, la confiance de son mari, et s'en tenir honorée. C'est là effectivement le premier des titres à sa propre estime, et à l'estime générale. Cette confiance est de plus la base fondamentale du respect que lui porteront ses enfants. Il faut donc tout faire pour la mériter et la justifier.

Un des moyens les plus sûrs sans doute, est l'établissement le plus rigoureux de l'économie et de l'ordre. Regardez-vous comme un vrai ministre de l'intérieur, et ne négligez jamais la conduite de votre administration. Que vos comptes soient exactement tenus : soyez toujours prête à les rendre. Une demi-heure donnée chaque matin à écrire les recettes et les dépenses de la veille, suffit à cette importante occupation ; elle devient habituelle ; et l'arrêté de chaque mois n'est ni plus long ni plus difficile.

Ordinairement une femme n'est chargée que de la dépense de la maison. Les grandes affaires, c'est-à-dire les placements, les remboursements, les ventes et acquisitions d'immeubles, les baux, les réparations de maisons, etc., regardent le mari : mais il est rare qu'il ne la consulte pas, lorsqu'elle s'en montre digne par le soin qu'elle apporte à son administration particulière, et ce n'est pas un de ses moins bons effets. Une femme sensée peut souvent, par un bon conseil, empêcher une mauvaise spéculation ; elle peut éclairer son mari sur des entraînements dangereux, sur des conseils perfides, sur des associations ruineuses : mais, encore une fois, et je ne puis trop vous le répéter, ma chère enfant, cette confiance ne s'inspire que par l'ordre et l'économie qui se font remarquer dans toutes les parties du gouvernement d'une maîtresse de maison.

Sachez ce que vous pouvez dépenser par an ; conformez-y le prix de votre loyer, le nombre et les gages de vos domestiques, l'ordonnance de votre table, la quantité de feux, l'entretien du linge, des meubles, et enfin le vôtre, celui de votre mari et de vos enfants. Une fois cela établi, divisez votre dépense par douzièmes, et faites en sorte, non-seulement que ce douzième suffise à chaque mois, mais qu'il en reste encore une partie que vous économiserez, que vous mettrez à part et qui, à la fin de l'année, vous donnera une somme de réserve, inappréciable par son utilité, soit pour les cas imprévus, soit pour les services qu'elle vous mettra à même de rendre.

Je ne puis m'empêcher de céder encore une fois à cette envie de raconter qui m'est naturelle, et qui d'ailleurs ne vous déplait pas.

J'ai été longtemps liée d'amitié intime avec Caillau, le célèbre acteur du Théâtre-Italien. A l'époque de la révolution, les pertes qu'il éprouva dans sa fortune la rendirent excessivement médiocre. Il restreignit ses dépenses en conséquence, et vivait avec une grande économie. Je me trouvais un jour chez lui, lorsqu'un homme de sa connaissance et de la mienne vint lui confier l'embarras où il se trouvait pour payer, au moment même, 100 fr., qu'il pourrait bien acquitter deux mois plus tard, mais qu'il lui était absolument impossible de donner actuellement.

Caillau passa dans son cabinet, rapporta les 100 fr., les remit à cet homme, qui lui donna sa parole d'honneur de les lui rendre dans deux mois. Lorsqu'il fut sorti, je témoignai ma surprise à Caillau, connaissant sa position, de le voir ainsi en état de disposer, sans se gêner beaucoup, de la somme qu'il venait de prêter.

« Dès que j'ai pu, me dit-il, avoir un état de recette et de dépense, j'ai toujours rigoureusement et proportionnellement observé de faire chaque mois une économie. Je l'ai mise à part chaque mois aussi ; et, à la fin de l'année, cela m'a composé un sac que j'ai toujours regardé comme un ami obligeant. Je lui ai emprunté quelquefois ; mais j'ai toujours été fidèle à m'acquitter envers lui ; ma conscience m'aurait reproché d'y manquer. Eh bien, je viens de m'adresser à cet ami pour obliger ce pauvre homme, duquel la probité m'est connue. Bien que les moyens de mon ami le *sac* ne soient plus les mêmes, il s'en faut, il est toujours aussi secourable, et il m'a prêté les 100 fr. que vous venez de voir. »

Ce discours me frappa. J'étais fort jeune femme : je le regardai comme un conseil. Je l'ai toujours suivi depuis ; je n'ai eu qu'à m'en applaudir, et je vous engage, ma chère amie, à en faire autant.

En voilà bien assez pour aujourd'hui. Demain nous aborderons les détails du *ménage*. Armez-vous de courage ; car, malgré la sincère envie que j'ai de ne pas vous ennuyer, je crains que ces détails ne soient bien arides, bien fatigants. A demain donc, ma chère L...; aujourd'hui je vous embrasse de tout mon cœur.

LETTRE III.

Le bien-être; ce qu'il faut entendre par ces mots. Choix, distribution d'un logement.

Le bien-être chez soi se compose d'une infinité de détails imperceptibles, et que cependant il est important d'étudier pour n'en négliger aucun. Le premier est le choix d'un logement. Je sais qu'il y a des circonstances où, à cet égard, la volonté est enchaînée, et dans lesquelles il faut s'accommoder avec la nécessité. Mais je suppose que vous ne serez pas dans ce cas-là, et que la demeure que vous allez habiter sera du choix de votre mari et du vôtre. C'est pour cette raison, ma chère enfant, que je vais commencer aujourd'hui par vous donner des conseils sur ce sujet.

Ne pensez pas qu'il soit indifférent, parce que vous êtes jeune et bien portante, que la chambre dans laquelle vous coucherez, le salon où vous passerez la plus grande partie du jour, soient au nord ou au midi. Cette dernière exposition est celle que l'on doit préférer à tout. La première doit être évitée soigneusement. Le levant ou le couchant sont tolérables, mais le midi avant tout. Non-seulement la santé doit être le motif très-puissant de cette préférence, mais il est certaines dispositions mélancoliques de l'esprit qui ne résistent point à l'aimable clarté du soleil, et que son absence ne peut que prolonger et augmenter. Tâchez donc d'occuper un de ces appartements *doubles*, et assez bien entendus pour que toutes les pièces qui sont les moins habitées, telles que l'antichambre, l'office, les garde-robes, la pièce destinée aux armoires, au repassage, soient au nord, et les pièces habitées au midi.

J'ignore s'il entrera dans les arrangements de votre mari et les vôtres de faire chambre à part. Je sais seulement d'avance que, dans la parfaite union qui doit exister entre vous, vos volontés à cet égard comme sur tout le reste, n'en feront qu'une ; et cette condition est de rigueur, ma chère amie, pour atteindre le but désirable dont je vous parlais tout-à-l'heure, *le bien-être chez soi.* Je vous dirai cependant que je crois qu'il est utile et même nécessaire d'avoir deux chambres à coucher, qui ordinairement sont séparées par le salon. Il y a des cas de maladie où il n'est bon ni pour l'un ni pour l'autre d'être même dans deux lits jumeaux. Cette chambre destinée à votre mari, s'il ne l'habite pas, peut être considérée comme une pièce de réserve, et lui servir de cabinet et de bibliothèque. Le lit peut avoir une forme de canapé. Enfin des cabinets utiles à sa toilette, à l'arrangement de son linge, de ses hardes, peuvent en dépendre ; et sans doute il lui sera commode d'y passer en se levant, et d'y trouver tout ce qui peut lui être nécessaire. C'est un moyen bien simple d'éviter l'encombrement désagréable qui résulte d'une commune habitation. Croyez-en mon expérience : il n'y a point de sentiment qui mette à l'abri de l'incommodité d'un trop grand rapprochement dans certains détails de la vie journalière. Défiez-vous donc, à cet égard, de l'illusion qu'on se fait à votre âge. Ainsi, habitant avec votre mari la même chambre à coucher, ayez deux lits plutôt qu'un. Faites que cette chambre, à quelque heure que ce soit, n'ait jamais l'aspect du désordre, et ne manque jamais de propreté, même de goût dans son arrangement. Exigez de vos domestiques qu'ils n'y laissent point s'accumuler les habits de la veille, les hardes de la nuit ; que chaque matin tout soit rangé avec soin et mis en place ; que le cabinet de votre mari soit préparé avant son lever ; qu'il puisse s'y trouver commodément et en repos, et qu'il doive à vos soins et à votre surveillance le premier *bien-être* de chaque jour.

Ayez, s'il est possible, près de votre chambre et dans la même exposition, un cabinet de retraite propre, simple et commode. Ces *boudoirs*, dont le nom seul indique le ridicule, et qui ne sont que des objets de luxe et de frivolité, ne peuvent être d'aucune utilité à celle qui, comme vous, veut se livrer à l'honorable occupation de gouverner sa maison pour le bonheur de son mari et celui de ses enfants : bonheur dont le sien résulte et dépend. Établissez donc votre administration dans un endroit où vous ne soyez point troublée. Que ce petit réduit soit nettoyé, et préparé aussi pour le moment de votre lever, afin que vous puissiez vous y réfugier pendant l'arrangement du reste de la maison. Il est indispensable que vous ayez, tenant à votre chambre, un cabinet de toilette. Au reste, c'est une partie si essentielle d'un logement bien distribué, qu'il n'y a nul doute qu'il ne s'en trouve un dans celui que vous choisirez. Il est désirable que cette pièce soit assez grande pour contenir les armoires nécessaires aux porte-manteaux de vos robes, à votre linge de corps, à vos cartons, enfin à tout ce qui appartient à votre toilette. C'est aussi dans cette pièce que doivent se serrer, pendant le jour, les tables de nuit, les oreillers, la veilleuse, et généralement tout ce qui sert jour et nuit aux soins qu'exige la propreté. N'oubliez pas d'y faire mettre une fontaine filtrante. Il y en a de la capacité d'une voie ; elles suffisent à cette destination. Une des conditions les plus commodes d'un logement, est que les deux appartements que le salon sépare ressortent l'un et l'autre dans la salle à manger. Cette disposition fait éviter la confusion dans le service, et donne une grande liberté de circuler chez soi. Je vous engage donc à ne pas oublier ce point essentiel.

La salle à manger est assez souvent précédée d'une antichambre, ce qui est très-bien entendu ; car non-seulement elle s'en maintient plus propre, plus chaude : les domestiques *hommes* ne s'y tiennent pas, et enfin on n'est point importuné, pendant les repas, par les gens qui peuvent venir à cette heure-là. De plus, on n'a pas le froid de l'air du pallier, fort insupportable quand le service de la table ne se fait pas par un escalier intérieur. Je vous engage donc encore à donner votre attention à ce dernier point. L'antichambre fût-elle fort petite, tâchez qu'il y en ait une à votre salle à manger. Si vous n'avez pas dans cette dernière pièce de grandes armoires et des buffets commodes, il vous sera indispensable d'avoir une pièce à côté destinée à resserrer l'argenterie, les porcelaines, les verreries, le dessert, les liqueurs, les confitures, les réchauds à lampes, et généralement tout ce qui constitue le service de la table. C'est aussi dans cet office que se rangent les tables de jeu, les flambeaux, les quinquets, les balais, les houssoirs, et beaucoup d'autres ustensiles nécessaires qui, pour l'ordre, d'une part, et leur conservation, de l'autre, ont besoin d'être rangés chaque jour.

Les chambres de vos domestiques doivent, autant que possible, être à portée des vôtres, celle de votre femme de chambre surtout. Veillez à ce que cette dernière soit éclairée, et puisse recevoir un poêle si elle n'a pas de cheminée. Je vous conseille encore de vous ménager une chambre destinée uniquement à serrer le linge de table, de lit et les provisions. Faites établir dans cette chambre une table permanente pour les repassages et autres ouvrages, qui nécessiteront pour votre femme de chambre un grand espace et un abri contre le dérangement inévitable dans les pièces qui font passage.

Malheureusement, à Paris, les cuisines sont éloignées des appartements. On y gagne sans doute de n'en avoir pas l'odeur et le bruit ; mais la surveillance de la maîtresse devient plus difficile, et elle est pourtant bien nécessaire ! Tâchez donc que la vôtre soit éloignée de vous le moins possible ; qu'elle soit claire, aérée ; qu'il y ait auprès un office sombre et frais où les viandes puissent se conserver.

Évitez autant que vous le pourrez que votre cave soit éloignée de vous. J'en ai vu à Paris qui étaient, quoique dans la même maison, séparées par deux cours du logement auquel elles appartenaient. Il est facile de concevoir les inconvénients qui résultent d'une pareille disposition. Surtout si vous n'avez pas de bûcher, gardez-vous de mettre votre bois dans la même cave que votre vin, même en y faisant une séparation de planches. L'odeur et l'humidité que porte le bois sont très-nuisibles à la conservation du vin. Je ne vous parle pas de tous les autres inconvénients qui résulteraient de cette communication. Non-seulement votre cave, pour être maintenue sainement et économiquement, doit être sous une clef particulière que vous garderez ; mais encore vous ferez sagement d'y faire construire en avant un petit caveau : ou si cette séparation n'est pas praticable à cause de la grandeur de la cave, ou bien si elle est incommode pour l'entrée des pièces de vin, je vous conseille de faire sceller dans le mur, à l'entrée extérieure de la cave, une armoire ou une caisse fermant à clef, dans laquelle vous ferez mettre sous vos yeux la provision de chaque semaine. Un de vos gens l'aura en compte. C'est un soin nécessaire, et je n'ai guère vu de domestiques qui puissent se dispenser de le prendre.

Voilà, ma chère enfant, les idées que je crois pouvoir vous donner pour vous guider dans le choix et la distribution de votre logement. Demain je vous communiquerai celles que j'ai sur un ameublement *bien entendu.*

Adieu, ma chère amie ; je suis à vous pour la vie.

LETTRE IV.

L'Ameublement.

Il me semble, ma chère amie, qu'en meuble comme en tout, le vrai bon goût consiste à choisir les choses utiles, commodes, durables, et qui surtout ont entre elles un rapport bien établi. Je crois que cette concordance fait partie essentielle de ce que les Anglais expriment par le mot *confortable*. Elle plaît à l'œil, elle donne une sorte de repos à l'esprit, et constitue en grande partie ce *bien-être* duquel je vous parlais il y a quelques jours. Je l'ai rencontrée bien souvent chez les gens de fortune médiocre : souvent aussi je l'ai cherchée en vain dans les maisons opulentes. Il ne faut jamais la perdre de vue, car elle contribue en partie à la santé de l'âme, et tout ce qui peut y concourir doit être observé soigneusement. Partout où j'ai trouvé cet accord parfait, partout où cette présence de la raison, jointe au bon goût, s'est montrée à moi, j'ai senti le besoin de rester ou de revenir. C'est là précisément, ma chère enfant, le sentiment impérieux qu'il faut qu'une femme éprouve pour son *chez-elle*. Là, elle doit se trouver mieux que partout ; là, elle doit rester le plus possible. C'est donc faire sagement que d'orner votre demeure ; mais que l'utilité dirige votre choix quand vous vous occuperez de son ameublement.

Commençons par l'antichambre.

Faites construire dans son pourtour des coffres à couvercles rembourrés, et recouverts de velours d'Utrecht commun : Ces coffres ayant forme de banquettes, seront remplis de bois nécessaire à la consommation de chaque jour pour votre appartement. Qu'une table de noyer soit à demeure dans cette pièce. Ayez soin qu'il y ait toujours sur cette table des plumes, du papier et un encrier simple, mais tenu proprement. Beaucoup de gens répugnent à écrire chez un portier ce qu'ils auraient voulu dire à ceux qu'ils ne trouvent pas chez eux ; et on court le risque que les allants et les venants ne sachent ce qui n'a été écrit que pour une seule personne.

Lorsque vous sortirez, donnez vos ordres pour qu'un de vos domestiques reste toujours, et fasse écrire dans l'antichambre ceux qui le désireront. Cette même table, lorsque vous resterez chez vous, servira le soir à poser un quinquet, à la clarté duquel *votre* ou *vos* domestiques *hommes* liront quelques livres choisis et donnés par vous ; ou bien s'exerce-

ront à copier pour perfectionner leur écriture et leur ortho-
graphe. En surveillant cette occupation et l'encourageant,
vous leur rendez service, et vous vous épargnerez le bruit
insupportable des causeries où des ronflements, qui ordinairement occupent les domestiques entre les annonces, l'arrangement du feu et les autres parties du service qu'exige le
salon. Qu'il y ait autour de votre antichambre plusieurs patères, où s'accrochent les manteaux, les pelisses, etc., quelques chaises de paille près de la table ; un petit poêle, si celui
de la salle à manger ne communique pas dans cette première
pièce par des bouches de chaleur ; des rideaux simples de
calicot à la fenêtre ; et voilà votre antichambre entièrement
meublée.

SALLE A MANGER.

Une boiserie peinte en marbre, composant des armoires et
des buffets, est une des dispositions les plus commodes d'une
salle à manger. A son défaut, il est bon de faire établir des
tablettes dans les espaces convenables. Ces tablettes en marbre
blanc sont élégantes et propres. On peut les remplacer par des
tablettes de bois recouvertes en toile cirée ; elles sont plus
simples, moins chères et non moins utiles. Les buffets-étagères
dispensent de ces tablettes. La tenture d'une salle à manger
qui n'est pas boisée doit être simple et de couleur claire : le
papier qui imite le marbre blanc est celui que je préférerais.

Dans les maisons les plus élégamment tenues, on se sert
pour les salles à manger de chaises de bois d'acajou ou de
merisier garnies en tissu de crin noir. Selon moi, cette étoffe
est la plus désagréable qu'il y ait. Elle use les robes de mousseline, et elle est tellement glissante qu'on a peine à se tenir
dessus. Je vous conseille de préférer le maroquin couleur de
cuir de Russie ou celles en canne. Rien ne me paraît plus
propre et de meilleur goût. Au reste, on peut remplacer ces
chaises, toujours chères, par des chaises de paille. Il y en a
de très-solides et qui sont fort agréables en bois de noyer ou
de merisier : elles coûtent six ou sept francs pièce ; les fauteuils dix et douze francs : mais en général, les fauteuils sont
incommodes : à table, ils tiennent plus de place que les chaises ;
ils empêchent les distances d'être les mêmes, et mettent ainsi
une sorte de désordre dans l'arrangement du couvert. Il y a
des maisons où le maître et la maîtresse ont chacun un fauteuil ; les convives sont sur des chaises. Je vous engage à ne
pas prendre cet usage. Jeunes surtout comme vous l'êtes l'un
et l'autre, cette distinction serait encore plus déplacée.

Vous aurez sans doute au milieu de votre salle à manger,

une de ces tables rondes ovales qui s'allongent à volonté par des planches transversales. Ces tables ont des roulettes, et sont à tous égards les plus commodes que je connaisse. Elles coûtent, en acajou, de quatre-vingt-dix à cent francs, et peuvent s'étendre jusqu'à quinze couverts. En merisier, elles sont plus chères; en acajou, bien plus encore. C'est un usage propre et économique de faire faire par un tapissier à une table semblable un dessus de jolie toile cirée doublé et bordé (1). Il la couvre lorsqu'elle est dans sa grandeur naturelle. On peut déjeuner très-proprement dessus; et s'il arrive que les domestiques posent quelque chose d'humide sur la table, elle n'en est point tachée, puisqu'une éponge légèrement mouillée suffit pour enlever tout ce qui tombe sur cette toile cirée.

Je vous recommande, outre le tapis qui se met sous la table, d'avoir de petits tabourets de paille, ou, ce qui serait plus magnifique, des coussins carrés et rembourrés; mais qu'ils soient de paille ou d'étoffe, il en faut pour vous et pour les femmes qui dineront avec vous. Il est essentiel pour qu'une femme soit commodément assise, qu'elle ait les pieds un peu élevés, et vous ferez bien d'habituer vos domestiques à mettre à chaque place que doivent occuper les femmes que vous aurez à diner un de ces tabourets ou coussins, lorsqu'ils mettront le couvert. Il est incommode de les demander une fois qu'on est assis; il est gênant de les glisser sous la table; cela cause un mouvement, un déplacement qui font commencer le repas désagréablement. Ces coussins doivent, aussitôt après le diner, être rangés dans la pièce où se mettent tous les autres objets du service; car une chose à laquelle il faut veiller soigneusement, c'est qu'aussitôt après le repas et avant le diner des gens, la salle à manger n'ait pas le moindre air de désordre, qu'il n'y reste que la table recouverte de sa toile cirée et les chaises rangées.

L'usage des lampes est certainement ce qu'il y a de plus pernicieux pour la vue, et j'ai souvent désiré que pour en acquérir la preuve, on prît la peine (si c'est chose possible) de faire un relevé chez les opticiens, de la quantité de lunettes qui se vendaient avant cette invention, et de celles qui se vendent depuis. Je vous conseillerais donc de les bannir de chez vous, si vous n'étiez pas destinée à en trouver partout ailleurs. Vous n'y gagneriez alors que de vous trouver dans l'obscurité à votre table et dans votre salon. Il faut donc prendre votre parti sur ce superflu de lumière, puisque comme tant d'autres il est devenu nécessaire.

---

(1) Depuis quelque temps on trouve à Paris, dans les magasins de toiles cirées, de ces dessus de table d'un très-bon goût, de toutes grandeurs, tout faits et doublés.

Une lampe, posée sur une table à manger, tient beaucoup de place, dérange l'ordre du service, et la moindre maladresse d'un domestique peut la renverser. Je vous engage donc à en faire suspendre une au milieu de votre salle à manger. Il y en a de toutes grandeurs, d'une forme élégante, et recouvertes d'un réflecteur. Il ne s'agit que d'habituer un de vos domestiques à l'arranger soigneusement, chaque matin, de manière qu'elle soit tenue extrêmement propre : sans ce soin journalier, cet éclairage est insoutenable. On peut, après le repas, baisser la mèche ; elle suffit pour éclairer le passage de la salle à manger au salon.

Si votre antichambre et votre salle à manger sont pavés en carreaux noirs et blancs de terre de liais, comme c'est assez l'usage, vous ferez bien de les faire laver une fois par semaine avec des brosses faites exprès, et trempées dans une eau de savon noir assez forte. De cette manière, vous entretiendrez non-seulement la propreté, mais vous donnerez à vos carreaux un poli et un brillant que vous n'obtiendriez pas par le moyen de l'eau simple. Après ce lavage, on passe des éponges sèches, jusqu'à ce qu'il ne reste plus d'eau sur les carreaux. Les fenêtres ouvertes en été, ou le poêle très-chauffé pendant une heure en hiver, ont bientôt absorbé toute espèce d'humidité. Il me semble qu'à propos de poêle, je dois aussi vous en dire un mot.

Il n'y a de bons et économiques poêles que ceux qui sont bâtis sur place, de forme cylindrique ou carrée, ayant des bouches de chaleur et un dessus de marbre sur lequel les piles d'assiettes se tiennent chaudes en hiver. En faisant chauffer entièrement ces sortes de poêles à huit heures du matin, et ayant soin d'éviter les courants d'air, ils donnent une température douce jusqu'à trois heures de l'après-midi. On doit alors les chauffer une seconde fois, afin d'avoir cette même température pendant le dîner : elle dure le reste de la journée. Tout autre poêle que celui que je viens de vous indiquer a besoin d'être continuellement alimenté, brûle une grande quantité de bois, ne donne qu'une chaleur ardente, malsaine, et qui n'est d'aucune durée. Je vous engage aussi à faire pratiquer au fond de ce poêle des bouches de chaleur qui donneront dans la pièce attenante à votre salle à manger. Il ne vous en coûtera pas plus de combustible, et vous aurez un avantage de plus.

J'ai vu pendant longtemps, dans les salles à manger, de petites tables carrées à deux ou trois étages et à rebords, que l'on appelait *servantes ;* on y mettait l'eau, le vin, le pain et quelques assiettes. Je n'en ai jamais beaucoup reconnu l'uti-

lité. Elles donnent toute la peine à ceux près de qui on les
place. Elles sont trop petites pour contenir tout ce qui est
nécessaire pendant le service. Enfin, je ne les crois bonnes
que pour une personne qui mangerait seule à une fort petite
table. Au reste, la mode les a bannies.

Tant de minutieux détails pour deux seules pièces d'un
appartement doivent, mon enfant, vous effrayer sur le reste.
Je tâcherai de les abréger le plus que je pourrai. Ne voyez
jamais dans mes avis que le désir de prévoir tout ce qui peut
vous être commode ou agréable. A demain. Je vous embrasse.

LETTRE V.

Salon.

La disposition la plus agréable d'un salon est celle de forme carrée, où les fenêtres se trouvent en face de la porte, la cheminée au milieu d'un des côtés, et des portes qui communiquent dans les chambres à coucher, près de chaque fenêtre. Une pièce ainsi disposée est facile à meubler et agréable à habiter. Le meuble le plus durable, le plus simple, et qui me semble de meilleur goût, est celui dont le bois est en acajou, et l'étoffe en velours d'Utrecht. Depuis quelques années, ce velours a reçu un grand perfectionnement dans ses dessins et sa teinture. On en fait de beaucoup de couleurs et de nuances. L'amaranthe est celle que je préférerais pour un salon : elle est en même temps riche et solide.

Un salon de moyenne grandeur est assez meublé avec un canapé ou divan, deux bergères, six fauteuils et quatre chaises. On peut y ajouter quelques chaises basses pareilles aux meubles ; car, je vous le répète, ces chaises sont le perfectionnement de la commodité pour les femmes, et je ne veux pas les oublier, ayant toujours le *confortable* en vue.

Si vous mettez votre piano dans le salon, comme cela se fait ordinairement, sa place est en face de la cheminée : alors, au lieu d'un canapé, vous pourriez en avoir deux petits, appelés *causeuses*, une à chaque côté du piano.

Il est de mode depuis quelque temps de mettre aux fenêtres un rideau de mousseline qui se croise avec un rideau de taffetas, ou de percale, de la couleur du meuble. Au-dessus de ces rideaux on met une draperie de la même couleur, garnie de franges très-historiées et fort chères. A moins qu'un appartement ne soit très-élevé, je n'approuve pas cette mode, elle paraît lourde à l'œil ; elle obstrue le jour, et enfin cette quantité d'étoffes et de plis ne fait que multiplier les nids à poussière et à araignées. Je préférerais donc deux rideaux pareils à chaque fenêtre ; qu'ils soient de mousseline brodée et élégante, garnie de jolies franges blanches, à la bonne heure ; mais je n'y voudrais qu'une draperie droite, plissée à gros tuyaux, et tenue par de petites patères dorées. Cette draperie doit être de la couleur du meuble. Lorsqu'il est de velours d'Utrecht, il faut qu'elle soit de percale. On en teint à Jouy de toutes couleurs, et si parfaitement, que la soie n'a pas plus d'éclat (1). Une console propre et simple doit occuper l'entre-deux des fenêtres; une glace au-dessus, faisant face à la porte, serait d'un très-bon effet; une autre glace sur la cheminée est indispensable; s'il y en a une troisième vis-à-vis, au-dessus du canapé ou du piano, votre salon en sera plus élégant. Une pendule sur la cheminée est un objet trop nécessaire pour qu'on puisse se dispenser de l'y avoir. On y ajoutait autrefois des porcelaines; tous ces ornements sont passés de mode, et le bon goût y a gagné. Il suffit de placer aux deux coins de la cheminée deux girandoles.

Je vous engage à avoir pour le devant de votre cheminée un de ces garde-cendres qui font partie des chenets, et qui y tiennent; ils sont partie de cuivre et partie de fer, extrêmement brillants et polis. On doit les entretenir dans leur propreté et leur éclat, ainsi que la pelle et les pincettes, par le moyen d'une poudre appelée *tripoli*, avec laquelle on les frotte à sec chaque matin. Cette poudre se vend chez tous les marchands de quincaillerie.

Deux bras fixés à la cheminée éclairent agréablement le salon; il est cependant plus de mode d'avoir deux lampes à globe de cristal.

Si vous recevez du monde, et que vous fassiez faire des parties, chaque table de jeu aura deux flambeaux garnis de bougies. Si vous êtes seule, ou en petit comité, et qu'alors vous passiez votre soirée à lire ou à travailler, je vous conseille de faire usage d'un flambeau à deux branches portant des bougies avec un abat-jour, dans le genre de ceux dont on se sert pour la bouillotte. Ce flambeau sera posé sur la table ronde à dessus de marbre et à galerie, qui sert à prendre le café, et qui est un des meubles les plus nécessaires d'un salon. Une femme de ma connaissance disait qu'une table semblable soutenait la conversation de ceux qui ne jouaient pas : elle avait raison. Je ne connais rien de si insipide, rien de si fastidieux, que de se réunir pendant plusieurs heures pour s'asseoir en cercle, parler bas à ses voisines de droite et de gauche, ou à quelques hommes qui tournent derrière le cercle, et qui probablement ont pitié du désœuvrement de pauvres femmes ainsi clouées à leur place; à moins qu'une conversation instructive, brillante, tenue à haute voix par quelques hommes de mérite, ne fixe l'attention d'un *cercle*, c'est, selon moi, la manière la plus fatigante de passer une soirée. Ayez donc une table ronde, autour de laquelle se réunissent et s'occupent ceux qui ne joueront pas. Un trictrac,

---

(1) Voir le *Manuel du Tapissier*, de l'*Encyclopédie-Rorci.*

qui fait en même temps table de piquet, est encore un meuble de salon très-nécessaire. Après ceux que je viens de vous indiquer, je ne vois plus qu'un ou deux écrans montés en taffetas vert, qu'il soit utile d'y ajouter. A l'égard du tapis, les qualités diffèrent autant que les prix ; celui que vous voudrez y mettre déterminera votre choix.

Si votre salon n'est pas boisé, choisissez de préférence, pour sa tenture, un papier dont la couleur sera en même temps claire et gaie ; il faut seulement que la bordure se rapporte à la couleur du meuble, et c'est ce que tous les marchands de papier savent parfaitement assortir.

Si votre piano est dans le salon, destinez une armoire (s'il s'y en trouve) uniquement à serrer votre musique. C'est une chose déplorable que le peu de soin que certaines femmes ont à cet égard ; outre le désordre qui en résulte, c'est encore le gaspillage considérable d'un objet fort cher. Je vous engage, si vous n'avez point la ressource d'un placard, de vous servir d'une boîte à plusieurs planches ; elle se met sous l'un des côtés du piano, et est en acajou comme lui.

Demain nous nous occuperons de la chambre à coucher et du cabinet qui l'avoisine. A demain donc. Adieu pour aujourd'hui.

LETTRE VI.

Chambre à coucher et cabinet de Madame.

Il n'est point indifférent à notre réveil que les premiers objets qui frappent notre vue soient agréables ou non. Sans porter à l'extrême cette prévention, il est permis de croire que cette première impression de la journée peut influer sur celles qui la suivront. Je vous engage donc à vous entourer dans votre chambre de meubles propres, simples, commodes, ce qui n'exclut nullement l'élégance. Comme je vous l'ai dit précédemment, on teint à Jouy des percales admirables. Il y en a d'un bleu de ciel, sur lesquelles sont imprimées des rosaces aurore nuancées qui imitent les plus riches étoffes de soie et qui drapent beaucoup mieux.

Deux lits jumeaux recouverts de cette percale, le meuble et la draperie de la fenêtre pareils, avec des rideaux blancs, produiraient un effet très-agréable.

Un lit de 1 mètre (5 pieds), dont la couchette en forme de bateau est de bois d'acajou, et dont le coucher est composé d'un sommier de crin, de deux matelas, d'un lit de plumes, d'un traversin, d'un oreiller carré, d'une couverture de laine et d'une de coton; revient à peu près à cinq cents francs. En voici le détail :

Couchette à fond sanglé.	80 fr.	
Mère laine à 2 fr. le demi-kilog., 12 kilog. pour chaque matelas.	96	
Crin noir d'échantillon pour le sommier, 12 kilog. à 2 fr. le demi-kilog., ...	48	
Plumes d'oie blanche, première qualité, pour le lit de plumes, 9 kilog. à 3 fr. 50 c. le demi-kilog.	63	
Un demi-kilog. de mêmes plumes pour le traversin.	3	50
375 grammes (3 quarterons) de mêmes plumes pour l'oreiller.	2	65
12m,50 (10 aunes 1/2) de futaine blanche pour couvrir les deux matelas et le sommier, à 3 fr. 35 c. le mètre (ou 4 fr. l'aune).	42	
6m,50 (5 aunes 1/4) de coutil blanc pour le lit de plumes, le traversin et l'oreiller, à 9 fr. 35 c. le mètre (ou 10 fr. l'aune).	52	50
Les deux couvertures.	80	
	467	65

Il faut ajouter à ce prix le galon qui borde les matelas et la façon du tapissier.

La toile à carreaux et le coutil bleu et blanc de Bruxelles étant moins chers que la futaine et le coutil blanc, donnent une différence de cinquante francs à peu près. Si l'on ajoute un édredon au lit, c'est un objet de cent ou cent vingt francs de plus.

Un lit ainsi composé forme un excellent coucher; et dure autant que la vie, quand on le tient propre, et qu'on a soin chaque année d'en faire rebattre un matelas à tour de rôle.

Je vous engage beaucoup à ne point adopter cette mode de table de nuit en vogue depuis quelque temps, et qui sont carrées ou rondes à dessus de marbre sans rebords. On a poussé la prétention jusqu'à vouloir les faire passer pour des autels au dieu du sommeil, en mettant dessus en lettres d'or : *Somno.* Rien ne me parait plus ridicule et de plus mauvais goût. Il faut qu'une table destinée à recevoir des choses utiles les reçoive et les contienne commodément, et c'est la première chose à laquelle n'ont point pensé les inventeurs de ce perfectionnement. Préférez donc, croyez-moi, l'ancienne méthode des tables à rebords, et ne pensez point surtout à faire l'ornement de votre chambre d'un meuble qui doit disparaitre en même temps que tout ce qui sert à l'usage de la nuit, comme la veilleuse, les oreillers, le lavabo, etc.

Si vous n'avez point de tapis dans votre chambre, je vous conseille de ne pas négliger d'en faire mettre un, doux et épais, entre vos deux lits ; celui que vous auriez dans la totalité de la chambre ne vous en dispenserait même pas, si vos lits étaient dans une alcôve.

Une commode carrée bien fermante, avec dessus de marbre, est un meuble aussi utile qu'agréable, et duquel on ne peut se passer dans une chambre à coucher. Sa place ordinairement est en face de la cheminée. Tâchez aussi de trouver celle d'une armoire à glace remplaçant le chiffonnier : elle est d'une grande ressource pour une femme qui aime l'arrangement.

Une table à ouvrage, fermant à clef, n'est pas moins nécessaire. Un miroir ovale ou carré, monté à bascule sur un pied solide, et dans lequel est un tiroir, se pose sur la commode ; il est d'autant plus utile qu'il se transporte facilement partout où l'on veut faire sa toilette. Une glace sur la cheminée, une pendule, et quelques objets utiles, soit en cristal, soit en porcelaine, doivent en composer la garniture. A l'égard du meuble, il suffit d'avoir une bergère, quatre fauteuils, deux chaises et une toilette, pour qu'une chambre de grandeur ordinaire soit convenablement garnie.

Le cabinet que je désire que vous ayez près de votre chambre, est une des pièces les plus nécessaires au perfectionnement d'un appartement. C'est là, comme je vous l'ai déjà dit, que vous devez vous retirer pour mettre ordre à vos affaires, pour vous occuper de quelques lectures instructives qui ne sont jamais superflues ; à plus forte raison, à l'âge où vous êtes. Ce sera donc faire très-sagement de donner chaque jour une heure ou deux à ces louables occupations.

Un secrétaire, une petite bibliothèque, seront donc les principaux meubles de ce cabinet. Un lit de repos, large et commode, garni de plusieurs coussins, doit aussi y trouver place ; car quelque jeune que soit une femme, elle est malheureusement assujettie à des souffrances qui nécessitent souvent le repos et le silence ; l'âge ne fait que les accroître. Il faut donc qu'elle se ménage un soulagement, et c'en est un bien efficace que le meuble dont je vous parle. Joignez-y deux chaises, un ou deux tabourets en x, un tapis de moquette fond vert, parsemé de fleurs, quelques vues de paysages peintes ou gravées. Au moyen de cet arrangement, vous aurez une retraite agréable et commode.

Je vous conseille de donner la préférence au drap sur toute autre étoffe pour la couverture de votre canapé et celle de vos chaises. La solidité et le bon goût se trouvent réunis dans ce choix ; et comme la couleur verte est favorable à la vue, ce serait celle en faveur de laquelle je me déterminerais. La seule objection qui pourrait se faire à l'égard d'un meuble de drap, c'est le danger des vers. D'abord, le soin que l'on doit prendre de battre et brosser très-souvent ce meuble, empêche cet inconvénient ; mais en outre, il faut en le faisant fabriquer, ainsi que tout meuble de tapisserie dans lequel il entre beaucoup de laine, il faut, dis-je, veiller soigneusement à ce que le tapissier enduise légèrement avec une brosse la contre-toile et les sangles d'un encaustique qui se fait avec de la cire jaune, broyée dans de la térébenthine. Par ce moyen, un meuble de laine, que l'on négligerait même de soigner pendant quelque temps, ne serait pas atteint par les vers.

Si votre cabinet avait sa cheminée immédiatement adossée à celle de votre chambre, il faudrait faire faire cette cheminée tournante, ce qui n'est nullement difficile ni dispendieux. Ces sortes de cheminées sont de fer poli ou bronzé, et ressemblent assez à celles qu'on appelait cheminées à la *prussienne ;* mais elles sont infiniment perfectionnées ; et, dans le cas dont je vous parle, rien ne me semblerait plus commode, après s'être levée et habillée auprès du feu de sa chambre, que d'entrer avec ce même feu dans son cabinet (1). Si la disposition n'est pas favorable, il faudra vous adresser à l'un des hommes les plus ingénieux que je connaisse (M. Harel, fabricant de fourneaux économiques, rue de l'Arbre-Sec), il vous ajustera un poêle de bon goût, proportionné à la grandeur de votre cabinet. Ses poêles, quelque petits qu'ils soient, ont tous les avantages que l'on peut désirer et pas un inconvénient. Je ne vous parlerai des pièces de dégagement qui tiendront à votre appartement que pour vous renouveler le conseil d'y placer des armoires qui doivent contenir votre linge de corps, vos robes et vos cartons, de manière que votre chambre ne soit jamais encombrée d'aucune de ces choses. Reposez-vous de tous ces fastidieux détails; la première fois, nous nous occuperons du cabinet de votre mari.

(1) L'usage de ces sortes de cheminées est très-commun en Lorraine, et surtout à Nancy, d'où l'on pourrait les faire venir, si à Paris il n'y avait pas en ce genre, comme en tout, les ouvriers les plus intelligents.

LETTRE VII.

Ameublement du cabinet de Monsieur. Chambre de domestiques. Achat et entretien des meubles.

L'aspect de l'appartement occupé par un homme doit avoir quelque chose de plus sérieux, je dirais même de plus sévère, que celui de l'appartement destiné à une femme. Le goût et la propreté doivent y être également observés, mais il ne doit s'y rencontrer que des choses absolument nécessaires : une bibliothèque, un secrétaire, un bureau, une pendule, et enfin, un meuble d'étoffe propre et solide telle que le drap. Je vous réitère le conseil de comprendre dans ce meuble un canapé, qui par sa construction devient un lit au besoin. Les portemanteaux, l'armoire au linge de corps, les planches propres à recevoir ce qui est nécessaire à la toilette, enfin les bottes, les souliers, etc., doivent être établis dans un cabinet de dégagement. Je n'ai rien à vous dire à l'égard des chambres de vos domestiques. Vous saurez aussi bien que moi que celle d'une femme doit être plus soignée que celle d'un homme, qui ne doit y rester que le temps du sommeil ; tandis qu'une femme peut travailler dans la sienne, et a plus d'effets à serrer.

L'habitude de surveiller de temps en temps et par vous-même la tenue et la propreté de ces chambres, est une des meilleures et des plus nécessaires que vous puissiez prendre. Non-seulement elle fera partie de l'ordre que vous maintiendrez dans votre maison, mais, par cette inspection *inattendue*, vous pourrez peut-être découvrir quelques petites infidélités qui, sans elle, ne viendraient jamais à votre connaissance.

Je vous ai parlé d'une chambre de réserve pour les repassages, et les armoires destinées au linge de lit et de table ainsi qu'aux provisions. Je désire bien que vous puissiez vous la ménager ; car c'est une des choses les plus commodes, peut-être même les plus nécessaires. Le linge fin qu'une femme de chambre blanchit ordinairement peut y être étendu pour sécher. La table placée dans cette chambre pour le repassage de ce linge peut servir à tailler, à doubler les robes, et à une infinité d'autres ouvrages qui causent beaucoup d'embarras et de dérangement, lorsqu'ils sont faits dans une salle à manger. Cela se conçoit trop facilement pour qu'il me soit nécessaire d'entrer dans plus de détails à cet égard. Je vous dirai seulement comme règle générale, que le plus sûr moyen d'entretenir l'arrangement d'une demeure, est que chaque chose y ait sa destination et sa place invariables; que cette règle peut s'étendre ou se restreindre suivant la grandeur d'une maison ou la petitesse d'un appartement; mais qu'elle n'en est pas moins de rigueur, et que n'eût-on qu'une seule chambre, il faudrait l'y maintenir. L'ordre non-seulement fait partie du *bien-être*, mais il économise tout, jusqu'au temps. Que de temps se perd à chercher! Que d'impatience! Que de soupçons! Que de regrets pour une chose que l'on croit perdue, et qui se retrouve là où elle n'aurait jamais dû être? Enfin, que vous dirai-je? L'ordre étant partout dans la nature, c'est aller contre ses lois que d'en manquer.

Je crois à propos, après vous avoir communiqué mes idées sur la qualité et la quantité des meubles qui vous seront nécessaires, d'y ajouter un avis sur l'acquisition que vous en ferez.

Lorsqu'on est dans le cas de meubler entièrement sa maison, c'est une mauvaise économie d'acheter soi-même et séparément ce dont on a besoin. La multiplicité des fournisseurs expose l'acquéreur à être trompé dans les prix et dans les qualités. C'est une erreur de croire que les fabricants donnent à meilleur compte au détail. Sans doute, ils font une remise au marchand qui doit revendre; mais ils savent très-bien qu'ils seraient dupes de la faire aux particuliers qui achètent chez eux; aussi ne la font-ils pas, ou s'ils le font croire, ils en imposent. Adressez-vous donc à un tapissier, dont la réputation soit établie sur une probité reconnue. Faites-lui part de vos intentions, de votre goût, et rapportez-vous en à lui pour les achats.

Outre l'entretien journalier de vos meubles, qui doit être confié à un domestique propre et soigneux, il est bon, une fois par an, de leur faire donner une restauration générale. Il y a des ébénistes à Paris qui vont en journée, et qui non-seulement enlèvent les taches qui se font au bois d'acajou et autres, mais qui réparent très-habilement les écornures, les brisures et les fentes produites par la sécheresse d'un appartement très-échauffé, ou exposé au soleil. C'est une véritable économie de prendre ce soin chaque année à la fin du printemps. A la même époque, on fait déposer et nettoyer les tapis, les rideaux, les draperies, et rebattre un matelas de chaque lit.

Pour dernier conseil sur la propreté et le soin qui doivent concourir à l'entretien et à la conservation de votre mobilier, je vous conjurerai, ma chère enfant, de vous défendre de la manie d'avoir des animaux. Ce goût est commun à beaucoup de femmes. Je l'ai eu comme une autre, et je n'y ai jamais trouvé qu'une source de désagréments pour l'intérieur de la maison. Si l'on donne soi-même à ces animaux les soins qui leur sont nécessaires, on y emploie un temps toujours pris sur des occupations plus utiles. Si l'on confie ces soins aux domestiques, ils les négligent, et s'excusent, avec quelque raison, sur les choses plus essentielles qu'ils ont à faire. Gronderies d'une part, humeur de l'autre. Ajoutez à ces inconvénients les tourments, les dangers, les inquiétudes, la pitié qu'occasionnent les maladies, les blessures, enfin la mort des bêtes auxquelles on s'est attaché, et vous concevrez facilement que c'est une grande duperie d'accroître pour si peu de plaisir, les contrariétés et les tourments inséparables de la vie.

Adieu, je vous embrasse.

LETTRE VIII.

Cuisine. Fourneau d'Harel, Coquille à rôtir.

J'aurai bien peu de choses à vous dire, ma chère amie, sur les meubles et ustensiles nécessaires à votre cuisine. Ils sont partout les mêmes : une table, des chaises, des planches, un billot, une fontaine, et enfin la batterie de cuisine plus ou moins considérable que vous jugerez nécessaire à l'état de votre maison. Je vous conseillerai particulièrement un meuble de cuisine duquel je ne puis vous dire trop de bien : je veux parler du fourneau potager d'Harel. Il est aussi commode qu'économique. Dans une grande cuisine ce fourneau se bâtit sur place. Il y en a de portatifs qui s'établissent très-facilement dans les petites cuisines. J'ai vu de ces fourneaux dans des maisons riches ; j'en ai vu dans de simples maisons bourgeoises ; partout l'économie proportionnelle est la même, c'est-à-dire, de moitié entre la dépense du charbon avec lequel tout se fait sur ces fourneaux, et celle du bois que l'on emploie ordinairement dans les cheminées. A cet avantage qui devrait à lui-seul déterminer la préférence, il faut y en joindre beaucoup d'autres. Il cuit mieux les mets, puisqu'il les cuit plus promptement : il les maintient chauds très-longtemps après qu'ils sont faits, par la seule concentration de la chaleur qu'il a reçue pour les faire, et sans qu'il soit nécessaire de l'alimenter par de nouveau charbon. Le bouillon s'y fait d'une manière supérieure par l'égalité de l'ébullition, et parce qu'il est impossible que le bouillon qui diminue toujours par cette ébullition, laisse, comme cela arrive aux marmites qui se mettent devant le feu, un côté à sec, où la viande s'attache et brûle, pour peu que la cuisinière manque de soin. Le pot-au-feu sur le fourneau d'Harel est chauffé en dessous, et par cela même il est à l'abri de l'inconvénient des négligences.

Le même fourneau qui fait le bouillon, chauffe un seau d'eau qui s'adapte sur le pot-au-feu. Cette eau qui devient bouillante très-promptement peut être entretenue toute la matinée. Elle est de la plus grande commodité pour l'usage journalier d'une maison. Toutes les casseroles de dimensions ordinaires s'adaptent aux différents compartiments de ce fourneau.

La coquille à rôtir n'est ni moins commode ni moins économique. Il faut que la cuisinière de fer-blanc qui s'adapte à cette coquille soit rivée dans ses différentes pièces, et non soudée ; car la soudure fondrait à l'ardeur du feu de la coquille ; au reste, l'une et l'autre se vendent chez M. Harel. Au moyen de ces deux meubles on fait cuire un gigot de 2 à 2 kilog. 1/2, un morceau de veau du même poids, etc., etc., avec 50 centimes de charbon, en moitié moins de temps qu'il n'en faudrait à une cheminée avec du bois. De plus, les viandes rôties de cette manière ont infiniment plus de saveur ; ce qui est facile à croire, puisque rien ne s'en évapore.

La cheminée de la cuisine doit être conservée pour les fritures et les autres choses pour lesquelles il faudrait un feu clair de fagots ; et je vous engage à exiger que la vôtre ne soit jamais allumée sans une raison bien prouvée.

Vous trouvez aussi, chez Harel, un petit four portatif pour la pâtisserie. Ajoutez-le à votre fourneau et à la coquille, et votre cuisine sera parfaitement organisée.

Une des grandes objections des domestiques, contre l'usage de ces moyens économiques, *c'est qu'on a froid dans la cuisine*. Ne croyez pas que ce fourneau ne donne pas de chaleur, il s'en faut de beaucoup. D'ailleurs une cuisinière occupée a rarement froid ; mais, quand ce fourneau chaufferait moins, et moins commodément qu'une cheminée autour de laquelle on se réunit pour établir les caquetages et les querelles inhérents à la domesticité, quel mal y aurait-il ? Plus vos domestiques seront occupés séparément chacun de leur devoir, moins ils auront de causeries communes, et mieux cela vaudra.

Ici, ma chère amie (et je vous en félicite), se borneront mes avis sur votre logement et son mobilier. Je voudrais bien pouvoir vous promettre d'être moins ennuyeuse dans le reste de mes conseils : malheureusement je n'ose pas l'espérer. Au reste, mon enfant, vous ne devez regarder mes lettres que comme autant d'articles d'un dictionnaire où l'utilité est ordinairement tout ce que l'on cherche. Du moins puissiez-vous l'y trouver !

A demain.

LETTRE IX.

Du Linge, de son entretien; du savonnage et du repassage.

Nous voici arrivées, ma chère enfant, à une partie bien essentielle du ménage, et je commence par vous prier de vous défendre d'adopter jamais ce vieux préjugé qui existe encore en province, *qu'on ne saurait avoir trop de linge.*

J'ai rencontré quelquefois des femmes imbues de cette vieille idée, qui mettaient une gloire infinie à montrer de grandes armoires pleines jusqu'au comble, en disant : « J'ai plus de linge que n'en demande pour une année entière, l'usage de toute ma maison. Voilà des draps, des serviettes, des chemises, qui n'ont pas servi depuis deux ans. » Puis, elles ajoutaient : « Il faut pourtant que je les fasse blanchir, car tout cela jaunit, quand on ne s'en sert pas. » J'aurais pu leur faire quelques observations sur cette dernière partie de leur admiration ; mais à Dieu ne plaise ! J'ai toujours pensé qu'il était d'un bon cœur de ne pas détruire ce qui fait plaisir aux autres, quand cela ne fait de mal à personne ; et comme ces braves femmes, bonnes ménagères d'ailleurs, ne m'obligeaient pas à laisser dormir dans mes armoires des fonds que je pouvais mieux employer, je leur ai laissé leur satisfaction toute entière, et même la liberté de me plaindre intérieurement de n'avoir que ce qui m'était *amplement* nécessaire.

Six paires de draps et six taies d'oreillers par chaque lit de maître ; quatre paires de draps pour chaque lit de domestique, sont suffisantes, à Paris surtout, où le défaut de greniers pour tenir le linge sale à l'air, en attendant qu'il aille à la lessive, oblige à l'entasser dans des endroits resserrés et obscurs, où il donne une mauvaise odeur, et s'y détériorerait, si on l'y laissait longtemps.

Douze douzaines de serviettes ordinaires et leurs nappes pour le courant, six douzaines de plus belle qualité et leurs nappes, pour les jours où l'on reçoit, doivent également suffire. Six douzaines de serviettes de toilette (les ouvrées sont préférables pour cet usage, non-seulement parce qu'elles sont plus douces, mais aussi, parce qu'étant mises à part, à mesure qu'elles s'usent, elles servent en cas de maladie) ; trois douzaines de serviettes solides, pour le service des domestiques à la table ; trois douzaines du même genre pour leurs re-

pas, et six nappes; deux douzaines de tabliers à plis et à poches de toile de cretonne pour la cuisinière; quatre douzaines
de tabliers à *cordons* de toile écrue pour préserver le tablier
blanc, qui doit toujours être propre, soit lorsque cette cuisinière sort pour faire ses provisions, soit lorsqu'elle est appelée
pour recevoir quelques ordres, soit enfin lorsque, son ouvrage fini, elle fait quelque travail d'aiguille; six douzaines
de torchons de toile écrue qui, à mesure qu'ils vieillissent,
doivent servir à essuyer la vaisselle, l'argenterie et les meubles; douze tabliers de femme de chambre, et douze pour
chaque domestique *homme*; voilà ce qui me paraît devoir
amplement suffire, à une maison de moyenne fortune.

Les draps de maître doivent être coupés sur 18 mètres (15
aunes), qui se réduisent à peu près, à 16 mètres 80 (14 aunes)
après le premier blanchissage. La toile ayant 1m,05 (trois
quarts et demi) de large; et ces draps étant chacun de deux
lés, auront 2m,25 (deux aunes moins un quart) de largeur, et
à peu près 4m,20 (3 aunes 1/2) de longueur. Ils couvriront
en entier un lit de 1 mètre (3 pieds) de large et de 2 mètres
(6 pieds) de long, dimensions ordinaires.

La toile de cretonne est la meilleure et la plus chère; elle se
vend de 4 fr. 20 à 5 fr. le mètre (5 à 6 fr. l'aune), dans les
plus belles qualités. Ainsi, une paire de draps de maître telle
que je vous l'indique, coûterait de 75 à 90 francs. Les toiles
d'Alençon, de Guibert ou de Courtrai, sont moins chères de
moitié et remplissent pourtant le même objet.

La *toile de ménage*, pour faire les draps de domestiques,
coûte de 1 fr. 65 à 2 fr. 50 le mètre (2 fr. 50 à 3 fr. l'aune);
elle n'a que 90 centimètres (trois quarts) de large. 13 mètres
(11 aunes) par paire suffisent: elles se réduisent à peu près à
11m,90 (10 aunes) après le premier blanchissage. Les draps
ayant deux lés auront 1m,80 (1 aune 1/2) de largeur, et 2m,40
(2 aunes 1/2) de long; le lit sera plus de moitié recouvert;
chaque paire de draps reviendra de 27 fr. 50 centimes à 33 fr.

Les serviettes de table ordinaires à petits liteaux bleus,
de toile de cretonne unie, coûtent de 28 à 30 francs la
douzaine; la nappe pareille pour dix couverts se paie 15 ou 18
francs (1).

Les services de cérémonie damassés et qui se tirent de la
Hollande ou de la Flandre, varient suivant la quantité de serviettes qui les composent et la grandeur des nappes; surtout,
suivant la finesse du tissu, et la perfection du travail. Les
moindres, composés de vingt-quatre serviettes, d'une nappe

(1) Pour une table ronde, une nappe de 2m,33 (2 aunes) de large, de 2m,98 (2
aunes 1/2) de long, coûte de 24 à 28 fr.

et son napperon, qui s'ôte pour le service du dessert, coûtent 200 ou 250 fr. Je ne vous conseillerai pas l'usage de ce linge, à cause de sa chéreté d'abord, mais ensuite parce que, pour qu'il soit entretenu dans sa beauté, il faut, chaque fois qu'on le fait blanchir, l'envoyer à la calandre, ce qui est incommode et dispendieux. En Hollande et en Flandre où ce linge se fabrique, et où l'on en fait le plus d'usage, il n'y a pas de maison où il n'y ait un cylindre qui repasse non-seulement le linge de table, mais aussi le linge de lit et de corps.

Je vous engage donc à préférer le linge de France. Les très-belles serviettes unies de cretonne à petits liteaux bleus, coûtent 45 fr. la douzaine, et la nappe pareille de douze couverts, de 25 à 45 fr.

Les serviettes communes pour le service des domestiques à la table, et pour leurs repas, coûtent 16 ou 18 fr. la douzaine, la nappe de même toile, 6 ou 7 fr.

Les serviettes ouvrées de toilette, 35 ou 45 fr. la douzaine.

La toile pour les tabliers blancs de cuisinière ayant 90 centimètres (trois quarts) de large, se vend de 1 fr. 50 à 1 fr. 80 le mètre (2 fr. à 2 fr. 25 l'aune); il en faut 2m,98 (2 aunes 1/2) par tablier. Ceux de femmes de chambre se font ordinairement en calicot qui coûte 1 fr. 50 le mètre (1 fr. 80 l'aune); 2m,98 (2 aunes 1/2) par tablier.

La toile des tabliers de domestiques coûte 2 fr. 50 le mètre (3 fr. l'aune); il n'en faut que 1m,80 (1 aune 1/2), y compris la poche; la toile écrue pour les tabliers à cordons, ayant 1m,20 (1 aune) de large, coûte 1 fr. 80 le mètre (2 fr. 25 l'aune); il n'en faut que 1m,20 (1 aune) pour un tablier qui n'a jamais qu'un lé; enfin, la toile à torchons se vend de 80 c. à 1 fr. le mètre (1 fr. à 1 fr. 25 c. l'aune); 17m,80 (15 aunes) font douze torchons (1).

Le plus sûr moyen de conserver le linge, est de le numéroter et de le faire servir dans l'ordre de son numéro. C'est dans ce même ordre qu'il doit être rangé dans les armoires, au retour du blanchissage. Si vous m'en croyez, vous n'abandonnerez pas entièrement ce soin à votre femme de chambre; vous le surveillerez vous-même.

Cet arrangement économique rentre dans la classe de ceux que les domestiques appellent *minuties*, et dont ils se dispensent dès qu'ils le peuvent.

Je vous ai conseillé de faire poser vos armoires à linge de lit et de table dans la pièce destinée au repassage; il est important qu'il y soit sèchement. Vous ferez un état de ce linge,

(1) Ces différents prix ont été vérifiés au grand magasin des Deux-Magots, au coin des rues de Seine et de Bussy.

dont vous aurez le double; vous donnerez à votre femme de chambre le compte du linge que contiendront les armoires; en exigeant d'elle qu'elle en laisse toujours l'état dans chaque armoire.

Les choses établies sur ce pied, il suffira qu'une fois par mois vous donniez votre inspection à leur maintien. A l'égard du linge du cuisine, il doit être également numéroté et donné en compte à la cuisinière, qui doit l'avoir sous clef à portée de sa cuisine, et être tenue de le raccommoder.

Chaque domestique *homme* doit avoir en compte aussi les tabliers à son usage, et se tenir prêt à vous les représenter quand vous le demanderez.

Ce que je vous ai dit relativement au linge de lit, de table et de service, je vous le répète pour le linge de corps : *l'ample nécessaire* est tout ce qu'il faut, et quelle que soit la quantité, toujours l'ordre des numéros maintenu. Que le linge à votre usage soit placé comme vos robes, dans une pièce à portée de votre chambre, et celui de votre mari, ainsi, que ses habits, etc.; rangé près de l'endroit où il fera sa toilette du matin et du soir; car je ne puis trop vous le répéter, le désordre naît de la confusion, et rien ne rend plus facile la surveillance de la maîtresse de maison, que le soin de maintenir chaque chose à sa place.

Il est important d'entretenir le linge, non-seulement par le raccommodage, mais aussi par un remplacement partiel de chaque chose. Ainsi, je voudrais que vous missiez au nombre de vos dépenses *nécessaires* chaque année, l'achat d'une paire de draps par lit de maître, et d'une par lit de domestique; ainsi de suite pour les serviettes, les chemises, etc. Cette manière d'entretenir est préférable, à mon avis, à celle d'attendre que tout soit usé pour remplacer. On n'est pas toujours disposé à faire une grande dépense; et si vous prenez l'habitude de mettre à part, chaque mois, une somme relative à vos moyens, en l'employant au bout de l'année comme je viens de l'indiquer, vous maintiendrez sans aucune gêne et pour toujours votre linge au complet, sans vous apercevoir des réformes que le temps et l'usage nécessiteront.

Depuis quelques années, l'usage du linge de coton s'est établi en France, et surtout à Paris. Je ne puis ni ne veux sur ce point déterminer votre choix. Je dois seulement vous éclairer sur les avantages et les inconvénients de cette qualité de linge.

Le linge de coton coûte moitié moins que celui de fil de chanvre ou de lin;

Il dure infiniment moins;

Il est plus chaud;

En été, il le paraît trop à quelques personnes;

Il est d'un blanc très-éclatant quand il est neuf;

Il jaunit après quelques années de service.

Le linge de coton ne devrait jamais être que savonné, ainsi que cela se pratique aux îles, où l'on en fait un usage habituel.

En France, on est presque obligé de le mettre à la lessive; à Paris, surtout, où les savonnages de chemises, de draps et de serviettes, seraient trop embarrassants.

Le raccommodage est sans doute une chose importante; et vous devez faire une loi à votre femme de chambre de ne jamais rien donner à la lessive, de ne jamais rien savonner, qu'elle n'ait fait auparavant les réparations nécessaires. Il faut cependant savoir borner ce soin de réparer. Il y a un certain point où le linge n'est plus susceptible d'être raccommodé, et où tout le temps énorme qu'on y emploie est véritablement du temps perdu. Lorsque des draps, des serviettes, des chemises, des mouchoirs, sont arrivés au point d'être ce qu'on appelle *élimés*, il faut les mettre en réserve pour les cas de maladie, car ils ne sont plus bons qu'à cet usage. C'est une chose que beaucoup de femmes ignorent; et j'en ai vu qui se croyaient très-bonnes ménagères, parce qu'elles prenaient des filles de journée qui, avec la nourriture, leur coûtaient 1 fr. 50 par jour, et qui, à ce prix-là, garnissaient de reprises pendant un mois des choses qui revenaient du premier blanchissage tout aussi mauvaises qu'avant d'y aller. Gardez-vous donc de cette économie mal-entendue.

SAVONNAGE.

Sans doute la femme de chambre que vous choisirez saura savonner et repasser. C'est un point essentiel, surtout depuis que les femmes portent plus de robes de mousseline et de percale que de robes de soie, et que le reste de leur parure, soit en mousseline ou en gaze de coton, exige une grande fraîcheur. Il en est de même des chemises et des cravates simples, mais fort belles, dont les hommes qui se mettent bien font usage. Ayez donc une femme de chambre qui soit habile blanchisseuse et repasseuse. C'est une des plus grandes économies que vous puissiez faire; car le blanchissage du linge, payé à la pièce, est énormément cher.

Faites en sorte de régulariser les savonnages qui se feront chez vous. Un par mois doit suffire, et une semaine consacrée à cette occupation est amplement ce qu'il faut, même en hiver. Je suppose, comme je crois vous l'avoir déjà dit, que vous destinerez à faire sécher le linge la chambre où se feront les repassages. Dans la plus mauvaise saison, il sera bon d'y allumer un poêle; dans les autres temps, les fenêtres ouvertes suffiront.

Il est important d'avoir en provision des briques de savon, qui, coupées par morceaux chacun d'un demi-kilog., se sèchent et en deviennent beaucoup plus profitables. Le savon frais se détrempe trop facilement, et la consommation qu'il faut en faire est du double au moins. Je vous conseille donc de faire la provision d'un an. Vous la renouvellerez tous les six mois, afin d'avoir toujours six mois d'avance. Le savon de Marseille est le meilleur de tous. Il est marbré d'un gris bleu, et coûte de 1 fr. à 1 fr. 25 c. le 1/2 kilog. (la livre). Comme de toutes les provisions d'épiceries, dont je vous parlerai par la suite, c'est toujours chez les meilleurs épiciers qu'il faut vous en fournir. Les marchands les mieux famés sont ceux qui vendent à meilleur marché, car ils ne trompent jamais sur la qualité.

1 kilog. (2 livres) de savon bien sec suffit à un blanchissage considérable.

J'ai eu pendant dix ans à mon service une femme de chambre qui avait une manière de savonner extrêmement économique et prompte. Jamais je n'ai eu de linge plus blanc et mieux conservé; mais depuis la mort de cet excellent sujet, quoique je connusse sa méthode, je n'ai jamais osé la faire pratiquer par d'autres, dans la crainte qu'un moment d'oubli ou de négligence de leur part ne me causât une très-grande perte. Voici cette manière de savonner : On décrasse le linge à l'eau de rivière chaude avec du savon, comme cela se pratique ordinairement. Quand il est décrassé, on le jette dans de l'eau froide de rivière dans laquelle on a mis *un verre* d'eau de javelle par *seau d'eau;* on laisse tremper le linge dans cette eau un quart-d'heure, en le remuant deux ou trois fois; on le retire ensuite, on le tord pour exprimer cette eau, et on le plonge dans une autre eau de rivière froide, dans laquelle on l'agite quelques moments; on le retord de nouveau, puis on le remet dans une dernière eau teinte de bleu d'indigo, comme cela se pratique pour les autres savonnages.

Cette eau de javelle supplée à la seconde eau de savon, qui se fait ordinairement avec du savon coupé par petits morceaux, et dans laquelle on fait bouillir le linge, lorsque le savon est entièrement fondu par une première ébullition.

Certainement l'eau de javelle abrège le temps, et économise le savon et le feu; mais elle est dangereuse en ce que, mal mesurée, les verres qu'on doit en mettre, mal comptés, enfin quelques minutes de plus d'immersion peuvent brûler le linge.

Je ne vous indique donc cette pratique que pour le cas où vous en confieriez l'exécution à quelqu'un d'assez sûr pour ne vous donner aucune inquiétude; ce qui est bien rare à trouver.

Les boules de bleu sont préférables à tout. Il y a du bleu en liqueur, il brûle souvent; le bleu indigo en petits morceaux, malgré le soin qu'on prend de l'envelopper de flanelle, passe à travers, pour peu qu'il y ait de clairières, et fait de petites taches pointillées au linge. On enveloppe également les boules dans de la flanelle, mais elles s'usent sans se diviser. On en trouve chez tous les épiciers.

REPASSAGE.

Je n'ai rien à vous dire sur le repassage, si ce n'est que celui qui est fait le plus promptement est ordinairement le mieux fait. Ainsi veillez non-seulement à ce que votre femme de chambre repasse bien, mais aussi à ce qu'elle repasse vite.

Je vous engage à faire acquisition du fourneau à repasser d'Harel. Il réunit toutes les qualités nécessaires et économiques. Ce fourneau est recouvert d'une tôle qui laisse passage à deux, trois ou quatre fers, suivant la grandeur dont on le veut. Ces fers, qui se glissent comme par coulisse dans les ouvertures pratiquées pour les recevoir sont très-épais, et conservent longtemps leur chaleur. Un fourneau ainsi recouvert consomme moitié moins de charbon qu'un autre, et ne donne point d'odeur. Le feu s'y entretient au moyen d'une petite porte qui est au bas, par laquelle l'air pénètre, et qui se ferme quand on veut suspendre le repassage. Le charbon s'éteint et se conserve ainsi sans le moindre embarras.

On adapte à ce fourneau un brûloir à café, ce qui en double la commodité.

Bonjour, ma chère amie, je vous embrasse.

LETTRE X.

L'Habillement.

Il en est des habits comme de tout le reste, ma chère enfant; c'est l'arrangement et la propreté qui conservent tout. Ce principe est de tous les temps, et l'on a remarqué que les femmes les moins riches, et qui dépensent le moins pour leur toilette, sont souvent les mieux mises. Ce n'est pas au bon goût seul qui peut se rencontrer dans leur ajustement qu'il faut attribuer cet avantage qu'elles ont sur les autres; c'est au soin qu'elles apportent à conserver ce qu'elles ne peuvent renouveler que rarement, ou plutôt, c'est à l'un et à l'autre en même temps, car rien n'est de meilleur goût que l'ordre et la propreté.

Il est naturel et convenable à votre âge d'aimer les choses de mode; mais avec votre raison, vous saurez borner vos goûts, j'en suis bien sûre. Vous reconnaîtrez bientôt le ridicule très-dispendieux qu'ont certaines femmes, non-seulement de vouloir acheter tout ce qui est nouveau, mais de défaire et refaire sans cesse leurs robes, leurs chapeaux, et seulement par l'ennui d'une forme qui leur plaisait la veille, et qu'elles remplacent par une autre qui leur déplaira le lendemain. J'ai trop souvent rencontré de jeunes femmes qui croyaient qu'il était de bon ton de gaspiller ainsi, et qui, pour résultat, étaient toujours mal mises, et dépensaient beaucoup d'argent. C'est en général la chose qui déplaît le plus aux maris, et les maris ont raison. L'homme le plus sensé, le moins occupé des détails de l'ajustement de sa femme, a cependant un sentiment intérieur du rapport qui doit exister entre la dépense qu'elle fait pour sa toilette, et l'emploi plus ou moins bien entendu de cette dépense. Ne fût-ce donc que pour mériter l'approbation de celui à qui vous devez chercher à plaire dans les moindres détails de votre vie, adoptez une mise élégante et simple en même temps. Cette habitude de bon goût une fois prise dure autant que la vie. Elle augmente les charmes de la jeunesse, et diminue les désavantages de la vieillesse. De plus, elle se transmet de la mère à la fille, car la première éducation, c'est l'exemple.

Une chose qu'une femme, quelque jeune qu'elle soit, ne doit jamais négliger, c'est d'être aussi soignée chez elle, et dès le matin, qu'elle le sera dans le reste de la journée. Et commé, én général, il faut qu'elle emploie le moins de temps possible à sa toilette, elle doit adopter pour celle du matin, qui est le moment où elle a le plus d'occupations, les robes des formes les plus faciles à mettre : et les plus convenables me paraissent être celles des redingotes ou douillettes, suivant la saison.

Une habitude très-bonne à prendre aussi est celle de vous habiller pour l'heure du diner, à moins que vous n'alliez dans le monde le soir. Alors votre toilette, pour être plus fraîche, se fera avant de sortir ; mais je vous en conjure, mettez-y le moins de temps possible. Une femme de chambre intelligente et habituée à l'ordre dans lequel vos effets sont rangés, doit préparer tout ce qui vous est nécessaire, de manière qu'il ne vous faille qu'une heure au plus pour la toilette la plus complète, et surtout gardez-vous de vous faire attendre. C'est envers tout le monde une chose déplaisante et incommode ; elle est insupportable pour les maris, et devient souvent l'occasion de petites querelles, assez aigres pour déranger toute la soirée que l'on se promettait d'aller passer agréablement ensemble, soit au spectacle, soit chez ses amis.

Je ne m'attendais pas, ma chère amie, à moraliser autant à propos d'habillements, et peut-être tout ce que je vous dis est-il fort déplacé. Ne l'attribuez cependant qu'à l'intention qui dicte les conseils que je vous donne, celle de contribuer à votre bonheur. C'est pourquoi vous devez me pardonner pour le présent et l'avenir la facilité avec laquelle je céderai au penchant de mon cœur, sans trop réfléchir au plus ou moins d'à-propos. Je reviens cependant à mon sujet.

Les étoffes de laine, les fourrures, et surtout les schals de cachemire, forment la partie la plus dispendieuse de l'ajustement d'une femme, et conséquemment celle qui nécessite le plus de soins. Le seul qu'il y ait à prendre dans la saison où l'on fait usage de ces choses, est de les plier et ranger dans les endroits où elles ne peuvent être exposées ni à l'humidité ni à la poussière. Mais pour les conserver pendant l'été, je ne connais pas de meilleur ni de plus simple moyen que celui que j'ai toujours employé, et le voici : C'est d'avoir une malle neuve, parfaitement doublée, et fermant le plus hermétiquement qu'il soit possible. Il faut mettre au fond de cette malle un drap blanc *de lessive*, et qui n'ait aucun reste d'humidité. Après avoir fait battre, secouer, brosser, enfin nettoyer à fond les effets que vous aurez à mettre dedans, vous les plierez avec soin, et vous les arrangerez comme pour un voyage. Vous replierez ensuite le drap des quatre côtés ; vous l'attacherez avec des épingles mises très-près les unes des autres, de manière qu'il enveloppe et serre ce que contiendra la malle. Vous mettrez quelques sachets de camphre pulvérisé sur ce drap ainsi attaché. Vous fermerez la malle, et la ferez mettre dans quelque endroit *obscur*. Jamais les vers n'attaquent les fourrures et les laines ainsi préservées pendant l'été. Ce soin est bien facile à prendre, et dispense de la nécessité où l'on croit être d'envoyer ses pelisses, son manchon, etc., chez le fourreur.

Je ne puis terminer cette lettre, ma chère enfant, sans vous dire un mot de la *cachemiromanie*. C'est celle dont il faut le plus vous défendre, car elle est d'autant plus ruineuse, qu'elle n'a point de bornes. Il existe à Paris des brocanteurs de cachemires que les jeunes femmes doivent craindre et éviter. Ces gens-là s'enrichissent mieux qu'aucun autre charlatan, par la quantité de dupes qu'ils font. Ils ont un talent merveilleux pour faire échanger chez eux, avec *retour*, un cachemire neuf, beau, du meilleur goût, contre un de moitié moins de valeur, mais qu'ils ont l'art de faire trouver infiniment préférable par mille discours les plus adroits et les plus *enjôleurs* qui se puissent entendre. Non-seulement ils font des dupes à Paris, mais encore les merveilleuses de province leur paient tribut, car cet échange est de bon ton ; et le troc des cachemires fait la partie la plus considérable des commissions qui se donnent aux habitantes de Paris par les amies des départements. Tenez-vous donc en garde contre cette séduction ; et si vous faites emplette de schals de cachemire, choisissez-les bien, soignez-les, conservez-les, et ne les changez pas.

En voilà bien assez sur la toilette, et peut-être beaucoup trop. Demain, ma chère amie, nous nous occuperons de choses moins agréables, mais plus utiles.

Adieu, je vous embrasse.

LETTRE XI.

Chauffage, Eclairage.

Je vais vous parler, ma chère enfant, de deux points bien essentiels dans l'économie domestique, et qui, par cela même qu'ils sont d'une indispensable nécessité, méritent beaucoup d'attention et de surveillance.

Nous sommes bien éloignés du temps où Mme de Maintenon donnait à sa belle-sœur, Mme d'Aubigné, l'état de la dépense qu'elle ferait en venant demeurer à Paris, pour y tenir une maison honorable. Ce n'est pas seulement le prix des denrées, qui est prodigieusement augmenté, mais la consommation n'est pas comparable. Au temps où Mme de Maintenon écrivait, on ne faisait du feu, dit-elle, que pendant trois mois ; et de plus, chez les gens les plus riches, le feu s'allumait à la Toussaint, et s'éteignait à Pâques. Il ne m'appartient pas de rechercher les causes qui rendaient alors cet usage praticable. Faisait-il moins froid ? Etait-on moins frileux ? Je n'en sais rien ; mais ce que je sais parfaitement, c'est que cette méthode serait insupportable actuellement ; et qu'à moins d'habiter le midi de la France, il faut se résoudre à se chauffer au moins sept mois de l'année. Non-seulement il faut se chauffer, mais à moins d'avoir une fortune excessivement médiocre, qui ne permet que deux feux, celui de la cuisine et celui de la chambre, il en faut au moins trois autres, celui de la salle à manger, celui du salon et celui du cabinet du maître de la maison. Le prix actuel du bois de chauffage rend donc cette dépense effrayante; mais elle le devient moins quand on connaît les moyens économiques que l'on peut apporter dans l'achat et dans la consommation. Je vais à cet égard, comme toujours, vous parler d'après ma longue expérience.

Le bois *neuf* de chêne et d'orme est celui qui fait le meilleur feu, puisqu'il donne le plus de charbon, de chaleur, et dure le plus longtemps. Ce bois, de 1^m,46 (4 pieds 1/2) de long, varie de prix selon la rigueur ou la douceur de température des hivers, ou selon le plus ou moins d'impôts que paient les marchands; mais depuis quelques années, il se vend de 37 à 39 fr. les deux stères (deux stères sont un peu plus que la voie). Le bois de gravier, ou flotté, ainsi nommé parce qu'il arrive par eau, ne coûte que 33 à 34 fr. les deux stères, mais il n'est bon que pour la cuisine, lorsqu'on ne fait pas usage du four-

neau que je vous ai conseillé. Ce bois, à moitié usé, a l'avantage de faire promptement un feu clair, tel qu'il le faut. Dans
ce cas, il supplée aux fagots que l'on serait obligé de joindre
au bois neuf, qui brûle moins vite; et, au total, ce serait aussi
cher et moins commode. Ainsi donc, je vous conseille, pour
vos appartements, de ne faire usage que de bois neuf de chêne
et d'orme, dans lequel il est bon d'entremêler du bois de hêtre
ou de charme, mais un quart sur la totalité.

C'est au mois de juillet qu'il faut faire sa provision de bois.
Il faut, avant de le faire ranger, qu'il soit scié dans les différentes longueurs nécessaires, et qu'il faut mettre à part chacune séparément. Un stère par cheminée, par mois, doit suffire.

Les cheminées, telles qu'on les fait maintenant, sont on ne
peut pas mieux entendues pour économiser le bois et refléter
la chaleur. Etroites dans le fond, elles s'élargissent sur le devant. Il faut donc faire scier le bois de longueurs différentes,
mais il faut avoir soin que le plus gros et le mieux fait soit
pour le fond. Un domestique qui s'entend au service doit
savoir faire le feu, et dès le matin il faut qu'il le dresse dans
chaque pièce avant de la nettoyer.

La bûche du fond, qui doit être grosse et ronde, s'enterre
dans les cendres de manière à ne laisser à découvert que le
côté de devant. Une autre bûche plus longue, mise en avant,
doit supporter les tisons, ou une troisième bûche moins grosse
que les deux autres. L'air doit pouvoir circuler dans cet arrangement du bois, et le feu qui l'allume doit être mis en
dessus. Les cendres abondantes conservent le feu et donnent
beaucoup de chaleur, contenues par le cendrier qui tient aux
chenets, et duquel je vous ai conseillé l'usage dans ma lettre
sur l'ameublement. Cette quantité de cendres n'a nul inconvénient.

Un feu établi de la manière que je viens de vous indiquer,
non-seulement chauffe mieux qu'un autre, mais il est plus
économique, car il ne faut l'entretenir qu'en renouvelant la
bûche de devant, lorsqu'elle est réduite en charbons, et ne
point déranger celle du fond, qui, si elle est bien choisie et
bien recouverte, ainsi que je vous l'ai expliqué, doit durer
toute la journée, et conserver pour le lendemain le brasier
qui allumera le feu.

Depuis quelques années, par une économie que je crois mal
entendue, quelques personnes font usage de bûches faites avec
de l'argile, mélangée de poussière de charbon de terre. On les
met au fond de la cheminée. On ajoute une ou deux bûches
de bois de plus petite dimension sur le devant, et quelques

briquettes de même composition que la bûche du fond, se placent au lieu de tisons sur ce feu, lorsqu'il est allumé. Je n'ai jamais reconnu qu'une seule économie dans cet usage, c'est celle de la *chaleur*. Toutes ces compositions de terre et de charbon, après avoir brûlé un moment, se recouvrent d'une cendre grisâtre, le véritable feu s'éteint, la cheminée à l'air remplie, et l'on meurt de froid auprès. Ajoutez à ces inconvénients la mauvaise odeur, la malpropreté, et vous reconnaîtrez bientôt que le bois est préférable à tout. Quant à l'usage du charbon de terre pur et simple, tout le monde sait que pour l'adopter sans inconvénients, il faudrait avoir des cheminées construites comme elles le sont en Angleterre, en Hollande, en Flandre ; de plus, des caves vastes pour le contenir. Ainsi donc, il me paraît prouvé que l'usage en est impraticable en France, excepté pour les manufactures, les usines, les éclairages au gaz hydrogène, etc. Comme je vous le disais au commencement de cette lettre, il est presque indispensable, dans une maison de moyenne fortune, de n'avoir pas trois ou quatre feux ; mais avec de l'ordre, ces feux peuvent et doivent n'être pas allumés ensemble ; car l'heure à laquelle vous habiterez votre chambre à coucher ne sera point celle où vous vous retirerez dans votre cabinet ; celle à laquelle vous occuperez votre salon, sera également déterminée et habituelle ; car l'habitude est la régularité, et la régularité est l'ordre : c'est donc à l'aide de cet ordre que vous trouverez le moyen, avec plusieurs chambres à feu, de ne dépenser guère plus que si vous n'en aviez qu'un ou deux.

Les poêles bâtis sur place et bien construits, en donnant et conservant beaucoup de chaleur, sont aussi les plus économiques. C'est pourquoi je vous ai conseillé d'en avoir un dans votre salle à manger. En faisant bien chauffer ce poêle à huit heures du matin, il donnera une chaleur parfaite jusqu'à trois heures de l'après-midi. Le feu renouvelé alors suffira pour le reste de la journée, à moins qu'il ne fasse excessivement froid.

J'ai voulu par ces minutieux détails vous prouver, ma chère amie, qu'au moyen de la surveillance exacte d'une maîtresse de maison, il n'y a point de dépense considérable en elle-même qui ne puisse être régularisée, et par conséquent diminuée, sans que pour cela le *bien-être* en souffre aucunement.

Avant de terminer cette instruction sur le chauffage, je dois vous dire un mot sur la quantité de charbon que consomme le fourneau d'Harel.

Je suppose que vous établirez l'ordinaire de votre table

dans une proportion relative à votre fortune, qui, heureusement pour vous, n'est ni très-considérable, ni très-bornée. Alors, 1 stère 76 centièmes (3 voies) de charbon par mois doivent amplement suffire pour votre cuisine, y compris les rôtis faits à la coquille ; et de plus, les repassages. Le charbon coûte 9 fr. le stère 92 (la voie), c'est donc 27 fr. par mois. Dans les cuisines où l'on se sert de bois, il en faut ordinairement une voie par mois, qui, voiturée, sciée et rangée, revient à 34 ou 35 fr. le stère 92 (la voie) ; de plus, une voie de charbon pour le fourneau, c'est donc 43 ou 44 fr. au lieu de 27 francs : le choix ne peut être douteux.

Il est probable que dans l'hiver, si votre cuisine est assez grande pour n'être point échauffée par le fourneau, il faudra y faire un peu de feu à la cheminée pour le moment du déjeûner et du dîner de vos domestiques, mais vous devez ordonner expressément que ce feu ne soit allumé que pour ces moments-là, et éteint aussitôt après. En maintenant l'exécution de cet ordre, ce sera une très-légère dépense de bois, qui, dans le courant de l'hiver, fera au plus une voie de bois flotté.

ÉCLAIRAGE.

L'huile, la chandelle et la bougie forment les trois objets de la dépense que nécessite l'éclairage d'une maison. Le pernicieux usage des lampes rend la consommation de l'huile à brûler la plus considérable des trois. C'est elle aussi qui exige le plus de soins pour éviter la malpropreté qui en résulterait. Mais les moyens d'obtenir cette propreté sont si multipliés par les ustensiles dont on se sert pour contenir l'huile et la distribuer dans les lampes, que, pour peu qu'un domestique soit adroit et soigneux, il ne résulte aucun inconvénient de cette manière de s'éclairer. Il faut, sur ce point comme sur tout le reste, connaître la qualité, le prix, et la quantité de l'huile que vous devez consommer par mois, avec la différence que produit celle des saisons. Cette huile se fabrique à Paris et dans les départements, et il y en a partout des dépôts : elle coûte de 65 à 90 c. le demi-kilog. ; mais comme je n'ai jamais vu qu'il y eût de l'avantage à la prendre ni à la fabrique, ni dans ses dépôts, je vous conseille de l'acheter chez votre épicier, qui vous la fournira très-bonne, si, comme je vous l'ai déjà dit, vous vous fournissez chez celui dont la réputation est la mieux établie.

Une lampe de grandeur ordinaire consomme pour 45 c. d'huile dans la plus longue soirée. Il vous sera donc aisé de faire le calcul de ce qui s'en brûlera chez vous pendant un mois, et je vous engage à ne faire de provisions que pour un mois. Il faut ajouter à la consommation de vos lampes, celle des *bougeoirs-lampes*, qui servent aux domestiques pour aller et venir. Cette nouvelle invention est préférable de toute manière à la chandelle, qui coule ou s'éteint par le transport, et prête beaucoup plus au gaspillage. Je vous engage donc à avoir pour chacun de vos domestiques une de ces petites lampes portatives, marquées à leur nom, afin que non-seulement ils les tiennent propres, chacun pour son compte, mais aussi pour éviter les confusions et les querelles qui s'établissent pour beaucoup moins entre eux. Vous saurez, dis-je, ce que cette consommation ajoute à celle de vos lampes; vous y comprendrez celle des veilleuses dont vous pourrez faire usage; et votre provision faite d'après ce calcul bien facile, vous en confierez la distribution à *un seul* domestique; ce point est essentiel pour éviter le désordre et l'abus.

Je ne vois de nécessité d'employer de la chandelle que pour l'usage de la cuisinière, qui effectivement, ayant besoin de changer la lumière souvent de place, et qui doit voir très-clair, en a souvent besoin de plus d'une : vous saurez bientôt encore à combien de kilog. se montera par mois cette consommation. La chandelle des six au demi-kilog. est la plus convenable. Le paquet, composé de 2 kilog. 500 grammes, contient trente chandelles, et coûte de 3 fr. à 3 fr. 75 c. Les mieux faites, celles dont la mèche est la mieux filée, sont celles qui font un meilleur usage, et c'est encore chez les meilleurs épiciers qu'elles se trouvent. Une fois la consommation nécessaire connue, vous ferez bien encore de la donner en compte chaque mois à votre cuisinière.

La meilleure bougie a été longtemps celle du Mans. Les fabriques en sont maintenant très-multipliées, et le prix courant est le même partout. Il y a des bougies de quatre au demi-kilog., mais ordinairement on se sert de celles de cinq. La meilleure bougie est celle qui est fabriquée seulement avec de la cire. Le mélange du suif est assez fréquent. Il est facile de l'apercevoir, non-seulement à l'odeur, mais au son plus ou moins sec que rend la bougie lorsqu'on la frappe légèrement du doigt. La nature du coton employé pour la mèche est aussi un point essentiel à observer. Si ce coton est grossier et mal filé, il forme ce que l'on appelle des champignons, et a besoin d'être mouché presque aussi souvent que celui de la chandelle. De plus, il se recourbe en brûlant, et fait couler la bougie, qui s'en consomme beaucoup plus vite. Le seul moyen de prévenir ces inconvénients est, pour la bougie comme pour tout le reste, de chercher et d'adopter les meilleurs fournisseurs. Je ne cesserai de vous le répéter, il est plus économique de payer plus cher, quand ce que l'on achète est bon.

L'usage des lampes diminue sans doute la consommation de la bougie, mais il ne l'exclut pas totalement. Si la lampe à plusieurs mèches recouvertes d'un globe en gaze, et suspendue au milieu de la salle à manger, ne donne point assez de clarté pour un dîner qui nécessite une table de grande dimension, il faut nécessairement ajouter à cette lampe des candélabres à chaque bout de la table, et les garnir de bougies. Il faut, outre les lampes à colonnes qui garnissent la cheminée du salon, au moins deux bougies sur cette cheminée, les jours où l'on reçoit : il en faut pour les tables de jeu ; il en faut peut-être dans le flambeau du cabinet de votre mari : car beaucoup de personnes redoutent avec raison de lire ou d'écrire longtemps à la lueur trop vive d'une lampe. Cette consommation étant assez dispendieuse, elle nécessite votre surveillance particulière. Mais rien n'étant plus facile et moins incommode que de ranger et serrer une assez grande quantité de livres de bougies, je vous engage à faire en une fois la provision de l'année, d'autant plus qu'elle s'améliore en vieillissant, et ne jaunit point avec le temps, lorsqu'elle reste soigneusement enveloppée.

On vend à Paris des bougies éméchées qui ont servi quelques heures. La livre de ces bougies coûte un peu moins que celle des bougies neuves, mais c'est une fort mauvaise économie que ce bon marché-là. Ces bougies éméchées sont vendues aux épiciers par les domestiques des grandes maisons, où ils sont ordinairement chargés de fournir l'éclairage des tables de jeux, ainsi que les cartes. Ils s'indemnisent de cette avance, par le prix imposé à chaque joueur après les parties, et ce prix est assez considérable pour que les domestiques gagnent beaucoup au marché. Il est naturel de penser que dans un tel arrangement, les fournitures se font au plus bas prix possible, et sont par conséquent d'une qualité inférieure. Ceci me conduit à vous dire ce que je pense de ces forfaits contractés entre les maîtres et les serviteurs. On dit qu'ils sont poussés à un tel point à Paris, qu'il s'y trouve des maisons où le cuisinier est chargé, pour une somme convenue, de fournir toute l'année la table de ses maîtres. Le cocher également a l'entreprise de la nourriture des chevaux ; les domestiques, celle de l'éclairage et des cartes des parties. Il me semble que, sous beaucoup de rapports, cet usage est le plus mauvais qui puisse s'adopter. Quelle gêne de se sentir ainsi pensionnaire dans sa propre maison ! Que de friponneries doivent en résulter de la part des entreteneurs, et de soupçons de celle des entretenus ! Que deviennent alors ces liens de famille, qui doivent être la base du gouvernement domestique ? liens qui font de la maîtresse de maison une mère respectée et chérie ; du maître un juge équitable ; et des serviteurs des enfants soumis, respectueux, et attachés, par le seul résultat de la surveillance qu'ils voient s'exercer sur eux chaque jour, avec raison, bonté et justice, dans les plus petits détails qui constituent leurs devoirs ! En un mot, je ne puis concevoir de pareils traités, et je vous félicite, ma chère enfant, de vous trouver dans cette heureuse médiocrité qui ne vous permettrait pas de les adopter.

A demain, ma chère L....

LETTRE XII.

Du Vin et de l'arrangement de la Cave.

Le choix des vins qui s'emploient dans un ménage, et l'acquisition qu'on en fait, dépendent ordinairement du maître de la maison; mais comme il serait possible que votre mari n'eût ni le temps ni la volonté de se charger de ce soin, je vais encore à cet égard vous donner les avis que je crois nécessaires à votre direction.

Les vins d'entremets et de dessert sont une chose de luxe qui, pour cela, ne méritent pas moins qu'on s'en occupe, puisque ce superflu devenu nécessaire dans beaucoup de circonstances, est un des objets les plus chers de l'approvisionnement d'une maison; mais comme je pense que l'utile doit passer avant l'agréable, et que l'utile est ce qui constitue essentiellement *le confortable*, je vous parlerai avant tout du vin d'ordinaire.

J'ai connu beaucoup de maisons montées sur une apparence de richesse, où la table était servie de mets nombreux et délicats; le vin de Madère arrivait après la soupe; le rôti était toujours accompagné de plusieurs sortes de vins: le dessert de même; et le vin d'ordinaire était détestable. J'ai toujours pensé que cette négligence, sur un point d'utilité journalière, s'étendait plus loin. Quand j'ai été à même de le vérifier, j'ai vu que je ne me trompais pas, et que dans ces maisons fastueuses le défaut d'ordre produisait souvent le malaise sur beaucoup de points. Soignez donc d'abord le vin dont vous ferez le plus d'usage. D'ailleurs, dans un ménage bourgeois, c'est celui dont la consommation est la plus considérable.

Le vin rouge d'ordinaire à Paris se tire le plus communément de la Bourgogne, soit de Mâcon, d'Avalon, de Coulanges, de Vermanton, d'Irancy, de Chassagne, de Mercurey et enfin d'Auxerre. Celui de Mâcon est préférable aux autres.

Le vin dit Orléanais, en première qualité, des crus de Baugenci, de Saint-Denis en Val et de Saint-Y, peut très-bien remplacer celui de Bourgogne. Le prix d'achat est à peu près le même, mais celui de transport est beaucoup moindre. Quant aux frais d'entrée, ils sont les mêmes pour tous les vins, depuis le plus précieux jusqu'au plus commun.

Les marchands de vin de pays de vignobles font chaque année, à la fin de l'hiver, une tournée dans toutes les parties de la France qui ne récoltent point de vin; ou qui n'en produisent que de mauvais. Ces marchands reçoivent alors leurs commissions et les expédient ordinairement dans les premiers jours du printemps; car cette époque est la plus favorable pour le transport du vin, puisque les gelées sont passées et que les chaleurs ne sont point encore venues.

Une maison bien établie et bien ordonnée a presque toujours son marchand de vin attitré. Il vaudrait cependant mieux, selon moi, avoir un ami propriétaire qui ne fût point marchand, et ne vendit que le superflu de sa récolte. On courrait, à la vérité, le risque d'avoir un vin inégal, suivant la bonne ou mauvaise qualité de la récolte. Avec un marchand, au contraire, cette différence n'existe point; du moins elle est masquée par le travail qu'il fait avant d'expédier son vin. Il le mélange et le corrige de manière à lui donner toujours la même couleur et le même goût. Ce mélange n'a rien de dangereux en soi; car les substances qu'emploie le marchand de vin n'ont rien de malfaisant; mais enfin il en résulte un vin qui n'est pas naturel, et je crois que le naturel est la première qualité du vin.

Le vin de l'année, quelque bon qu'il soit d'ailleurs, n'est jamais assez fait pour n'être pas vert et âpre. Il ne faut donc le boire que deux ans après qu'il aura été récolté. C'est pour cela qu'une cave bien entretenue doit toujours contenir la provision de l'année courante, quand celle de l'année suivante arrive. Celle de l'année courante doit être moitié en bouteilles, moitié en pièces; car, pendant que cette moitié mise en bouteilles se consomme, l'autre s'améliore dans les tonneaux, pourvu qu'on ait exactement le soin de remplir les tonneaux avec le même vin : il suffit de prendre ce soin une fois par mois. La plus grande propreté doit régner dans les caves; le fond doit en être uni et battu. Il faut aussi balayer le dessous des chantiers sur lesquels les pièces sont posées; essuyer soigneusement les cercles, les douves; ces précautions sont de la plus grande nécessité pour éviter l'humidité et l'accroissement des mousses qu'elle produit, et qui finiraient par faire pourrir le bois des tonneaux et occasioner la perte du vin. Mais au moyen de ce soin pris une fois chaque mois, sous votre inspection, aucun accident ne peut arriver, surtout si les tonneaux sont neufs et bien confectionnés : ce qui existe ordinairement quand on s'adresse à un marchand de vin connu ou à un propriétaire attentif. Si l'on apercevait que le vin coulât par un trou de ver, ce qui arrive quelquefois, il faudrait agrandir ce trou avec une vrille et y mettre un fausset.

Le vin qui s'expédie arrive toujours soutiré; du moins c'est une condition que l'acheteur doit exiger. Ce vin récolté en septembre ou octobre au plus tard et envoyé en avril a déjà six mois de date. Il a subi dans les celliers du propriétaire toutes les variations qui demandent le plus de surveillance; et une fois ôté de dessus sa lie et rendu dans la cave du con-sommateur, les soins que je viens de vous indiquer sont les seuls qu'il faille prendre; mais avant tout ayez soin que votre cave soit saine, c'est-à-dire; qu'elle soit, 1° située au nord; 2° qu'elle ne soit pas trop élevée; 3° que les soupiraux en soient fermés pendant les fortes gelées et les grandes cha-leurs; 4° qu'elle ne serve qu'à contenir votre vin; 5° qu'elle soit éloignée de tous les corps susceptibles de fermentation, et de tous ceux qui, par une action directe ou indirecte, peu-vent faire fermenter; 6° qu'elle soit à l'abri des secousses que produit le passage des voitures; car la commotion peut faire tourner le vin et le changer en vinaigre; 7° enfin, qu'elle soit toujours tenue le plus proprement possible.

Il est indispensable de coller le vin trois ou quatre jours avant de le mettre en bouteille. Cette précaution a pour but de le dégager de la lie et de la partie colorante qui a le plus de disposition à se déposer. On emploie également le collage pour remédier à la plupart des altérations qui peuvent affecter les vins.

La méthode la plus ordinaire pour la clarification du vin est l'emploi des blancs d'œufs pour le vin rouge, et de la colle de poisson pour le vin blanc. Quatre blancs d'œufs suffisent pour coller une pièce de vin rouge de deux cent cinquante à deux cent soixante bouteilles. On commence par retirer cinq ou six bouteilles du vin que l'on veut clarifier; on bat en-suite les blancs d'œufs avec une demi-bouteille de ce vin; on introduit dans la pièce, par la bonde, un bâton fendu, à l'aide duquel on agite fortement le liquide, en lui imprimant un mouvement circulaire; on retire le bâton; et on verse les blancs d'œufs avec un entonnoir que l'on rince avec un peu de vin, ainsi que le vase qui les contenait, afin de ne rien perdre de la dose nécessaire. On agite de nouveau le liquide avec le même bâton; on remplit la pièce, sur laquelle on frappe avec une *batte*, pour faire dégager toutes les bulles d'air et déta-cher la mousse. On la bonde ensuite avec une bonde fraîche-ment garnie d'une toile ou d'un papier nouveau. Le vin, ainsi collé, peut être mis en bouteilles trois jours après; mais il n'y aurait aucun inconvénient à le laisser reposer davantage.

La colle de poisson se trouve toute préparée chez les épiciers; il en faut un litre pour une pièce de vin blanc, contenant de deux cent cinquante à deux cent soixante bouteilles. Le collage s'opère de la même manière que celui du vin rouge (1).

La limpidité du vin est un des objets les plus importants : on doit s'efforcer de l'obtenir dans toute sa pureté. La température et le temps y influent singulièrement, et l'on a remarqué que le vin mis en bouteilles par un temps beau et sec, était moins sujet à déposer que celui que l'on y met par un temps chaud et humide. Les trois époques de la vigne, c'est-à-dire, le temps des équinoxes de printemps et d'automne, et celui de la floraison de la vigne sont surtout celles qu'il faut éviter; car alors, ou la fermentation est générale dans toute la nature, ou le temps est disposé à l'humidité et à l'orage. Il est préférable, autant que cela se peut, de ne mettre le vin en bouteilles que lorsque le temps est sec et beau.

On doit, dans les bouteilles, rechercher la bonne qualité et les mêmes formes et dimensions. La qualité contribue à la conservation du vin, et les mêmes formes et dimensions les rendent plus faciles à ranger en piles, et moins sujettes à se casser.

Pour empêcher les bouteilles de contracter un mauvais goût, il faut exiger d'un domestique qu'il rince chaque jour celles que l'on aura vidées, et les renverse ensuite sur des planches trouées. Je vous engage à destiner pour cet usage un endroit particulier; car, outre l'inconvénient de laisser chaque jour au domestique que vous chargerez de ce soin l'entrée de la cave où sera le vin, il y aurait de plus celui de donner à cette cave une humidité résultante de l'égouttage des bouteilles, et cette humidité serait très-nuisible aux pièces de vin. C'est encore pour cette raison que vous ne devez pas souffrir, lors de la mise en bouteilles d'une pièce, que les bouteilles soient passées au plomb et rincées dans la cave. La paresse des tonneliers tâche de persuader qu'il n'en résulte aucun inconvénient. Il y en a beaucoup, au contraire, puisque l'humidité produite par l'eau, inévitablement renversée, est une cause de pourriture pour les chantiers, et de détérioration pour le vin.

Quelques personnes pensent qu'il est économique de faire tirer le vin par un domestique. Je ne suis pas de cet avis; et quand même un domestique pourrait trouver, dans les occupations de son service journalier, le temps nécessaire

(1) Je vous engage à consulter le *Manuel du Sommelier*, de l'*Encyclopédie-Roret*, pour les soins à donner à votre cave.

pour s'acquitter encore de celle-là, quand même il serait intelligent et adroit, il manquerait toujours de l'habitude que doit avoir un tonnelier, et cette habitude donne la promptitude et l'adresse. D'ailleurs, un bon et habile tonnelier est aussi nécessaire à la direction d'une cave, qu'un bon et habile maréchal l'est à celle d'une écurie : lui seul peut connaître les maladies et indiquer les remèdes. Adressez-vous donc à un homme qui mérite votre confiance ; prenez ses avis, et suivez-les.

Ce conseil étant le meilleur que je puisse vous donner, je terminerai par là mes instructions sur les différentes espèces de vins d'ordinaire, d'entremets ou de dessert, desquels vous pourrez faire usage. Car un homme instruit en ce genre vous dirigera bien mieux que je ne pourrais le faire, sur leur conservation et leur arrangement. Je veux néanmoins vous donner une petite recette bien simple, qui vous procurera à peu de frais un vin blanc mousseux et agréable tout autant que peut l'être le vin de Champagne. Vous le ferez avec tous les vins blancs possibles. Remarquez cependant qu'ils doivent être de bonne qualité et bien clarifiés. Ces deux points observés, on mettra au fond de chaque bouteille une forte pincée de sucre candi, deux grains de raisin sec ; on ficellera le bouchon avec du fil-de-fer, et au bout d'un mois ce vin sera parfaitement mousseux.

L'usage de donner du vin aux domestiques est généralement établi, à Paris surtout ; il faut donc s'y conformer ; à moins que le vin ne soit d'une extrême cherté, ce qui arrive quelquefois, lorsque la récolte vient à manquer. Alors le vin peut se remplacer par la bière ou le cidre de fruits cuits au four. Ces fruits se vendent à la livre chez les épiciers. L'emploi qu'on en fait est simple, facile ; et le cidre qu'ils produisent, est sain, et agréable. Je vous en donnerai la recette avec celle que je vous ai promise pour la fin de mes instructions. Mais à moins de disette, c'est du vin qu'il faut que vos domestiques boivent ; car, sur ce point comme sur beaucoup d'autres, il ne faut pas que les gens que vous aurez à votre service, puissent dire qu'ils seraient mieux ailleurs que chez vous. Une des conditions essentielles pour avoir de bons sujets, est d'établir dans vos rapports avec eux une bonté juste et immuable. S'ils ne savent pas l'apprécier par leur zèle et leur attachement, vous les aurez bientôt remplacés par d'autres qui vaudront mieux, quand votre maison aura acquis la réputation de *bonne condition*. Il sera donc dans vos intérêts comme dans votre cœur, de les faire participer *au bien-être* que vous établirez chez vous.

Beaucoup de gens ajoutent aux gages de leurs domestiques une certaine somme pour leur vin, calculée sur la quantité qu'ils doivent en boire. Assez souvent on fait de même pour leur blanchissage et quelquefois même pour leur pain. Je n'approuve point cet usage, parce qu'il me semble qu'il peut entraîner des infidélités. Un domestique intéressé préférera ne point dépenser son argent. Il boira de l'eau d'abord; mais, quand il pourra s'approprier un peu de vin de la table, il cédera peut-être à la tentation: il en sera de même pour le pain. Quant au blanchissage, il l'économisera au point d'être moins propre qu'il ne doit l'être, et de plus (suivant ma manière de penser sur le rôle *maternel* qu'une maîtresse de maison doit remplir à l'égard de tout ce qui l'environne), il me semble que c'est en distraire quelque chose, que de mettre ainsi dans une sorte d'indépendance des gens qui doivent toujours être compris dans tous les détails de l'ordre général. Je vous conseille donc de calculer la quantité de vin qui suffira par semaine à vos domestiques, et de la faire apporter, chaque semaine aussi, par un marchand de vin, qui la leur distribuera, à raison de trois litres pour les hommes et de deux pour les femmes. Chacun recevra et soignera sa part, et la cuisinière paiera cette dépense comme celle des autres objets de consommation. J'ai vu quelquefois des maîtres de maison acheter une pièce de vin de vigneron, pour l'usage de leurs domestiques, en calculer le contenu, écrire le jour où elle est entamée et celui auquel elle devait finir, à raison de la consommation de chaque jour, et en confier la garde et la distribution à un seul domestique. Mais cette manière a plus d'inconvénients que celle que je vous propose. Si cette pièce de vin est mise dans la même cave que le vôtre, elle en donne trop souvent l'entrée à d'autres qu'à vous; ensuite le distributeur est un objet de jalousie pour les autres, car la jalousie est inhérente à l'état de domesticité, et le soin de la prévenir n'est pas un des moindres que doit prendre une maîtresse de maison, ne fût-ce que pour son propre repos. En effet c'est un véritable tourment que d'être continuellement obligé d'entendre des plaintes d'une part, des justifications de l'autre, et de se trouver ainsi comme un juge qui serait perpétuellement en audience. Voilà de quoi il faut se préserver le plus possible, et c'est dans cette intention que je vous ai donné l'avis que vous venez de lire.

Adieu, ma chère amie, je vous embrasse.

———

LETTRE XIII.

Des Provisions qu'il est utile ou inutile de faire.

Provision, *confusion*, dit le proverbe.

Commencer une lettre par un proverbe, cela sent horriblement sa *mère-grand'* ! J'en conviens, ma chère amie, et pourtant je ne me rétracte pas pas. Les proverbes sont la sagesse des nations, dit milord M***, oncle de Lovelace. Il a raison ; car tous les proverbes expriment une vérité reconnue par une longue expérience. Celui que je viens de vous citer a ce mérite comme tous les autres ; et ce mérite, mes observations me l'ont fait apercevoir. J'y reviens donc, et je vais vous expliquer comment je l'entends.

Dans une maison bien établie, bien conduite, bien dirigée, il est sans doute indispensable de faire provision de certaines denrées d'un usage journalier, qui s'améliorent en se conservant, et desquelles l'acquisition partielle causerait une gêne qui tiendrait de la misère. Ainsi il faut faire sa provision de bois dans la saison où il peut être voituré, scié et rentré sèchement, afin non-seulement de l'avoir meilleur, mais aussi de n'avoir point à s'en occuper dans les jours courts, froids et pluvieux de l'arrière-saison où tout est difficile et pénible. Il faut faire provision de vin ordinaire et extraordinaire pour plus d'une année, parce que le vin devient meilleur en vieillissant. Il est à propos aussi de s'approvisionner pour un an du café auquel on donne la préférence, par la raison que l'on courrait le hasard de n'avoir pas toujours la même qualité en le prenant au détail, et que d'ailleurs une provision de café serrée sèchement n'est nullement incommode à garder, n'exige aucun soin et ne peut pas se détériorer (1). La bougie, ainsi que je vous l'ai dit ailleurs, est encore au nombre des choses qui peuvent se mettre facilement sous clef, sans aucune gêne, sans aucune surveillance journalière. Le savon frais est moins profitable que celui qui est gardé et séché. Je vous l'ai dit en vous donnant mes avis sur le savonnage : on ne trouve chez les épiciers que du savon frais et humide. Il faut donc l'avoir en provision pour une année. Les confitures et les sirops que l'on fait chez soi sont meil-

(1) Le meilleur café, après le moka, est le *bourbon jaune*. Un 1/2 kilog. (1 livre) de café brûlé et moulu, fait au filtre, produit vingt-quatre tasses.

leurs et coûtent moins que chez les confiseurs. Il est nécessaire, dans la saison convenable, de s'en approvisionner de
manière à n'en point manquer jusqu'à la maturité des fruits.
Les cornichons, les fruits verts et les légumes confits au vinaigre servent pour les hors-d'œuvre du diner et pour une
grande partie des sauces qui se font à la cuisine. Il est donc à
propos de les faire chez soi, car bien qu'il s'en trouve toute
l'année chez les épiciers et les marchands de comestibles, ils
coûtent plus du double achetés ainsi. Les œufs sont très-
chers en hiver. Il est à propos au commencement de septembre
de se procurer chez un fermier la quantité nécessaire pour
en avoir jusqu'à la fin de février. Je vous indiquerai la manière de les conserver. C'est, je pense, à ces objets seuls que
doivent se borner les approvisionnements d'une maison. Tous
les autres, tels que le beurre salé ou fondu, l'huile à manger
et à brûler, la chandelle, le vinaigre simple ou composé, le
sucre, les légumes secs, les racines, les ognons, les herbes et
la chicorée cuites, les fruits, etc., sont des choses embarras-
santes, qui peuvent se détériorer, se gâter même entièrement,
et qui se trouvent trop facilement pendant l'hiver chez tous
les épiciers et les fruitières, pour qu'il soit nécessaire d'en
faire provision. Si vous habitiez la campagne, il faudrait sans
doute utiliser pour la ville les produits de votre laiterie et de
votre potager. Mais comme rien n'annonce jusqu'à présent que
vous deviez quitter le séjour de la ville, mes conseils n'ont
point d'autre but; et d'ailleurs, s'il en était autrement par la
suite, je sais que vous en trouveriez de beaucoup meilleurs
que les miens, qui cependant ne vous feraient pas défaut, car
une partie de mon existence passée à la campagne m'a donné
une expérience dont je vous ferais profiter.

Tout le monde connaît depuis plusieurs années le moyen
employé par M. Appert pour la conservation des viandes et du
poisson cuits, du lait, des légumes et des fruits. L'ouvrage
qu'il a publié donne à ce sujet toute l'instruction désirable.
Mais quel que soit le mérite de son invention, je ne la crois
bonne que pour les voyages de long cours. J'ai souvent entendu des marins parler avec reconnaissance des jouissances
qu'elle leur avait procurées dans les contrées éloignées, où,
privés de toutes les douceurs de la vie, réduits au biscuit, aux
pois secs et au bœuf salé, ils pouvaient, à l'aide des provisions faites d'après le procédé de M. Appert, se procurer un
bouillon composé avec du bœuf, du mouton et de la volaille
conservés dans un bocal de verre, ainsi que du lait, des légumes, des fruits; toutes choses qui, dans un pareil cas, sont
des biens inappréciables. Mais à la ville, dans le cours ordi-

naire de la vie, il me semble que le mieux est de se nourrir des produits de la saison.

-: Ceci me rappelle ce que me disait un jour une dame de mes amies, dont M. Lorry avait été l'ami et le médecin. « M. Lorry avait pour principe, me disait-elle, lorsqu'il dictait un régime à ceux dont il gouvernait la santé, de leur recommander de *manger les choses en leur temps*, et toujours les meilleures possibles ; la viande de boucherie la plus succulente, les volailles les plus fines et les mieux engraissées, le gibier bien à point, les fruits parfaitement mûrs, et surtout point difformes; car la même cause qui les rend difformes les empêche de mûrir. A l'égard des primeurs en tout genre, il les proscrivait totalement. Peut-être pensait-il qu'elles étaient de nature peu nutritive. »

: J'étais fort jeune lorsque cette dame me racontait ce que je viens de vous dire, et je riais beaucoup des conseils de M. Lorry; qui me paraissaient appartenir plutôt à la sensualité qu'à la science. L'expérience et la réflexion me les ont fait depuis envisager autrement; et je crois que le savant docteur avait des principes d'hygiène fort recommandables. Adoptez-les, croyez-moi ; et préférez les légumes et les fruits dont chaque saison vous permet de garnir votre table, à tous les tours de force de conservation qui, pour résultat, vous donneront toujours une chose détériorée. Pour moi, je l'avoue; j'ai toujours préféré, en hiver, un plat de salsifis, de cardons, de choux-fleurs, de céléri, de pommes de terre, des purées de lentilles, de haricots, etc., aux petits pois, aux artichauts, et autres légumes *conservés*, qui, réellement, ne sont bons que dans leur saison, et consommés presque aussitôt qu'ils sont cueillis. Il faut cependant en excepter les haricots verts : encore perdent-ils beaucoup de leur mérite; au reste, on en trouve tout l'hiver ; ils se vendent à la livre chez les fruitières. On trouve aussi, pendant l'hiver, d'excellente choucroute (1), qui, faite chez soi en provision, est une des plus incommodes qu'il y ait. Elle se vend partout 30 centimes le 1/2 kilog.; 1 kilog. 1/2 font un plat copieux, très-facile à préparer. Je vous en indiquerai la recette parmi quelques autres que je vous destine.

-. Je crois, ma chère enfant, n'avoir rien de plus à vous dire relativement *aux provisions*, puisque je vous ai indiqué celles que je juge convenable de faire, et celles qui me semblent inutiles.

A demain : nous nous occuperons d'autre chose.

(1) *Sauer-kraut*, légume aigre.

LETTRE XIV.

Nécessité d'établir une règle invariable dans la distribution des heures du lever, du coucher, des repas et des occupations.

Un des points les plus essentiels pour l'ordre d'une maison, ma chère enfant, est d'y établir la régularité. Il y a sans doute des circonstances où cette régularité doit céder à la nécessité. Aussi, en vous la recommandant, mon intention n'est-elle pas que vous vous en fassiez un principe minutieux et exagéré qui par cela même n'atteindrait pas le but que je me propose toujours en vous donnant mes avis, celui de contribuer au bonheur de votre vie intérieure. Mais votre raison dirigera votre conduite dans ces cas d'exception que je ne peux ni prévoir, ni indiquer. Je ne dois vous entretenir que des avantages qui résultent de la distribution régulière du temps et des occupations dans une maison bien dirigée. Il faut bien que cet avantage soit universellement reconnu, puisqu'il n'y a pas de réunions, de communautés d'individus où la régularité ne soit strictement observée. Dans une ferme, vrai modèle de l'économie domestique, le maître et la maîtresse se lèvent chaque jour à la même heure. Leur premier soin est de diriger chaque serviteur au travail qui lui appartient. Les repas sont préparés et pris avec la même régularité. Ceux des animaux et les soins qu'ils exigent, participent de cette exactitude. Le repos de chaque soir, aussi doux que nécessaire, est pris à l'heure habituelle et ne dure qu'un temps limité. Les jours se succèdent ainsi dans un ordre qui n'est jamais interrompu. Au moyen de cet ordre, la prospérité s'accroît, la santé de chacun se maintient et s'affermit : de plus, l'ennui ne pénètre jamais dans cette heureuse famille ; si la fin du jour fait naître un regret, c'est celui de la voir arriver.

Je pourrais vous donner beaucoup d'exemples du bienfait de la régularité. Vous l'avez vue établie dans la maison d'éducation où vous avez été élevée, et vous êtes en âge de juger combien elle y est nécessaire, puisque sans elle tout serait bouleversé dans cette maison où chaque instant doit être mis à profit. Mais ce que vous avez pu observer dans la pension que vous allez quitter, n'est rien en comparaison de ce qui se pratique dans une maison religieuse cloîtrée. Quelle que soit la ferveur des sentiments qui forment ces pieuses réunions, que deviendraient-elles sans la régularité de la vie à laquelle chacun est obligé de se soumettre? Parmi les religieuses, l'une, par trop d'heures données à la méditation, altérerait ses facultés mentales; l'autre, par un jeûne trop prolongé, par une veille forcée, détruirait sa vie; beaucoup d'autres, par excès de désœuvrement, mourraient d'ennui, ou n'y échapperaient que par des dissensions et des querelles perpétuelles. Tous ces maux-là, qui les prévient? l'ordre et la règle. A des heures invariablement réglées, chacune a ses occupations à remplir. Alternativement la prière, le repas, la récréation, le silence et les soins nécessaires à l'administration de la communauté, remplissent si bien et si complètement la journée, que dans ce couvent où les gens du monde croient que l'on meurt d'ennui, les jours comme à la ferme paraissent trop courts. Enfin, suivant l'expression si sage de ce dicton populaire, *on n'a pas le temps de s'ennuyer*. L'ennui, ma chère enfant, ne marche qu'avec l'oisiveté et le désœuvrement, qui bien souvent se trouvent mêlés aux jouissances que procure la richesse. Mais ils n'approchent jamais d'une maison bien gouvernée, ainsi que le sera la vôtre.

Rien de plus pernicieux pour la santé d'une femme que de passer une partie de la nuit dans les salons et la plus belle partie du jour dans son lit. C'est pourtant ce qui arrive dans la vie que mènent les riches habitants de Paris et des grandes villes; aussi, les vapeurs et les maux de nerfs s'ensuivent-ils. On se plaint, on gémit; ce qui est bien pis, on cesse d'être fraîche et jolie; mais on ne le croit pas sans doute, puisque l'on continue le genre de vie qui en est cause. Je vous en conjure, ne l'adoptez point chez vous, et ne fréquentez que le moins possible les maisons où il est en usage. Ce n'est pas pour vous seulement que vous devez conserver votre bonne et belle santé, mais aussi parce qu'elle vous donne un moyen de plus de contribuer au bonheur de votre mari. Est-il rien qui communique plus de satisfaction et de plaisir que la vue d'une jeune femme brillante de santé et de bonheur? Au lieu de cela, quelle tristesse pour celui qui souvent rentre dans sa maison avec le besoin d'y goûter le dédommagement des fatigues et des contrariétés auxquelles ses occupations l'assujettissent; quelle tristesse, dis-je, d'avoir à soigner une attaque de nerfs, à essuyer des larmes sans motif, etc., etc.; enfin à voir chaque jour se détruire peu-à-peu le premier des biens, la santé du jeune âge! Un intérêt plus cher encore doit vous imposer la loi de conserver la bonté de votre constitution. Vous êtes destinée au bonheur de devenir mère. Les premiers mois d'une grossesse sont presque toujours un état maladif. Si vous y joignez un régime qui ne peut que contrarier la nature ; le moindre mal qui puisse en arriver sera de donner à votre enfant une santé débile pour toute sa vie peut-être, surtout si vous voulez le nourrir toujours dans ces mêmes conditions. Mais je suppose que vous et lui vous y résistiez, et que vous ayez la volonté très-louable de commencer l'éducation de cet enfant, si c'est un fils ; de la faire en entier, si c'est une fille. Ne faudra-t-il pas alors changer totalement votre régime de vie, et vous rapprocher enfin de celui de la nature qui veut que l'on dorme la nuit et que l'on veille le jour ? Ne vaut-il pas mieux adopter dès à présent ce que la raison vous dicte ? Vous ne vous y refuserez pas, j'en suis bien sûre, et vous fixerez l'heure de votre lever à huit heures en hiver, à sept heures en été. Quand vous ne vous coucheriez qu'à minuit, vous auriez eu la dose de sommeil nécessaire. Mais comme il est indispensable que vos domestiques se lèvent une heure avant vous et se couchent une heure après, je vous engage, par ménagement pour eux, à terminer votre journée à onze heures ; autant que cela vous sera possible. Que votre premier soin, après votre lever, soit de donner votre coup-d'œil à l'ordre de votre maison. Voyez par vous-même si chacun de vos domestiques s'est occupé de son emploi ; si la cuisine est propre, si la cuisinière prépare le déjeûner suivant vos intentions, qu'elle a dû connaître dès son entrée à votre service, et desquelles une surveillance journalière ne doit pas lui permettre de s'écarter. Voyez également si le domestique aura nettoyé tout ce qui a été susceptible de l'être sans troubler votre sommeil ; si le cabinet de votre mari a été préparé pour son lever, de manière que rien de ce qui lui a été nécessaire ne lui ait manqué ; si votre femme de chambre a également rempli son devoir relativement à votre service personnel et au soin dont vous pourriez la charger particulièrement de délivrer chaque matin les objets de consommation, tels que le café, le sucre, le thé, le chocolat, la bougie, etc., etc. Fixez l'heure de votre déjeûner à dix heures. Pendant le temps que vous y donnerez, faites préparer votre cabinet afin que vous puissiez vous y retirer immédiatement après. Pendant le déjeûner de vos gens, mettez en ordre vos comptes de la veille. Que votre cuisinière vienne ensuite vous montrer son livre de dépense. Vous devez l'arrêter chaque matin. Donnez-lui vos ordres pour la journée. Vous aurez déjà vu ce qui reste de la veille, vous saurez ce qu'il faudra ajouter. Cette exactitude dans l'arrêté du compte de chaque jour, est bien importante. La plus dangereuse habitude que l'on puisse prendre, est celle de laisser accumuler les comptes ; il n'en est pas de plus propre à favoriser les amplifications. J'ai connu quelqu'un qui avait la manie de ne compter que tous les mois. La veille du jour fixé était employé par la cuisinière à un travail immense. Elle s'enfermait, elle passait la nuit, le tout pour établir le mieux possible le profit qu'elle a fini par avouer naïvement qu'elle voulait faire chaque mois sur le total de la dépense. A la vérité, elle ne fit cet aveu qu'à ses camarades, le jour où elle fut congédiée. Mais revenons.

Avant que votre cuisinière ne sorte pour aller aux provisions, elle doit habituellement faire les lits avec votre femme de chambre. Un lit fait par deux personnes l'est beaucoup mieux et beaucoup plus promptement. Il me semble plus décent que cet emploi soit uniquement rempli par des femmes. Tout le reste du nettoyage et de l'arrangement de l'appartement est du devoir d'un domestique, ainsi que ce qui concerne la toilette de son maître.

Le livre de votre cuisinière arrêté, faites-vous représenter ceux de votre femme de chambre et de votre domestique. En général, il faut multiplier le moins possible les mémoires, et ne rien laisser en arrière d'un jour, pas même les ports de lettre chez le portier. Voyez aussi chaque matin quelle sera l'occupation de la journée pour votre femme de chambre ; car, sans lui donner précisément sa tâche, il est bon de vous tenir toujours au courant du travail qu'elle fera, et surtout de l'habituer à votre surveillance.

Ce peu d'instants donnés ainsi chaque jour au maintien de l'ordre vous laissera ensuite tout le repos d'esprit nécessaire pour d'autres occupations, et une grande liberté de vous y livrer. Vous cultiverez par de bonnes et solides lectures votre esprit déjà orné. L'habitude de lire les meilleurs ouvrages est égale à celle de vivre en bonne compagnie. Une fois qu'on a eu le bonheur de prendre cette habitude, il n'est plus possible de la perdre ; c'est pour la vie. Vous avez des talents, gardez-vous de les négliger. Destinez au contraire une partie de vos matinées à vous y perfectionner. C'est une énorme absurdité que de croire qu'une femme instruite et douée de talents agréables ne puisse pas être en même temps une bonne ménagère et une femme essentielle. Comment ! pour qu'un homme qui s'associe une compagne ait un ménage bien ordonné, bien conduit, il faudra qu'il aille chercher ailleurs que chez lui les bienfaisants effets de cette douce mélodie qui calme si efficacement les inquiétudes et les tourments d'esprit auxquels les hommes ne sont que trop souvent assujettis par la nature de leurs occupations ? Ce charme d'une causerie instructive et familière qui fait couler si délicieusement les

heures ; il faudra que ce ne soit pas auprès de sa femme qu'il
le trouve ?... Mais ceci m'éloignerait trop de mon sujet. Je
me borne à vous dire que plus une femme réunit d'agréments
aux qualités essentielles, plus elle a de titre à la tendresse de
son mari. Il est possible cependant que quelques hommes ne
pensent pas comme moi, et que, craignant de rencontrer dans
une femme instruite une Philaminte ou une Bélise, ils s'écrient
avec Chrysale :

> « Nos pères, sur ce point, étaient gens bien sensés,
> » Qui disaient qu'une femme en sait toujours assez
> » Quand la capacité de son esprit se hausse
> » À connaître un pourpoint d'avec un haut-de-chausse.

Je n'entreprendrai point de les convertir en leur faisant
distinguer le mérite du vrai, d'avec le ridicule de la carica-
ture ; je les conjurerai seulement de mettre à part tout motif
d'intérêt, et de ne point rechercher pour la compagne de leur
vie une jeune fille dont ils exigeraient, comme premier sacrifice, celui de la bonne éducation qu'elle aurait reçue. Quant
à vous, ma chère enfant, qui avez le bonheur d'être accordée
à un homme chez lequel la raison, l'esprit et le goût sont dans
une parfaite union, je ne puis trop vous le répéter, cultivez
et augmentez chaque jour, par une lecture régulière et variée, cette instruction et ces talents qui ont tant de charmes.
Vous ferez bien de vous donner une sorte de tâche de quelques heures divisée en plusieurs parties. Ainsi la lecture, la
musique et la peinture, vous occupant alternativement, rempliront d'une manière charmante la plus grande partie de chacune de vos matinées. Mais gardez-vous des importuns ! Paris
abonde de cette espèce de gens qui portent partout où l'on
veut bien les recevoir, *tout l'ennui de leur oisiveté;* et c'est
ordinairement l'emploi de leur matinée entière, auquel ils
joignent de plus le soin utile de chercher un dîner dans l'une
des maisons qu'ils ont à parcourir. Mettez-vous, dès en prenant votre maison, sur le pied de ne jamais attirer ni recevoir
cette espèce de gens. C'en serait fait du repos de vos matinées
et de la possibilité de vous occuper, si vous leur donniez entrée chez vous. Mais autant il sera prudent de vous préserver
de ces importuns, autant il sera nécessaire et agréable de
vous ménager chaque jour quelques moments pour recevoir
vos amis. Ils se conformeront, n'en doutez pas, aux heures
que vous leur destinerez, et que vous pourrez très-facilement
placer entre celle où vous terminerez vos études et celle de
votre dîner. Car il est à propos de limiter le temps de votre
retraite chaque matin. Vous ne l'en retrouverez qu'avec plus

de charme le lendemain ; et d'ailleurs n'aurez-vous pas quelquefois vous-même des raisons de sortir, soit pour remplir
quelques devoirs de société, soit pour faire quelques emplettes ? enfin, n'aimerez-vous pas à joindre quelque travail
d'aiguille à vos autres occupations? Cette distraction est si
naturelle à notre sexe, qu'il ne faut jamais en perdre l'habitude. Je sais bien que dans la position où vous êtes, le travail
que vous ferez ne sera jamais qu'une chose d'agrément. Mais
il sera une variété de plus dans vos occupations, et cette variété est un attrait qui ne vous permettra pas de rester oi-
sive. Qu'il trouve donc sa place aux heures qui précéderont
votre dîner, les jours où vous n'aurez point à sortir, et de
même dans les soirées que vous passerez chez vous.

L'heure à laquelle on dîne à Paris se retarde chaque jour
davantage. On y dînait, il y a trente ans, à quatre heures au
plus tard ; maintenant c'est à cinq au plus tôt, souvent à six
et à sept. Cet usage, dit-on, convient aux hommes, pour
lesquels il est commode de prolonger ainsi la matinée, afin
que leurs affaires soient entièrement terminées pour l'heure
du dîner. S'il en est ainsi chez vous, et qu'il convienne à votre
mari, soit par goût, soit par nécessité, de dîner à six ou sept
heures du soir, il faudra bien vous y conformer. Mais j'en
serais fâchée ; car je ne pense pas que cette manière de diviser
la journée, et le déjeûner *à la fourchette* qu'il faut faire pour
attendre un dîner si tardif, soient d'un bon régime. Je voudrais donc que, prenant un terme moyen, vous pussiez fixer
votre dîner à cinq heures. Mais il faut que cette heure, une
fois déterminée, le soit invariablement : surtout qu'elle soit
bien connue de ceux que vous inviterez, et qu'ils s'y con-
forment. Mettez vous-même à cette exactitude une importance
particulière dans les commencements, afin que vos amis et vos
connaissances en prennent l'habitude. Rien ne trouble plus
l'ordre d'un dîner et le plaisir d'une réunion que cette nécessité ou de recevoir pendant le repas, ou d'attendre certains
traineurs, que leur manie bien plus souvent que leurs affaires
empêche d'arriver partout à l'heure dite. C'est avec ces sortes
de gens qu'il faut principalement mettre toute l'importance
possible à l'heure prescrite pour le dîner. Ne balancez point
à leur dire : Si vous n'êtes pas des nôtres *à telle heure*, ne
venez pas. C'est encore pour le maintien de la régularité,
que je vous conjure de vous interdire rigoureusement ces
invitations indéterminées qui échappent inconsidérément,
sans qu'on ait le temps de penser à leur incommode résultat.
Venez nous demander à dîner un jour, est sitôt dit ; et bien
souvent cette invitation faite en l'air n'est fondée que sur

une convenance du moment tellement indifférente qu'elle est oubliée presqu'aussitôt ; et si l'invité prenant la chose au sérieux, comme il arrive souvent de le faire aux gens qui aiment à trouver leur dîner tantôt dans un quartier, tantôt dans un autre ; si, dis-je, il vous a inscrit sur sa liste pour tel jour, vous le voyez paraître au commencement, au milieu ou à la fin du dîner, mais toujours dans un moment incommode. Que ces imprudentes invitations se multiplient, et qu'au lieu d'un convive inattendu, le hasard vous en amène deux, trois, quatre, et le même jour et à quelques moments de distance l'un de l'autre, voilà un dîner bien agréable ! Au reste, je ne vous parle de cette espèce de contrariété à laquelle l'inexpérience de jeunes maîtres de maison peut donner lieu, que pour vous en garantir, s'il est possible, ayant souvent moi-même été témoin de ses effets, et pour vous donner une raison de plus de maintenir en tout point l'exactitude dans l'ordonnance de votre maison. Comme je crains même de vous en avoir trop longuement prouvé la nécessité par ma lettre d'aujourd'hui, je la termine, ma chère enfant, en vous répétant que je suis à vous pour la vie.

LETTRE XV.

De la Table et des Fournisseurs.

Vous serez bien trompée dans vos espérances, ma chère
amie, si vous attendez de moi une vaste et brillante instruction *gastronomique*. Si j'ai reconnu mon insuffisance dans les
différents conseils que j'ai osé vous donner jusqu'ici, à plus
forte raison suis-je effrayée de ma profonde ignorance sur le
point que j'entreprends de traiter aujourd'hui; et cet effroi
n'existerait peut-être pas, si je m'étais fiée à mes propres
lumières, comme je l'ai fait jusqu'ici. Car non-seulement j'ai
une bien longue habitude d'ordonner mon dîner, mais, sans
trop me vanter, je pourrais le faire moi-même; et le peu de
talent que je suis forcée de me reconnaître à cet égard, je
l'avais dès l'âge le plus tendre. Toutes les petites filles l'auraient de même, si les mères avaient, comme la mienne, le
très-bon esprit de favoriser et d'encourager par leurs avis la
disposition naturelle que leurs filles apportent en naissant,
celle de faire *la dînette* ou *la fricassée*, ce qui signifie la même
chose. Je l'avais à un très-haut degré cette disposition, et
quoiqu'il y ait bien longtemps, je me rappelle que dans tous
les jeux que je partageais avec mes amies, je sollicitais la
faveur d'être *la bonne*. On me l'accordait assez souvent. Ma
respectable mère qui présidait toujours à ces jeux, s'étant
bientôt aperçue de la mauvaise humeur de la cuisinière, qui
ne manquait pas de n'avoir jamais le temps de me donner un
avis, et me renvoyait quelquefois avec une loque attachée à
ma jupe, comme cela, disait-elle, devait se faire *aux petites
demoiselles qui venaient mettre leur nez* à la cuisine; je
revenais aussi peu instruite que j'étais allée, versant de
grosses larmes, et très-affligée surtout de me trouver réduite
à ne faire que le simulacre d'un dîner avec du gazon, des
fleurs, de la terre et de l'eau, quand j'aurais mis tant de prix
à offrir à mes amies, dans l'honorable emploi qu'elles m'avaient
confié, des mets en réalité. Ma pauvre bonne mère mit fin à
toutes ces calamités. Un beau jour elle m'acheta une petite
batterie de cuisine et une petite vaisselle bien complètes.
Non-seulement elle me permit d'en faire usage dans sa
chambre et sous ses yeux, mais elle dirigea si bien mes petites
opérations, qu'au bout d'un an ou deux, c'est-à-dire à l'âge de
neuf ou dix ans, j'étais tout-à-fait capable de faire un véri-

table et assez bon dîner. Je me suis très-bien trouvée depuis d'avoir acquis ce genre d'instruction; car il m'a fourni le moyen de former à la cuisine d'excellents sujets, qui n'en savaient pas un mot en entrant chez moi, et desquels j'aurais été privée, si je n'avais pas eu la faculté de les instruire. De plus j'ai toujours su, lorsqu'un plat était moins bon qu'il ne devait l'être, en dire *le pourquoi* à une cuisinière toute formée. Bien mieux, j'ai toujours connu aussi parfaitement qu'elle, la nature et la quantité d'ingrédients nécessaires à la confection des mets que je lui commandais; et cet effet de la science n'est certainement pas le moins utile. Je pense donc qu'il serait très-sage en cela d'imiter ma mère, et de favoriser comme elle, de développer, d'accroître et de perfectionner la disposition naturelle que toutes les petites filles ont à faire la cuisine.

Mais, me direz-vous, de quoi donc s'effraie votre modestie, puisque vous avouez tant d'instruction augmentée par une si longue expérience? Mon enfant, j'en reviens encore aux proverbes, comme milord M*** et Sancho, et je vous dirai que *le mieux est l'ennemi du bien.* En voici la preuve.

Arrivée au moment de vous parler de l'ordonnance de votre table, je me suis procuré, pour la première fois de ma vie, tous les livres que j'ai cru capables d'augmenter mes lumières, et je vous écris aujourd'hui environnée de tant de richesses, que j'en suis éblouie. En première ligne, l'*Almanach des gourmands,* ouvrage aussi spirituel que scientifique. Viennent ensuite le *Cuisinier royal,* l'*Art du cuisinier,* le *Manuel du cuisinier,* la *Cuisinière de la campagne et de la ville ;* enfin, le modeste *Cordon-Bleu* ou *nouvelle Cuisinière bourgeoise.* De tant de sciences, il n'en peut résulter qu'une pour moi, et cette science est celle du sage : *Je sais que je ne sais rien.* Comment ne pas s'humilier en voyant parmi des chapitres énormes de nomenclature qui ne peuvent se comparer qu'à certains chapitres de Rabelais; comment, dis-je, ne pas reconnaître toute son ignorance en voyant qu'il existe des artistes doués d'un si grand génie, qu'ils vous indiquent, comme les choses les plus simples pour la composition d'un dîner, des mets tels que ceux-ci :

Épigramme d'agneau ou de langues ;
Des côtelettes en surprise ;
Un suprême de volaille ;
Une noix de veau et poulets en bedeau ;
Des atrophes de palais de bœufs ;
Un hachis à la turque ;
Des escalopes au velouté ;

Maîtresse de Maison. 6

Un sauté de volaille au suprême, filets mignons ;

Des profitroles de filets de merlans ;

Des petits cannetons aux confitures ;

Une poularde ou des poulets en demi-deuil ;

Des tendons de veau au soleil ;

Un églefin au soleil ;

Des œufs à l'aurore ;

Une épaule d'agneau en musette ;

Une grenade en turban ;

Des truites à la pluche liée ;

Des filets de bœufs sautés en talons de bottes glacés ;

Une purée de gibier en croustade à la turque ;

Un carrik de volaille ;

Des cardes à l'essence ;

Un saint-pierre sauce aux câpres ;

Un manchon d'esturgeon à la broche ;

Une sauce à l'arlequin, à la pluche, à l'ivoire, etc., etc. ?

A moins de se procurer la recette de l'ambroisie et du nec-
tar, je ne pense pas que l'on puisse espérer d'approcher de
semblables compositions. Ne soyez donc plus surprise de mon
humilité. Voyez, au contraire, combien elle est fondée, puisque je ne comprends pas même un seul des titres harmonieux
que je viens de vous transcrire. Au reste, je me console un
peu en songeant que, si vous voulez un jour vous élever à la
hauteur d'une si prodigieuse instruction, vous le pourrez sans
beaucoup de peine ; car elle est toute dans les *Manuels-Roret*,
qu'il vous sera facile de vous procurer. En attendant, je vous
conseille d'avoir une bonne cuisinière. Lorsque je vous parlerai des domestiques, je vous dirai ce que j'entends par *bonne
cuisinière ;* mais nous n'en sommes pas là aujourd'hui ; et,
comme vous le savez, je tiens beaucoup à ranger chaque chose
à sa place. Ne nous occupons donc que de la table.

Une maison bien ordonnée, c'est-à-dire celle où se trouvent
un juste rapport, une véritable harmonie dans les différentes
parties qui constituent l'ensemble de son gouvernement, ne
doit compter la dépense *de la table* que pour le tiers de la
dépense totale. C'est un fait duquel je me suis convaincue en
le vérifiant bien souvent dans les grandes comme dans les
petites fortunes. Réglez-vous donc sur ce principe ; et dès les
premiers trois mois de votre administration, voyez si vous
devez retrancher, ou si vous pouvez ajouter à la dépense de
votre table, puisqu'elle ne sera que le tiers de la dépense générale qui vous reste à faire.

Paris est certainement la ville de France où se trouvent les
meilleures denrées dans tous les genres possibles. Les magni-

fiques bœufs de la Normandie ne laissent que leurs traces dans les gras pâturages qui les ont nourris et dans les départements par lesquels ils passent. Il n'y reste que le médiocre. Tout ce qu'il y a de beau et de bon s'expédie pour Paris. Toutes les fermes environnant Pontoise, dans un rayon de plus de dix lieues, font le commerce des veaux appelés *veaux de Pontoise*, vendus presqu'en naissant par les paysans qui ont une, deux ou plusieurs vaches, aux fermiers qui les engraissent. Ces veaux ne sont revendus par les fermiers qu'après avoir pris chez eux pendant trois ou quatre mois des flots d'excellent lait chaud trait, dans lequel on mêle quantité de jaunes d'œufs et de mie de pain blanc. C'est encore sur Paris que se dirigent les produits de tant de soins, lorsqu'ils sont arrivés à leur point de perfection ; et dans les lieux où ils le reçoivent, le plus ordinairement on ne les voit que passer.

Les moutons du Berri, de la Sologne, de la Champagne, des Ardennes, de Beauvais, enfin des côtes maritimes, dites Pré-Salé, sont encore élevés, soignés, engraissés, pour être ensuite envoyés à Paris. Je pourrais vous en dire autant du porc, du gibier, de la volaille, du poisson de mer, de rivière et d'étang. Tout ce qu'il y a de beau, de bon, est destiné pour Paris. Il y arrive dans une telle abondance que les habitants des départements en sont stupéfaits, quand ils ont le bon esprit de vouloir connaitre à Paris autre chose que les spectacles, les promenades, les monuments, etc., etc. Certainement ils jouissent d'un spectacle non moins intéressant dans son genre, lorsque parcourant dans ses différentes parties la Halle, et le Quai de Vallée au moment où arrivent ces énormes voitures qui apportent les denrées, ils voient avec quel ordre les inspecteurs, les commis, enfin tous les préposés veillent au partage de ces denrées, qui sont de suite, par les gens ayant seuls le droit de les avoir de la première main, répandues dans les différents quartiers de Paris, où elles sont offertes à la consommation journalière des habitants.

Avec tant et de si faciles moyens de faire une chère bonne, simple et naturelle, il est donc bien inutile, pour ne pas dire plus, d'employer l'art des cuisiniers, quelque savants qu'ils soient, à décomposer de si bonnes choses.

Les déguisements gastronomiques sont certainement aussi indigestes pour l'estomac, que l'est pour l'esprit le travestissement des idées. Selon moi, un véritable talent de cuisinier doit avoir la lucide simplicité du génie. Les inventeurs de mélanges, les destructeurs de formes, les falsificateurs de goûts, ne sont que des brouillons qui pervertissent la bonne doctrine. Mais revenons.

D'après ce que je viens de vous dire sur la facilité de se procurer les meilleurs fournisseurs possibles, je vous engage à bien choisir les vôtres, au moment même où vous prendrez votre maison. Établissons d'abord quels sont les objets de première nécessité dans la consommation journalière d'un ménage : le pain, la viande, l'épicerie, le beurre et les œufs, la charcuterie, la pâtisserie, la volaille et le gibier. Le boulanger, le boucher, le pâtissier et le charcutier doivent nécessairement être choisis dans le voisinage ; et comme il s'en trouve de très-bons dans tous les quartiers de Paris, ce vous sera chose facile. Il se pourrait qu'il n'en fût pas de même de l'épicier. Ce n'est pas le nombre qui manque à Paris. Il y en a partout. Mais le prodigieux débit qui se fait depuis le matin jusqu'à minuit chez un épicier ne prouve pas toujours en faveur de la qualité des marchandises. Il faut donc vous informer, chercher, essayer, avant de fixer votre choix ; et comme vous prendrez, si vous suivez mes avis, votre provision du mois, tous les premiers de chaque mois, il sera à peu près indifférent qu'elle soit apportée chez vous d'un quartier plus ou moins éloigné.

Les marchands d'œufs et de beurre sont encore partout ; mais c'est à la Halle où dans les grands marchés de Paris qu'il faut choisir votre fournisseur. Les prix établis chaque semaine à l'arrivée des coquetiers ne varient plus dans ces grandes boutiques. Ce qui s'y trouve est toujours bon. Il faut faire la provision de la semaine le jour où les coquetiers arrivent de la Normandie. Il est important d'adopter aussi, soit à la Halle, soit au marché de la Vallée, votre marchand ou votre marchande de volaille et de gibier. A l'égard du poisson, il s'achète là où se trouve celui que l'on désire, là où il paraît le meilleur et surtout le plus frais. Enfin c'est le plus diversifié des objets de consommation, et pour ainsi dire une affaire de fantaisie, de laquelle le choix ne peut être fait qu'instantanément. Je ne comprendrai donc point le marchand de poisson dans le nombre de vos fournisseurs habituels. Je reviens à ceux-ci. C'est par la multiplicité des achats faits chaque jour que s'exerce le mieux l'habileté d'une cuisinière, pour peu qu'elle manque de fidélité. Cet art de répartir un gain *honnête* mais journalier, assez adroitement pour qu'il ne soit pas aperçu, s'appelle *faire danser l'anse du panier.*

Il est bien peu de femmes qui, se consacrant à l'état de cuisinière, n'apportent pas toutes les dispositions nécessaires à la pratique de cet art *précieux.* Dès leurs premiers pas dans la carrière, il leur est enseigné avec un soin et un empressement admirables par celles qui ont quelques années de *savoir-*

faire. Les leçons se donnent sur place, c'est-à-dire : marché, à l'heure où l'achat des provisions procure une rencontre aussi facile qu'agréable. Les progrès des élèves sont si rapides, qu'elles dépassent souvent en fort peu de temps et de beaucoup leurs institutrices, quelques habiles qu'elles soient.

Je vous indique l'existence d'un mal, et je ne connais point de remède assez efficace pour le détruire radicalement; du moins puis-je vous enseigner le moyen d'en diminuer les effets: c'est tout simplement de diminuer le nombre des achats payés journellement: c'est d'avoir un livre *au mois* chez votre boulanger, votre boucher, votre épicier, votre marchande d'œufs et de beurre, enfin chez votre marchand de volaille et de gibier. Mais ce n'est pas tout : il faut connaître par vous-même ces fournisseurs; il faut les voir au moins une fois chaque mois, leur parler de la chose qu'ils vous fournissent, leur dire si vous en êtes contente ou non; par ces *causeries* utiles, vous vous instruirez des prix, des qualités etc., etc., toutes choses avec lesquelles il faut qu'une ménagère soit très-familiarisée. Vous en retirerez encore un autre avantage, celui de mettre vos fournisseurs beaucoup plus dans vos intérêts que s'ils ne vous connaissaient que de nom. En général, les marchands de Paris, surtout ceux qui sont bien et solidement établis, ceux dont la réputation est faite, la soutiennent par beaucoup d'honneur et de probité; même si, par un très-grand hasard, une mauvaise denrée vous est fournie de chez eux, vous pouvez la renvoyer, ils vous l'échangeront pour une bonne, en vous remerciant de les avoir avertis d'une faute, probablement commise dans un moment d'inattention. Qu'un garçon peu soigneux ou fripon ne vous donne pas le poids, renvoyez encore l'objet sur lequel vous êtes trompée; le trompeur sera réprimandé, surveillé, enfin chassé, s'il est reconnu pour tel. Quant à vous, vous serez indemnisée, même remerciée; car vous aurez rendu un vrai service à celui qui se fait un rigoureux devoir de soutenir sa réputation de probité. Des gens de cette nature sont bien au-dessus d'une vile association de friponneries avec des domestiques; mais ils joindront à la loyauté qui leur est personnelle un intérêt particulier pour vous, si vous vous faites connaître à eux, comme je viens de vous le conseiller. L'habitude de voir des domestiques leur donner un coup-d'œil très-juste pour juger de leur fidélité ou de leur friponnerie, et vous seriez bien certainement avertie par eux, s'ils découvraient que vous eussiez un domestique peu sûr. Je sais bien que cette adoption exclusive de fournisseurs, par cela même qu'elle a les avantages que je viens de vous prouver, déplaît aux cuisinières, qui ne manquent pas de dire qu'*on ne peut choisir, puisque l'on est forcé de n'aller que dans une seule boutique,* etc., etc. Ne vous laissez jamais prendre à ces sortes de plaintes; car vos fournisseurs prévenus par vous, à moins d'impossibilité absolue, vous procureront toujours de chez leurs confrères la chose que vous leur demanderez, si par hasard ils ne l'ont pas chez eux.

Les choses ainsi établies, les achats qui se paient journellement, seront extrêmement restreints, et le livre de la cuisinière promptement arrêté chaque matin. On connaît bientôt la consommation régulière du pain dans une maison bien tenue. Sans doute elle varie selon le plus ou moins grand appétit des consommateurs, mais ordinairement on en compte 1 kil. (deux livres) par jour pour chaque homme, et 750 grammes (une livre et demie) pour les femmes, y compris la soupe. C'est une véritable économie d'avoir toujours pour les domestiques du pain de la veille. Vous devez voir par vous-même, chaque matin, si cet ordre est maintenu, et exiger qu'il le soit. Quant au pain de votre table, je ne puis vous en indiquer ni la qualité ni la forme : il existe à Paris une si grande variété à cet égard, que le goût seul peut déterminer le choix. Mais vous saurez bientôt ce qu'il conviendra d'ajouter à votre consommation habituelle, les jours où vous aurez du monde. Le prix du pain, soit qu'il augmente, soit qu'il diminue, est uniforme pour tous les quartiers de Paris et chez tous les boulangers.

La viande de boucherie est toujours plus chère à Paris qu'ailleurs, en raison des droits d'entrée qu'elle paie, de la grande consommation qui s'en fait, enfin de la qualité qui est toujours supérieure. On vend à la halle et dans les grands marchés de la viande inférieure appelée basse boucherie; mais je ne vous en parlerai pas, puisque vous n'êtes pas dans la position d'en faire usage. Au contraire, je vous engagerai à payer s'il le faut, quelque chose au-dessus du cours, afin d'avoir toujours les meilleurs morceaux, le moins d'os possible et jamais de *réjouissance,* chose fort peu réjouissante; car cette espèce de viande, très-mauvaise de sa nature, se paie au même poids que la bonne. Il est donc bien entendu de prendre avec votre boucher un arrangement qui vous assurera toujours la meilleure viande possible.

La viande de boucherie est sans doute au rang des plus considérables dépenses d'une maison; mais, ainsi que toutes les autres, elle peut et doit être régularisée; et voici comme je le conçois:

Il y a trois emplois connus de la viande de boucherie :

1º Le bœuf qui fait le bouillon et qui se nomme *bouilli*;

2º Les entrées, qui se composent également de bœuf, de veau ou de mouton;

3º Les rôtis, pour lesquels on emploie encore à volonté ces trois sortes de viande.

On pourrait même ajouter *le jus*, qui sert au perfectionnement des mets, et pour lequel on fait usage du bœuf et du veau. Mais ce dernier article mérite le plus sévère examen; car c'est un des grands moyens dont les cuisiniers ou les cuisinières se servent pour augmenter en apparence et en prodigieuse quantité la consommation de la viande. Comme celle qui est destinée à cet emploi doit être cuite avec des carottes et des oignons, au point d'être calcinée, elle ne peut qu'être jetée après avoir rempli sa destination. Il est bien facile alors de persuader à une maîtresse inexpérimentée que l'on emploie à cet usage une très grande quantité de viande. Gardez-vous de tomber dans cette erreur. Une cuisinière fidèle et habile fait tout le jus dont elle a besoin avec les rognures des morceaux de bœuf ou de veau qu'elle emploie pour composer les mets dont la forme doit être régularisée. Alors c'est une dépense qui ne peut réellement pas s'apercevoir, et dont je ne parlerai point dans la quantité de livres de viande que je présume devoir se consommer par jour dans votre maison. Mais, avant d'aller plus loin, je crois devoir vous parler de la composition ordinaire d'un dîner.

Suivant l'usage, un dîner se compose de sept sortes de mets.

La soupe, le bœuf, les hors-d'œuvre chauds ou froids, les entrées, le rôti, les entremets, et le dessert. La quantité de ces mets s'étend ou se restreint suivant le nombre des convives. Un dîner pour huit ou dix personnes est bien suffisant lorsqu'il est composé de la soupe ou du potage, du bœuf, de deux entrées, de deux hors-d'œuvre chauds, d'un rôti, de quatre plats d'entremets, savoir deux de légumes, une salade, des pots de crème ou quelques pâtisseries froides, enfin d'un dessert de sept ou neuf plats; car le service exige un nombre impair.

Si un dîner composé ainsi que vous venez de le voir, suffit pour dix et même pour douze personnes, vous concevez facilement que l'ordinaire de votre table, quand vous serez seule avec votre mari et même avec un ou deux amis, sera infiniment moins considérable; et comme cette moindre quantité de mets sera la plus habituelle, c'est d'après elle aussi que j'essaierai d'établir la dépense de votre table:

1 kil. 500 à 2 kil. (trois à quatre livres) de bœuf suffisent

pour faire très-amplement le bouillon nécessaire à la consommation d'une maison composée de six ou sept personnes. Il
doit même rester assez de bouillon pour faire le lendemain une
soupe excellente, en y ajoutant un bouillon de racines en
hiver, ou d'herbes fraîches en été. Quant au bœuf, une cuisinière intelligente doit, lorsqu'il en reste, ce qui arrive presque
toujours, le préparer pour le déjeûner des domestiques le
lendemain, et surtout varier beaucoup la manière de l'arranger.

A ces 2 kil. (quatre livres) de bœuf il faut joindre 1 kil.
(2 livres) d'autre viande de boucherie, lesquels pour deux
ou trois personnes doivent suffire à une entrée dont il y aura
du reste pour le dîner de la cuisine, puisqu'une entrée est
toujours un plat accompagné de sauce et même de légumes
qui en augmentent le volume. Joignez au bœuf et à l'entrée
une volaille ou une pièce de gibier, ou des pigeons rôtis,
selon votre goût et la saison un plat d'entremets composé
d'œufs ou de légumes, trois plats de dessert (la saison en
déterminera la qualité), une bouteille de bon vin d'ordinaire;
et vous aurez fait un dîner très-*confortable*, car il aura été en
même temps bon, sain et ample. Voyons cependant par aperçu
ce qu'aura coûté ce dîner :

Bœuf à 70 centimes, 2 kil. (quatre livres) au plus	2 fr.	80 c.
Veau ou mouton pour l'entrée, 1 kil. (deux livres).	1	40
Volaille, gibier ou pigeons pour le rôti, à peu près.	3	
Plat d'entremets, quel qu'il soit. . . .	2	
Vin d'ordinaire, à peu près et au plus . . .	1	
Pain.	»	50
	10	70
Il faut ajouter à ce prix celui des épices, du lard, du beurre, qui auront été néces- saires pour la confection du dîner. . .	2	
Le charbon qui, au fourneau de Harel, aura cuit le dîner.	»	50
Le dessert, qui jamais n'est entièrement consommé, de quelque nature qu'il soit.	1	50
	14	70

Voilà donc deux ou trois personnes à votre table, et trois
à la cuisine, très-bien nourries pour 17 fr.; car j'ajoute aux

14 fr. 70 c. ci-dessus, 2 fr. 30 c. pour le pain et le vin que consommeront les domestiques, et c'est bien assez.

Voici maintenant comment une cuisinière intelligente devra employer ce qui sortira de votre table après le dîner que je viens de vous décrire. A la soupe que vous aurez laissée elle ajoutera tout le pain et le bouillon nécessaire, y compris les légumes du pot, afin qu'elle et ses deux camarades aient une soupe bonne et ample. Le reste de l'entrée et du plat d'entremets suffira pour compléter leur dîner. Quant au bœuf et au rôti qui resteront, elle emploiera, comme je viens de vous le dire, le bœuf pour le déjeûner de la cuisine le lendemain, et le rôti pour le vôtre, si vous mangez de la viande. Mais vous ferez bien d'établir l'usage de manger de la soupe au déjeûner. Cette soupe doit être aux choux, aux herbes, ou à tout ce que votre cuisinière imaginera de mieux; mais le bouillon gras de la veille ne doit y entrer pour rien, puisqu'il doit être réservé pour le potage de votre dîner.

L'usage de faire manger le matin de la soupe aux domestiques, est économique et sain. Il faut l'établir avec fermeté; car il pourrait arriver qu'ils eussent la fantaisie de ne vouloir pas s'y conformer. Au reste, sur ce point comme sur beaucoup d'autres, vous agirez sagement en leur donnant l'exemple, et en vous faisant servir à votre déjeûner une portion de la soupe qui doit faire partie du leur. Après cette soupe, ils auront le bœuf de la veille bien arrangé. Pour vous assurer à cet égard du soin de la cuisinière, je vous conseille d'ordonner qu'on vous présente de temps à autre ce plat, et même qu'on vous en serve un peu quelquefois. Des gens qui à dix heures du matin ont pris un repas tel que je viens de vous le décrire, pourraient très-bien attendre jusqu'à cinq du soir; mais si vous-même vous dinez à cinq heures, ils doivent eux dîner à six ou sept; par conséquent il est naturel qu'ils fassent un second repas vers deux heures. Ce repas néanmoins, ils doivent le faire en continuant de vaquer à leurs occupations, et point du tout *attablés*. Quelques restes du plat qu'ils auront eu le matin, ou de ceux de votre déjeûner, devront suffire.

Je sais très-bien que le café au lait est en usage à Paris pour les domestiques, surtout pour les *domestiques-femmes;* mais aussi je sais, par ma propre expérience, que cet usage ne s'admet qu'autant qu'on le veut bien, et je n'ai jamais voulu l'admettre chez moi. Je vous engage à faire de même. Ce café, *si nécessaire*, ordinairement ne compte pour rien; il est bu à grands flots le matin en attendant le déjeûner, voilà tout. Mais quand même il servirait réellement de déjeûner, ne

vaut-il pas mieux, pour nourrir ses gens, utiliser les restes de
la veille, que laisser·perdre ces mêmes restes, et faire une
dépense inutile pour un objet de friandise? Je n'ai jamais
voulu que le café fût pour mes domestiques autre chose qu'un
régal donné suivant l'occasion, ou des jours gras, ou d'un an-
niversaire, ou de quelque autre fête de famille, ou d'un évé-
nement heureux; car j'ai toujours eu l'habitude d'identifier
mes domestiques aux affections morales qui m'étaient personnelles et que je pouvais leur faire connaître. C'est un principe qui me semble très-bon, et duquel je vous parlerai plus
longuement en temps et lieu. Revenons. Je vous engage donc
à bannir l'usage du café pour vos gens. S'il vous convient
d'en prendre, à vous et à votre mari, vous en réglerez la
quantité. Alors votre femme de chambre donnera chaque matin ce qui sera nécessaire pour la journée, parce qu'elle aura
reçu de vous en compte pour le mois la provision du café
ainsi que celle du sucre nécessaires pour la consommation.

Le bouillon gras fera votre soupe le lendemain du jour où
le pot aura été·mis (c'est l'expression consacrée), au lieu
de 1 kil. 50 ou 2 kil. (3 ou 4 livres) de bœuf employés la
veille à faire le bouillon et le bouilli, vous pourrez avoir pour
entrée ou pour rôti une pièce de viande de boucherie du
même·poids. Cette·pièce, après avoir été servie sur votre
table, fera·le déjeûner de vos gens le lendemain et même une
entrée pour votre dîner; car une cuisinière intelligente sait
tirer de tout un parti avantageux.

Sans doute il y aura des jours où vous recevrez du monde,
et la dépense de·votre table s'élèvera plus haut ces jours-là.
Mais aussi ne s'en trouvera-t-il pas où vous ne dînerez pas
chez vous? Ainsi, tout compte fait, l'un compensera l'autre.
Je vous engage beaucoup, hors les cas de nécessité absolue,
à n'avoir jamais, lorsque vous inviterez du monde à dîner,
plus de huit ou dix personnes. Autant une réunion d'amis ou
de connaissances limitée à ce nombre, est aimable pour tous
ceux qui la composent; autant elle est fatigante pour une maîtresse de maison, et insignifiante pour ceux qu'elle invite,
lorsqu'elle est plus considérable. Assortissez surtout avec
beaucoup de soin les gens que vous réunirez chez vous; que
les mêmes opinions, la même instruction, autant que possible, le même genre d'éducation, produisent cette confiance
aimable qui laisse à la fin de la soirée la satisfaction de l'avoir
si bien employée, et le désir de la voir se renouveler. Quand
on a le malheur d'être obligé de donner de grands repas d'apparat où les conditions que je viens de vous prescrire ne peuvent pas être observées, il faut bien se soumettre à la dure loi

de la nécessité ; mais toutes les fois qu'un dîner pourra n'être qu'une réunion d'amitié et de confiance, ce sera un des plus délicieux moyens d'employer quelques heures de la journée. Je ne vous tracerai pas la manière de bien faire les honneurs de votre dîner. Votre excellente éducation, votre politesse exquise, la décence, la bonté qui vous sont naturelles, vous mettront, dès en prenant votre maison, à la place que vous devez y remplir ; la justesse de votre esprit vous avertira bientôt des égards et des préférences que vous devrez à l'âge, au sexe et au mérite. Votre attentive bienveillance ne vous laissera négliger personne ; et ceux que vous admettrez à votre table, comme ceux qui vous verront ailleurs, se loueront de cette charmante simplicité, l'une de vos grâces particulières, simplicité que toutes les femmes qui entendront bien leurs intérêts se feront une étude d'acquérir ; car il n'est pas d'attrait plus propre à leur concilier les cœurs et à leur donner le moyen de bien faire les honneurs chez elles.

Adieu, ma chère amie.

LETTRE XVI.

Des Domestiques.

Nous voici arrivées, ma chère enfant, à la partie la plus difficile et la plus épineuse de votre gouvernement, je veux dire *les domestiques*, mal nécessaire, inévitable, et qui fera le tourment de votre vie, si vous ne savez pas le maîtriser. Mais aussi, ce mal se changera en bien, et vous vous attacherez vos domestiques par de vrais liens de famille, si vous observez, avec une scrupuleuse exactitude, toutes les conditions indispensables pour obtenir ce résultat. Voici, selon moi, ces conditions :

1º Assurez-vous par tous les moyens possibles des mœurs et de la fidélité des domestiques que vous devez prendre à votre service. On ne saurait sans danger admettre dans son intérieur le plus intime des gens qui laissent quelques doutes sur ces deux points ;

2º Qu'ils ne soient ni trop jeunes, ni trop vieux. Trop jeunes, on risque de les former pour d'autres ; trop vieux, ils ont des habitudes et des défauts, j'ose le dire, *indéracinables* ;

3º Qu'ils soient d'une bonne constitution et jouissent d'une parfaite santé. Un domestique infirme ou difforme est l'objet le plus affligeant que l'on puisse avoir sous les yeux ;

4º Défiez-vous des gens fort habiles, et donnez la préférence à cette sorte de médiocrité qui, pour l'ordinaire, est le garant de la docilité et de la bonne foi. Il n'est que trop facile de se laisser séduire par cette intelligence extrême qui se fait remarquer dans certains domestiques. Mais il est bien rare que, soit en hommes, soit en femmes, ces factotum, ces gens à qui rien ne résiste, qui savent tout, qui acceptent tous les emplois, qui même sont désintéressés sur le prix des gages, ne soient pas des fripons adroits, qui avant tout usent de leur habileté pour accaparer tellement l'esprit de leurs maîtres, pour se rendre si nécessaires, qu'une fois cette sorte de grappin jeté, il n'y a plus moyen de vaincre leur ruineuse tyrannie. Je le répète donc, préférez la docile et franche médiocrité.

Ne cherchez pas à économiser sur les gages de vos domestiques. Il existe une sorte de tarif connu auquel il serait injuste et même maladroit de ne point se conformer. D'ailleurs cette espèce de tricherie ne pourrait durer longtemps. J'ai vu des gens qui amenaient ou faisaient venir *de la province* des domestiques, auxquels ils comptaient ne donner que les gages *de la province*, qui sont au plus la moitié de ceux de Paris. Ce marché convenu de part et d'autre, était accepté par *le provincial*, avec la restriction *mentale* et très-juste de ne le tenir que le temps nécessaire pour trouver mieux. Quand l'idée ne lui en serait pas venue de lui-même, bien certainement, dès le lendemain de son arrivée, elle lui aurait été suggérée par les voisins, les voisines, et les nombreuses intimités qui en pareil cas se forment avec la rapidité de l'éclair.

D'après l'état de fortune qui vous est destiné, j'ai supposé jusqu'à présent votre maison montée sur le pied de trois domestiques, une cuisinière, une femme de chambre et un domestique *homme*. Cette supposition, je la continuerai dans les avis qui me restent à vous donner. Vous pourrez en étendre ou en réduire l'usage suivant le besoin; mais tels que je vous les donne aujourd'hui, je ne les regarde pas moins comme une base nécessaire de votre administration.

Certaines fonctions domestiques ne peuvent absolument être remplies que par des hommes. Il est donc indispensable d'en avoir à son service. Mais, autant que vous le pourrez, donnez la préférence aux femmes. Ayez, par exemple, une cuisinière plutôt qu'un cuisinier. Votre table n'en sera pas moins bien servie, car, outre que l'on trouve de très-habiles cuisinières, elles sont pour l'ordinaire plus propres, plus économes, et supportent plus volontiers l'inspection de la maîtresse. Enfin on peut les utiliser dans les moments où leur travail principal leur laisse du loisir, moments qu'un cuisinier a l'habitude de passer dans un désœuvrement qui toujours a les plus mauvais résultats.

Je vous ai promis dernièrement de vous dire en temps et lieu ce que j'entends par une bonne cuisinière; nous y voici. Une bonne cuisinière, selon moi, doit avoir au moins trente ans, pas plus de quarante. Point d'emploi domestique où l'étourderie de la première jeunesse soit plus à craindre, où les défauts d'un âge avancé soient plus insupportables. Il est vrai qu'ils deviennent imperceptibles, quand on a le bonheur de vieillir avec ses domestiques; mais je n'ai à vous parler que de votre premier choix. La cuisinière que vous prendrez à votre service doit avoir un extérieur qui annonce la propreté, la simplicité et l'ordre. Le premier coup-d'œil vous éclairera sur ces différents points. Je ne me suis jamais trompée à cet égard en examinant le choix et l'arrangement des objets qui composaient l'ajustement d'une femme qui se présentait pour entrer chez moi. Des cheveux mal tenus, un bonnet ou un mouchoir mis sans soin, une robe mal attachée, bien traînante pour cacher des bas sales et des souliers usés, le tout accompagné de certains affiquets de coquetterie; un châle jeté négligemment sur les épaules, en voilà plus qu'il n'en faut pour donner la preuve de tous les défauts opposés aux qualités que l'on doit désirer dans une cuisinière.

Vous jugerez encore facilement du degré d'intelligence d'une femme par la courte conversation que vous aurez avec elle; de la promptitude *bien ordonnée* de ses actions par celle que vous remarquerez dans l'arrangement de ses mots : je dis *bien ordonnée*; parce qu'il y a un genre de promptitude *brouillonne*, qui est un grand défaut dans un domestique, et plus encore dans une cuisinière qui ne peut remplir complètement son devoir qu'à l'aide d'une tête bien organisée. Attachez-vous particulièrement à ce point; il est essentiel. Donnez aussi la préférence à celle dont la physionomie franche et ouverte annonce un bon caractère. Vous voyez que je mets en première ligne des conditions parmi lesquelles il n'est point question du plus ou moins de talent; c'est qu'il n'y a point de talent, point de *cordon bleu* (titre d'honneur d'une habile cuisinière) qui selon moi puisse tenir lieu des qualités auxquelles je vous conseillais tout-à-l'heure de vous attacher d'abord. Ce point convenu, passons à d'autres. Je vous l'ai dit ailleurs, je crois que le véritable talent d'une cuisinière ou d'un cuisinier *est d'avoir la lucidité du génie*. Ne vous laissez donc pas éblouir par le faste des mots. Parmi les mets, ne recherchez rien que de très-intelligible. Une cuisine saine, simple, *ordinaire* enfin, faite avec la plus grande propreté, servie le mieux possible, car c'est quelque chose de très-important que l'*art de dresser les mets*. S'il manquait à la cuisinière qui vous conviendrait sous tous les autres rapports, il faudrait le lui faire enseigner : encore une fois, c'est chose indispensable.

Dans tous les quartiers de Paris, on trouve d'excellents pâtissiers, qui rendent inutile le soin de s'occuper de la pâtisserie chez soi, où elle coûte toujours plus cher. Cependant il est bon qu'une cuisinière en sache assez pour faire au besoin des plats de fantaisie qui parfois même utilisent les restes. Le talent de faire la cuisine n'est pas tout ce que vous devez rechercher dans une cuisinière; il faut encore qu'elle sache lire, écrire et compter; qu'elle sache assez travailler non-seulement pour entretenir le linge de la cuisine, mais encore pour faire certains ouvrages faciles, qui, faits par elle, laisseront à votre femme de chambre le loisir suffisant pour s'occuper de ceux qui exigeront plus de talent. Il faut qu'elle sache savonner et même repasser le linge *uni ;* car je suppose que vous choisissiez avec raison, pour faire savonner et repasser, les jours où vous ne dinerez pas chez vous. Ne serait-il pas à propos et bien plus expéditif que cet ouvrage fût fait à deux? Enfin prévenez la cuisinière que vous prendrez à votre service, comme il sera sage de le faire pour les autres domestiques; prévenez-la, dis-je, que bien qu'elle soit destinée particulièrement à la cuisine, vous voulez qu'elle soit prête à remplir tout ce qui constitue en général le service de votre maison, dans les cas de nécessité, et que vous proscrivez à jamais du langage de vos domestiques ces mots qu'ils savent tous : *ce n'est pas mon ouvrage ;* mots derrière lesquels ils se retranchent avec un grand dégagement, quand on veut bien le leur permettre. Certainement il est essentiel à l'ordre d'une maison de ne pas brouiller les occupations des domestiques; mais il est impossible qu'il ne se rencontre point des cas extraordinaires dans lesquels il est indispensable de substituer l'un à l'autre, et le *ce n'est pas mon ouvrage* est une impertinence qu'il faut proscrire avant même qu'elle soit prononcée.

Les gages de la cuisinière possédant les qualités que je viens de vous indiquer ne peuvent être au-dessous de trois cents francs. De plus elle a le profit des cendres de la cuisine; elle les vend, ainsi que les graisses qu'il est nécessaire d'enlever des mets qui se préparent dans toutes les cuisines possibles. Je sais bien que ces graisses pourraient être utilisées, remplacer le beurre de friture, servir même à la composition de quelques plats. Mais c'est une très-médiocre économie, qui, ne se faisant pas habituellement, donne de l'humeur aux cuisinières; et cette humeur les porte à employer le plus mal qu'elles peuvent cette graisse qui déjà par elle-même est assez mauvaise, à moins qu'elle ne soit de volaille. Pour celle-là seulement, vous pourrez donner ordre à votre cuisinière de l'employer; laissez-lui vendre les autres, puisque c'est l'usage de la ville; car il n'en est pas de même à la campagne, où l'on tire de tout un parti économique. Mais comme vous devez habiter la ville, je ne dois vous parler que de ses usages. A l'égard de toute espèce de restes, ne souffrez pas qu'il en soit distrait une parcelle sans votre ordre. Aux gages de trois cents francs, au profit de la vente des cendres et des graisses, votre cuisinière joindra aussi les étrennes que lui donneront vos fournisseurs. C'est encore une chose d'usage et nullement préjudiciable à vos intérêts. Enfin elle aura celles que vous-même lui donnerez. Il est rare que cette gratification du premier de l'an se supprime ; cependant je l'ai vu quelquefois, et j'ai toujours trouvé plus de dureté que d'économie dans cette réforme. Je crois que vous penserez comme moi.

Les qualités que vous devez rechercher dans votre cuisinière sont à peu près celles que vous devez exiger pour votre femme de chambre. Cette dernière peut cependant avec moins d'inconvénients être plus jeune de quelques années. Étant sous votre surveillance spéciale et continuelle, n'ayant point comme la cuisinière des motifs journaliers de sortir, l'âge de vingt à trente ans est plus admissible pour l'une que pour l'autre. Il y a des jeunes filles bien élevées, douces, modestes, sages, qui dès l'âge de vingt ans possèdent tous les talents nécessaires pour être de très-habiles femmes de chambre. Elles savent lire, écrire, compter, blanchir, repasser, travailler en linge, en robes, faire les reprises les plus délicates, enfin arranger les cheveux suffisamment pour les jours ordinaires ; car dans les grandes occasions il faut avoir recours à un *artiste*. Il est possible, vous dis-je, de rencontrer dans une personne de vingt ans toutes les qualités nécessaires à une bonne femme de chambre ; mais il est rare, à cet âge, d'avoir assez d'ordre dans la tête pour en mettre dans ses occupations, et celles d'une femme de chambre en exigent beaucoup. L'arrangement du linge dans les armoires, l'entretien exact et régulier de ce linge, la distribution journalière de certaines provisions, l'ordre à maintenir dans les différentes parties de votre ajustement ; enfin la nécessité, qui peut se rencontrer pour elle, de remplacer votre cuisinière dans le cas où celle-ci serait malade, voilà des choses bien difficiles à concilier avec l'âge de vingt ans ; mais quatre ou cinq années de plus suffiront pour tout réunir. Attachez-vous encore, dans le choix que vous ferez d'une femme de chambre, à la simplicité des manières et à la décence de la mise. Si vous permettez qu'elle ne se coiffe qu'avec ses cheveux, exigez du moins qu'ils soient extrêmement propres et très-bien arrangés. Proscrivez les manches courtes, qui sont tout-à-fait opposées à la tenue que doit avoir la femme de chambre d'une femme honnête. Ne tolérez jamais la moindre négligence de propreté dans une personne qui doit être continuellement rapprochée de vous. Dans ces fréquents rapports, traitez-la avec une bonté materternelle ; mais ne souffrez pas l'indiscrète familiarité qu'ils pourraient produire. Si vous l'apercevez, arrêtez-la dès sa naissance, pour l'intérêt même de celle qui se la permettrait ; car cette familiarité, toujours croissante, devient insupportable, et finit par être une des plus fortes raisons qui déterminent souvent le renvoi d'un sujet auquel on reconnaît d'ailleurs de bonnes qualités. Les gages d'une femme de chambre qui sait parfaitement blanchir, repasser, faire les robes et autres ajustements de femme, raccommoder les bas, travailler en linge, faire les reprises, coiffer, lire, écrire, compter, et même faire un peu de cuisine, sont au moins de trois cents francs, et s'élèvent souvent à quatre cents. Elle a pour profits les étrennes, et ce que l'on veut bien lui donner dans la réforme que l'on fait de différents objets d'habillement; mais elle ne doit jamais s'en faire un droit, qui bientôt deviendrait une exigence insoutenable. C'est encore un abus que vous devez prévenir par beaucoup de fermeté.

Rien n'est plus redoutable que les domestiques *hommes* habitués au service des habitants de Paris. C'est chez eux surtout que se trouve cette étonnante capacité jointe à une infinité de défauts et de vices même, de laquelle je vous parlais au commencement de cette lettre. Ces sortes de gens ne sont susceptibles d'aucun attachement. Ils n'entrent jamais dans une maison qu'avec le projet d'en chercher une autre, s'ils ne trouvent pas dans celle où ils sont admis toute la facilité qui leur est nécessaire pour se livrer à leurs mauvaises inclinations. La légèreté avec laquelle on les prend et on les chasse, augmente aussi beaucoup en eux cette mauvaise et habituelle disposition. Je ne dis pas qu'il n'y ait cependant des exceptions à faire, mais elles sont rares; et je vous conseillerais, dans l'intention où vous êtes sans doute de vous attacher le domestique que vous prendrez à votre service, de donner la préférence à un homme simple, de bonne volonté, qui saurait lire, écrire et compter, et dont les mœurs n'auraient pas encore été corrompues par le séjour de Paris. Vous le préserverez certainement de la contagion par la bonté que vous mettrez à le former, à l'instruire du service qu'il devra faire, par l'indulgence avec laquelle vous le reprendrez de ses premières gaucheries, et surtout par l'habitude du travail auquel sa soumission de novice ne lui permettra pas de se refuser; et les devoirs d'un domestique sont assez multipliés pour ne pas le laisser oisif un seul instant du jour. Dès en se levant, il doit, après avoir fait son lit et approprié ses habits, s'occuper de nettoyer avec un très-grand soin ceux que son maître aura quittés la veille, les bottes, etc. Il doit ensuite balayer et frotter, dans les pièces de l'appartement où il peut le faire sans troubler le sommeil de ses maîtres. Il aura de plus à s'occuper de l'arrangement des flambeaux et des lampes, et cet arrangement, pour être bien fait, veut du temps et une attention minutieuse; enfin, si c'est l'hiver, il devra mettre dans les coffres à bois la quantité qui sera nécessaire pour la consommation de la journée, et allumer le poêle de la salle à manger. Ces occupations de tous les jours rempliront bien suffisamment le temps qui précédera l'heure à laquelle son maître aura besoin de lui pour sa première toilette. Viennent ensuite les soins que demande le couvert pour le déjeûner. L'extrême propreté des cristaux, de l'argenterie, des couteaux, etc., ne doit jamais être négligée, et ces soins divers, pour que l'on y satisfasse exactement, exigent encore assez de temps. Lorsque le déjeûner aura été servi par le domestique, la femme de chambre devra donner le café, le chocolat, ou le thé. Pendant le temps que durera ce premier repas de la journée, le domestique s'occupera de nettoyer et d'arranger le salon, ainsi que votre cabinet particulier. Enfin, il ne doit lui-même déjeûner qu'après avoir rangé tout ce qui sera susceptible de l'être dans la salle à manger. Aussitôt après avoir déjeûné, il continuera d'approprier le reste de l'appartement; et vous ne devez jamais lui permettre la moindre négligence dans les plus minutieux détails de propreté. Si votre mari sort après s'être habillé, il faudra que tout ce qui aura servi à sa toilette soit mis en place aussitôt.

Les devoirs du service à la maison étant remplis, si vous avez donné, vous ou votre mari, des commissions au domestique, il les fera avant l'instant où il devra s'occuper de mettre le couvert pour le dîner. Vous ferez bien de lui faire remarquer l'heure à laquelle il sort et de lui spécifier celle à laquelle il doit être de retour, suivant les courses que vous saurez qu'il doit faire. Cette précaution est une sorte de frein très-utile, et je vous engage à ne pas la négliger. En général, il serait à désirer qu'un domestique ne fût occupé que dans l'intérieur de la maison; car il est entraîné dans les plus mauvaises habitudes par les fréquentes sorties. Cependant il faut bien qu'il fasse celles qui sont nécessaires pour le service du dehors; mais on doit prudemment les restreindre le plus possible, et limiter le temps de leur durée.

Avant de mettre le couvert du dîner et de préparer le dessert, le domestique doit quitter ses habits du matin, se vêtir de ceux de la journée, soigner ses cheveux, laver ses mains, son visage, afin de se présenter au service de la table avec toute la propreté possible. Il doit faire ce service adroitement, silencieusement, respectueusement, et ne jamais se permettre de parler à moins qu'on ne l'interroge.

Je connais plusieurs maisons où l'on a l'habitude de faire découper par le domestique. Il remet ensuite à leur place les mets sur la table, et la maîtresse de la maison les distribue

très-facilement. C'est une méthode que je vous conseille d'a-
dopter. Quelques leçons données avec patience à votre domestique sur l'art de découper le mettront promptement au
fait, pour peu qu'il soit adroit et de bonne volonté. Pendant
le moment du dessert, le domestique, si c'est en hiver, doit
ranimer le feu du salon et allumer les lampes. Immédiatement
après votre dîner et avant le sien, il doit ranger avec le plus
grand soin tout ce qui concerne le couvert de la table que
vous venez de quitter, et rétablir l'ordre dans la salle à manger. Les jours où vous aurez du monde, la femme de chambre
l'aidera dans cet arrangement; elle sera toujours chargée de
faire le café et de remplir le porte-liqueurs. Ces choses devant
être sous sa garde particulière, c'est à elle seule de les délivrer et d'en surveiller l'emploi. Après avoir dîné, le domestique doit s'occuper, sans nul délai, de l'arrangement de
l'argenterie et des porcelaines, et la cuisinière doit les laver
avant toute autre chose. C'est au domestique de les essuyer
avec beaucoup de soin, d'en vérifier le compte et de les remettre en place. A l'égard des cristaux, ils ne doivent jamais
être nettoyés ailleurs que dans l'office tenant à la salle à manger, et dans lequel doit aussi se ranger tout ce qui constitue
le service de la table. Cet office, l'arrangement de tout ce
qu'il renferme, doivent encore être mis sous la surveillance
particulière du domestique; elle fait partie de son devoir
spécial. C'est à la femme de chambre qu'il doit rendre *en
compte* le linge de table qu'elle lui aura donné de même. Il
est donc juste qu'il ait à sa disposition un moyen d'assurer
sa responsabilité : par exemple, dans cet office, un buffet
dont il aurait la clef.

Je vous ai déjà parlé de la nécessité d'occuper utilement
votre domestique pendant les instants qui sépareront l'heure
du dîner de celle du coucher. Ces instants doivent être remplis par quelques soins particuliers, utiles à la maison, et précisément réservés pour les moments de loisir, comme de
nettoyer et même de réparer, autant qu'il le pourra, quelque
meuble, etc., etc. Car il y a dans toute maison une infinité de
détails, qui, sans exiger le talent d'un ouvrier, peuvent occuper toute l'année un domestique actif et intelligent. Il est très-
bon de les multiplier, puisqu'ils préserveront le vôtre des
dangers de l'oisiveté. D'ailleurs, je vous le répète, lorsqu'il
n'aura point d'occupation active, donnez-lui à copier des livres
qui pourront l'instruire de ses devoirs. Il existe plusieurs
ouvrages qui rempliront vos vues à cet égard; mais je vous
recommande particulièrement celui qui est intitulé : MANUEL
des DOMESTIQUES, *ou l'art de former des bons serviteurs* (de

l'*Encyclopédie-Roret*), *par* Mme CELNART. Que le vôtre le copie
et le recopie, de manière à l'apprendre par cœur, s'il est possible.

Vous voyez, ma chère amie, par ce que je viens de vous
dire, que les devoirs de votre domestique seront plus multipliés et beaucoup plus fatigants que ceux de votre cuisinière
et de votre femme de chambre; aussi les gages de celui-ci
seront-ils plus considérables, non pas en argent, car on ne
donne communément que trois cents francs à un domestique
homme; mais on l'habille une fois par an, et cet habillement
consiste en un habit complet et une paire de bottes; plus,
une veste du matin avec un pantalon; ce qui n'empêche pas
que ce domestique n'ait comme profits, les différents objets
de toilette que son maître réformera. Mais il ne doit cependant pas plus que la femme de chambre faire de ces profits un
droit. Ils consistent encore dans les étrennes, les cendres des
appartements et le prix des cartes qui serviront aux jeux du
salon; car il est plus commode qu'il les fournisse, et je n'y
vois nul inconvénient. Il n'en est pas de même des autres
fournitures faites par les domestiques. Je vous ai dit ce
que j'en pensais. J'admets donc uniquement celle des cartes à
jouer.

Je crains, mon enfant, d'avoir longuement abusé de votre
patience, et cependant il me semble que je ne devais rien
omettre sur un sujet si important à connaître pour vous qui
allez prendre la direction de votre ménage. Armez-vous de
courage, néanmoins, car je dois encore vous parler sur le
même sujet, et vous dire quelques mots de la partie *morale*
de vos rapports avec vos domestiques; et réciproquement,
de vos domestiques avec vous.

L'engagement qui se prend de part et d'autre, lorsqu'on
arrête un domestique, consiste en ceci. Le maître dit: je
vous paierai, je vous nourrirai. Le domestique répond: je
vous servirai et je serai fidèle. Voilà le matériel du contrat;
mais le sous-entendu est bien autre chose! En effet, un
maître sent parfaitement que son devoir ne se borne pas à
nourrir et payer son domestique; il sent, qu'il doit de plus, le
traiter avec bonté dans ce service qu'il a le droit d'exiger de
lui, le reprendre avec autant de douceur que d'équité des
fautes légères qui lui seront échappées, le faire soigner en
cas de maladie; enfin l'écouter avec une bienveillance pater-
nelle, et lui donner des conseils quand il est consulté par lui
sur les affaires qui lui sont personnelles. De son côté, le domestique sent très-bien qu'il doit servir son maître non-seulement avec fidélité, mais encore avec zèle et exactitude. L'engagement du maître, vous le voyez, est le plus étendu; cela

doit être. Le domestique aussi doit savoir qu'il n'obtiendra cette addition à l'engagement pur et simple de son maître que par celle qu'il fera lui-même de tout le zèle, de toute l'exactitude qui pourront prouver son attachement et son dévouement. Il doit de plus être prévenu par vous des cas où vous serez inflexible, et de ceux où vous userez d'indulgence ; car la justice étant le plus ferme appui de l'autorité, il est bon de faire d'abord connaître la vôtre. Le défaut de mœurs chez les femmes doit entraîner le renvoi le plus prompt. Il en est de même du manque de fidélité et de l'ivrognerie ; de la passion du jeu, de la loterie, indistinctement pour tous les domestiques. L'humeur violente, l'emportement qui amène l'insolence n'est point un vice; mais c'est un défaut insoutenable et indigne d'indulgence, car il est incorrigible. Voilà donc les cas où, sans aucune rémission, il faut renvoyer un domestique. Dans tous les autres, il faut être patient et indulgent ; car *nul n'est sans défauts:* et si, par la douceur de vos remontrances, vous parvenez à diminuer ceux de vos gens, vous vous les attacherez par la reconnaissance. Ils auront, n'en doutez pas, la conscience de celle qu'ils vous devront. Il est bon cependant qu'ils sachent que cette patience à laquelle je vous exhorte aura des bornes, et qu'après avoir été repris doucement d'abord, ensuite sévèrement, ils seront renvoyés, s'ils ne se corrigent pas soit de leur paresse, soit de leur inattention, soit de leur manque de propreté, etc., etc.

Rien n'est plus fâcheux que de changer souvent de domestiques. Il est néanmoins important qu'ils n'ignorent point que l'on ne tient à eux qu'autant qu'ils le méritent, et que dix années de service, pas plus qu'un seul jour, ne feront tolérer un vice, dès qu'il sera découvert, même un défaut capital. Je souhaite que vous ne soyez jamais dans le cas de donner pareil exemple de juste sévérité; cependant, s'il y a lieu, n'hésitez pas un moment. Cet exemple sera profitable pour tous vos gens. Non-seulement il maintiendra vos droits sur lesquels il ne faut jamais souffrir que leur attention s'endorme, mais il sera, n'en doutez pas, pour les autres domestiques un sujet de réflexions dont vous apercevrez les bons effets.

Les domestiques ont généralement un esprit de corps qui les tient toujours en garde contre les *maîtres.* J'ai vu de bons, de fidèles domestiques, qui même avaient de l'attachement, mais qui pour cela n'étaient pas exempts de cet *esprit de corps.* C'est au point qu'avertissant en secret leurs maîtres de très-grands défauts qu'ils avaient aperçus dans leurs camarades, ils se rangeaient de leur parti, dès qu'ils voyaient que le résultat de cet avertissement était de faire chasser ces mêmes camarades. Cependant ils les avaient dénoncés; cependant l'intérêt qu'ils portaient à leurs maîtres, d'accord avec celui de leur conscience, venait d'être prouvé; n'importe; *l'esprit de corps* revenait comme le *naturel. Chassez le naturel, il revient au galop.* Aussi cette apparente pitié des domestiques pour leurs camarades ne m'a jamais paru qu'un déguisement de *l'esprit de corps* qui dit : *Il faut se soutenir mutuellement.* Tenez-vous donc en garde contre cette vérité reconnue, et ne vous en rapportez jamais à l'un de vos domestiques du soin de surveiller les autres. Ce serait maintenir chez vous l'odieux système de la délation. D'ailleurs, le premier devoir d'une maîtresse de maison est d'inspecter elle-même ceux qui la servent. Si par hasard elle reçoit quelque avertissement utile, elle doit en faire son profit pour mieux diriger ses observations, mais tacitement, et sans donner un crédit trop apparent à cette confidence.

Le cercle étroit dans lequel se renferment les idées des gens peu instruits amène communément les commérages, les querelles, la médisance, la calomnie, la haine; enfin, une infinité de maux. Il est donc sage de les prévenir pour vos domestiques en les occupant beaucoup et séparément, le plus possible. Habituez votre femme de chambre à travailler dans sa chambre ou dans la pièce destinée aux repassages, si l'ouvrage qu'elle fait exige un grand espace. Que votre cuisinière, dont l'occupation principale, par la raison qu'elle exige des courses au dehors, emploie une grande partie du jour, s'il lui reste quelques instants, travaille dans sa cuisine à quelques ouvrages d'aiguille, excepté dans l'hiver, où la longueur des soirées, la rigueur de la saison exigent du feu et de la lumière. Alors qu'elle se réunisse à la femme de chambre, dans la chambre de laquelle il y aura un poêle, si vous suivez mes conseils. Quant au domestique, en vous donnant le détail de ses nombreuses occupations, je vous ai prouvé que toute sa journée serait amplement remplie. Je ne puis trop vous conjurer, mon enfant, d'être extrêmement attentive et sévère sur le maintien de l'emploi du temps. C'est par lui que l'ordre, la paix, les mœurs, le bonheur s'établissent dans une maison : sans lui tout est confusion, désordre et malheur.

Habituez vos domestiques à l'économie qui leur sera personnelle. Faites-leur envisager un avenir où les fruits de cette économie leur procureront un repos indépendant. Votre conscience vous impose le devoir de leur donner ce conseil d'ami. Les bons effets qu'il produira réagiront bientôt sur vous ; car rien n'est plus satisfaisant que de se sentir environnée de gens qui ont de l'ordre dans leurs idées comme dans leurs actions. Dirigez l'emploi qu'ils voudront faire de leurs épargnes. Priez votre mari de les éclairer sur ce point, qui doit lui être plus connu qu'à vous. Si vos domestiques vous prient de leur mettre en réserve ce qu'ils auront économisé, jusqu'au moment où ils en feront l'emploi, ne vous refusez pas à leur rendre ce service; mais qu'ils sachent bien que vous ne voulez que les obliger, et point du tout vous servir de leur argent, qu'il est là, et qu'au premier mot ils l'auront à leur disposition. Je vous en dis autant au sujet de leurs gages. Il arrive quelquefois qu'un domestique économe préfère n'être payé qu'au bout de l'année, au lieu de l'être tous les trois mois, comme cela se fait ordinairement. Consentez à cet arrangement, s'il vous le demande; mais qu'il sache que vous êtes toujours prête à lui donner ce qui lui appartient, et qu'il peut l'avoir à l'instant même. Ceci est fort important, ma chère amie; car pour peu qu'un domestique ait de la pente à être impertinent, il le deviendra outrageusement, non-seulement s'il n'est pas payé, mais encore s'il l'est difficilement.

Si vous apprenez que vos domestiques ont des parents malheureux auxquels ils donnent des secours, approuvez-les, aidez-les même par quelques gratifications qui seront une charité doublement bien faite. Vous ne sauriez trop encourager, pour leur intérêt et pour le vôtre, les bonnes dispositions de cœur que vous apercevrez en eux. Soyez toujours prête à les entendre et à les seconder quand ils réclameront un conseil de vous, soit lorsqu'ils vous confieront quelques secrets de famille, soit lorsqu'ils voudront faire l'emploi de leurs économies, enfin jusque dans les moindres occasions, ne fût-ce que pour les achats des objets qui leur seront nécessaires. Ne repoussez jamais leur confiance; elle est pour ainsi dire un lien de famille qui vous les attachera de plus en plus. Distinguez toujours la familiarité qui nuit au respect d'avec celle qui l'augmente. L'une prend sa source dans les causeries sans but, dans les rapports multipliés et inutiles, dans les confidences indiscrètes et fort imprudentes que l'on fait à ses domestiques par le seul besoin de parler. De ce moment, et fort naturellement, la considération qu'ils doivent à leurs maîtres va toujours en diminuant, et ils ne manquent pas de le prouver à la première occasion qui se présente. Au contraire, quelque multipliés que soient les rapports établis entre eux et vous, s'ils ont pour but de les diriger, de les éclairer, de les conduire au bien, vous leur paraîtrez un ange protecteur, de l'appui duquel ils ne pourront plus sé passer ; leur respect égalera leur confiance, et toutes leurs actions vous le prouveront.

Chacun de vos domestiques ayant son devoir déterminé, le vôtre n'est que de veiller à ce qu'il soit rempli. Défendez-vous de la manie qu'ont certaines femmes de se mêler de tout chez elles. Ces femmes se croient les meilleures ménagères du monde, parce qu'elles s'agitent du matin au soir ; elles ne font réellement que tout brouiller. Ou les domestiques se fient sur elles du soin de remplir leur devoir, et n'en deviennent que plus inexacts et plus paresseux ; ou ils sont avec raison impatientés de se voir troublés et tourmentés dans ces devoirs qu'ils se sentent capables de remplir à eux seuls. L'ordre du gouvernement d'une maison consiste dans le choix et l'assemblage des différentes parties qui le constituent. La machine une fois bien montée, bien établie, il ne s'agit que de veiller à ce que rien ne se dérange ; et à cet égard, la surveillance active d'une maîtresse de maison s'exerce par l'observation attentive, et nullement par l'agitation tumultueuse.

Il me reste à vous parler d'un point bien délicat, le mariage des domestiques. Avoir chez soi des domestiques mariés entraîne sans doute un foule d'inconvénients. Si le mari ou la femme sont au dehors, il en résulte des distractions infinies, souvent de grands abus de confiance, et beaucoup de propension au manque de fidélité. Si le mari et la femme servent dans la même maison, il est presque impossible de reprendre l'un sans que l'autre ne prenne parti, et dans la nécessité où l'on peut se trouver de renvoyer celui des deux duquel on est mécontent, il faut absolument faire le sacrifice de l'autre. Viennent ensuite les grossesses, les couches, etc., etc. D'un autre côté, le mariage étant le but le plus moral que puissent se proposer deux êtres qui se conviennent, il est bien dur d'y mettre obstacle, et par-là de leur faire courir le risque de perdre leurs mœurs pour conserver leur place. Quant à moi, je l'avoue, je ne m'en suis jamais senti le courage ; mais, à la vérité aussi, je n'ai jamais consenti au mariage d'un de mes domestiques, qu'après l'avoir eu plusieurs années à mon service, et par conséquent après avoir acquis la connaissance de ses sentiments, de ses mœurs, de sa conduite, et m'être assurée par-là de la nature de son choix. Alors non-seulement j'ai consenti au mariage, mais encore j'ai aidé le nouveau ménage autant que je l'ai pu, avec ordre et mesure cependant, car il faut en mettre en tout, jusque dans ses bienfaits. J'ai supporté l'embarras des couches ; n'aurais-je pas supporté celui d'une maladie plus longue et plus coûteuse ? j'ai vu les chagrins causés par les maladies et la perte des enfants ; ces chagrins, je les ai partagés et adoucis. Enfin, si ma condescendance m'a suscité quelques embarras, j'en ai toujours été amplement récompensée par beaucoup de reconnaissance ; et j'ai la satisfaction de voir maintenant plusieurs familles jouissant d'une prospérité parfaite, commencée chez moi par un mariage bien assorti. Je ne prétends pas pour cela, mon enfant, déterminer votre volonté, qui d'ailleurs sur ce point comme sur tous les autres doit être subordonnée à celle de votre mari. Je vous dis simplement ce que j'ai fait. Je n'ai jamais pris de domestiques mariés. Je n'ai jamais consenti à ce qu'un domestique se mariât après avoir été peu de temps chez moi. Mais je ne m'y suis jamais refusée, quand une assez longue expérience me l'avait fait connaître sous des rapports avantageux.

Adieu, ma chère amie ; bientôt, ce me semble, je touche au but que je m'étais proposé en vous donnant les conseils que vous m'avez demandés. J'ai voulu vous offrir le résultat de mes observations pratiques. Je crois n'avoir rien omis de ce qui pouvait vous être utile ; j'y réfléchirai cependant. C'est assez pour aujourd'hui.

Je vous embrasse de tout mon cœur.

LETTRE XVII.

Depuis la dernière fois que je vous ai écrit, ma chère enfant, j'ai beaucoup pensé, beaucoup réfléchi sur ce que je
pouvais ajouter aux différents avis que je vous ai donnés jusqu'à présent. Il m'a semblé que je vous avais parlé de tout ce
qui constitue le gouvernement d'une maison, et je n'ai rien
trouvé de plus à vous dire. Si je me trompe, ne m'en voulez
pas ; vous seriez injuste, car je crois vous avoir prouvé toute
ma bonne volonté. Elle égale ma tendre amitié pour vous, ma
chère L*** ; et dans la persuasion où je suis que mes avis
pourront vous être utiles, je ne me serais pas bornée à ceux
que je vous ai adressés jusqu'à ce jour, si j'avais aperçu
qu'ils pouvaient être augmentés de quelques autres. Encore
une fois, je ne sais rien de plus, et je vous ai initiée, du
moins autant que je l'ai pu, dans toute la science d'une maîtresse de maison. Cette science, comme vous le voyez, est
bien peu de chose, puisqu'elle est entièrement contenue dans
les seize lettres où j'ai cru devoir en classer les différentes
parties. En prenant mes avis pour guides, je ne pense pas
que vous puissiez vous égarer ; mais vous ferez mieux encore,
car vous ajouterez à la théorie que je vous ai enseignée tout
le charme que vous pouvez répandre dans la pratique ; et le
charme est tout, mon enfant : mais on ne l'enseigne pas. Heureuses celles qui, comme vous, ont reçu ce don du ciel ! elles
n'ont plus qu'à le cultiver, ou plutôt qu'à s'y confier. Il sera
l'aimable compagnon de leur vie entière, car le charme ne
vieillit pas. Mais on ne connaît pas toujours toutes ses richesses, et je suis bien sûre que vous ignorez celle-là. D'ailleurs c'est un de ses attributs distinctifs : celles qui la possèdent ne l'aperçoivent pas. Attendu cependant qu'il est bon de
savoir ce que l'on a, je vais, pour vous donner une idée de
ce charme qui vous est naturel, me servir d'une comparaison
que vous saisirez très-aisément, puisque vous êtes musi-
cienne. Composer de la musique est un art qu'il est aussi
facile d'enseigner que celui de calculer. Le maître qui saura
le mieux rendre ses leçons claires et intelligibles aura bientôt
des élèves aussi habiles que lui, et ces élèves composeront
sans faire aucune faute, sans manquer le moins du monde à
la règle la plus stricte, des morceaux simples, doubles, tri-
ples, enfin jusqu'aux plus compliqués. Cependant ces compositions parfaites dans leur régularité, contre lesquelles il
n'y a pas une objection à faire, vous laisseront de glace à

leur exécution, finiront même par vous devenir insupportables, si la mélodie ne répand ses parfums délicieux sur cette aride et irréprochable régularité : mais malheureusement la mélodie ne s'enseigne pas. Hé bien ! ce charme que vous possédez si bien, voilà, mon enfant, la mélodie sans laquelle le gouvernement de votre maison, quelque parfait, quelqu'irréprochable qu'il soit, finirait par devenir un ensemble fatigant et tellement ennuyeux, qu'on serait forcé peut-être d'y souhaiter un peu moins de perfection. Vous voyez donc qu'en vous apprenant tout ce que je pouvais vous enseigner, je vous ai réellement appris bien peu de chose. Mais ajoutez à mes leçons toutes celles que vous recevrez de votre heureux naturel, et rien ne pourra manquer à votre bonheur. Vous serez l'âme et la vie de ce qui vous environnera, le centre où se réuniront toutes les affections, l'objet de tous les vœux, de toutes les actions de grâces ; vous serez heureuse enfin, puisque vous rendrez vos devoirs aimables comme vous, et que la pratique habituelle de ces devoirs paraîtra si douce à ceux qui en seront les témoins, que, par un attrait irrésistible, ils rempliront exactement leurs propres devoirs ; ne fût-ce que pour vous imiter. Est-il rien de plus honorable dans le monde ? La condition d'une femme est si belle, lorsqu'elle connaît bien ses devoirs et qu'elle concentre sa vie dans leur accomplissement, que je ne conçois pas qu'elle puisse désirer d'être autre chose que ce qu'elle est ; et ce regret immodeste de *n'être pas homme,* que laissent échapper parfois quelques femmes, n'a jamais produit sur moi d'autre effet que celui d'arrêter sur-le-champ toute la pitié qu'auraient pu m'inspirer les chagrins qui le leur arrachaient. Sans doute les femmes sont assujetties à de grands malheurs, à des peines bien vives ; mais les hommes en sont-ils exempts ? et cette indépendance tant désirée leur assure-t-elle d'aussi douces et autant de consolations qu'une femme en peut trouver dans l'accomplissement de ses devoirs ? Je ne le pense pas. Faites-vous donc une habitude des vôtres, ma chère amie, et persuadez-vous bien qu'au-delà il n'y a nul bonheur à espérer.

Indulgence et bonté marchent ensemble ; vous serez donc indulgente. N'ayez de sévérité que pour vous, mon enfant ; pour tout autre, abstenez-vous de juger avant d'avoir acquis de fortes preuves de l'existence d'un tort qui bien souvent n'est qu'apparent ; et lorsque vous ne pourrez plus en douter, que votre opinion soit silencieuse ; car tout éclat, qui ordinairement ne fait qu'ajouter un mal à un autre mal, est indigne d'un bon cœur et d'une âme honnête.

Votre cœur est né bon et sensible ; conservez ses heureuses qualités par l'exercice des bonnes actions qu'il vous suggèrera ; ne repoussez jamais le malheur et l'affliction. Votre fortune vous donnera les moyens de secourir l'indigence ; mais c'est un triste moyen de secours que l'argent, quand il n'est point accompagné de quelques paroles de consolation ; et, s'il fallait choisir entre elles et l'argent, le malheureux leur donnerait bien souvent la préférence.

Si l'intérêt personnel dirige toutes les actions de la vie humaine, ainsi que l'a dit, peut-être avec trop de justesse, un philosophe moderne, heureuses les âmes assez bien nées pour ne trouver leur bonheur que dans celui des autres ! Cet intérêt personnel alors leur inspirera les moyens d'y contribuer, et chaque jour de leur existence ne sera qu'une action et une réaction continuelle de bienfaits. Vous avez reçu ce don précieux de la nature, ma chère amie ; quoique bien jeune encore, vous l'avez déjà manifesté dans les moindres actes de votre vie ; vous le cultiverez par la constante pratique de la vertu, dans la position nouvelle qui vous est destinée. Vous serez le modèle et l'exemple de ceux qui vous environneront. Ils béniront votre empire ; ils respecteront vos lois, auxquelles ils s'attacheront à tel point que pour leur propre bonheur ils les maintiendront scrupuleusement, religieusement ; car l'habitude d'être gouverné par la vertu, la sagesse et la bonté, est si pénétrante, elle devient si nécessaire, que le malheur de perdre ceux qui l'ont fait contracter ne peut être adouci que par le maintien de cette douce habitude, et je vais vous le prouver en vous racontant un fait duquel j'ai été témoin.

M. de V*** avait épousé la femme de son choix, et ce choix était justifié par les qualités les plus rares et les plus respectables. Vertu, raison, esprit, beauté, grâces, talents, Mme de V*** possédait tous ces dons précieux de la nature ; elle n'en fit usage que pour le bonheur de son mari, de ses enfants, et des êtres qui étaient assez heureux pour dépendre d'elle. Tout ce qui composait sa famille et sa maison respectait et chérissait son empire. Une assez longue suite d'années l'avait tellement affermi qu'elle était réellement l'âme de tout ce qui l'environnait. Le malheur, qui ne perd jamais ses droits cruels, vint mettre fin à tant de félicité. Mme de V***, dans un âge qui permettait d'espérer que l'on pourrait la posséder encore longtemps, fut frappée d'une maladie à laquelle elle succomba. M. de V***, plus âgé qu'elle de quelques années, s'était toujours flatté de l'espoir de mourir le premier. La perte inattendue de cette femme justement adorée l'accabla de douleur. Aussitôt qu'il put former quelques idées relatives à

sa funeste situation, il assembla ses enfants et ses domestiques et leur dit : « Mes enfants, mes amis, ayez pitié de l'état où
» vous me voyez. Nous pleurons tous cet ange de vertu et de
» bonté qui était l'âme de notre vie; mais moi qui, dans l'ordre
» de la nature, devais la précéder au tombeau, je suis con-
» damné à lui survivre. Dieu l'ordonne, je me soumets. Je ne
» vous demande pas de consoler ma douleur, la vôtre vous
» dit trop que vous ne sauriez le faire; mais vous pouvez la
» rendre supportable; et cet adoucissement que je réclame
» de vous, vous le partagerez.
» Une longue suite d'années, passées sous le gouvernement
» tutélaire de celle que nous pleurons, nous avait tous ren-
» dus heureux. Sa volonté inaperçue dirigeait tout vers le
» bien; sa douce vertu était le guide qui nous conduisait au
» bonheur; mais cette vertu si modeste, si simple, agissait
» dans le silence; et c'est maintenant que nous allons ap-
» prendre tout ce que nous avons dû à sa bienfaisante in-
» fluence, maintenant que nous la perdons! Hé bien! mes
» enfants, mes amis, vivons encore sous ses lois respectées;
» que rien de ce qu'elle a voulu ne soit changé; observons
» scrupuleusement et dans les moindres détails l'ordre qu'elle
» avait établi parmi nous; que son ombre qui nous environne
» jouisse encore de ses bienfaits en voyant que notre douleur
» ne saurait être adoucie que par eux. »

Un assentiment religieux et général fut la réponse à un discours si touchant. Depuis ce jour et jusqu'à celui où l'âme de M. de V*** se réunit à celle de sa vertueuse épouse, l'engagement mutuel fut tellement maintenu que l'on aurait pu se livrer à la consolante illusion que Mme de V*** ne faisait qu'une absence passagère; enfin elle semblait d'autant mieux être au milieu des siens qu'elle n'y était plus réellement.

Y eut-il jamais d'oraison, de pompe funèbre plus touchante et plus honorable que cette inspiration du respect et de la reconnaissance, produite par la vertu? Et peut-on douter que celle qui s'en est rendue le digne objet, n'ait pas goûté tout le bonheur dont cette vie est susceptible? Ce bonheur vous est réservé, ma chère enfant; j'ose vous le prédire, et puissé-je vivre assez longtemps pour être l'heureux témoin de l'accomplissement de ma prédiction et de mes vœux!

Je vous embrasse avec toute l'affection maternelle que je vous ai vouée pour la vie.

QUELQUES RECETTES.

Manière d'attendrir le bœuf qui doit servir à faire le pot au feu.

Il faut pour l'usage du pot au feu prendre de préférence la partie de la cuisse qui se nomme vulgairement *la culotte*, ou à son défaut celle qui est connue sous le nom de gite à la noix. Ces morceaux n'ayant jamais d'os, non-seulement produisent un bouilli qui peut se servir et se découper convenablement, mais encore ils peuvent recevoir, avant d'être mis dans le pot, la préparation qui les rend immanquablement le plus tendres qu'il est possible, le bœuf eût-il été tué le jour même; et cette préparation est bien simple, puisqu'elle ne consiste qu'à battre le morceau de bœuf pendant quelques minutes, mais *fortement*, avec un bâton rond et lisse, enfin avec un rouleau à faire de la pâte; tous les tourneurs en vendent, et il est indispensable d'en avoir deux dans sa cuisine, l'un pour battre le bœuf, l'autre pour rouler la pâte.

Le bœuf ainsi battu en dessus et en dessous, doit être ficelé avec soin, avant d'être mis dans la marmite. Il se cuit plus promptement, le bouillon qu'il produit est plus succulent, et enfin ce bœuf est toujours tendre.

Soupe aux choux et au fromage, à la provençale, pour six personnes.

Il faut faire cuire un gros chou coupé en quatre, dans une marmite, avec de l'eau. Quand il est aux trois quarts cuit, on ajoute 125 gram. (4 onces) de beurre et le sel nécessaire.

- On râpera 250 grammes (une demi-livre) de fromage de gruyère frais et gras; on coupera par tranches très-minces la même quantité de ce fromage.

On taillera des tranches de pain fort minces, et deux heures avant le dîner, on préparera la soupe de la manière suivante:

Il faut avoir une casserole qui puisse se servir sur la table, soit d'argent, soit de plaqué, soit enfin de cuivre bien étamé. On met au fond de cette casserole un lit de fromage râpé, puis un lit des feuilles du chou qu'on a fait cuire, mais avec la précaution de les retirer du pot avec une écumoire, afin qu'elles se dégagent de la trop grande quantité de bouillon qu'elles apporteraient dans la casserole où se prépare la soupe. Après ce lit de chou, on en met un de tranches de pain, puis un de tranches de fromage, puis un de chou, etc., etc., alternativement. Il faut cependant observer que le fromage râpé, le chou, le pain et le fromage coupé doivent être placés de sorte que le dernier lit soit de fromage coupé par tranches.

La casserole ainsi remplie à deux doigts près, on versera sur la soupe environ un demi-litre du bouillon de chou, en le faisant pénétrer jusqu'au fond par le moyen d'un couteau que l'on enfonce çà et là, sans déranger l'ordre établi dans la casserole. On met ensuite cette casserole sur un fourneau moyennement allumé; on ne doit jamais ajouter de bouillon, ni remuer la soupe. Elle se fait en se *mijotant* ainsi pendant plus d'une heure.

Il est important de servir cette soupe dans le vase où elle se fait. Si quelques personnes veulent, quand elle est sur la table, y ajouter du bouillon de chou, car elle n'en a plus du tout au moment où elle est servie, il faut avoir soin de garder chaudement ce bouillon : mais les vrais connaisseurs ne mettent que d'excellente huile d'Aix sur cette soupe. Elle est nourrissante sans doute, mais point du tout indigeste.

Soupe au chou et au lait.

Il faut faire cuire dans une marmite avec de l'eau, un gros chou blanc pommé. Quand il sera cuit à moitié, on y mettra 125 gram. (4 onces) de beurre, du sel, un peu de poivre; et lorsqu'il sera cuit entièrement, on retirera les trois quarts du bouillon que l'on remplacera par la même quantité de lait que l'on aura fait bouillir avant, et que l'on versera bouillant dans la marmite où seront le chou et le reste du bouillon. On goûtera pour juger si le tout est assez salé; on trempera la soupe au moment de la servir, et l'on mettra le chou dessus, comme on fait de tout autre légume. Observez que le lait doit être parfaitement bon, autrement il tournerait et se convertirait en caillebotte, à l'instant même où on le verserait dans la marmite. Il est donc important de le faire bouillir avant de l'y verser.

Soupe au lait et à l'ognon.

Il faut faire roussir dans une poêle ou une casserole quelques rouelles d'ognon avec du beurre bien frais et quelques pincées de farine. Quand cet ognon a pris une belle couleur dorée, on verse dans la poêle ou casserole un litre de lait *bouilli*; on sale et poivre à volonté ; et l'on fait jeter quelques bouillons à ce mélange.

Si l'on craint de trouver l'ognon cuit dans la soupe, il faut, lorsqu'on la trempe, le verser dans une passoire. Autrement, on trempera cette soupe comme toute autre.

Soupe à l'orge perlée.

Il faut mettre dans une marmite ordinaire une poule, 250 grammes (une demi-livre) d'orge perlée, un demi-litre de bouillon et un demi-litre d'eau avec la quantité de sel nécessaire pour assaisonner le tout, qu'on laissera bouillir doucement, jusqu'à ce que l'orge soit parfaitement cuite ; puis on retirera la poule, et si l'orge paraissait trop épaisse, on l'éclaircirait facilement avec un peu de bouillon chaud, avant de la servir.

En Allemagne où l'on fait un grand usage de cette soupe, on sert la poule en même temps que le potage et dans la même soupière.

Ce potage est ce que peut manger de plus sain une personne convalescente ou qui aurait la poitrine délicate.

Soupe à la farine de blé de Turquie, ou maïs.

La farine de maïs ou blé de Turquie se fait principalement en Bourgogne, en Franche-Comté et dans la Bresse.

Rarement elle est assez fine pour que l'on soit dispensé de la passer dans un tamis de crin, avant d'en faire usage.

Cette farine s'emploie de trois manières : avec du bouillon gras, avec du lait, avec de l'eau.

Dans tous les cas, il faut compter une forte cuillerée de farine par personne, et un quart de litre de liquide par cuillerée. Il est à propos que ce liquide soit très-chaud quand on le joint à la farine. Il sert à la délayer peu à peu, comme on fait pour toute autre bouillie ; mais il faut employer toute la quantité de liquide proportionnée au nombre de cuillerées, avant de mettre la bouillie sur le feu. On remue doucement le mélange jusqu'à ce qu'il soit assez cuit pour bouillir sans se former en grumeaux. Alors on met la bouillie sur un feu doux, pendant une heure, temps nécessaire pour sa cuisson.

Si l'on emploie le bouillon, il sera toujours nécessaire d'ajouter du sel ; car cette farine ayant une saveur très-douce, a besoin d'être un peu assaisonnée.

Faite au gras, cette bouillie se sert au dîner comme potage ; faite au lait ou à l'eau, on ne l'emploie ordinairement qu'au déjeûner. Voici de quelle manière on la prépare :

On prend même quantité de farine et de liquide ; seulement quand on la veut au lait il faut y mettre un quart d'eau, en commençant à délayer la farine, ensuite ajouter le lait, puis un peu de sel, puis lorsque la bouillie est aux trois quarts cuite, y mettre un morceau de beurre proportionné à la quantité, et du sucre suivant le goût.

À l'eau, cette bouillie se prépare de même ; on y joint seulement du beurre et du sel, lorsqu'elle est à moitié de sa cuisson.

La farine de maïs se digère très-facilement et donne une nourriture fort saine. On a remarqué qu'elle prévient l'apoplexie.

Riz à la Créole.

Il faut, après avoir lavé dans deux eaux 250 grammes (une demi-livre) ou 500 grammes (1 livre) de riz, la mettre dans un poêlon de cuivre avec assez d'eau froide de rivière pour que l'eau dépasse le riz de la hauteur de quatre doigts au moins.

On mettra le poêlon sur un feu très-clair, et on laissera bouillir le riz, qu'il ne faut pas remuer, jusqu'à ce qu'il ait entièrement absorbé l'eau et qu'on aperçoive qu'il se forme des trous ; alors on versera le riz sur un plat, et on le laissera évaporer une partie de son humidité par la fumée qui s'en dégage, toutefois en le tenant chaudement. Ce riz se mange dans l'Inde au lieu de pain, avec toute espèce de poisson frit ; alors on y ajoute un peu de jus de citron et de sel. Il se mange aussi avec les mets épicés de l'Inde, qui se nomment kari et poule-frite, ou avec le calalou de l'Amérique. Quelques personnes le mettent au lieu de pain dans le café au lait ; il faut alors que le café soit très-fort.

Bouillie de gruau d'avoine.

Le meilleur gruau d'avoine se fait en Bretagne. Il faut qu'il soit de l'année pour ne point avoir d'âcreté.

On met tremper à pleine eau 250 grammes (une demi-livre) de ce gruau qu'il faut remuer avec une cuillère dans cette eau, en le mettant tremper, ensuite le laisser reposer quelques heures. On versera doucement l'eau, qui déjà entraînera une grande partie du son dont le gruau est toujours chargé. On remettra de l'eau nouvelle sur la farine déposée au fond du vase, on la remuera de nouveau, et on la laissera déposer encore quelques heures. On jetera encore doucement cette eau, puis on en remettra de nouvelle ; et après avoir remué le dépôt, on passera le tout à travers un tamis de crin. On laissera déposer la farine qui, pour cette fois, sera dégagée de tout le son. Après quelques héures, on jetera doucement cette troisième et dernière eau. On délayera la farine dans un demi-litre de lait; on y ajoutera un peu de sel, on la remuera, comme pour faire toute autre bouillie, jusqu'à ce qu'elle soit prise de manière à ne point se mettre en grumeaux, on la laissera ensuite bouillir doucement pendant une heure, et l'on ajoutera du sucre à volonté.

Cette bouillie de gruau est saine et rafraîchissante. On la fait de même avec du bouillon gras; alors elle compose un potage excellent pour les enfants et les personnes convalescentes.

Dans l'un et l'autre cas, il est bon de faire tremper le gruau la veille du jour où il doit être employé, car cette préparation, comme on vient de le voir, exige un temps assez long.

Le gruau de Bretagne s'emploie aussi pour faire une boisson adoucissante dans les cas d'échauffement de poitrine. Alors on met tout simplement deux cuillerées de gruau dans une cafetière contenant un demi-litre d'eau bouillante. On remue jusqu'à ce que le gruau ne monte plus, on laisse bouillir un quart d'heure, on retire ensuite la cafetière. Le gruau se dépose au fond. Il faut passer au tamis de soie cette boisson avant d'en faire usage. On boit cette eau sucrée à volonté et coupée avec du lait si l'on veut. Dans les cas d'affection de poitrine, on sucre la boisson avec du sirop de gomme.

Calalou.

Le calalou est un mets fort recherché en Amérique, où il se fait avec la plante potagère appelée *gombaut*. Mais cette plante ne pouvant s'acclimater en France, on la remplace bien imparfaitement par les feuilles d'épinards, que l'on met cuire dans du bouillon gras avec un morceau de petit salé et du piment, le tout dans un pot devant le feu. Quand le petit salé est assez cuit, on le sert avec les épinards, sans autre préparation.

Le riz à la créole se mange avec ce calalou français; pour les connaisseurs, il est bien loin du véritable calalou américain, mais il a le mérite de procurer un moment d'illusion à ceux qui veulent bien s'y prêter.

Kari.

Le kari est pour les Indiens ce que le calalou est pour les Américains, un mets délicieux, préférable à tout. Voici comme il se prépare :

On coupe un poulet comme pour le mettre en fricassée. On

coupe également par morceaux une poitrine de mouton, comme pour faire un haricot. Le tout se jette dans l'eau bouillante, le temps nécessaire pour blanchir. On met ensuite dans une casserole le poulet et le mouton avec du bouillon gras, du piment, du sel et du safran de l'Inde (*terra merita*). Lorsque l'on juge que le kari est à moitié cuit, on y ajoute une cuillerée à bouche de poudre de kari. Cette poudre se trouve chez les principaux marchands de comestibles et se vend en petits flacons. Le riz à la créole se sert abondamment en même temps que le kari, auquel il ajoute toute la perfection désirable.

Poule frite.

Autre mets indien qui prend son rang immédiatement après le kari dans l'estime des gourmets indiens.

Il faut couper des ognons par rouelles, et les jeter dans du saindoux assez chaud pour qu'elles y prennent une belle couleur dorée. Il est bon d'y ajouter une pincée de farine. Quand ces ognons seront assez frits, on les retirera avec une écumoire et on les laissera chaudement. On aura un poulet coupé comme pour une fricassée et blanchi dans l'eau bouillante. On mettra ce poulet dans le saindoux où les ognons auront été frits, on y fera également prendre couleur au poulet. Ensuite on y ajoutera du bouillon gras, du sel, du piment et du safran de l'Inde. Quand on jugera le poulet assez cuit, on ajoutera les ognons frits. Ils doivent bouillir deux ou trois minutes avec le ragoût, qui sera servi ensuite. Il faut indispensablement servir le riz à la créole en même temps que la poule frite.

Manière de préparer la choucroute.

La choucroute, aux approches de l'hiver et pendant toute cette saison, se vend en abondance à Paris, chez tous les marchands de comestibles, à la halle et dans tous les marchés. La meilleure est la plus blanche et celle où il se trouve le plus de grains de genièvre.

1 kilog. 500 (3 livres) de choucroute font un plat suffisant pour huit personnes. Elle se vend de 30 à 40 c. le demi-kilog.

Il faut mettre au fond d'une marmite de terre où se fait ordinairement le pot au feu, deux cuillerées de graisse d'oie ou de toute autre volaille, puis moitié de la choucroute que l'on veut employer, puis un demi-kilog. de lard fumé de Strasbourg, puis enfin l'autre moitié de la choucroute. On ajoute ensuite assez d'eau pour la couvrir amplement. La marmite étant couverte, on laisse bouillir le tout pendant cinq heures, le plus également possible. On retire ensuite une partie du bouillon que l'on remplace par un double décilitre de vin blanc, et on laisse cuire pendant une heure ; après quoi on retire le lard et l'on met la choucroute égoutter dans une passoire. On fait ensuite un roux très-léger avec un peu de graisse de volaille, de farine et de bouillon. Lorsque le roux est fait, on verse la choucroute dans la casserole où il est, on la retourne bien dans ce roux, et on la laisse une demi-heure bouillir ainsi très-doucement. Au moment de la servir, on la dresse sur un plat avec le lard qui a été retiré du pot et des tranches de saucisson ou de cervelas. On sert en même temps des saucisses et du boudin noir. Quelques personnes croient qu'il faut laver la choucroute avant de la préparer ; c'est une très-grande erreur, car étant lavée, elle perd l'acidité qui fait son principal mérite.

La choucroute se sert quelquefois autour du bœuf; alors le lard se coupe par morceaux, et se met à égale distance autour du plat.

Chou farci.

On fait blanchir un chou pommé, dit *chou de Milan*. Lorsqu'il est blanchi, on met entre ses feuilles un hachis fait avec du bœuf ou du veau cuit de la veille, auquel on ajoute une égale partie de chair à saucisses, du poivre, du sel, du persil et une petite poignée de riz. Lorsque le chou est farci dans toutes ses feuilles, il faut le bien lier avec une ficelle.

On fera un roux avec du beurre, de la farine et du bouillon assaisonné comme il convient. On passera le chou dans ce roux, en prenant soin qu'il ne se rompe pas. On y ajoutera peu à peu du bouillon gras, et on le servira sans autre préparation.

Foie de veau à la bourgeoise.

Il faut piquer un foie de veau avec quelques gros lardons roulés dans du persil haché, poivré et salé.

On fera un roux avec du beurre, de la farine, du bouillon gras, du sel et du poivre. On y ajoutera un bouquet garni, des carottes et quelques couennes de lard. On laissera bouillir cette sauce pendant deux heures, après quoi l'on y mettra le foie de veau et un verre de vin rouge. On le fera cuire une heure seulement. Par ce procédé, l'on évitera que le foie soit dur et desséché. Avant de le servir, on aura soin de retirer les carottes et les couennes.

Poule au riz.

On mettra dans une casserole une poule enveloppée d'une

barde de lard, avec un demi-kil. de riz, moitié dessous la poule, moitié dessus, et du bouillon gras assez abondamment pour que la casserole soit pleine. On y ajoutera le sel nécessaire. On mettra sur un feu doux cette casserole bien couverte, et du feu sur son couvercle. Le riz absorbera le bouillon et le jus de la poule. On la servira sur ce riz, qui sera très-épais, mais d'un goût excellent.

On ajoute, si l'on veut, à ce riz, quand on le met dans la casserole avec la poule, quelques pincées de safran en feuilles.

Capilotade à l'Italienne.

Coupez une volaille froide rôtie. Prenez un bon morceau de beurre, des fines herbes et des champignons hachés. Faites cuire dans une casserole, sans le laisser roussir, cet assaisonnement avec une cuillerée à café de farine. Au bout de cinq minutes, ajoutez-y un verre de vin blanc. Laissez cuire le tout un quart-d'heure. Mettez dedans la volaille pour la réchauffer. Faites griller des tranches de pain, et placez-les sur le plat qui doit être servi. Avant de dresser, et seulement au moment de servir, versez dans la casserole deux cuillerées d'huile d'olives; mais prenez garde qu'elle ne bouille, et tournez bien pour la mêler également.

Bœuf à la mode à l'Italienne.

Prenez un morceau de tranche de 1 kilog. 500 grammes. La pointe est ce qui vaut le mieux. Il faut la battre, comme je l'ai indiqué dans l'article du pot au feu. Coupez de gros lardons, et tournez-les bien dans du sel et du poivre, auquel vous ajouterez des quatre épices. Piquez votre morceau de tranche avec une grosse lardoire, le plus également possible. Frottez avec une gousse d'ail la terrine ou huguenotte dans laquelle vous voulez faire votre bœuf à la mode. Mettez au fond une cuillerée à café de vinaigre, une cuillerée d'huile d'olives, une petite poignée de sel, un peu de noix muscade, les couennes sur lesquelles vous avez levé vos lardons, et un peu de moelle. Tournez le tout comme une pommade. Mettez la viande, et retournez-la dans cet assaisonnement. Ajoutez-y deux ognons piqués chacun de trois clous de gérofle. Le tout, bien couvert, doit rester ainsi jusqu'au lendemain. Alors, mettez-le sur un feu bien doux, de sorte que cela bouille à peine et cuise pendant six heures. Vous aurez un bœuf à la mode excellent.

Omelette aux pommes.

Il faut peler et couper par quartiers des pommes de reinette, et en ôter soigneusement les pépins et le cœur. On fera ensuite fondre dans la poêle un quarteron de beurre bien frais. Quand il sera fondu, on y joindra les pommes coupées et du sucre râpé. On fera cuire ainsi pendant un moment les pommes, qui prendront couleur ; ensuite on jetera dans la poêle des œufs battus comme pour une omelette ordinaire. Cette omelette s'achève et se sert comme toute autre.

Omelette au fromage de Gruyère.

On fait aussi d'excellentes omelettes au fromage de Gruyère, en joignant aux œufs 125 grammes (4 onces) de ce fromage râpé, que l'on bat avec eux avant de les mettre dans la poêle.

Guignes au beurre (mets allemand).

Il faut, pour un plat assez fort, un kilog. de guignes noires, dont on ôte les queues. On met dans une casserole un quarteron de beurre très-frais, dans lequel on fait roussir une assez grande quantité de petits morceaux de mie de pain rassis, coupés en carrés gros comme le pouce. Quand ces morceaux de pain sont bien dorés, on les retire avec une écumoire, et l'on met les guignes dans la casserole où est le beurre qui a servi à roussir le pain. On ajoute un verre de vin rouge et du sucre, on laisse bouillir le temps nécessaire pour cuire les guignes. Un instant avant de les servir, on y joint le pain, que l'on fait sauter pour qu'il s'imprègne de jus. Il faut servir ce plat très-chaud pour entremets.

Fondue au fromage.

On fait une bouillie de farine de pommes de terre avec un demi-litre de crème douce ou d'excellent lait. On y met un peu de sel. Quand la bouillie est cuite, on y joint d'abord quatre jaunes d'œufs et 250 grammes (une demi-livre) de fromage de Gruyère râpé, puis quatre blancs bien battus en neige : on les remue parmi la bouillie. On verse cette bouillie dans un moule, ainsi que cela se pratique pour toute espèce de soufflé. On met ce moule sur la cendre chaude, et par-dessus un four de campagne très-chaud. En dix minutes au plus cette fondue est à son point de perfection. Elle doit être servie au moment même de la manger.

Polenta (entremets italien).

On fait une bouillie très-épaisse de farine de maïs et de lait, à laquelle on ajoute un peu de sel. Lorsque cette bouillie est faite, on la verse dans une soupière, ou tout autre vase de terre cuite vernissée, profond et de forme ronde, dans lequel on la laisse refroidir. Lorsqu'elle est tout-à-fait refroidie, on renverse le vase sur un plat, et la bouillie, qui a pris forme de gâteau, se détache facilement.

On la coupe par tranches minces et unies avec un fil de laiton, comme on coupe le beurre en motte. Il faut avoir un moule qui soit, autant que possible, de même dimension que le vase dans lequel on a fait refroidir la bouillie. On met au fond de ce moule une cuillerée de beurre très-frais, fondu au bain-marie ou sur de la cendre chaude; on saupoudre ce beurre d'une légère couche de parmesan râpé, ou, à défaut de parmesan, de fromage de Gruyère: on met ensuite une tranche de bouillie; sur laquelle on verse égale quantité du même beurre fondu; on le saupoudre d'une autre couche légère du fromage râpé; on place une seconde tranche de bouillie, et ainsi de suite, jusqu'à ce que le moule soit rempli : il faut terminer par une couche assez épaisse de fromage râpé. Le moule se met sur un feu doux et se couvre d'un couvercle également garni de feu. On juge aisément que la polenta est cuite, d'abord à sa couleur dorée, ensuite à la facilité avec laquelle elle se détache du moule. Alors on la renverse sur un plat, et on la sert très-chaude.

Quelquefois on laisse refroidir la polenta pour la couper par morceaux assez épais, que l'on fait frire dans du beurre frais, et que l'on sert ensuite autour d'un aloyau ou d'un gigot rôtis.

Pâte pour faire des fritures.

La meilleure, la plus légère et la plus simple de toutes les pâtes avec lesquelles on fait frire les viandes, les légumes et les fruits, est celle qui se compose tout uniment de farine délayée dans du lait, à laquelle on ajoute un peu de sel et de vinaigre. Cette pâte se fait au moment de l'employer.

Croquettes pour entremets.

Prenez 125 gr. (4 onces) de sucre râpé et de farine, moitié de maïs, moitié de farine ordinaire, même poids de beurre très-frais, un peu d'écorce de citron râpé ou d'eau de fleurs d'oranger ; pilez le tout dans un mortier jusqu'à consistance de pâte. Roulez ensuite cette pâte avec un rouleau : il faut qu'elle soit très-mince. Coupez-la par morceaux de la forme que vous voudrez; mettez ces morceaux à sec sur une tourtière; faites cuire à petit feu dessus et dessous. Servez avec un peu de sucre râpé dessus.

Gâteau d'amandes promptement fait.

Pesez trois œufs avec leurs coquilles, prenez même poids de farine, même poids de beurre le plus frais possible, même poids de sucre râpé, avec lequel vous pilerez 93 gr. (trois onces) d'amandes douces, pelées selon l'usage; ajoutez un peu d'écorce de citron ou d'eau de fleur d'oranger; employez les trois œufs, blanc et jaune; mêlez le tout dans un mortier pour en faire une pâte; graissez le fond d'une tourtière avec du beurre très-frais; faites cuire à petit feu dessus et dessous. Ce gâteau se sert, chaud ou froid, avec du sucre râpé dessus.

Sabaïonne, crème mousseuse italienne.

Prenez douze jaunes d'œufs très-frais, quatre verres ordinaires de vin de Madère ou de bon vin blanc, 190 grammes (6 onces) de sucre cassé par morceaux, et une pincée de poudre de cannelle. Mettez le tout dans une casserole sur un feu ardent; remuez en tournant très-vite avec un moussoir à chocolat, jusqu'à ce que la mousse remplisse la casserole, et servez dans des pots à crème le plus promptement possible.

Caillebottes bretonnes coiffées.

On prendra trois litres de très-bon lait que l'on fera tiédir, après quoi on mettra dans ce lait gros comme une noisette de présure, que l'on écrasera dans une cuillerée de lait et qu'on aura soin de bien mêler dans la totalité; on laissera ce lait prendre sans le remuer; lorsqu'il est pris, on fait avec un couteau, dans la casserole, des incisions dans les deux sens, de manière à former des carrés. On remet la casserole sur un feu doux, et l'on a soin de la remuer doucement, afin que le petit lait se détache. On laisse ainsi bouillir un moment, puis on retire la casserole et on laisse refroidir entièrement. On prend ensuite les morceaux l'un après l'autre, avec une écumoire, et on les met soigneusement sur un plat un peu creux. On fait une crème avec du lait, du sucre et des jaunes d'œufs, comme pour les œufs à la neige. Quand cette crème est faite, on la verse sur les caillebottes, et voilà les caillebottes coiffées. On les sert froides.

Crème frite.

Il faut faire une bouillie très-épaisse avec un litre et demi de lait, de la farine et un peu de sel, un peu d'écorce de citron râpé et du sucre. Cette bouillie doit cuire au moins un quart d'heure. Ensuite on cassera douze œufs. On mettra

ces œufs dans la bouillie sur le feu, deux par deux, bien mêlés, jaune et blanc, en tournant toujours. Lorsque les douze
œufs seront mélangés de cette manière, on versera la bouillie
sur une planche saupoudrée de farine. Saupoudrez aussi de
farine le dessus de la bouillie ; quand elle sera entièrement
refroidie, coupez-la par morceaux, et mettez ces morceaux
frire dans de la friture neuve, comme vous feriez des beignets. Servez chaud, avec du sucre râpé.

Crêpes roulées à la crème.

Faites une pâte comme pour des crêpes ordinaires ; ajoutez-y
de l'écorce de citron et du sucre râpé. A mesure que les crêpes
sortiront de la poêle, roulez-les et dressez-les autour d'un
plat un peu creux. Faites ensuite une crème comme pour des
œufs à la neige ; vous y mettrez un peu de farine pour l'épaissir. Versez cette crème dans le plat où sont vos crêpes, et mettez le plat sur de la cendre chaude pendant un quart d'heure
avant de la servir.

Macédoine de confitures.

On prendra poids égal de cerises dont le noyau sera ôté, de
jus de groseilles et de framboises entières. On mettra 250
grammes (une demi-livre) de sucre par demi-kil. de fruit ; on
pilera ce sucre, et l'on mettra dans une bassine à confitures
alternativement un lit de fruits, un lit de sucre. On fera cuire
sur un feu vif et clair. Pour juger de la cuisson, il faut mettre
sur une assiette une cuillerée de la macédoine ; si elle est
assez cuite, le jus se mettra en gelée.

Gelée de groseilles.

Il faut prendre poids égal de groseilles épluchées et de sucre
concassé, dans une poêle, mettre ce mélange sur un feu clair
et vif, et le laisser prendre un seul bouillon couvert, c'est-à-
dire le retirer, lorsqu'après le bouillon qui se forme sur les
bords, il s'en forme au milieu un autre qui, en peu d'instants,
couvre la poêle entièrement. Il faut ensuite passer au tamis
de crin sans remuer, et couvrir de framboises le tamis sur
lequel on coule la gelée.

Gelée de pommes.

Il faut prendre des pommes de reinette blanche, les plus
saines qu'il est possible, en ôter avec soin les pépins, les
taches et la peau, et les jeter à mesure dans de l'eau fraîche,

dans laquelle elles doivent baigner pour ne pas rougir. Vous les retirez ensuite et les mettez dans le vase où vous voulez les faire cuire, avec assez d'eau pour les couvrir. Lorsqu'elles sont en marmelade, vous les versez dans un linge fin, sur lequel elles égouttent jusqu'au lendemain. Il ne faut pas presser le marc, si l'on veut que la gelée soit claire. Vous y mettez ensuite 250 grammes (une demi-livre) de sucre par demi-kil. de jus ; vous y ajoutez le suc d'un citron ou deux, et laissez cuire le tout ensemble cinquante minutes sur un feu très-clair ; vous les écumez à mesure. Vous faites bouillir dans de l'eau l'écorce de citron, après l'avoir bien nettoyée, et vous la jetez un instant dans le jus pour lui donner du goût. Ensuite, après avoir versé la confiture dans les pots, vous coupez cette écorce en tranches, que vous mettez dessus.

Raisiné au vin ou au cidre doux.

Prenez du vin ou du cidre doux, un seau, plus ou moins, suivant la quantité que vous voulez faire de raisiné. Mettez ce vin ou ce cidre dans une chaudière, et faites-le bouillir sur un feu toujours clair. Il faut qu'il soit réduit aux deux tiers, afin qu'il ait une bonne consistance, et puisse confire le fruit pour être de garde.

Vous prendrez le fruit que vous voudrez confire, poires, pommes ou coins ; vous le ferez cuire dans l'eau jusqu'à ce qu'il soit amolli. Vous le pèlerez ensuite, et le mettrez dans votre sirop de vin ou cidre doux, et le laisserez bouillir jusqu'à ce qu'il soit cuit. Vous aurez soin de bien écumer. Pour connaître sa cuisson, vous mettrez du sirop sur une assiette. Si vous voyez qu'il demeure en rubis, et ne coule point quand vous penchez cette assiette, c'est une preuve qu'il faut retirer votre confiture. Vous la mettrez dans les pots, et vous la couvrirez quand elle sera froide.

Eau de groseilles.

Epluchez des groseilles, et sur 1 kilog. 1/2 de groseilles ajoutez un demi-kilog. de framboises bien fraîches et non trop mûres. Exprimez le jus, et passez-le promptement et légèrement à travers une étoffe ; versez ce jus dans des demi-bouteilles de verre ou de grès : bouchez-les et ficelez-les ; puis, avec du foin, assujettissez-les debout dans un chaudron rempli d'eau jusqu'à la hauteur du goulot des bouteilles, et faites prendre à l'eau deux ou trois bouillons. On laisse ensuite refroidir ces bouteilles, on les porte à la cave et on les enfouit dans le sable. Ce jus se garde ainsi parfaitement une année entière.

Verjus.

On égraine et l'on écrase du verjus. Lorsqu'il est parfaitement écrasé, on le passe au tamis de crin. On met ensuite un demi-kilog. d'amandes douces dans de l'eau bouillante pour en enlever la peau. On pile ces amandes dans un mortier de marbre, en y ajoutant un peu de sucre, afin qu'elles ne graissent pas. On met la moitié de ces amandes pilées au fond d'une chausse de laine, et l'on verse par-dessus le verjus déjà passé au tamis ; on jette les amandes, on lave la chausse, on met l'autre moitié des amandes, et l'on repasse le verjus, qui devient, par ce procédé, le plus limpide possible. On le met ensuite dans des demi-bouteilles, qu'il faut soufrer avant de l'y verser, et que l'on bouche avec soin. Ce verjus se conserve à la cave un et deux ans.

Manière de conserver des œufs frais cuits à la coque.

Vers le 15 septembre, il faut avoir des œufs nouvellement pondus, les faire cuire, à la manière ordinaire, dans de l'eau bouillante, et ne les y laisser que deux minutes et demie. On serrera ces œufs dans un lieu sec et peu accessible à l'air extérieur, soit dans un tiroir de commode, soit dans des boîtes bien fermées. Quand on voudra manger ces œufs pendant l'hiver, on les mettra dans de l'eau froide que l'on fera chaufer, et de laquelle on les retirera au moment de l'ébullition. Ces œufs ainsi conservés auront le même lait et le même goût que s'ils étaient pondus du jour.

Manière de conserver les œufs crus.

Il faut faire sa provision d'œufs pour l'hiver, depuis le 15 août jusqu'au 15 septembre. On les arrange avec beaucoup de soin dans un baril bien sec, avec de la cendre très-fine et très-sèche, et par lits, que l'on recouvre chacun de l'épaisseur de quatre doigts de cendre. Il faut bien prendre garde, lorsqu'on en prend, de déranger l'ordre dans lequel ils auront été mis, et tenir le baril hermétiquement fermé dans un endroit sec, sans cependant être trop chaud.

On conserve aussi les œufs dans de l'huile, mais cette manière est trop dispendieuse ; car non-seulement il faut que l'huile soit très-bonne, il faut encore que les œufs en soient entièrement couverts.

Cidre fait avec les fruits cuits au four, qui se vendent à la livre chez les épiciers.

Il faut faire faire une ouverture de 33 centimètres (1 pied) en carré à un tonneau de la capacité de deux cent soixante bouteilles, du côté où se trouve la bonde. On mettra dans ce tonneau 12 kilog. 500 (25 livres) de poires, et poids égal de pommes séchées au four. (Ces fruits se vendent 30 ou 35 c. le 1/2 kilog.) On remplira d'eau le tonneau, et l'on bouchera l'ouverture avec une planche épaisse et carrée, à laquelle on fera mettre une poignée, afin de pouvoir la placer et l'ôter aisément. Après treize jours de fermentation, on versera dans le tonneau, par la même ouverture, deux litres d'eau-de-vie, et deux jours après on mettra ce cidre en bouteilles. Il ne faudra point les coucher en les rangeant à la cave.

Cette boisson est économique, saine et agréable.

APPENDICE

PAR

Mesdames GACON-DUFOUR et CELNART.

CHAPITRE PREMIER.

DE LA CUISINE, USTENSILES NÉCESSAIRES, DIVERSES RECETTES UTILES A UNE MAITRESSE DE MAISON.

Ce n'est pas assez de faire le bien, dit un livre de piété fort connu, *il faut le bien faire.* Cette maxime, toujours utile, est indispensable en ménage, où tout doit être exécuté avec une méthode, un ordre constants.

Une chose que l'on néglige généralement, et grandement à tort, c'est la fumée des cheminées de cuisine ; d'abord la domestique en souffre, et n'y aurait-il que cette raison, elle devrait être déterminante ; car il n'est pas permis de laisser volontairement souffrir notre semblable ; mais il y en a une foule d'autres. La malpropreté : impossible de tenir proprement une cuisine enfumée ; les murs s'y noircissent, les vitres y deviennent épaisses et jaunâtres ; la batterie, la vaisselle, les meubles, enfin tout s'y couvre journellement d'une poussière fine et noirâtre qui brave des soins multipliés, parce que, plus qu'eux, elle est continuelle. La dépense : la nécessité d'ouvrir les portes et fenêtres empêche que la pièce ne s'échauffe, et fait brûler inutilement beaucoup de bois. Je conseille l'acquisition d'une *marmite économique*, que l'on alimente du combustible nécessaire au moyen d'une lampe. Cette marmite est peu coûteuse ; elle est faite en fer-blanc, et dure au moins autant de temps que vingt marmites de terre, qui se brûlent facilement et se cassent encore plus vite. De plus, elle ménage le bois et le charbon, qui aujourd'hui sont, même à la campagne, des objets fort chers.

Cette marmite pourrait, en quelque sorte, remplacer la marmite *américaine*, perfectionnée par Parmentier. Il est de l'intérêt de la maîtresse de maison de la faire établir un peu grande, parce que n'étant point exposée à l'action du feu par un côté vide, elle ne prendra jamais de goût ; la lampe (qui l'échauffe) ne répandant sa chaleur que sous le fond, et le fond se trouvant toujours couvert de liquide, ne fait courir aucun danger. Cette marmite étant construite grande, l'on peut y introduire une espèce de passoire, semblable à celle que l'on met dans les poissonnières pour faire cuire le poisson *au bleu*, avec la différence qu'il faudrait que les trous fussent plus petits, afin que les légumes ne passassent point à travers.

Alors on met cette passoire au-dessus de l'eau lorsqu'elle est en ébullition, et les légumes se cuisent à la vapeur, ainsi que dans la marmite américaine, et son acquisition est bien moins dispendieuse.

L'on peut faire faire cette marmite d'une manière simple et peu coûteuse ; il faut qu'elle ait 27 à 33 cent. (10 à 12 pouces) de hauteur sur 21 cent. (8 pouces) de diamètre. Au milieu, il doit y avoir un rebord qui la soutienne sur la cheminée qui doit être en fer battu, avec des ouvertures au pourtour, afin de laisser de l'air à la mèche de la lampe, que l'on introduit dedans par une ouverture plus grande que celle du pourtour. Il doit y avoir à cette ouverture une petite porte que l'on baisse à volonté pour diminuer l'action de la mèche.

Un avantage encore très-important que l'on peut retirer de cette marmite, c'est que, si la maîtresse de maison a son époux ou ses enfants qui soient forcés, pour raison de santé, de prendre des bains de pieds, ou même des bains de siége, elle fera remplir la marmite le soir avant de se coucher, elle allumera sa lampe, et le lendemain, de bonne heure, elle aura de l'eau bouillante propre à préparer les remèdes dont elle aura besoin. Elle pourra même laisser sa marmite dans sa chambre à coucher, les huiles épurées ne donnant aucune odeur, et elle jouira du double avantage d'avoir de la lumière et de pouvoir, à la minute, porter du secours aux malades. Une addition importante importante aux marmites ordinaires, est la présence d'un tuyau court, terminé par un robinet. Ce tuyau, placé sur le côté vers le bas, permet de soutirer à volonté l'eau chaude.

Ne craignez pas de multiplier les ustensiles dans votre cuisine. Les prix en sont peu élevés, et ils vous épargneront beaucoup de soins et de dépenses. Ayez en ce genre tout ce qu'il faut, et n'ayez point l'habitude de remplacer un objet par la première chose venue ; comme on le fait trop communément : par exemple, s'agit-il de faire griller des tranches de pain, cuire des pommes, on couche transversalement la pincette devant le feu, ou l'on met la pelle à l'envers. Cependant, le pain et les fruits brûlent à la superficie, sont durs au centre, tombent dans la cendre, ou pour le moins on ne peut réussir qu'en opérant avec lenteur, et sur une très-petite quantité. Il va de soi que cette manière d'agir prodigue le combustible et le temps. Il vaut infiniment mieux avoir un *grille-pain* et un *pommier* en tôle. Ils ressemblent assez, pour la forme, à la coquille à rôtir avant qu'on l'ait appliquée contre la cuisinière. Le premier a de petites barres de fer transversales pour les rôties de pain : d'autres ustensiles de ce genre en fer-blanc sont plus élégants, mais non plus commodes. Quant au *pommier*, il présente plusieurs étages formés par deux lames de tôle d'une largeur convenable pour maintenir les pommes. Ces deux lames se croisent et se tournent au moyen d'une petite manivelle. Quand la pomme est cuite d'un côté, on tourne la manivelle, la lame s'avance, et la pomme se retourne facilement. On agit de même pour l'ôter lorsqu'elle est achevée de cuire.

Par la même manie, dans plusieurs maisons, on a coutume d'égoutter et secouer la salade dans des torchons ; par-là, on use le linge en l'agitant fortement, en l'humectant souvent ; la salade reste humide, il faut la mettre ensuite dans un autre torchon sec, l'essuyer en la taponnant à plusieurs reprises, toutes choses qui la flétrissent et font perdre beaucoup de temps. Ayez donc un *panier-égouttoir*, et préférant toujours le solide, prenez-le en fer. Veillez à ce que la domestique l'essuie bien avec un chiffon de laine toutes les fois qu'elle s'en sera servie afin qu'il n'ait point de rouille.

Ayez des grilles de toutes dimensions. Des saucisses ne doivent pas être mises sur des grillons aussi écartés que des côtelettes ; des paupiettes, des rognons de moutons veulent également de petits grillons. Ayez des grils à une ou deux côtelettes : il est vrai qu'une seule peut se mettre sur un très-grand gril ; mais comme on ne peut mettre justement la quantité nécessaire de charbon, il en résulte une perte de combustible ou de temps. Cette perte est légère, je le sais ; mais tout l'art de la ménagère consiste à éviter ces petites pertes, et quoiqu'elle paraisse un rien, une perte répétée ne peut jamais être légère.

Ayez des plats percés pour faire égoutter les écrevisses, des *éclisses* pour les fromages, même quand vous ne les confectionneriez pas ; des passoires de diverses sortes pour les purées, les coulis, les jus de viandes et d'herbes ; des tamis en crin pour les potages, des tamis de soie de diverses grosseurs pour des poudres impalpables de sucre, farine de riz, etc. ; des lardoires de différentes longueurs et grosseurs, jamais en cuivre, parce qu'il est difficile de les nettoyer, et que le vert-de-gris peut s'y loger malgré vos soins. Des lardoires d'argent sont onéreuses et susceptibles de se couvrir d'une substance délétère : préférez aux unes et aux autres des lardoires en fer.

Les écumoires doivent être nombreuses, parce que chacune d'elles aura sa destination spéciale. Ainsi la maîtresse de maison veillera à ce que les écumoires larges et carrées qui servent pour égoutter les fritures et beignets, ne servent qu'à cet usage ; pour les nettoyer, on emploiera à l'extérieur une brosse dure, afin de bien pénétrer dans tous les interstices, et à l'intérieur une lavette, ainsi que l'on fait pour les autres ustensiles de cuisine. D'autres écumoires portant une sorte de petit bateau, sont encore destinées aux confitures ; celles légèrement relevées, à trous éloignés, sont bonnes pour tirer de la cuisson les écrevisses, les légumes, les diverses sortes de ragoûts de viande et de volaille par morceaux. Il faut avoir soin de séparer celles qui servent pour le gras de celles affectées au maigre, non par un vétilleux motif de dévotion, mais pour empêcher que ce mélange ne produise de mauvais goût. On commencera par écumer le pot-au-feu avec une écumoire à trous moyens, et on finira avec une écumoire fine.

Je conseille fort à la maîtresse de maison de se fournir de moules ; c'est à leur usage que les pâtissiers, surtout ceux de Paris, que les charcutiers, traiteurs, glaciers de la capitale, doivent l'élégance reconnue de leurs préparations. Il n'en faut pas davantage pour rendre un repas une fois plus distingué et plus agréable. Des pâtisseries, des crêmes rendues légèrement solides par l'emploi de la gomme adragant, des gelées de viande, de fruits, mises dans des moules de formes élégantes, fournissent tout ce qu'il y a de mieux. Que ces moules ne soient point en cuivre, leur nettoyage étant difficile à raison des sinuosités, l'usage pourrait en être dangereux ; si on les veut de ce métal, il faut alors qu'ils soient très-simples, et peu chargés de dessins. Dans tous les cas, il vaut mieux les avoir en bois, en étain, en fer-blanc. Qu'ils soient toujours de suite et parfaitement nettoyés avec une éponge. J'indiquerai plus loin la manière de s'en servir.

Je ne m'arrêterai pas à parler des casseroles, chaudrons,

bassines, etc., tous ces ustensiles étant parfaitement connus. Je recommanderai seulement à la maîtresse de maison de les faire disposer avec ordre sur des traverses de chêne appliquées fortement sur la muraille. Je lui conseillerai d'avoir dans sa cuisine plusieurs mortiers de marbre ou de fonte, avec leur pilon pour piler le sucre, le chocolat, le sel, les herbes, les légumes, la viande hachée, les fruits de confitures, etc., en ayant soin d'affecter chaque mortier à son usage particulier. Je préfère leur usage à celui des râpes, égrugeoirs, surtout à la mauvaise habitude de presser avec les mains les fruits, les légumes cuits que l'on veut réduire en pulpe ou en pâte; une partie considérable s'attachant à la peau, lui donne une teinte désagréable (ce qu'il faut surtout éviter, une maîtresse de maison ne doit paraître ménagère que par le bon ordre), et fait perdre beaucoup de temps à se dégager les mains. Il n'en est pas moins bon d'avoir quelques râpes de diverses grosseurs pour les très-petites quantités. Je voudrais aussi que la maîtresse mît dans la cuisine une romaine pour peser les provisions, et deux balances, une moyenne et une petite, pour déterminer les doses dans les confitures et les opérations de même genre qui ne se font que rarement.

Il est indispensable que la cuisine soit garnie d'armoires; mais il en faut surtout une pour les torchons qui ont déjà servi: rien de plus dégoûtant que de voir étalés sur les chaises, les meubles, des torchons souillés en partie de graisse, de sang, ou qui ont une fois essuyé la vaisselle. Cependant ces torchons doivent servir jusqu'à ce qu'ils soient complètement salis; autrement leur blanchissage serait fort onéreux, et il en faudrait des quantités prodigieuses; il faut nécessairement les faire sécher. Je voudrais qu'à cet effet on eût une grande armoire sans rayons, ou un petit cabinet noir tendu de cordes ou garni de porte-manteaux grossiers (non de clous, crainte de déchirer); on y étendrait ces torchons, et ils ne nuiraient plus à la propreté de la cuisine. Au-dessus de l'évier doit se trouver une sorte de galerie pour faire égoutter la vaisselle, au moins un quart-d'heure avant de l'essuyer, car c'est une très-mauvaise méthode de le faire immédiatement après le lavage; on a beaucoup plus de peine et on salit le double de linge (1). Si les localités s'opposent au placement sur le mur de cette galerie, ou crèche à vaisselle, ayez-en une portative, que l'on placera sur l'évier. En indiquant les modes de nettoyage, nous parlerons des

_____

(1) On emploie en Auvergne pour cet usage un coffre peu profond, placé sur des pieds élevés, et dont le fond est à jour.

ustensiles de propreté qui doivent achever l'ameublement de la cuisine. Nous terminerons cet article en recommandant l'emploi d'un double couperet dont on se sert simultanément pour aller plus vite, de plusieurs blocs de bois pour les divers hachis, d'un four de campagne, ou surtout de tourtière, lors même qu'on aurait un four à pâtisserie; rien n'est plus utile pour donner de la couleur à une multitude de mets. L'emploi des tablettes portatives à faire la pâtisserie, qu'on place sur la table de cuisine, est aussi à recommander comme plus propre et plus commode; les *porte-fumier*, espèce de boîte en bois blanc sans couvercle, à trois parois, dont une paroi est surmontée par une grande poignée, sont très-utiles pour recevoir les débris de légumes, etc., et vous ne devez pas souffrir que vos domestiques les jettent çà et là; dès que le porte-fumier est plein, on le vide dehors; de cette manière, il ne se forme jamais ces tas d'ordures qui infectent des cuisines mal tenues. Quoique de bon usage, ce porte-fumier a le désagrément de laisser échapper en avant les ordures; aussi vous conseillerai-je d'avoir un porte-fumier fermé par-devant au moyen d'une petite porte à coulisse. Cette porte, surmontée d'une poignée, sert à transporter le porte-fumier plus aisément.

Ayez soin encore et surtout de défendre à vos domestiques de porter du feu sur une pelle dans les appartements et même dans la cuisine, à moins que les fourneaux ne soient très-rapprochés du foyer; ordonnez-leur constamment, fortement, de se servir pour cela de *porte-feu*, espèce de grande truelle en tôle à rebords, ayant un peu la forme de porte-fumier, ou bien d'une poêle étroite et profonde. Le porte-feu, quelle que soit d'ailleurs sa forme, doit être muni d'une poignée en bois de la longueur de 17 centimètres (un demi-pied) environ, afin que l'on ne soit pas incommodé du feu en le transportant. La nécessité de prévenir les malheurs d'un incendie explique assez le besoin de cette précaution. Que ces porte-feu de diverses grandeurs soient toujours placés au coin du feu, afin qu'en les trouvant toujours sous la main on prenne l'habitude de s'en servir, et que l'on n'ait aucune excuse pour ne pas le faire.

Il va sans dire que tous les objets dont j'ai parlé doivent être rangés avec ordre, et que dès qu'on les a employés ils doivent être essuyés et remis à leur place ordinaire, sans jamais en changer. C'est le meilleur, l'unique moyen de conserver ces ustensiles, d'économiser le temps et d'éviter les altercations.

Les nettoyages des objets de cuisine étant continuels et

vétilleux, c'est aussi ce que négligent principalement les domestiques, et ce qui doit attirer l'attention de la maîtresse. En premier lieu est le lavage de la vaisselle : il faut pour cela avoir une sorte de balai en gros fil lavé chaque fois après qu'on s'en est servi, et de temps en temps arrosé de vinaigre pour empêcher la mauvaise odeur. L'eau qui sert à laver la vaisselle doit être bouillante, ou du moins très-chaude; dès qu'elle est chargée, il faut la renouveler. Ayez soin que les pots au lait, et généralement tous les vases du laitage, soient lavés dans l'eau très-chaude et très-pure. Quant à la vaisselle de dessert, il suffit souvent de la passer à l'eau froide; les domestiques ont coutume de la salir, croyant la laver en la mettant dans de l'eau de vaisselle toute graisseuse. Tout le monde sait comment se pratique l'écurage; nous nous bornerons donc à conseiller de nettoyer les casseroles de cuivre au blanc d'Espagne sec après l'écurage. On peut, à cet effet, en avoir en poudre, dans quelque terrine, une certaine quantité qui servira longtemps, et ne coûtera presque rien. Après le nettoyage des moules, on les suspend à des crochets de fer fixés dans une barre de moyenne grosseur et non fichés dans le mur, ce qui manque de solidité. Les tables de cuisine seront frottées avec du savon noir ou potasse et une brosse dure : les briques des fourneaux seront lavées avec un peu d'eau seconde mêlée d'eau, ou mieux encore badigeonnée tous les quinze jours avec de l'ocre rouge, délayée dans de l'eau. On frottera les couvercles des fourneaux, les queues de poêles à frire, avec de la mine de plomb. L'évier, lavé avec de la potasse et une éponge grossière, sera fermé d'un bouchon entouré de chiffons trempés de vinaigre pour prévenir la mauvaise odeur. Les casseroles de fer-blanc seront nettoyées avec un mélange de poussière de charbon et de cendre légèrement humecté d'huile commune. Les ustensiles de cuivre léger, tels que les écumoires, seront frottés avec un morceau de charbon neuf, et bien essuyés ensuite avec un chiffon de laine. Toutes les éponges seront lavées, pressées chaque jour dans l'eau chaude, et de temps en temps passées dans l'eau de javelle étendue d'eau, pour les empêcher de s'encrasser. Il y aura à demeure du sable fin dans un plat ou vase de bois tenu bien sec, dans lequel on passera et frottera journellement les couteaux. Ceux qui couperont les oignons, porreaux, échalotes, aulx, seront mis à part, de crainte de communiquer leur mauvaise odeur à d'autres objets.

Il vaut mieux avoir dans une cuisine une fontaine que des seaux, parce qu'il est presque impossible qu'on ne répande pas de l'eau chaque fois qu'on en puise avec un vase quelconque; il ne sera pas mal toutefois, d'avoir un seau en même temps; un baquet de moyenne grandeur dôit être placé sous la fontaine pour recevoir l'eau qui pourra s'écouler. On ne laissera jamais cette eau plus d'un jour en été et de deux en hiver. Ce baquet, les seaux, et généralement tous les vases de bois, seront plusieurs fois par semaine rincés à l'eau bouillante et balayés avec un balai de racines, réservé pour cet usage, et toujours tenu bien au sec. Que la maîtresse de maison se mette bien en tête qu'il n'y a pas un de ces détails qui soit superflu.

Il est très-bon d'avoir près de la cuisine un cabinet ou office, froid et sombre, pour ranger les provisions pendant l'été.

CHAPITRE II.

CUISINE SALUBRE DE M. D'ARCET.

Si vous habitez un appartement à loyer, ou que, dans la maison dont vous êtes à la fois habitante et propriétaire, la cuisine soit tout établie, vous n'avez rien de mieux à faire que de remédier au vice radical de la construction, par l'emploi des ustensiles conseillés. Mais, dans toute autre circonstance, ayez recours au fourneau de cuisine de M. D'Arcet. C'est bien certainement en ce genre l'invention la plus commode, la plus économique, la plus parfaite. On peut l'établir dans les grands comme dans les petits ménages : il suffit pour cela d'augmenter ou de diminuer les dimensions, et le nombre des fourneaux, ou de faire usage des autres accessoires, selon les besoins de chaque famille. Enfin cet appareil fait disparaître l'insalubrité de la cuisine. Insalubrité méconnue, mais trop réelle, et que le conseil de salubrité, chargé d'examiner le travail de M. d'Arcet, a dénoncée en ces termes : « Il n'y a pas d'exagération à affirmer que de tous les arts, » il n'y en a pas peut-être qui présente plus de danger pour » la santé que l'*art culinaire*. Ces dangers sont d'autant plus » graves, qu'ils sont presque inaperçus, et qu'ils se repro- » duisent chaque jour et dans toutes les classes de la so- » ciété. »

Tout le monde sait, dit M. D'Arcet, que les cuisinières ne sont pas seules exposées aux accidents résultant de l'insalubrité de nos cuisines; mais que dans les appartements où la cheminée de ces pièces tire mal ou moins fortement que d'autres cheminées voisines, les gaz délétères ou les mauvaises odeurs passent de la cuisine dans les autres chambres.

L'insalubrité des cuisines est due à deux causes : la première se trouve dans l'usage où l'on est de ne pas construire les fourneaux sous le manteau de la cheminée, et de laisser ainsi répandre librement la vapeur du charbon dans la pièce ; la seconde provient du faible tirage des cheminées de cuisine, effet qui a lieu, soit par suite du mauvais rapport établi entre les ouvertures des manteaux de cheminées, et la capacité de leurs tuyaux ; soit parce qu'il s'y établit un courant d'air descendant, commandé par le tirage plus fort d'une cheminée voisine, ou par l'ascension de la couche d'air, échauffée le long d'un mur voisin, exposée au midi, couche d'air qui fait alors le vide dans la cuisine, en montant et en passant devant les portes ou les croisées.

Pour rendre les cuisines salubres, il suffirait donc de construire tous les fourneaux sous le manteau de la cheminée, et de pouvoir y établir, à volonté, en tout temps, un tirage convénable, dont on peut accélérer la vitesse au besoin.

Fig. 1, plan général de la cuisine.

Fig. 2, plan du fourneau.

Fig. 3, perspective.

Fig. 4, coupe verticale du fourneau.

a, réunion de tous les fourneaux sous le manteau de la cheminée.

b, four à pâtisserie, dont la fumée se rend sous le manteau général.

c, évier.

d, table de cuisine.

e, billot.

f, fontaine.

g, buffet.

h, h, portes de la cuisine et de la cave.

i, j, croisées.

k, fourneau surmonté d'une chaudière dans laquelle on fait chauffer de l'eau pour un bain, un savonnage, pour cuire en grand des légumes, soit dans l'eau bouillante, soit à la vapeur, pour faire des confitures, etc.

Ce fourneau a un tuyau de tôle *l* qui porte la fumée dans la cheminée générale, et qui peut servir à y faire appel.

m, tourne-broche placé au-dessus de la chaudière *k*. Il peut communiquer le mouvement à la broche que l'on place devant la cheminée A (fig. 2 et 3), et aux broches des *cuisinières*, placées en avant des coquilles à rôtir B B.

Nous allons maintenant décrire en détail toutes les parties

du fourneau indiquées dans le plan général de la cuisine par la lettre *a*.

Fig. 2. C, réunion de six fourneaux de cuisine de grandeur différente.

D, fourneau long pour placer une poissonnière. On peut en diminuer la capacité en y plaçant à travers, soit un morceau de brique, soit une plaque de fonte entaillée de manière à pouvoir servir de cloison, et séparer le fourneau en deux autres fourneaux plus petits.

On voit en E (fig. 3), les tampons de tôle qui servent à fermer les cendriers des fourneaux C D (fig. 2). Ils se ferment encore mieux avec une porte à tirette en fonte ou en tôle.

On voit en J les couvercles en tôle qui servent à couvrir à volonté les fourneaux : le dessus du fourneau est alors de niveau et peut servir de table; on peut en outre placer sur ces couvercles des plats pour les entretenir chauds. Les couvercles, les tampons et les tirettes évitent la peine d'employer un étouffoir.

On met dans les fourneaux des grilles mobiles. On peut en avoir de rechange, ayant les barreaux plus ou moins écartés, selon l'opération à faire.

B B, coupe horizontale des deux coquilles (fig. 2), et de face (fig. 3).

M, plaque de fonte qui couvre l'espace où circule la fumée du four N (fig. 3), avant qu'elle se rende par le tuyau de tôle P, dans la cheminée générale. Lorsqu'on chauffe le four, cette plaque devient assez chaude pour chauffer de l'eau ou pour entretenir les plats chauds. Elle sert de table quand on n'allume pas de feu dans le foyer du four.

Q, plan de fourneau potager d'Harel, encastré dans la maçonnerie.

R, tuyau de ce fourneau.

L, tuyau du fourneau de la chaudière *k* (fig. 1).

A (fig. 2 et 3), place réservée entre les parties élevées M et G du fourneau. Le fond de cette partie du dessous du manteau est de niveau avec le sol de la cuisine; on peut y allumer le feu sur le sol comme on le fait généralement. Cet espace représente ainsi la cheminée d'une cuisine ordinaire devant laquelle on peut mettre la broche ou le pot-au-feu, dans laquelle on peut balayer les ordures de la cuisine, et allumer du feu en hiver pour chauffer la cuisinière. On ne donne à cet âtre que le moins de largeur possible; il suffit qu'on puisse y pendre à la crémaillère T, un chaudron ordinaire, ou que l'on puisse placer devant, au besoin; la broche ou la *cuisinière* de fer-blanc. On allume alors le feu au niveau du sol.

Lorsqu'on ne veut pas se servir de cette petite cheminée, on en ferme l'ouverture supérieure en la couvrant avec une plaque de tôle de la même grandeur, et qui se place sur deux tringles en fer *n, n*. Elle se place aussi sur les tringles de fer *p p*, lorsqu'on veut faire une friture, une omelette, mettre le pot-au-feu ou des légumes sans employer le fourneau potager Q. La cuisinière travaille facilement à cette hauteur sans être gênée, sans se tenir courbée, et avec moins de fatigue. On a ainsi le moyen d'établir le foyer de la partie A, à trois hauteurs différentes.

Lorsqu'on ne s'en sert pas, ou lorsqu'on veut faire des préparations qui donnent beaucoup de fumée et de mauvaises odeurs, telles que le grillage des côtelettes, la friture du poisson, le chauffage des fers à repasser, on place la plaque de tôle sur les tringles *n n*, au niveau des parties G et M. Par cette disposition, et en fermant les rideaux U U (fig. 3), le courant d'air accéléré ascendant qui s'établit dans la cheminée, y entraîne tous les gaz délétères, et empêche la mauvaise odeur de se répandre dans la cuisine et de là dans les autres pièces de l'appartement.

On peut d'ailleurs allumer le feu sur le sol de la petite cheminée A, sans enlever cette plaque de tôle ainsi placée; car il suffit de la tirer un peu en avant pour que la fumée puisse passer entre la plaque et le mur, et se rendre dans le tuyau de la cheminée, sans se répandre dans la pièce.

La crémaillère T reste en place quand on place la plaque de tôle sur les tasseaux *n n*.

On règle le tirage du tuyau P, au moyen d'une clef ou soupape ordinaire. Une clef sert aussi à diminuer à volonté la vitesse du courant d'air ascendant du petit tuyau R du fourneau potager. L'air chaud, porté dans la cheminée générale par ces tuyaux P et R, y fait appel, et sert à y établir, en cas de besoin, le tirage convenable.

Ce sont les rideaux U U qui servent, pour ainsi dire, de gouvernail à ce système de construction; plus on les ferme, plus le courant d'air devient rapide dans les tuyaux de la cheminée, et moins les odeurs désagréables peuvent s'exhaler dans la cuisine. On charge le bas de ces rideaux en y fixant dans le repli de l'ourlet quelques balles de plomb, afin d'empêcher le courant d'air de les entraîner dans la cheminée ou sur le fourneau. On peut les rendre facilement, et à bon marché, incombustibles, en les trempant dans une dissolution saline d'alun ou de sulfate de fer. Ces rideaux, garnis d'au-

neaux en cuivre et montés sur deux tringles, se ferment totalement lorsqu'on ne se sert pas du fourneau. On évite ainsi
d'échauffer la cuisine en été, et on lui donne un air d'arrangement et de propreté.

V, porte du foyer du four (fig. 3).

X, cendrier de ce foyer.

Y, charbonnier pouvant facilement contenir une voie de
charbon.

a (au sommet de la figure), le rable pour retirer la braise
du four.

b, la pelle dont on se sert pour le service du four.

Fig. 4. Coupe ponctuée de la coquille à rôtir.

B, P, tuyau de tôle du four.

R, tuyau de potager.

U, rideau. On voit en coupe la languette au bas de laquelle
les rideaux sont attachés.

p, *n*, tasseaux pour recevoir la plaque de tôle.

Z, croisée servant à éclairer l'intérieur de la cheminée et
du fourneau.

O, soupape servant à fermer à volonté le haut de la cheminée, au-dessus des tuyaux P R. En fermant cette soupape en
hiver, lorsque tout le feu est éteint dans les différents fourneaux, on oblige la chaleur accumulée dans le massif du
fourneau à se répandre dans la cuisine, et à en élever la température.

A la porte du fourneau potager on met la *cafetière-porte*
de M. Harel.

On voit (fig. 5) cette cafetière, qui doit être en cuivre et
non pas en fer-blanc, car sans cela elle se dessoude facilement. L'on a ainsi toute la journée une cafetière pleine d'eau
bouillante à sa disposition.

Lorsque par hasard la cheminée fume, on peut y remédier
de suite en ouvrant le vasistas qui doit être placé à l'une des
fenêtres de la cuisine, et en fermant à droite et à gauche les
rideaux U U, pour rétrécir tant qu'elle pourra l'ouverture de
la cheminée. Comme remède extrême et infaillible, il faut
allumer un peu de feu sous la chaudière *k* (fig. 1), au fourneau potager Q (fig. 2), ou dans le four N.

Plus l'intérieur de la cheminée sera échauffé, plus le tirage
sera fort, et plus les rideaux pourront rester ouverts, ce qui
sera fort utile les jours de grands dîners.

L'économie est ici évidente, puisqu'elle résulte de la réunion
de toutes les économies, produite par l'emploi de moyens
connus depuis longtemps, bien appréciés, mais rarement
rassemblés dans la même cuisine. Tels sont le fourneau po-

tager, la coquille à rôtir, les fourneaux servant à volonté d'étouffoir, la *cafetière-porte ;* telle est la suppression presque totale du foyer ordinaire, où le combustible brûlé à l'air libre, produit peu d'effet, et tel est encore l'emploi du four et de la chaudière sous lesquels on substitue au bois le charbon de terre, et sous lesquels le combustible brûlé dans un foyer fermé peut donner le *maximum* d'effet utile, ce qui est loin d'arriver dans les cheminées ordinaires de nos cuisines.

Fontaine filtrante.

Lors même que vous auriez un puits commode, lors même qu'une fontaine se trouverait dans la maison, si vous habitez un étage supérieur, si de quelque manière la cuisine est éloignée de l'eau, ayez une fontaine filtrante dans cette pièce. On jugera ma recommandation encore meilleure lorsqu'il s'agira d'aller chercher l'eau à distance dans une maison, dans une rue voisine, surtout lorsqu'on la reçoit d'un porteur d'eau.

Pour le système de filtration ascendante, l'eau que l'on désire épurer ne dépose point ses impuretés sur le filtre même, les pores n'en sont point obstrués et l'infiltration n'est pas ralentie comme dans les appareils ordinaires où l'eau acquiert, en peu de temps, un goût fétide et nauséabond. Rien de plus simple que la construction de ces fontaines, dont nous joignons ici la description et le dessin (fig. 6). Cette fontaine est divisée en trois compartiments inégaux ; l'eau destinée à filtrer est versée dans un réservoir supérieur enfoncé dans une pierre non filtrante. Elle se précipite de là, par un tube vertical, dans un réservoir inférieur que forme le fond de la fontaine où elle se dépouille de ses impuretés ; c'est de là, qu'épurée déjà par ce premier dépôt et comprimée par la masse de liquide qui vient du réservoir supérieur, elle pénètre par ascension à travers une pierre filtrante dans le réservoir intermédiaire, d'où on la tire par un robinet.

Le dépôt qui se forme au fond intérieur de cet appareil peut facilement être enlevé par le moyen d'un tampon mobile adapté à cet effet audit fond.

Autre fontaine filtrante très-facile à confectionner (fig. 7).

La caisse a dans son intérieur trois compartiments. Le premier, A, reçoit l'eau à filtrer ; celle-ci passe d'abord à travers une couche de gravier G, recouvert de cailloux assez gros, et qui se termine par du sable fin ; puis vient une couche de charbon de bois H, grossièrement pilé, de 8 à 11 centimètres (3 à 4 pouces) d'épaisseur ; ensuite une nouvelle couche de sable I, qui se termine au fond par de petits cailloux. De ce premier compartiment, l'eau se rend en L par une ouverture de 40 millim. (1 pouce 1/2) sur toute la largeur du fond dans le deuxième compartiment B, qui ne contient que du sable fin. Enfin le compartiment C est destiné à contenir l'eau filtrée.

F, est un robinet servant à vider en cas de besoin l'eau contenue dans A et B.

K, est le robinet par lequel on soutire l'eau filtrée. Ce dernier se trouve à 27 millim. (1 pouce) au-dessus du niveau du fond, afin que si la filtration entraîne un peu de sable, celui-ci reste au fond. Le compartiment qui contient l'eau filtrée est fermé à sa partie supérieure par une petite planche à tiroir, et toute la caisse est recouverte par un couvercle à rebord, pour ne donner accès ni à la fumée ni à la poussière.

Il est entendu que le sable et le gravier doivent avoir été soigneusement lavés, et que le charbon sera de bonne qualité, parfaitement sec et exempt de goût.

La théorie de cet appareil est du reste si facile à saisir, qu'une explication et un plan détaillés seraient superflus.

J'observerai encore qu'on pourrait parfaitement bien le faire en pierre, comme les fontaines épuratoires, ou même en zinc ou en fer-blanc ; mais le bois étant beaucoup meilleur marché (le filtre a tout au plus coûté 6 francs), je le trouve préférable, surtout en faisant remarquer, comme je l'ai pratiqué pour le mien, de faire subir préférablement aux planches une ébullition prolongée dans l'eau ; opération qu'on doit même renouveler une ou deux fois pour leur enlever toute odeur de résine.

On peut réduire ou augmenter à volonté les dimensions de ce meuble ; il est cependant plus utile de les diminuer en longueur et largeur qu'en hauteur, car plus les colonnes filtrantes sont hautes, c'est-à-dire plus l'eau sera chicanée, mieux l'opération sera satisfaisante. Mon compartiment A est rempli d'eau deux fois par jour, et elle passe assez promptement pour pouvoir n'employer que de l'eau filtrée à tous les usages domestiques. L'appareil demande du reste peu ou point d'entretien. Je ne le fais nettoyer que tous les cinq ou six mois : à cet effet, on lave bien le sable et le gravier, et le charbon est renouvelé ; il peut cependant se trouver des eaux qui nécessiteraient un renouvellement plus fréquent.

Mastic pour le verre et la porcelaine, par M. HELLER.

On prépare une dissolution un peu épaisse de colle-forte, on la fait chauffer et on y ajoute de la chaux délitée en quantité suffisante pour que la masse encore chaude ait acquis la consistance voulue.

Pour se servir du mastic, on chauffe légèrement les pièces qui doivent être soudées, et on applique le mastic sur la cassure. On réunit les parties correspondantes et on les comprime par les procédés ordinaires. Après avoir laissé reposer pendant quelque temps, on éloigne, à l'aide d'un chiffon mouillé, la portion de mastic qui est sortie des jointures; pour cela on s'y prend assez à temps pour que le mastic n'ait pu encore se durcir, sans quoi on ne pourrait plus l'enlever.

Quoique formé d'éléments qui, séparément, sont solubles dans l'eau, ce mastic devient, sous l'influence de l'air et de la chaleur, d'une telle dureté, qu'il résiste à l'eau et ne s'y dissout plus. Il sert à la fois pour le verre, la porcelaine et les différents minéraux; on peut, à son aide, souder le bois sur la pierre ou sur le métal; on peut même sceller métal sur métal, surtout quand on ajoute un peu de fleur de soufre au mastic encore chaud.

L'adhérence produite est tellement forte, que les parties scellées ne peuvent être séparées; les parties intactes cèdent, avant ces dernières, à l'effort fait pour les disjoindre.

Purification de l'huile à brûler, par WILKS.

Sur 1,072 litres (236 gallons) d'huile, on prend :

  3 kilog. d'acide sulfurique.

On agite bien pendant trois heures ; ensuite on ajoute un mélange formé de :

  Argile. . . . . 3 kilog. »» (6 livres).
  Chaux caustique . . . . . 3 kilog. 50 (7 livres).

On introduit le tout dans une chaudière contenant :

  Eau. . . . . . . 1,072 litres (236 gallons).

On fait bouillir pendant trois heures en agitant. Après le refroidissement, on décante l'huile qui est devenue parfaitement pure.

Ivoire.

Les divers procédés mis en usage pour blanchir l'ivoire jauni (et il jaunit facilement et promptement), ne remplissent que bien imparfaitement le but qu'on se propose.

M. Spengler, de Copenhague, nous offre un moyen assuré

et facile de rétablir la couleur blanche de l'ivoire. Il a remarqué qu'il suffit de tenir cette substance sous une cloche de verre à l'abri de tout contact de l'air, pour la préserver complètement du jaunissement. Ce fait lui a suggéré le procédé suivant pour blanchir l'ivoire jauni.

. Il ne faut pour cela que le brosser avec de la pierre-ponce calcinée et délayée, puis renfermer les pièces encore humides sous une cloche de verre, que l'on expose journellement aux rayons du soleil. On peut hâter ce blanchiment en brossant de temps en temps l'ivoire à la pierre-ponce.

Désinfection de l'eau-de-vie et de l'esprit de pomme de terre.

De l'attention donnée à la conduite de la distillation, de la bonté de l'appareil et du soin que l'on a de séparer des produits de la distillation les dernières gouttes appelées queues, dépend en grande partie la qualité de l'eau-de-vie ; mais quels que soient les soins que l'on prend, les produits conservent toujours une odeur vineuse particulière qui tient à la présence de l'huile essentielle qui a passé à la distillation avec ces produits. Le grand problème de l'industrie qui nous occupe, est l'affranchissement des produits de cette odeur, qui les fait repousser pour tous les usages qui exigent de la pureté. Quelques fabricants sont parvenus à résoudre ce problème plus ou moins complètement, et à dégager leurs eaux-de-vie de cette odeur, ce qui leur donne une valeur bien supérieure à celle des produits non désinfectés. Elles peuvent alors être mêlées à des esprits-de-vin sans que rien puisse en déceler la présence ; on les emploie aussi à la fabrication des liqueurs avec autant d'avantage que les esprits-de-vin.

Jusqu'à présent, un très-petit nombre de distillateurs sont parvenus à purifier leurs eaux-de-vie et leurs esprits d'une manière complète, et le plus grand nombre ne les purifie pas du tout, faute de connaître les procédés que l'on entoure de secret. Néanmoins, en se basant sur les découvertes de la chimie, on peut arriver à obtenir une désinfection complète. Nous allons indiquer les différentes méthodes parmi lesquelles chacun pourra choisir celles que son expérience ou les circonstances locales lui indiqueront comme la plus avantageuse.

Les agents que l'on emploie pour la purification de l'eau-de-vie, sont les terres et alcalis caustiques, qui se saponifient par leur action sur les huiles fétides mêlées aux liquides à désinfecter, et le charbon de bois qui, par ses propriétés absorbantes et antiputrides, concourt aussi à la désinfection. La chaux et la potasse, ou la soude caustique, sont les agents de la première espèce les plus convenables, et parmi les charbons, ceux de saule, de tilleul, et en général les charbons de bois légers, sont ceux que l'on doit préférer.

La préparation du charbon de bois exige quelques précautions ; on l'opère ordinairement en vase clos. Une vieille marmite en fonte, bien bouchée et à laquelle on ne laisse qu'une ouverture pour le dégagement des gaz provenant de la calcination des bois, peut suffire pour cette opération. On remplit cette marmite de fragments de bois, autant que possible de même grosseur ; on la ferme avec son couvercle qui doit bien joindre, et qu'on lute exactement avec de la terre, à l'exception de l'orifice par où doivent s'échapper les gaz ; on chauffe fortement la marmite en l'enveloppant d'un bon feu, et l'on continue tant qu'il se dégage du gaz ; peu après que le dégagement du gaz a cessé, le charbon est fait. On laisse refroidir la marmite sans la découvrir, après avoir eu la précaution d'en fermer l'orifice qui a servi au dégagement des gaz. Lorsque le charbon est complétement refroidi, on le retire de la marmite, on le réduit en poudre fine, et on l'enferme à l'abri du contact de l'air et de l'humidité jusqu'au moment de s'en servir.

On prépare, d'un autre côté, de la chaux éteinte réduite en poudre impalpable. La chaux la plus pure, telle que la chaux grasse, est celle que l'on doit préférer pour arriver à une pulvérisation parfaite ; la méthode d'extinction par l'immersion dans l'eau est celle qui donne les meilleurs résultats. A cet effet, on met dans un panier la quantité de chaux que l'on veut éteindre, et l'on plonge le tout dans un baquet d'eau chaude ; une demi-minute d'immersion suffit ordinairement. Cependant, comme ce temps varie selon la quantité de chaux à éteindre, quelques expériences sont nécessaires pour fixer le temps convenable. La chaux retirée de l'eau est vidée dans un coin de l'atelier, et bientôt elle tombe en poudre impalpable ; on la tamise et on la conserve à l'abri du contact de l'air jusqu'au moment de l'emploi.

La désinfection des produits de la distillation s'opère de deux manières, suivant que l'on a obtenu du premier jet de l'eau-de-vie ou de l'esprit au degré où l'on doit les conserver, ou bien que les produits obtenus doivent subir une nouvelle rectification.

Dans le premier cas, on verse dans la futaille qui contient l'eau-de-vie à désinfecter, le charbon pulvérisé et la chaux caustique éteinte, dans la proportion de 500 grammes de charbon et de 100 grammes de chaux par hectolitre de liquide à désinfecter. Si l'eau-de-vie est très-infecte, comme dans les années où

l'eau-de-vie est de mauvaise qualité, on augmentera la proportion de charbon et de chaux ; dès qu'ils sont introduits
dans la futaille, on la roule pour opérer un mélange parfait,
ou si elle est trop grosse pour être commodément mise en
mouvement, on y introduit par la bonde un bâton fendu en
quatre dans la moitié de sa longueur, et en agitant vigou-
reusement ce bâton, on met toute la masse en mouvement,
ce qui opère le mélange désiré. Après cela, il n'y a plus qu'à
laisser reposer et soutirer à clair au bout de quelques jours.
On hâte le dépôt et la clarification en collant avec des blancs
d'œufs ou par tout autre procédé ; mais on peut généralement se passer de cette précaution.

Lorsqu'on veut désinfecter une nouvelle portion d'eau-
de-vie, on la verse sur les marcs qui sont restés dans la futaille, auxquels on a ajouté une nouvelle dose de chaux et
de charbon, inférieure d'un quart ou d'un tiers à la dose
primitivement employée.

On continue de même jusqu'à ce que la quantité de marc
soit assez considérable pour devenir gênante ; on égoutte
alors ces marcs après les avoir retirés de la futaille ; on les
épuise de l'alcool qu'ils peuvent retenir avec un peu d'eau,
et l'on repasse la partie liquide ainsi séparée du marc à l'a-
lambic, ou si l'on veut, on laisse simplement éclaircir par
dépôt.

Si l'opération a été conduite avec soin, si la chaux et le
charbon ont été bien préparés et bien conservés, enfin si le
mélange a été fait exactement, on obtient par ce procédé des
produits tout-à-fait exempts de mauvais goût et parfaitement clairs.

Lorsqu'on opère sur des produits qui doivent retourner à
l'alambic pour être amenés à un degré supérieur de concentration, on opère le mélange avec la chaux et le charbon dans
les œufs de l'appareil distillatoire, et l'on distille le tout. Il
faut avoir eu soin auparavant de bien nettoyer l'appareil. On
sépare les premiers produits qui nettoient les serpentins, et
les derniers qui n'ont plus assez de force pour les réunir à
la rectification suivante. Les produits ainsi obtenus sont
de la plus grande pureté.

Si le charbon de bois n'avait pas été bien préparé, ou si
la chaux n'était pas de bonne qualité, il conviendrait d'en
augmenter la quantité ; il ne faut pas cependant le faire
outre mesure, car alors on aurait une quantité de marc qui
deviendrait embarrassante.

On désinfecte également les eaux-de-vie de pommes de
terre par la potasse caustique, dont l'action paraît être beau-

coup plus énergique que celle de la chaux. La potasse caustique se prépare de la manière suivante : On prend de la potasse du commerce ou carbonate de potasse que l'on fait dissoudre dans l'eau ; on prépare d'un autre côté un lait de chaux fait avec de la chaux la plus pure, telle que la chaux blanche, et l'on mélange les deux liquides ; il se forme un carbonate de chaux qui se précipite et de la potasse caustique qui reste en dissolution. Si la chaux employée est de bonne qualité et n'est pas restée exposée à l'air, un poids égal à celui de la potasse employée est suffisant ; dans le cas contraire, on force un peu la proportion de chaux. 100 à 200 grammes (3 à 6 onces) de potasse du commerce suffisent pour la désinfection d'un hectolitre d'eau-de-vie ou d'esprit. La dissolution de potasse caustique est versée dans l'eau-de-vie à purifier, et le tout est reporté à l'alambic. On ne peut employer ce procédé de désinfection que pour les produits qui doivent subir une nouvelle distillation, car la potasse ne se précipitant pas, ne peut se séparer des produits que par ce moyen.

On peut aussi désinfecter l'eau-de-vie de pomme de terre au moment de sa fabrication, en faisant passer les vapeurs alcooliques, avant leur condensation, dans une série d'appareils renfermant des dissolutions de potasse caustique. Il existe un appareil breveté qui remplit ce but; mais comme il n'est pas du domaine public, on ne peut l'imiter.

Au reste, celui qui voudrait opérer le lavage des vapeurs alcooliques, peut s'aider de l'examen des appareils à laver le gaz de l'éclairage, en observant toutefois qu'il se condense beaucoup d'eau dans les dissolutions de potasse traversées par les vapeurs alcooliques, ce qui oblige à permettre un écoulement continuel des dissolutions potassiques des appareils supérieurs dans les inférieurs, et de ces derniers au dehors.

CHAPITRE III.

ENTREMETS. — DESSERTS. — THÉS. — PUNCHS. — GLACES.

Nous reviendrons plus tard sur la manière de faire les honneurs d'un repas ; occupons-nous maintenant de sa préparation. Une maîtresse de maison doit parfaitement connaître la *symétrie*, c'est-à-dire savoir distinguer les plats en hors-d'œuvre, entrées, entremets, et les disposer convenablement entre eux. Le service d'une table s'appelle *menu* : il varie suivant le nombre des convives, et l'excellent *Manuel du*

Cuisinier et de la Cuisinière, par M. Cardelli, celui du *Maître d'Hôtel*, et le *Manuel des Gourmands* (1), donnent à cet égard toutes les instructions désirables. Nous ne les répéterons pas en détail, mais nous dirons à la maîtresse de maison que ces hors-d'œuvre se divisent en chauds et en froids. Toutes les parties du cochon, les côtelettes grillées, les rognons de mouton, les petits pâtés, servent aux premiers; le beurre frais, les radis, les cornichons, les anchois, les artichauts à la poivrade, le thon mariné, les melons, les sardines, composent les hors-d'œuvre froids. Quelques observations sur la manière de les servir, à ajouter à ce que nous avons dit précédemment pour les déjeuners. Les anchois se servent crus, coupés par de petits filets, et formant divers dessins au moyen de fines herbes, de blancs et jaunes d'œufs durs hachés. On y ajoute de l'huile d'olive au moment de servir. Le thon mariné se sert dans les bouteilles même où on l'achète, quoiqu'il y ait des personnes qui le mettent en bateau : on n'y ajoute aucun accessoire. Le melon se sert tout entier; le couper par tranches à l'avance est de mauvais ton, à moins que les tranches séparées, ne soient rapprochées et le melon reconstruit à l'aide d'un gros fil qui, l'entourant, lui redonne sa forme primitive. Il paraît entier et se sépare de lui-même aussitôt que l'on a coupé le fil. Dans les grands repas de vingt-quatre, trente, quarante et cinquante couverts, on remplace ou on accompagne les hors-d'œuvre par des relevés de potage. Dès que le nombre des convives va à douze, il faut deux potages, un gras et un maigre, deux relevés de potages, car ils sont toujours en nombre égal, et deux rôtis, accompagnés de leurs salades. Lorsqu'il y a quatre potages, il y a quatre relevés, quatre rôtis, quatre salades, etc. Les relevés de potages sont indifféremment composés de volailles, poissons, pièces de bœuf, etc., mais forment toujours de forts plats.

Je ne donnerai point la liste des entrées, la besogne serait trop longue et surtout inutile, puisque tous les livres de cuisine en fournissent la nomenclature : il suffira de dire que presque tous les ragoûts de viande, de volaille, de gibier, de poisson, même pâtés chauds à la viande ou poisson, sont des entrées. Si, parmi ces plats, la maîtresse de maison sert une fricassée de poulets, elle ne les fera point dépecer, parce qu'il est beaucoup plus distingué de servir la volaille entière; elle aura soin que la plupart de ces entrées soient embellies de pointes d'asperges, de crêtes de coq, de mousserons, de truffes coupées en dés, de pistaches; et lorsque des ragoûts

(1) Tous ces ouvrages font partie de l'*Encyclopédie-Roret*.

de légumes s'y trouveront joints, comme des navets avec du mouton, des pommes-de-terre avec du bifteck, ces légumes doivent être coupés et préparés de manière à conserver leur forme. Pour cela, on les taille délicatement d'égale grosseur, on choisit des navets de Ferneuse, qui sont les meilleurs, et des pommes-de-terre, dites *vitelottes*, qui sont petites et *tournées* convenablement; puis on les fait frire, on les passe légèrement dans la sauce de l'entrée, en se gardant bien de les faire cuire avec la viande, ce qui les mettrait en bouillie; on termine par les placer sur le bord du plat. Les aloyaux et pièces de bœuf rôtis qui sont si fort à la mode, doivent être ornés de croûtons de pain frits dans le beurre, représentant divers dessins, tels qu'étoiles, cocardes, crêtes, etc.; ces croûtons, de grande dimension, sont implantés sur toute la surface de la pièce; elle doit être en même temps fort tendre et fort rouge; pour lui donner cette couleur, on la saupoudre très-légèrement de cochenille en l'embrochant.

Une entrée très-délicate et non moins distinguée, est une sorte de fricassée de poulets qui diffère des fricassées ordinaires, en ce que le jus de citron et le verjus y dominent au point de la rendre sensiblement acide, et en ce que la volaille y est coupée en quatre parties égales. Au moment de servir, on prend une grosse tête de chicorée bien lavée, la plus longue et la plus blanche possible; on enlève les mauvaises feuilles, et en la serrant bien dans la main, on en coupe la racine. Pour plus de précaution, il sera bon de la lier avec une ficelle pendant un certain temps, une journée environ. On la place ensuite toute droite au milieu du plat, en la tenant de la main gauche, puis on dispose autour les quartiers de poulets bien égouttés, en les rapprochant les uns des autres tout droits, la tête en haut, de telle sorte que la chicorée en soit comme flanquée. En plaçant les derniers quartiers, on ôte doucement la main, alors les branches de la chicorée retombent en gerbe sur les morceaux de poulets. Il va sans dire que l'intérieur de la volaille est tourné en dedans. Si l'on veut ajouter à l'agrément du plat, on place entre les quartiers de volaille, notamment sous les cuisses et les ailes, de petits bouquets de chicorée : la sauce à la *magnonnaise* est ensuite versée sur le bord du plat. Ce mets, que je n'ai vu dans aucun livre de cuisine, mais dont j'ai mangé avec plaisir sur les meilleures tables, est peu connu et extrêmement joli. Les plats à la tartare, c'est-à-dire avec une sauce de moutarde pure, sont aussi de très-bon ton. A propos de moutarde, je ne dois pas oublier de dire à la maîtresse de maison que les moutardes fines particulières, comme

les moutardes à l'estragon, à l'ail, au romarin, etc., se servent dans le pot même qui porte l'étiquette de leur qualité.
Les pâtés de foies gras en terrine se servent dans la terrine,
avec son couvercle.

Je n'ai point dit que l'on garnit le bœuf ou bouilli de
branches de persil : tout le monde sait cela ; mais il est bon
de dire que ces branches doivent entourer les rôtis d'agneau,
chevreau, cochon de lait ; que même il doit s'en trouver un
bouquet entre les mâchoires de l'animal ; que les plats de
friture, soit légumes ou poissons, s'embellissent de cet ornement, car on en a moins généralement l'habitude.

Dans un dîner de cérémonie, il est bon d'entourer de belles
truites, un brochet, un saumon, de fleurs de la saison, soit
en les alternant avec du persil, soit avec des dessins composés de blanc et jaune d'œufs durs hachés.

Les rôtis demandent peu d'indications ; cependant il ne
sera point inutile de rappeler qu'on peut entourer un chapon
ou poularde, de cresson ; que le gibier très-fin, comme mauviettes, becs-figues, ortolans, ne doit pas être revêtu de la
barde de lard dont on a coutume de couvrir les volailles et
autres oiseaux rôtis. Les perdreaux sont préférables aux per-
drix, qui souvent ne sont pas jeunes. La maîtresse de maison
distinguera les premiers à la plume du bout de l'aile, qui est
terminée en pointe ; celle des secondes se termine en rond.
Les rôtis doivent être variés, c'est-à-dire de grosses et petites pièces. Ainsi, avec un rôti de lièvre, il faut des pigeons ;
avec des bécassines, un gigot, etc. Les oies sont un rôti qui
ne se sert qu'en famille ; les canards, plus distingués, ne se
servent pas en rôti sur une table recherchée. Les faisans
s'enveloppent de papier beurré, pour les mettre à la broche,
ainsi que les autres rôtis délicats.

Pour les dîners de campagne où l'on n'a pas l'envie d'éta-
ler le luxe usité à la ville, je conseille à la maîtresse de maison
de servir son dessert en mettant le couvert, sauf la pièce du
milieu dont la place sert à placer le potage, puis on sert plat
à plat, de cette manière on mange chaud, et c'est encore une
économie ; car, pourvu qu'il y ait assez pour que les convives dînent largement, on évite alors ces plats mis pour
garnir la table, et auxquels souvent on ne touche pas. Le
service est plus prompt et le coup-d'œil charmant.

De toutes les parties d'un dîner, rien n'exige plus de soin
de la part de la maîtresse de maison que les entremets et le
dessert. Là, en effet, la cherté des mets, le choix des substances qui les composent ne sont qu'un point peu essentiel.
Tout dépend des soins donnés à la manipulation, de l'élé-

gance avec laquelle les plats sont disposés et apportés. Là
aussi, la maîtresse de maison peut économiser sans nuire au
bon ton ; ses soins et sa surveillance ont plus d'importance
que son argent. Si on excepte en effet les gros entremets
composés de fortes pièces de charcuterie, de pâtés froids ou
de poissons recherchés, tout dépend du soin et de la prépara-
ration ; soit qu'il s'agisse de légumes conservés, comme je le
dirai plus loin, pour en jouir quand la saison en est passée
dès longtemps, soit qu'il soit question de ces élégants entremets sucrés que la mode et le bon goût font également rechercher.

Je donnerai donc quelques détails sur cette partie ; non
que je veuille faire un livre de cuisine, mais au contraire,
parce qu'à cet égard les livres de cuisine sont insuffisants,
et leurs recettes n'apprennent presque rien Pour ne pas les
répéter, je ne dirai rien de la pâtisserie, d'abord parce que
beaucoup de personnes la font assez bien ; ensuite, parce
que la manière de faire la pâtisserie parfaitement est devenue
presque un art ; que j'aurais besoin d'entrer dans beaucoup
trop de développements, et qu'il vaut beaucoup mieux que
je renvoie au *Manuel du Pâtissier*, de l'*Encyclopédie-Roret*.

CHAPITRE IV.

DES ENTREMETS. — RECETTES DIVERSES DU DESSERT.

Je me restreindrai de parler presque uniquement des
entremets sucrés préparés avec la gélatine, parce qu'ils sont
les plus élégants et les plus inexactement décrits dans les
autres ouvrages. La méthode que j'indiquerai simplifiera
beaucoup les opérations et les réduira presque toutes à une
seule.

Des Gelées.

Cet entremets si délicat, transparent comme le cristal,
tour-à-tour incolore, rose ou d'un jaune doré, recevant le
goût de tous les fruits, l'arôme de toutes les fleurs, le parfum et la saveur de toutes les liqueurs de table, est un des
plus faciles à exécuter.

C'est tout simplement ou le suc d'un fruit où un sirop
parfumé ou une liqueur mélangée d'eau, auxquels on donne
la consistance suffisante avec de la gélatine bien clarifiée, qui,
entièrement liquide quand elle est un peu chaude, prend en
gelée en se refroidissant.

De là, il résulte que pour toutes les gelées il y a une opération générale et toujours la même, la purification de la gélatine, puis une préparation particulière, celle du sirop qu'on veut faire prendre en gelée.

Préparation de la gelée simple.

On l'extrait ou de la colle de poisson ou de la colle d'écaille, substance nouvelle que l'on fabrique à Lyon, en feuilles minces et presque aussi transparentes que le verre ou de la gélatine proprement dite, espèce de colle forte extraite le plus souvent des eaux.

La colle de poisson coûte très-cher, est difficile à préparer, mais donne de fort beaux produits.

La colle d'écaille coûte moitié moins cher, n'exige presque aucune préparation, donne d'excellents résultats; mais encore peu connue dans le commerce, où cependant il est probable qu'elle se répandra rapidement.

La gélatine de première qualité., telle que celle que prépare pour l'usage alimentaire M. Grenet, de Rouen, réussit aussi très-bien, et est encore moins coûteuse que la colle d'écaille; mais la gélatine commune ne peut pas être employée sans précaution. Quelquefois elle a un mauvais goût, quelquefois aussi on l'a soumise en la préparant à une ébullition tellement longue qu'elle en est altérée et ne se coagule plus qu'avec peine; c'est ce que j'ai du moins éprouvé une fois pour la gélatine de M. Appert. Enfin, cette gélatine commune donne à la gelée une couleur jaune, désagréable dans certains cas où l'on veut obtenir une gelée parfaitement limpide.

Cependant la gélatine brute, concassée, peut être souvent utilisée avec avantage, à raison de son très-bas prix quand on s'est assuré en en faisant fondre quelques morceaux dans la bouche, qu'elle se dissout bien et n'a pas de mauvais goût.

Après s'être fixé sur le choix de la matière, il faut régler la quantité à employer. Or, à cet égard, nulle quantité fixe ne peut être donnée. Tout dépend de la grandeur du moule que l'on veut employer; de la saison pendant laquelle on opère et de la forme qu'on veut donner à la gelée. En effet, il faudra nécessairement plus de gélatine pour un grand moule que pour un petit, plus de gélatine en été qu'en hiver; plus encore pour une gelée renversée et qui doit bien se soutenir, que pour une gelée en petits pots.

Disons en général, que 30 ou 45 grammes (une once ou une once et demie) de colle de poisson suffisent pour un entremets ordinaire; qu'il faut le double de gélatine proprement dite ou de colle d'écaille.

Quoi qu'il en soit, il est bon de préparer à la fois une certaine quantité de gélatine pour en faire une gelée simplement sucrée, mais dépourvue de toute saveur spéciale et de tout parfum, et avec laquelle on pourra en un moment faire toute espèce de gelée.

Pour procéder ainsi : mettez dans une casserole telle quantité que vous jugerez convenable de colle de poisson, de colle d'écaille ou de gélatine que vous avez fait préalablement tremper dans l'eau pure pendant cinq ou six heures s'il s'agit de gélatine, et dix ou douze heures si c'est de colle de poisson.

A cette substance, ajoutez huit verres d'eau par 30 gram. (once) de colle de poisson, ou quatre verres d'eau par 30 gram. (once) de gélatine. Faites bouillir, et quand tout est bien fondu, ce dont il faut s'assurer avec soin, laissez refroidir un peu. Quand la dissolution gélatineuse est seulement tiède, ajoutez-y un peu de blanc d'œuf battu avec de l'eau en petite quantité. Un blanc d'œuf suffit pour un demi-kilogramme (une livre) de colle. Mélangez bien le tout, remettez sur le feu. Lorsque la liqueur commence à bouillir, jetez-y quelques gouttes de jus de citron ou d'eau rendue acide en y faisant fondre un peu d'acide tartarique ; cette opération, dont on peut se dispenser, contribue à rendre la gelée plus limpide. Alors filtrez à travers une chausse ou un linge ; remettez sur le feu, et faites réduire rapidement jusqu'à ce que vous n'ayez plus qu'un verre de dissolution gélatineuse par 30 gram. (once) de colle de poisson employée, ou par 60 gram. (deux onces) de colle de gélatine ou de colle d'écaille. Si donc vous avez fait fondre un demi-kilog. (1 livre) de colle de poisson, ou 1 kilog. (2 livres), soit de gélatine brute, soit de colle d'écaille, vous devez avoir seize verres de dissolution gélatineuse.

Ajoutez à cette dissolution une égale quantité de sirop de sucre simple ; mélangez et divisez le tout dans des flacons ou bouteilles de deux verres à deux verres et demi, ou trois verres. Tenez-les au frais et bien bouchées. Cette gelée simple se conservera très-longtemps.

Quand on veut l'employer, on l'aromatise de l'une des manières que nous allons indiquer.

Gelée de violettes.

Faites infuser dans un peu d'eau bouillante deux petits paquets de fleurs de violettes fraîches, auxquelles vous ajoutez une pincée de graines de cochenille. Joignez à cette infusion, quand elle est tiède, trois verres de gelée simple et un petit verre de kirsch-vasser, ou un jus de citron, à votre choix. Pour pouvoir faire ce mélange, on met un moment tremper dans l'eau chaude la bouteille de gelée, ce qui la fait fondre. Quand le tout est mélangé, videz dans un moule. S'il n'est pas plein, ajoutez de l'eau, et au besoin, assez de sirop de sucre pour sucrer convenablement. Faites prendre la gelée, et dressez-la comme nous le dirons plus loin.

Gelée de rose. Opérez comme pour la précédente en substituant trente roses effeuillées aux violettes, et en ajoutant un demi-verre d'eau de rose. Il ne faut que deux verres de colle simple.

Gelée de fleur d'oranger. De même en employant 60 gram. (deux onces) de fleur d'oranger, ou quantité suffisante d'eau de fleur d'oranger, gelée de jasmin. De même en employant 30 gram. (1 once) de fleur de jasmin.

Gelée de fraises. Exprimez le jus d'un demi-kilogramme (1 livre) de fraises, et 250 gram. (1 demi-livre) de groseilles; mêlez-y un peu d'eau; laissez reposer douze heures; filtrez et mêlez à deux verres de gelée simple. A défaut de groseilles, ajoutez le jus de deux citrons.

Gelée de raisin muscat. De même en exprimant le jus de 1 kilog. (2 livres) de raisin.

Gelée d'orange. Ajoutez à trois verres de gelée simple le jus de douze oranges et de deux citrons filtrés. Aromatisez avec un morceau de sucre frotté sur le zeste de trois oranges. Pour plus d'économie, au lieu de jus d'orange, employez une quantité équivalente d'eau légèrement acidulée, en y faisant fondre de l'acide citrique, ou de l'acide tartarique.

Gelée de citron. De même, en substituant au jus de douze oranges le jus de douze citrons, et au sucre frotté sur des oranges, du sucre frotté sur des citrons, ou quelques gouttes d'essence de citron versées sur un morceau de sucre. On peut, au lieu de jus de citron, employer la dissolution d'acide citrique.

Gelée au thé. Ajoutez à la gelée simple une infusion de 8 grammes (2 gros) de thé, demi-verre de kirsch-wasser, en ajoutant, comme de coutume, la quantité d'eau nécessaire pour le moule.

Gelée de punch. Deux verres de colle simple mêlés avec suffisante quantité de punch. (Voyez à la fin du chapitre la manière de le préparer.)

Gelée de vin de Champagne rosé. A trois verres de gelée simple, joignez le jus d'un citron, une décoction de douze graines de cochenille dans un peu d'eau, et deux verres de bon vin de Champagne rosé.

Gelée d'anisette. Trois verres de gelée simple mêlés à un verre et demi d'anisette de Bordeaux, et non de Hollande.

Observations générales. Il est clair que rien n'est plus facile que de préparer les gelées qui précèdent. Si on n'avait pas de gelée simple préparée à l'avance, il serait facile d'en faire à l'instant même avec 60 ou 75 grammes (2 onces ou 2 onces et demie), soit de colle d'écaille, soit de gélatine-Grenet. Ainsi préparée, une gelée brillante et chargée des arômes les plus divers, n'exige pas plus de peine et de soin qu'une mauvaise crème de ménage : ajoutons qu'il est essentiel pour la préparation des gelées de n'employer aucun vase étamé, ni même de se servir de cuillères d'étain.

Manière de dresser les gelées d'entremets.

La manière la plus simple consiste à verser la gelée tiède dans des petits pots, et à la laisser se coaguler au frais, ce qui exige quelquefois plusieurs heures, surtout en été.

On peut de même la verser dans des coupes en cristal taillé : alors elle produit un effet des plus brillants.

Il est facile d'accélérer la coagulation de la gelée, principalement en été, en plaçant le vase qui la contient dans de la glace ; l'extrême fraîcheur qu'elle communique ajoute en tout temps à la bonté de cet entremets.

Le plus ordinairement on fait coaguler la gelée dans un moule d'entremets en fer-blanc. Au moment de servir, on plonge le moule dans de l'eau chaude, où l'on ne puisse tenir la main qu'avec peine. On le retire aussitôt pour le renverser sur un plat, et on enlève de suite le moule que la chaleur a détaché. Si un peu de gelée fondue avait coulé dans le plat, on l'aspirerait avec un tuyau de paille.

Souvent après avoir vidé des oranges par une petite ouverture, on les remplit de gelée d'orange, et on rebouche l'ouverture.

D'autres fois on coupe en quartiers, avant de les servir, les oranges ainsi remplies.

On fait des gelées rubanées en versant dans le même moule d'égales quantités de gelées de diverses couleurs que l'on fait coaguler tour-à-tour dans la glace, en attendant pour mettre une nouvelle couche que la première ait bien pris.

Enfin, il est une autre manière plus élégante encore de décorer les gelées avec des fruits crus ou confits.

Macédoines de fruits transparentes.

Première méthode. A une gelée de citrons bien transparente, et encore liquide, ajoutez, par égales portions, deux poignées de fraises, deux de framboises, deux de groseilles blanches, deux de groseilles rouges, deux de pistaches très-vertes : faites coaguler à la manière ordinaire.

Deuxième méthode. Remplissez à moitié ou un moule ou une coupe de cristal. Faites coaguler sur cette couche de gelée, disposez en couronne, en étoile, ou suivant tout autre dessin, soit des fruits rouges bien frais, soit des pistaches, soit des amandes mondées et bien blanches, soit des fruits confits, soit des zestes de citrons confits, ou des lardons d'angélique ; versez par-dessus le reste de la gelée, et faites prendre.

Des blancs-mangers.

Ce n'est autre chose qu'un lait d'amande aromatisé et coagulé avec de la gelée simple.

Faites macérer pendant 24 heures dans de l'eau fraîche, 500 grammes (une livre) d'amandes douces et vingt amandes amères ; ôtez la peau ; pilez en ajoutant de temps à autre une cuillerée d'eau très-fraîche. Quand vous ne distinguez plus aucun fragment, et que la pâte est bien homogène, ajoutez 4 à 5 verres d'eau ; passez à travers un linge en tordant fortement ; passez de nouveau dans une serviette ; mêlez à trois verres de gelée simple un peu plus que tiède, et moulez.

Si vous êtes pressée de manière à ne pouvoir faire un lait d'amandes, remplacez-le par un mélange à parties égales de lait et de sirop d'orgeat.

Blanc-manger à l'orange. Ajoutez au blanc-manger simple un morceau de sucre frotté sur le zeste d'une orange.

Blanc-manger au moka. N'employez que trois verres d'eau pour le lait d'amandes ; à un verre de ce lait ajoutez un verre de bon café à l'eau ; divisez la gelée simple par égale portion, entre ces deux liqueurs que vous ferez coaguler dans le moule par couches successives et séparez.

Blanc-manger aux pistaches. A une portion de lait d'amandes, préparé de même avec trois verres d'eau ; ajoutez un lait de pistaches fait avec un verre d'eau, 90 grammes (3 onces) de pistaches, 30 gram. (1 once) de cédrats confits et un peu d'épinards. Vous aurez alors une liqueur blanche et une liqueur verte que vous coagulerez par couches après y avoir ajouté de la gelée.

Des Fromages bavarois.

Les fromages bavarois, un des entremets les plus recherchés, est une crème fouettée, coagulée avec de la gelée simple. En voici un exemple qui suffira pour indiquer la manière d'en faire vingt autres.

Fromage bavarois à la badiane. Concassez 7 gram. (2 gros) de graine de fenouil, autant d'anis vert, autant de badiane ou anis étoilé. Jetez-les dans deux verres de lait presque bouillant. Au bout d'une heure, passez à travers un linge; mêlez deux verres au plus de gelée simple. Versez dans un moule large et peu haut, 10 centimètres (4 pouces) au plus; mettez au frais ou à la glace; tournez de temps en temps avec une cuillère. Quand le mélange commence à épaissir, ajoutez de la crème fouettée en tournant doucement pour bien mêler, puis remettez aussitôt coaguler. Comme la crème fouettée s'affaisse au moment du mélange, la quantité qu'on en met doit être telle, qu'à elle seule elle peut remplir le moule.

On peut faire de même le fromage bavarois avec un lait de pistaches, en place de l'infusion aromatique ci-dessus, ou avec la décoction d'un zeste de cédrat dans deux verres de lait, ou bien encore avec une pareille décoction de 30 gram. (une once) de menthe frisée, à laquelle on ajoute 2 gram. (un demi-gros) d'essence de menthe poivrée, ou enfin avec une infusion de 7 gram. (deux gros) de thé, mis dans du lait bouillant.

On peut même en faire à la liqueur en mêlant à la gelée deux verres de bonne crème double, et en y ajoutant un demi-verre de liqueur un instant avant d'amalgamer la crème fouettée.

Crèmes renversées.

Souvent on donne avec du blanc d'œuf de la consistance aux crèmes que l'on veut mouler et renverser; mais on réussit rarement, et la crème est toujours compacte. La gelée simple qui fond dans la bouche est bien préférable, en voici quelques exemples :

Crème à la vanille. Dans six verres de lait bouillant, mettez une gousse et demie de vanille. Ajoutez un grain de sel; faites réduire d'un sixième sur le feu; laissez un peu refroidir; versez petit à petit sur dix jaunes d'œufs en remuant bien; faites prendre la crème sur un feu modéré; joignez-y deux verres et demi de gelée simple, puis moulez; faites prendre et renversez.

Crème aux abricots. Au lieu de vanille mettez dans le lait quelques cuillerées de marmelade d'abricot.

Orange-fool anglais.

Mêlez le jus de trois oranges de Séville, avec trois œufs bien battus, un litre de crème, un peu de muscade et de cannelle; sucrez et placez le tout sur un feu lent; remuez-le jusqu'à ce qu'il prenne l'épaisseur d'un bon beurre fondu; ayez soin de ne pas laisser bouillir ; versez ensuite dans un plat, et servez froid.

Beignets de fleurs d'acacia.

Ce mets-là ne se trouve certainement pas dans les ouvrages de cuisine ; mais je ne l'insère pas ici par fantaisie d'innover. Ces beignets sont très-recherchés en Italie, et dans quelques villes de France (notamment à Moulins, département de l'Allier). On les prépare ainsi qu'il suit :

On fait mariner pendant plusieurs heures dans l'eau-de-vie de belles fleurs d'acacia, puis on les met dans une pâte à frire, très-légère et sucrée. On fait frire comme à l'ordinaire, et l'on saupoudre de sucre pulvérisé.

Beignets de feuilles de vigne.

Choisissez ces feuilles bien tendres et d'un vert pâle : arrondissez-les avec des ciseaux et traitez-les comme les beignets précédents.

Sabaïone, crème mousseuse italienne.

Prenez douze jaunes d'œufs très-frais, quatre verres ordinaires de vin de Madère ou de bon vin blanc, 185 grammes (6 onces) de sucre cassé par morceaux, et une pincée de poudre de cannelle; mettez le tout dans une casserole sur un feu ardent, remuez en tournant très-vite avec un moussoir à chocolat, et servez dans des pots à crème le plus promptement possible.

Caillebottes bretonnes coiffées.

Prenez trois litres de très-bon lait que vous ferez tiédir, après quoi vous mettrez dans ce lait, gros comme une noisette de présure, que vous écraserez dans une cuillerée de lait, et que vous aurez soin de bien mêler dans la totalité : on laissera ce lait prendre sans le remuer : lorsqu'il est pris, on fait avec un couteau, dans la casserole, des incisions dans les deux sens, de manière à former des carrés. Vous remettez ensuite la casserole sur un feu doux, et vous avez soin de la remuer doucement, afin que le petit-lait se détache. On laisse ainsi bouillir un moment, puis on retire la casserole, et on laisse refroidir entièrement. On prend ensuite les morceaux l'un après l'autre, et on les met soigneusement sur un plat un peu creux. On fait une crème avec du lait, du sucre et des jaunes d'œufs, comme pour les œufs à la neige. Cette crème faite, on la verse sur les caillebottes, qui sont ainsi coiffées. On sert à froid.

Crêpes roulées à la crème.

Vous ferez une pâte comme pour des crêpes ordinaires ; vous y ajouterez de l'écorce de citron et du sucre râpé. A mesure que les crêpes sortiront de la poêle, roulez-les, et dressez-les autour d'un plat un peu creux. Faites ensuite une crème semblable à la précédente, en l'épaississant avec un peu de farine. Versez cette crème dans le plat où sont vos crêpes, et placez-le sur de la cendre chaude, pendant un quart-d'heure avant de servir.

Mousse de chocolat.

Ayez 185 gram. (6 onces) de chocolat, faites-le fondre dans un grand verre d'eau chaude, et réduire à peu près un tiers ; mettez-y six jaunes d'œufs frais ; tournez comme vous avez dû faire précédemment. Au bout de quelques instants ajoutez un demi-litre de très-bonne crème et suffisamment de sucre en poudre, tournez rapidement, puis battez fortement de manière à faire mousser, ou plutôt servez-vous d'un moussoir à chocolat afin de faire monter plus promptement, et servez de suite.

Des Puddings.

Ces mets anglais forment des entremets très-distingués, dont la préparation est facile. Parmi ceux que je vais décrire, plusieurs sont dus au maître d'hôtel du duc de Northumberland. Mais, avant de les transmettre à la maîtresse de maison, je vais lui indiquer les procédés d'exécution appliqués par M. Carême à tous les puddings.

Pour faire ce genre d'entremets, dit-il, on doit avoir un moule de fer-blanc, en forme de dôme, de 122 millimètres (4 pouces et demi) de profondeur, et de 19 cent. (7 pouces) de largeur. Ce moule est tout entier percé comme une écumoire. Son couvercle est arrondi comme le fond d'une cafetière. Le couvercle doit emboîter parfaitement.

Cet instrument est, pour ainsi dire, l'étui sphérique du pudding : il est destiné à recevoir et soutenir la pâte, qui se déforme lorsqu'on la roule simplement dans une serviette. En effet, cette serviette fait des plis qui affaiblissent la pâte par place ; et de plus le dessous du pudding manquant de solidité, finit par faire fendre la pâte.

Si vous n'avez pas ce moule, vous le remplacez par un bol de 19 centim. (7 pouces) de diamètre. Vous le garnissez intérieurement de pâte fine ; vous le remplissez de la garniture choisie, puis vous le couvrez de pâte. Ensuite vous beurrez le milieu d'un linge environ 27 centim. (10 pouces) de largeur, sur lequel vous placez le bol sens-dessus-dessous. Vous fixez au-dessus de ce bol ainsi renversé, le linge avec une ficelle, et vous le mettez dans l'eau bouillante. A l'instant de servir vous déficelez, vous ôtez le bol du linge, vous placez dessus le plat dans lequel vous voulez dresser le pudding, vous renversez, de manière à ce que la partie sphérique du bol soit en l'air, et vous découvrez le pudding en enlevant le bol, qui lui a donné une belle forme bombée.

Le bol manque-t-il encore ? vous étalez la pâte sur un linge beurré, et vous enfoncez cette serviette dans un pot sans anse, renversé, peu profond, et du diamètre du bol. Vous garnissez la pâte ainsi moulée dans la serviette, et lorsque la capacité du pot est remplie, vous serrez avec une ficelle, à la fois pâte et serviette comme le haut d'une bourse, ou d'un nouet. Vous retranchez le surplus de la pâte ; vous faites bouillir : après l'ébullition, vous replacez le pudding dans le pot pour le mouler de nouveau ; vous desserrez le linge, vous l'étalez : puis vous dressez le pudding en le renversant sur un plat, et en ôtant, l'un après l'autre, le pot et le linge.

Les précautions à prendre pendant l'ébullition, sont :

1° De se servir d'eau bouillante ;

2° D'attacher à la serviette un poids pour empêcher le pudding de pencher d'un côté ou de l'autre ;

3° De lier fortement la serviette au-dessous du pudding, car s'il était lié trop lâche, l'eau s'introduirait à l'intérieur et le gâterait plus ou moins. Un pudding bien serré ne doit jamais s'affaisser ;

4° De prolonger l'ébullition pendant une heure et demie ;

5° De masquer l'extérieur du pudding, soit de sucre fin, soit d'un sirop léger, soit d'une marmelade d'abricots ou autre fruit s'il est sucré, ou bien de crème, d'une sauce appropriée dans tout autre cas ;

6° Dans le cas où l'on fait cuire les puddings dans le linge seulement, il faut placer au fond du vase d'eau bouillante une assiette ou une soucoupe, pour empêcher que la masse ne s'attache au fond ;

7° Enfin on prépare ordinairement pour ce mets une sauce assortie.

Voici maintenant la recette donnée par le maître d'hôtel de *sa Grâce*.

Plum-pudding.

Prenez : Raisin de Corinthe épluché et lavé avec soin . . . . . . 250 gram. (8 onces).

Raisin de Malaga épépiné . 250 gram. (8 onces).

Cassonade grise . . . . . 250 gram. (8 onces).

Moelle de bœuf hachée menu.	125 gram.	(4 onces).
Farine fine.	125 gram.	(4 onces).
Œufs entiers (et le zeste d'un citron haché menu).. . .	1 kilog.	(2 livres).
Cannelle pulvérisée. . . .	2 gram.	(1/2 gros).
Lait de vache.	1/2 litre.	
Rhum de bonne qualité ordin..	1 verre.	

Mélangez d'abord le lait, le rhum et les œufs, puis ajoutez-y les autres ingrédients, de manière à former du tout une pâte assez ferme, qui doit être préparée environ douze heures à l'avance. Enduisez avec soin de beurre très-frais, une serviette de toile forte (ce qui se fait pour tous les puddings), et saupoudrez-la ensuite de farine. A l'aide de l'un des moules dont nous avons parlé, faites cuire la pâte roulée en boule. Ce plum-pudding doit cuire pendant sept à huit heures; on entretient l'ébullition en remplaçant par de l'eau chaude celle qui s'évapore.

Pour varier le goût de ce mets, quelques personnes y ajoutent des amandes douces, des écorces de cédrats, d'oranges et de citrons confits, de l'angélique confite hachée très-fin, des clous de girofle, de la muscade, et d'autres aromates pulvérisés.

On sert le plum-pudding au moment où il sort de l'eau et de la serviette. La sauce se sert séparément dans une saucière. La voici :

A un demi-litre de rhum et un verre d'eau que vous faites chauffer dans une casserole d'argent ou de porcelaine, ajoutez 750 grammes (1 livre 1/2) de sucre, et trois ou quatre boulettes, grosses comme une noix, de beurre très-frais, roulé dans la farine. Servez très-chaud.

Une sauce plus simple, qui rend ce mets d'un aspect tout-à-fait pittoresque, est celle-ci :

750 grammes (1 livre 1/2) de cassonade blanche dans un demi-litre de rhum : on fait bien chauffer le tout, et on le verse sur le plum-pudding. On y met le feu, et on le sert tout enflammé sur la table.

Crème de Meringues et fromages de Chantilly.

Prenez trois blancs d'œufs frais; un quart de litre de crème très-fraîche, qui se lève sur le lait reposé du soir au matin; une petite cuillerée à café de gomme adragante en poudre très-fine; sucre en poudre, 60, 90 ou 125 grammes (2, 3 ou 4 onces), selon que la crème doit être plus ou moins sucrée. Ouvrez par la moitié le quart d'une gousse de vanille (la

vanille peut servir plusieurs fois), et mettez le tout dans une
terrine de grès ou de porcelaine; battez bien toutes ces substances jusqu'à ce que la crème soit bien montée en neige et
se tienne ferme. Alors placez-la dans une jatte si elle doit
être servie en meringues, ou dans un moule ayant la forme
d'un cœur si elle doit être en fromage. Le moule doit être
garni d'un linge fin mouillé, afin que cette crème ne s'attache
pas après les parois de ce moule. On peut varier le goût de
ces fromages en ajoutant divers arômes, et notamment de
cette liqueur à la rose qui se vend chez les confiseurs. On
emploie aussi le café et le chocolat au même usage, mais en
petite quantité.

Ce fromage, qui se conserve longtemps en mousse, à cause
de l'addition de la gomme adragante, se sert dans une jatte
dans laquelle on ajoute de très-bon lait frais.

Nous ferons remarquer que si l'on veut faire une crème
en neige au chocolat, on devra ajouter deux tablettes de chocolat bien vanillé, pour la dose de fromage que nous indi-
quons; il sera très-cuit et fort épais ; on ajoute encore deux
blancs d'œufs en surplus des doses ci-dessus énoncées.

Du Dessert.

C'est là que doit régner l'élégance, élégance relative, il est
vrai, au degré de cérémonie du repas, mais toujours d'un
caractère gracieux et pittoresque, même dans sa simplicité.

On emploie à ce troisième service quelques objets particuliers.

Les assiettes sont toujours plus petites et plus belles que
celles des premiers services. Lors même qu'on aurait été
servi en vaisselle ordinaire, elles peuvent être alors en porcelaine.

Aux petits desserts, les confitures sont présentées dans
leurs pots ordinaires, en verre ou en faïence, qui sont placés
sur une assiette ; une poignée de cuillères à café sont posées
sur le bord, parce qu'on envoie une de ces cuillères à mesure
que l'on sert. Dans les grands desserts, au contraire, les
confitures se placent dans des compotiers de cristal à plateau.

Pour les desserts de peu de cérémonie, on place dans des
assiettes les fruits, avec des feuilles de vigne, de marronnier,
et à défaut de ce feuillage, sur de grandes mauves frisées ou
sur des mousses d'un beau vert. Pour les desserts de grande
cérémonie, les fruits se mettent au contraire dans des corbeilles à jour, à pied, en porcelaine blanche ou dorée. Ordinairement il y en a cinq : quatre corbeilles rondes et une cor-

beille ovale qui se place au centre de la table. Les autres se mettent aux quatre bouts.

On remplit ordinairement ces corbeilles rondes de fruits d'une seule espèce, que l'on dispose soit à plat, soit en pyramide, mais toujours ornés de feuillages, quelquefois artificiels.

Une corbeille de pommes d'api croisant avec une corbeille de pommes reinettes ; de raisin blanc croisant avec des raisins noirs, sont employées le plus généralement.

La corbeille ovale reçoit une macédoine de fruits, pommes, poires, raisins, etc., il est convenable surtout d'y mettre trois ou cinq belles oranges. On peut y ajouter quelques fleurs.

Les fraises, groseilles égrainées, etc., qui se placent dans de petits saladiers, et les compotes dans des compotiers ordinaires, lorsqu'il s'agit d'un modeste dessert, sont mises dans des vases à pied en porcelaine, lorsqu'il est question d'un dessert soigné. Celui-ci n'admet point non plus les marrons bouillis ou rôtis, recouverts d'une serviette repliée. Ni l'un ni l'autre ne permettent d'accommoder les fraises dans le saladier, usage qui n'est plus reçu que chez le peuple.

Les *cerneaux* se servent dans un saladier pourvu ou non d'un pied d'après la nature du dessert ; ils baignent dans une eau légèrement salée et vinaigrée.

Dans les grands desserts, on place une rondelle en papier blanc découpé sur chaque assiette qui reçoit des fruits secs et des sucreries.

Les fromages secs, placés sous leur couvercle de cristal, sont mis au milieu ou aux deux bouts de la table : on en offre spécialement aux messieurs pour aider à la dégustation des vins. On commence par les fromages le service du dessert ; on le termine par les choses les plus délicates, les pâtés, les bonbons imitant des fruits, des insectes, des fleurs, enfin par les fruits à l'eau-de-vie.

Thés-Punchs. On donne ce nom à d'élégantes collations du soir, qui suivent ou précèdent le plus souvent un concert, une assemblée, quelquefois une soirée dansante. Les pâtisseries délicates, les entremets de douceur, les fruits rares, les confitures, sucreries, etc., composent ces collations que termine une distribution de thé ou de punch. On sert avec le premier de la crème naturelle ; quant au punch, il se sert chaud dans les verres à pied, dits *verres à punch*, ils sont un peu plus grands que les verres de Bourgogne. Le punch le plus ordinaire est au citron.

J'ajoute à ces indications quelques procédés peu connus pour avoir du punch et du café à la minute.

Dans beaucoup de maisons où le bon ton règne d'ailleurs, il est *convenable* que les dames se rincent la bouche et se lavent les doigts dans leurs verres. Cet usage-là ne me *convient* pas du tout, et je conseille à la maîtresse de maison de s'abstenir avec soin d'une semblable malpropreté. Dès qu'elle verra la conversation s'arrêter, elle se lèvera de table et donnera ainsi le signal de passer au salon pour prendre le café et les liqueurs.

Quand la cérémonie ne règne pas décidément, on fait apporter sur la table un plateau garni de ce qu'il faut pour prendre le café.

Punch qui peut se conserver et s'améliorer en bouteilles.

Cette excellente recette, dont la maîtresse de maison appréciera l'utilité, lui fournira, au prix de 85 à 90 centimes la bouteille, du punch pour les soirées d'hiver. Elle peut le préparer un an à l'avance, il n'en aura que plus de qualité.

Prenez : Rhum ordinaire. . . . . 3 bouteilles.
Eau-de-vie sans mauvais goût. . 9 bouteilles.
Citrons. 12
Thé noir. . . . . 30 gram. (1 once).
Thé perlé. . . . . 30 gram. (1 once).
Sucre brut. . . . . 5 kilog. (10 livres).
Eau. . . . . 12 kilog. (24 livres).

Frottez 125 grammes (4 onces) de sucre blanc sur la surface de plusieurs citrons, jusqu'à ce qu'il soit bien imprégné de leur jus, et jetez-le sur le sucre brut. Pressez vos citrons sur une table en les roulant avec la main, de manière à les bien amollir, afin d'en obtenir tout le jus : coupez-les, et exprimez ce jus sur le sucre, placé alors dans un vase. Faites dissoudre le sucre dans votre eau chaude. Réservez-en trois litres que vous faites bouillir, et jetez sur le thé. Lorsque l'infusion est faite, vous la videz avec les feuilles sur l'eau qui tient le sucre en dissolution ; puis vous ajoutez le rhum et l'eau-de-vie : vous passez à travers la chausse après un mélange parfait. Vous mettez ensuite en bouteilles. Vous pouvez diminuer ou augmenter la force de ce punch.

Les bouteilles bouchées et cachetées sont placées couchées dans un lieu frais. Lorsque vous voulez vous en servir, vous débouchez la bouteille et la faites chauffer au bain-marie. Le punch, parvenu à la température désirée, se sert dans les verres.

Punch au Lait.

Comme liqueur de table ou de soirée, il est difficile de rien prendre de plus sain et de plus agréable au goût que la recette suivante : c'est ce qui nous engage à la recommander à la maîtresse de maison.

Prenez : Citrons.. 18
Muscade concassée.. 1
Cannelle.. . . . . 4 gram. (1 gros).

Levez le zeste de douze de vos citrons, et mettez infuser le tout dans une bouteille de rhum durant vingt-quatre heures; ensuite vous prenez :

Rhum.. . . . . 4 bouteilles.
Eau.. . . . . 4 bouteilles.
Sucre blanc de belle qualité. . 1 kilog. (2 livres).

Puis exprimez le jus des dix-huit citrons, et mêlez bien le tout; mettez sur le feu dans une bassine de porcelaine; lorsque le liquide est près de bouillir, vous prenez deux bouteilles de lait que vous versez par filet en agitant toujours le mélange; lorsque le lait est versé, on retire du feu, on couvre avec un linge et on laisse reposer deux heures; puis on passe à la chausse; on a soin de rejeter sur la chausse la première liqueur qui n'est pas limpide, jusqu'au moment où elle coule claire; on la met en bouteilles que l'on bouche aussitôt que la liqueur est refroidie. Ce punch se sert toujours froid ou frappé à la glace, et glacé, il forme d'excellents sorbets; conservé en bouteilles, il offre une liqueur qui soutient sa réputation contre les liqueurs de table les plus famées.

Essence de Café.

Dans beaucoup de maisons, d'ailleurs parfaitement tenues, on n'a point habituellement du café, à raison de l'état de santé des maîtres du logis. Cependant il arrive inopinément un convive auquel il faut de cette liqueur. Faute de temps on court chercher 31 grammes (1 once) de café en poudre chez l'épicier le plus voisin : ce café est plus que médiocre, et d'ailleurs ce qu'il en reste est perdu. Je crois donc rendre service à la maîtresse de ces maisons-là en lui donnant le moyen d'avoir du café à la minute, à l'aide d'une essence qui se garde indéfiniment et demeure aussi agréable que le café fraîchement préparé.

Premier procédé.

Dans une cafetière à filtre, en porcelaine, on place 31 grammes (1 once) de café sur lequel on jette en deux fois un demi-kilog. (16 onces) d'eau bouillante, on laisse infuser et passer. On fait bouillir (avec toutes les précautions conve-nables et en bouchant) cette eau légèrement chargée de café que l'on rejette sur 30 nouveaux grammes (1 once) de café. On recommence encore deux fois cette opération; la qua-trième fois il reste environ 90 grammes (3 onces) d'eau de café très-concentrée, qui est l'essence de café; on l'enferme dans une bouteille bouchée avec soin. Placée dans un lieu frais, elle se conserve aisément, mais plus facilement encore si on y ajoute une cuillerée d'eau-de-vie. Pour faire instanta-nément de l'excellent café, il suffit d'en mettre deux cuille-rées à café dans une demi-tasse d'eau.

Deuxième procédé.

Si au lieu d'ajouter du sucre on fait évaporer à 150 gram. (5 onces), on aura une essence de café que l'on rendra par-faite en y mêlant le produit de l'infusion indiquée. Les per-sonnes qui visent à une grande économie peuvent diminuer la quantité de café, augmenter en chicorée, se servir de cas-sonade au lieu de sucre, mais en agissant toujours sur les doses indiquées.

Liqueur désaltérante à l'usage des personnes qui sont dans la nécessité de faire de longues courses à pied.

Les personnes obligées de faire à pied des excursions longues, éloignées quelquefois de toute habitation, ou qui se livrent à des travaux pénibles pendant les chaleurs de l'été, n'ont souvent, pour étancher leur soif, que les ruisseaux ou les fontaines, dont la fraîcheur ou la crudité peuvent causer des pneumonies aiguës, d'une guérison lente et souvent diffi-cile; ou bien elles ne trouvent que des mares stagnantes, bourbeuses ou fétides, et tellement rebutantes, que la néces-sité seule peut faire surmonter le dégoût que suscite leur abord. On a conseillé, pour se préserver des accidents pro-duits par ces eaux, d'employer l'eau-de-vie et le vinaigre; mais tous ces correctifs exigent, pour être transportés, des vases d'un volume incommode; aussi, malgré leur utilité et la facilité de se les procurer, leur usage ne s'est pas propagé; ces liquides donnent encore une boisson assez désagréable au goût, indépendante de la difficulté du transport. C'est pour remédier à ces inconvénients que j'indique la formule suivante, parce qu'elle fournit une boisson saine, agréable, légèrement stimulante, qui peut être préparée instantanément, et dont il ne faut qu'une cuillerée à café pour un grand verre d'eau.

On commence par infuser à froid, pendant dix jours, 30

grammes (une once) de sommités sèches de grande absinthe, et 7 grammes (2 gros) de badiane, ou anis étoilé, dans 300 grammes (10 onces) d'eau-de-vie à 22°; on passe avec expression, et on filtre; on a alors l'alcoolé d'absinthe anisé, que l'on peut remplacer, à la rigueur, par la teinture d'absinthe des pharmaciens. On prend 30 grammes (une once) de cet alcoolé, que l'on ajoute à une bouteille d'alcool à 33°; on y verse ensuite 10 grammes (2 gros 1/2) d'essence d'anis; on agite, et la liqueur est terminée. Lorsqu'on veut s'en servir, il suffit d'en verser une cuillerée à café dans un verre ou une tasse, et d'y ajouter l'eau. Si l'eau était versée la première, la liqueur surnagerait, et le mélange serait imparfait.

Des Glaces.

Ce mets de luxe et d'apparat est très-facile à préparer : il s'agit seulement de préparer les *sorbets*, et ensuite de les *frapper* de glace. On donne le nom de *sorbet* au liquide destiné à être glacé. Ainsi de l'orangeade, de la limonade, sont des sorbets; il ne faut ensuite que les frapper pour les réduire en glaces. Voici l'indication d'une multitude de sorbets.

Sorbets de fruits à écorce.

Ayez citron, orange, bigarade bien saine; roulez le fruit avec la paume de la main; prenez un morceau de sucre et râpez l'écorce; elle est le réservoir d'une huile essentielle, dans laquelle réside leur arôme.

On exprime le suc du fruit; on y ajoute le sucre imbibé de l'huile essentielle, et la quantité de sucre et d'eau pour faire le sorbet. Les proportions sont d'un litre d'eau, de cinq à six citrons, et 560 à 620 grammes (18 à 20 onces) de sucre.

Sorbets de tous les fruits, plantes et fleurs produisant une huile essentielle.

Mettez sur un morceau de sucre ou sur une cuillerée de sucre en poudre, depuis deux jusqu'à six gouttes d'huile essentielle quelconque pour un litre de sorbet. Vous remplacerez la substance même.

Sorbets de fruits rouges.

Le sucre des fruits, groseilles, cerises, framboises, etc., tels que nous les préparerons pour en faire vin et ratafia, sont le véritable sorbet des fruits, en y ajoutant de 185 à 250 grammes (6 à 8 onces) de sucre par litre.

Sorbets de pêches, abricots, etc.

On peut mettre tout fruit en sorbet et en glace : on les choisit parfaitement mûrs, on les écrase, on leur fait subir une légère coction, avec addition d'eau, pour favoriser l'expression de leur suc, qu'on passe à travers l'étamine; et on y ajoute les 185 à 250 grammes (6 à 8 onces) de sucre par litre de sorbet. C'est au goût et à l'économie à varier les proportions de sucre.

Sorbet de fromage glacé.

On prend un litre de crème douce, dans laquelle on délaie de six à huit jaunes d'œufs; on y dissout 185 ou 250 grammes (6 ou 8 onces) de sucre; on la met sur le feu avec une ou deux feuilles de laurier-amande; on fait prendre un léger bouillon au sorbet; on y ajoute, en le retirant du feu, de l'eau de fleurs d'oranger, et on le presse à l'étamine pour ensuite le glacer.

Sorbet au cannellin.

125 grammes (4 onces) de cannelle de Ceylan bouillie dans 250 grammes (8 onces) d'eau, réduits à 125 grammes (4 onces).

Sorbet à la vanille.

4 grammes (1 gros) de vanille en poudre passée par un tamis ordinaire avec un peu de sucre pour la tamiser plus promptement.

Perfectionnements dans l'art du glacier, par M. BARUEL.

Jusqu'à présent, la préparation des mélanges frigorifiques destinés à la fabrication des glaces à manger s'est faite : 1° par l'emploi du sel marin (chlorure de sodium), mêlé dans de certaines proportions à de la glace pilée, alors qu'il s'agit d'agir, par un froid qui ne les congèle qu'à un certain degré, sur les liquides préparés par les limonadiers-glaciers; 2° par l'emploi de sel de nitre, alors qu'on veut obtenir un froid plus intense d'une plus longue durée, mélange dont la décongélation soit ralentie, c'est-à-dire qui fasse eau très-lentement. Nous nommerons le premier composé, mélange de fabrication; et le deuxième, mélange de conservation, en appliquant aussi ces deux dénominations aux serbotières respectives.

Le haut prix du sel marin et la grande quantité qu'on en emploie pour la fabrication des glaces à manger, nous ont paru être des considérations de nature à faire rechercher les moyens d'améliorer l'art du glacier sur ce point, à savoir, en produisant une économie notable dans la préparation des mélanges frigorifiques. Depuis quelque temps déjà, nous nous étions livrées à des essais et à des expériences qui nous paraissaient réclamer des perfectionnements nécessaires pour compléter nos procédés sous le point de vue pratique ou industriel ; mais aujourd'hui, sans avoir obtenu la limite du possible, nous croyons que les résultats qui sont la conséquence des procédés suivants sont d'une réalisation utile et profitable dans l'art du glacier.

Les perfectionnements qui font l'objet du présent brevet s'appliquent aux deux cas précités. Ils consistent :

1° Dans l'application à l'art du glacier du chlorure de calcium, fondu et pulvérisé en poudre fine, en remplacement du sel marin (chlorure de sodium), pour opérer, conjointement avec la glace pilée, une congélation à un certain degré des matières employées pour confectionner les glaces à manger ou autres composés, congelés sous forme neigeuse, mélange frigorifique destiné à garnir la serbotière de la fabrication.

2° Dans l'emploi, pour cette application, comme moyen d'utiliser des résidus sans valeur, des eaux-mères provenant de la fabrication des chlorures d'oxydes de calcium, de potassium et de sodium, lesquels résidus peuvent être remplacés par l'hydrochlorate de chaux obtenu des résidus provenant de la fabrication de la soude factice, traités par la chaux.

5° Dans la préparation du chlorure de calcium par l'emploi des eaux-mères ou résidus d'opération des chlorures d'oxydes dénommées ci-dessus, en décomposant, à l'aide de la chaleur par de la craie en poudre, et mieux par la chaux hydratée, les dites eaux-mères, qui ne sont autre chose que de l'hydrochlorate de manganèse.

4° Dans l'application au même art du glacier du nitrate de soude brut, en remplacement du nitrate de potasse, mêlé à la glace pilée, pour obtenir soit un ralentissement de décongélation, en mêlant ce sel au chlorure de calcium, soit un froid d'une longue durée, et qui fasse eau très-lentement, en l'employant seul avec la glace pilée, mélange frigorifique destiné à garnir la serbotière de conservation, la congélation étant, par l'emploi de ce mélange, non-seulement plus persistante, mais encore à un degré supérieur à celui que présente le mélange garnissant la serbotière de fabrication.

Ces principes d'application, d'emploi et de préparation des matières destinées à remplacer celles dont on s'est servi jusqu'à présent dans la confection des divers mélanges frigorifiques, servant à la fabrication ou à la conservation des glaces à manger, suffisent, dans leur énoncé, pour mettre en pratique les perfectionnements qu'ils constituent dans l'art du glacier. Nous ajouterons toutefois les documents ci-après, destinés à faciliter la mise en œuvre des préparations qui se rapportent à l'exécution desdits perfectionnements.

Ainsi, par exemple, procédant à la préparation du chlorure de calcium par l'emploi des résidus en question, nous plaçons ces liqueurs manganiques, qui marquent de 29 à 30° à l'aréomètre pèse-sel, dans des chaudières en cuivre : nous les étendons d'eau à peu près par parties égales de ce liquide, de manière que la chaudière ne soit qu'au tiers pleine, attendu que pendant la saturation, comme la liqueur retient encore de l'acide libre, il y a effervescence et soulèvement de la matière. Pour opérer cette saturation et décomposer convenablement la liqueur, on ajoute dans la chaudière un quart de son poids de chaux hydratée en poudre fine, ou de carbonate de chaux, en ayant soin de donner aux vapeurs une direction qui empêche que les ouvriers n'en soient incommodés. Lorsque la liqueur qui surnage est devenue claire, et qu'elle ramène légèrement au bleu le premier rouge de tournesol, on chauffe pour compléter l'action; puis on soutire la liqueur qu'on dépose dans des cuviers, d'où elle est tirée à clair à l'aide de chantepleures disposées convenablement sur la cuve.

Les liqueurs sont ensuite mises dans une chaudière en fonte et évaporées jusqu'à siccité, en ayant soin de les agiter convenablement pendant la dessiccation. Enfin, le sel en poudre est chauffé dans un creuset en terre ou en fer, où il est fondu pour être coulé sur une table de fonte froide et mis en barriques.

Outre que ce sel n'est pas plus déliquescent que la potasse du commerce, qu'il a les mêmes propriétés que le sel marin, et qu'il coûte beaucoup moins cher, il offre un autre avantage dans son emploi, car les expériences auxquelles nous nous sommes livrées nous ont donné la certitude qu'il agissait à l'égal du sel marin dans une proportion de moitié moins de son poids, toutes choses égales d'ailleurs.

Du Glacier des Sorbets.

Ayez un seau pour recevoir la glace, une serbotière d'étain ou de fer-blanc, et une cuillère de buis à long manche, le cuilleron coupé en travers pour la rendre coupante.

On prend un demi-kilog. de glace, autant de sel de cuisine, et deux poignées de charbon en poudre grossière. On pile la glace, qui se vend chez les glaciers. On la mêle avec le sel et le charbon dans le seau à glacer. Le seau est étroit, et il a plus de profondeur que la serbotière ; car elle doit être embrassée par la glace, qui n'occupe autour d'elle qu'une épaisseur de 40 à 54 millimètres (1 pouce 1/2 à 2 pouces).

On verse son sorbet dans la serbotière, dont le couvercle est garni d'une main. Il ne s'agit plus que de tourner la serbotière dans la glace, et cela sans discontinuer, pour éviter qu'il ne se forme des glaçons isolés, car le mérite de la glace est d'être glacée uniformément On ouvre par intervalles la serbotière pour détacher la portion qui se condense sur les parois, et la ramener au centre. La masse également prise, on la laisse dans la serbotière jusqu'au moment de la servir.

Les sorbets qu'on met encore tièdes dans la serbotière se glacent plus promptement que froids. Ne glacez pas trop fortement, ce qui a lieu dans les glaces en tablettes. Beaucoup de gens préfèrent même des *sorbets neigeux*. Rien n'émousse le goût comme un froid excessif, et alors une glace, outre-passant son effet tonique, nuit souvent à la digestion.

Glaces économiques à la neige.

En hiver, par les temps de neige, mettez de la neige dans un sirop quelconque, frappez légèrement de glace, et vous aurez des glaces excellentes.

Glacière économique de M. BELANGER.

Prenez une tonne à mettre de l'huile, cerclée avec des cerceaux de fer ; défoncez-la par le haut ; par le bas, pratiquez, au milieu, un trou de l'ouverture d'un bouchon de liége. Mettez dans cette tonne une tinette de la forme à peu près de celle qui sert à battre le beurre, si ce n'est qu'elle est d'un tiers plus large et plus haute. Cette tinette doit être posée sur deux pièces de bois qui empêchent que son fond ne touche celui de la tonne.

Quand elle est bien établie, on fait remplir les intervalles de la tinette à la tonne, de charbon pilé ou écrasé. Coiffez la tinette d'un couvercle qui se lève au moyen d'une poignée, et qui est pourvu en dessous d'un ou deux crochets pour attacher la bouteille à rafraîchir.

Sur ce couvercle repose un sac de 65 centimètres (2 pieds) carrés, également rempli de poussière de charbon, et par-dessus tout un second couvercle qui ferme l'orifice de la tonne.

La tinette se remplit de glace pilée, ou de neige bien foulée, à l'époque des dernières gelées. La grande tonne se place ainsi garnie dans une cave ou cellier bien frais, de manière à être enfoncée dans la terre des quatre cinquièmes de sa hauteur. Les terrains sablonneux conservent mieux cette glacière que les sols humides.

Quand on veut avoir du liquide à la glace, on lève le premier couvercle et on referme exactement le tout pendant une demi-heure : ce temps est suffisant pour obtenir le plus haut degré de froid. On peut mettre quatre ou cinq bouteilles, pourvu qu'on ait soin de ne point négliger de fermer exactement toute communication de l'air extérieur avec la glace.

Une soupape, pratiquée au fond de la tinette (soupape de *Parcieux*), sert à faire écouler l'eau de la glace qui se fond, sans laisser d'accès à l'air extérieur.

CHAPITRE V.

DES VINS.

Moyen de rétablir les vins tournés et échaudés, de M. BERTON.

On sait que les vins sujets à la décomposition, désignée par les vignerons par le nom de *tournure*, ont une teinte violette ou presque noire, et prennent une odeur et une saveur désagréables. C'est qu'alors il s'est formé de la potasse aux dépens du tartre et de la matière colorante du vin. Ajoutez de l'acide tartrique à ce liquide décomposé : l'acide s'emparera de la potasse, le tartre se déposera au fond du vase, et le vin reprendra sa saveur et son odeur primitives, pourvu qu'il ne soit tourné que depuis un an. Il faut 15 grammes (1/2 once) d'acide tartrique pour chaque hectolitre de vin.

Tannin de Berzelius, pour prévenir et détruire la graisse des vins.

Prenez une infusion de noix de galle, ajoutez-y 8 grammes (2 gros) d'acide sulfurique. Sur un demi-kilog. d'infusion, il se forme un léger coagulum ; on le sépare par filtration ; on ajoute ensuite à la liqueur une solution concentrée de carbonate de potasse, ayant soin d'en mettre jusqu'à ce qu'il n'y ait plus formation de précipité. On doit avoir le soin de bien suivre les saturations pour ne pas ajouter un excès d'alcali, qui redissoudrait une portion du précipité.

On le recueille sur un filtre, après la précipitation ; on le lave à l'eau froide. Lorsqu'il est lavé, on le fait dissoudre dans l'eau aiguisée d'acide sulfurique ; on filtre la solution, et lorsqu'elle est filtrée, on précipite le tannin par l'acétate de plomb. On lave le précipité, on le délaie dans l'eau, et l'on soumet le mélange, tenant le tannin en suspension, à un courant d'acide hydro-sulfurique, en excès : cet acide précipite le plomb, le tannin se dissout, on filtre le liquide, et on obtient ainsi le tannin, qui est assez pur pour être employé au traitement des vins.

Cette note n'est bien certainement adressée à la maîtresse de maison que pour passer de ses mains dans celles d'un pharmacien ou chimiste exercé. Il suffit de lui indiquer, d'après M. Chevalier, le moyen de se servir de ce tannin pour corriger les vins filants et graisseux.

Pour détruire ou prévenir la graisse dans du vin blanc, on met par chaque pièce de deux hectolitres, deux bouteilles de tannin, immédiatement après le soutirage de dessus la première colle. On fait ensuite à l'instant un second collage avec 7 grammes (2 gros) de colle de poisson. Un mois après on soutire le vin, ou bien on le met en bouteilles.

S'il s'agit de rendre sec du vin gras en bouteille, on procède ainsi :

Remuer pendant quinze jours les bouteilles placées sur table ; — les ouvrir pour en extraire le dépôt parvenu alors jusqu'au bouchon ; — introduire dans chacune d'elles un centième pour les vins filants ; un demi-centième pour les vins pesants (tannin sec, 5 décigr. (10 grains) ; et ensuite la liqueur à vin dans laquelle on a mélangé la colle de poisson 4 gram. (1 gros) pour 500 bouteilles.

La bouteille ainsi préparée, sera bouchée, ficelée, secouée fortement et recouchée. Après vingt jours, elle sera remise sur table, puis remuée pendant dix jours, une fois. Le dépôt sera arrivé sur le bouchon, et l'on fera le premier dégorgement, suivi d'un *second*.

Second collage. Ce vin restera ensuite couché pendant un mois, et le second dégorgement aura lieu.

Ainsi, dans l'espace de trois mois, tel vin aussi gras qu'il puisse être, jeune ou vieux, pourra être livré à la consommation. Il ne pourra plus se graisser et sera désormais d'une limpidité parfaite.

Moyen de préserver les vins de la graisse, d'après l'expérience de M. Sorriot, de Nancy.

« Je préviens, dit-il, le moment de la fermentation en faisant traverser le vin deux ans de suite, deux fois chaque année, dans la première quinzaine de mars et sur la fin de juillet. Au mois de mars, ils sont clairs ; mais ils ne sont pas limpides, et font encore un dépôt assez considérable. Après la traversée de juillet, ils sont plus dépouillés ; mais ce n'est qu'après avoir été traversés la deuxième année, qu'ils ont ce beau brillant qui plaît tant à la vue. Enfin, ce n'est qu'à la troisième année, et les suivantes, que je me contente de ne les faire traverser qu'une seule fois à la fin de juillet. Depuis cinquante ans que j'ai suivi constamment cette méthode, je n'ai jamais eu de vins gras, ni gâtés en aucune manière. »

Manière de vieillir le vin de Bordeaux.

Retirez un verre de vin de chaque bouteille, que vous reboucherez bien ; mettez-les dans un four de pâtisserie à une chaleur modérée et graduée : Au bout de quelques heures, le four refroidi, on en retire les bouteilles, on les remplit, et on les descend à la cave. Le lendemain, ce vin de Bordeaux de deux ou trois ans en a dix ou douze. On peut tenter sur d'autres vins ce procédé, que mettent en usage tous nos restaurateurs.

Manière d'obtenir du vin de paille et de Tokay.

Ces deux vins si justement estimés, dont l'un est préparé dans le Haut-Rhin, peuvent s'obtenir par les procédés suivants :

Pour faire le premier, on prend du raisin parfaitement mûr, on le suspend dans une pièce haute, on le visite de temps en temps pour en séparer les grains offensés : il passe ainsi son hiver ; s'il vient à geler, on le laisse dégeler. On prolonge ainsi sa conservation le plus possible ; on l'exprime, et on en fait fermenter le moût. La fermentation en est lente ; quand elle est arrivée à son terme, on soutire, on clarifie, et on met en bouteilles. Le nom de vin de paille lui vient de ce qu'on étendait le raisin sur de la paille ; mais il est préférable de le suspendre, et c'est ce qui se pratique aujourd'hui.

Pour obtenir du vin de Tokay, M. Cadet de Vaux met de la craie dans du vin de paille.

Vin de grenier.

Dans la Lorraine, aux environs de Nancy, on fait un vin préparé comme le précédent. A la fin de décembre, on l'exprime, on le met à fermenter, et c'est dans la lune de mars, par un jour sec et beau, qu'on le met en bouteilles ; on les ficelle, on les goudronne pour les porter au grenier, d'où lui vient son nom. Lorsqu'on en brise le fil-de-fer qui retient le bouchon, il suffit de faire une légère friction avec les deux mains du haut en bas pour faire sauter ce bouchon, comme pour le Champagne.

Vin cuit du Dauphiné.

La ménagère choisira du raisin blanc parfaitement mûr, et de l'espèce la plus sucrée, tel que le mélier blanc : le chasselas ne convient pas. Elle prendra vingt-quatre litres de moût de ce raisin, le fera réduire à petit bouillon du quart ou du tiers ; elle aura un bâton qui servira d'étalon ; on le marque à la hauteur de seize litres pour le tiers, et de dix-huit pour le quart. Le moût évaporé, on y met de la craie ; on laisse bouillir, refroidir, déposer, on passe à la chausse. Quand le moût est parfaitement clair, on le mêle avec l'infusion des arômes, préalablement faite d'un mois à l'avance, et filtrée.

Cette infusion se compose de cinq litres d'eau-de-vie ; cannelle, gérofle, de chaque, 150 centigrammes (24 grains) ; vanille, 2 gram. (1 demi-gros) ; iris de Florence, 4 gram. (1 gros) ; douze amandes amères d'abricot ou de pêche. On peut s'épargner de filtrer l'infusion, en suspendant dans l'eau-de-vie les arômes pulvérisés et enfermés dans un nouet. Ce vin très-bon peut se boire le jour même.

Vin de Myrtilles.

Les journaux belges annoncent que M. le général comte Chassenon est parvenu à faire du vin de bonne qualité avec les baies des vaccinium, et a retiré de ce vin du vinaigre et de bonne eau-de-vie.

Nous désirons que l'auteur fasse utiliser les baies de myrtilles, qui se trouvent en très-grande quantité dans divers pays, ce sera rendre un service aux populations où croît l'arbrisseau sur lequel on récolte ces baies.

Déjà Gaulin dit qu'en Silésie on retirait de l'alcool du produit de la fermentation de ces baies. Nous faisons des vœux pour que les indications du général soient suivies, surtout en Belgique, où il existe dans les Ardennes des quantités considérables de myrtille.

Nous disons que les baies de myrtille, plante connue aussi sous les noms d'airelle, raisin d'ours, cran-Berry, et dont les fruits sont appelés bleuets, lacets, maurets, sont déjà utilisés en divers pays. On transporte ces baies du Canada en Angleterre pour les usages alimentaires, on en fait des compotes, des confitures, elles sont mangées en diverses localités par les enfants, comme les groseilles, ou on en fait un sirop contre la dyssenterie. Les sauvages de l'Amérique en font

uné confiture sèche, une espèce de pâte tapée; on s'en
est servi pour colorer le vin; on en fait une teinture violette, etc., etc.

Vin de Malaga.

Quand le raisin est parvenu à maturité, on en tord la
grappe, ou bien on la détache, et on l'expose sur un roc au
soleil ardent. Ce raisin perd ainsi la moitié de son poids : alors
on le foule, on l'exprime, et on en a un véritable sirop de
raisin. On met ce moût fermenter, et la fermentation en est
très-lente, parce qu'il n'y a plus de proportion entre l'eau
et la matière sucrée. La fermentation enfin achevée, on a le
vin mère de Malaga, car il ne faut pas croire que ce sirop
soit ce vin de Malaga qu'on livre dans le commerce. Sur une
pièce de très-bon vin blanc, obtenu par les procédés ordinaires de vinification, on ajoute une quantité déterminée de
pots du *vin mère*, et chaque pot donne une feuille de plus
au vin de Malaga. La maîtresse de maison pourra aisément
essayer ce procédé, qui réussit avec tant de succès en Espagne.

Du Bouquet des Vins de liqueur.

La maîtresse de maison sait que tout bon vin a un bouquet. Pour lui faire sentir la violette, elle y ajoutera un peu
d'iris en poudre; le muscat, elle le parfumera avec de la
fleur de sureau sèche. Quant aux bouquets composés, de la
framboise infusée dans l'eau-de-vie, un peu de fleur d'o-
ranger, de cannelle, vanille, etc., en seront l'arôme. Les arômes s'emploient seuls ou mélangés. Si la liqueur doit avoir
un goût déterminé, on emploie les arômes de manière que le
goût déterminé domine; ainsi, pour une liqueur au citron, on
verse pour deux litres de liqueur, deux fois plein un dé à
coudre d'esprit de citron et une seule goutte d'huiles essentielles de vanille, bergamotte, pour former l'arrière-goût. Il
faut bien faire attention à ne pas forcer ces derniers arômes.

Vin d'Arbois factice.

Prenez cidre nouveau, préparé sans eau; bon vin blanc;
de chaque, parties égales.

Mettez dans des bouteilles fortes, bouchez et ficelez comme
pour le vin de Champagne. Trempez le bouchon et l'extérieur du goulot dans du mastic fondu, et conservez à la
cave.

La plus grande partie des vins de Champagne mousseux
du commerce ne sont autre chose que des vins blancs de ce

pays, dans lesquels on a fait dissoudre 30 gram. (1 once) de sucre candi par litre.

Vin muscat de Lunel factice.

Prenez : Vin blanc de bonne qua-
 lité.. . . . . 1 litre.
 Sirop de capillaire. . . . . 30 gram. (1 once).
 Eau distillée de fleurs de sureau. 15 gram. (4 gros).

Mêlez exactement et mettez en bouteille. Ce vin qui peut se boire le même jour, est meilleur lorsqu'il a été préparé quelques jours à l'avance.

Si vous craignez de ne pouvoir à volonté vous procurer le troisième ingrédient, recueillez les fleurs de sureau bien évanouies, mondez-les de leur pellicule, remplissez-en une bouteille, et remplissez-la d'eau-de-vie. Laissez macérer de vingt à trente jours, et remplacez par une cuillerée à bouche de cette teinture les 15 grammes (4 gros) d'eau distillés.

Vin de Malaga factice.

Vin blanc de bonne qualité. . 1 litre.
Cassonade brune. . . . . 60 gram. (2 onces).
Eau-de-vie à 22 degrés.. . . 2 cuillerées à bouche.
Eau de goudron.. . . . . 1 cuillerée à café.

Faites dissoudre la cassonade dans le vin, ajoutez l'eau-de-vie et l'eau de goudron, mêlez exactement, filtrez et mettez en bouteille que vous boucherez et cachetterez avec soin.

On peut boire ce vin immédiatement: il est meilleur préparé à l'avance.

Vin de Porto factice.

Prenez : Vin rouge vieux de Bourgogne. . . . . 3 litres.
 Ratafia des quatre fruits, confec-
 tionné depuis plus d'un an. . 1 litre.
Mêlez et mettez en bouteilles bouchées avec soin.

Vin ordinaire factice.

Remplissez d'eau aux deux tiers un tonneau de 90 litres, puis introduisez :

Baies de genièvre. . . . . 10 kilog. (20 livres).
Semences de coriandre.. . . 1 kilog. (2 livres).
Pain de seigle sortant du four et
 coupé par morceaux.. . . 10 kilog. (20 livres).

Bondez légèrement le tonneau et laissez fermenter. La fermentation terminée, achevez de remplir d'eau, et laissez reposer pendant trois semaines. Tirez au clair. Donnez, si vous le jugez à propos, de la couleur avec une infusion de betterave dans l'eau. Ce vin n'est bon que pour les domestiques. On le dit toutefois agréable et sain.

Rhum factice.

Cette liqueur étrangère, qu'on trouve rarement pure dans le commerce, est imitée de la manière suivante par beaucoup de liquoristes.

Prenez : Figues.	50 gram. (1 once).
Raisins de caisse.	50 gram. (1 once).
Cuir de bœuf.	4 gram. (1 gros).
Piment de la Jamaïque.	1 gram. (18 grains).
Safran gâtinais.	27 centig. (5 grains).
Eau-de-vie à 22 degrés.	1 kil. 60 gram. (2 liv. 2 o.).

Ecrasez les figues et les raisins ; coupez le cuir en lanières minces ; concassez le piment et le safran ; mettez macérer le tout dans l'eau-de-vie pendant quinze jours, en agitant de temps à autre. Après quoi, filtrez et mettez en bouteilles, que vous boucherez et cachetterez avec grand soin.

Vin de Porto factice, méthode russe.

Les Russes préparent de la manière suivante un vin de Porto factice, qu'ils trouvent excellent :

Cidre.	3 litres.
Eau-de-vie de France.	1 litre.
Gomme résine Kino.	4 gram. (1 gros).

Mêlez et gardez dans des vases clos.

Vin du Rhin, méthode russe.

Si l'on désire de vieux vin du Rhin, mettez dans la recette précédente, en place de la gomme de Kino, 4 gram. (1 gros) d'éther nitrique alcoolisé, et vous obtiendrez ce vin dans toute sa perfection.

Manière de conserver les vins en perce.

Pour conserver sans altération les vins en perce, M. Imery, de Toulouse, assure qu'il suffit de mettre dans les barriques une bouteille d'huile d'olive fine. L'huile répandue en couche légère sur la surface du vin, empêche l'évaporation des parties alcooliques, ainsi que la combinaison de l'air atmosphérique qui rend les vins acides et en altère les parties constituantes. Ce procédé est employé en Toscane fort avantageusement.

Moyen très-simple de rendre le vin mousseux.

Dans la première partie de cet ouvrage, madame Pariset indique cette recette très-facile pour se procurer un vin blanc mousseux presque aussi agréable que celui de Champagne. Ayez le premier vin blanc venu, pourvu qu'il soit bien clarifié et de bonne qualité ; mettez au fond de chaque bouteille une forte pincée de sucre candi ; ficelez le bouchon avec du fil-de-fer, et au bout d'un mois ce vin sera parfaitement mousseux.

Manière de vieillir l'eau-de-vie.

Pour donner à l'eau-de-vie nouvelle le goût et les propriétés de la plus vieille eau-de-vie, vous n'aurez qu'à mettre dans chaque bouteille cinq à six gouttes d'alcali volatil.

Mastic pour luter les bouteilles.

Nous savons que pour bien conserver le vin en bouteilles, il est nécessaire de les luter, c'est-à-dire d'environner leur bouchon d'une cire très-adhérente et très-solide. En voici deux moyens éprouvés :

1º Prenez 250 gr. (demi-livre) de bitume végétal ordinaire, ou le bitume mastic, ou bien encore le bitume goudron ; 250 gr. (demi-livre) de résine noire ou arcanson, 125 gr. (1 quart.) de cire jaune. Faites fondre le tout ensemble en remuant un peu. Quand les bouchons sont placés, on plonge le haut de la bouteille dans le mastic en fusion. Si les bouchons étaient mouillés, le bitume ne prendrait pas.

2º Mêlez et faites fondre de même, huile de lin 125 gr. (1 quart), autant d'ocre jaune ou rouge, autant de cire jaune, et 250 gram. (1 demi-livre) de poix de Bourgogne ou d'arcanson. Employez de la même manière ce mastic également bon.

Cidre de ménage.

Faites une ouverture d'un pied en carré à un tonneau de 260 bouteilles et du côté de la bonde ; mettez dans ce tonneau 12 kilog. et demi (25 livres) de poires et autant de pommes séchées au four ; remplissez le tonneau d'eau, et bouchez l'ouverture avec une planche épaisse et carrée, à laquelle on met une poignée, afin de pouvoir la placer et l'ôter aisément après treize jours de fermentation ; versez dans le tonneau, par la même ouverture, 2 litres d'eau-de-vie, et deux jours après, mettez le cidre en bouteilles. Ne les couchez point en les rangeant à la cave. Si vous voulez le colorer, mettez, en même temps que l'eau-de-vie, 60 gram. (2 onces) de pétales de coquelicots secs. On peut aussi mêler aux poires et pommes du raisin sec. Cette boisson économique est agréable et saine.

Moyen très-simple de purifier les futailles.

Frottez d'huile d'olives les parois intérieures, et même la bonde des tonneaux gâtés; à une première couche, ajoutez-en une seconde, après laquelle vous verserez immédiatement dans chaque vase un grand verre d'eau-de-vie. Bondonnez de suite, et agitez en tous sens. Le lendemain, remplissez de vin nouveau, et plusieurs mois après, le vin dégusté n'offrira aucune altération, comme l'a prouvé l'expérience.

Recette pour rendre les bouchons de liége imperméables.

Pour rendre les bouchons de liége entièrement' imperméables à l'alcool contenu dans les liqueurs, ou aux essences les plus volatiles, il suffit de les laisser pendant quelques minutes dans un mélange bien chaud de deux parties d'huile et une de suif.

CHAPITRE VI.

NOURRITURE. — VARIÉTÉ.

SOIN DE DIVERSES SUBSTANCES. — MANIÈRE D'UTILISER LES RESTES ET DE RAJEUNIR LES PLATS. — ASSAISONNEMENTS. — LIVRES DE CUISINE. — FARINES DE M. DUVERGIER. — TABLETTES DE BOUILLON DE M. APPERT.

Moyen d'attendrir les viandes.

Des convives imprévus obligent quelquefois la maîtresse de maison à se servir des viandes toutes fraîches. Ces viandes sont fort dures alors, mais on les attendrit en les enveloppant de linge blanc et en les exposant à une chaleur douce et continue, comme l'âtre de la cheminée, ou tout autre semblable. Si l'on peut disposer d'une nuit, la viande sera le lendemain parfaitement tendre.

Manière d'attendrir le bœuf pour le pot-au-feu.

Pour rendre très-tendre du bœuf tué le jour même, battez-en très-fortement avec un rouleau à pâte le morceau que vous devez mettre au pot. Quand il aura été bien battu en dessus et en dessous, ficelez-le avec soin et mettez-le dans la marmite. On dit que ce bœuf cuit plus vite et produit un bouillon plus succulent qu'à l'ordinaire. Je n'en ai point fait l'essai.

Un article important dans l'économie du ménage, c'est la manière d'utiliser, de déguiser les restes de plats. La maîtresse de maison doit faire de telle sorte qu'ils ne reparaissent jamais en cette qualité sur la table. Il est d'autant plus utile qu'elle veille à cette restauration de mets, que souvent, pour économiser le temps et le combustible, on fait, en hiver, cuire le pot-au-feu, les légumes, et plusieurs plats de viande, pour deux jours; que les grosses pièces, comme les forts gigots, les dindons, reviennent forcément longtemps, surtout quand la famille est peu nombreuse; qu'enfin, si un ami vient à l'improviste vous demander à dîner, il est impossible de lui offrir des restes.

Une fricassée de poulets dont il restera un tiers, doit être lavée dans du bouillon, mise en pâte et frite : cela fait un plat neuf.

Des restes d'épinards se mettent en boules roulées dans de la farine; on les trempe ensuite dans une pâte légère et on les frit. Cela fait un plat d'entremets.

Les choux-fleurs se mettent au gratin comme des macaronis; on les fait frire aussi en les panant.

Un gigot, de la volaille, du bœuf, du veau en petite quantité, se mettent en hachis. L'on en fait aussi des boulettes roulées dans de la farine, et l'on prépare une sauce rousse, dans laquelle on met des champignons, des petits ognons et, des morilles.

Lorsque l'on a un pâté froid, il ne faut pas servir la croûte, ni même l'ouvrir en totalité, afin que la partie qui couvre le pâté soit entière.

Un pâté se sert plusieurs fois, et, quand il est entièrement vidé, l'on fait une fricassée, soit de pigeons, soit de poulets, de cervelles de veau, même de boulettes composées de plusieurs sortes de viandes, et lorsque la fricassée est cuite, on l'arrange dans la croûte du pâté; on le recouvre, et, pour remplir les joints, l'on fait un peu de pâte avec laquelle on bouche toutes les ouvertures; ensuite on l'enduit d'un jaune d'œuf délayé dans de l'eau, pour qu'il prenne ce qu'on appelle une couleur dorée; on met ensuite le pâté (restauré) sous un four de campagne, avec un feu léger dessous et dessus, seulement pour communiquer peu à peu de la chaleur à la pâte, et surtout qu'elle ne brûle pas la croûte du pâté, qui n'a pas besoin de cuire puisqu'elle est cuite, mais qui doit être réchauffée par gradation.

S'il reste une fricassée blanche de veau, et que ce soit en

hiver, le lendemain on peut l'augmenter d'autre veau que l'on fait cuire de la même manière : aux trois quarts de la cuisson, on ajoute le reste de la veille. Un peu avant, on y a mis des pommes de terre et des salsifis, ce qui diversifie agréablement le plat. Ce dernier légume, au reste, est excellent dans les fricassées de ce genre ; le mélange des pommes de terre est plus économique, mais de moins bon goût.

Avec des restes de viandes et des hachis, on peut préparer des saucisses (Voyez *Manuel du Charcutier*, Encyclopédie-Roret). Les restes de rouelle de veau font des paupiettes, bresolles, noix de veau en caisse, à la Chantilly, filets de veau tôt faits, pains de veau. Les gigots de moutons entamés font des émincés, haricots de mouton, se disposent en tranches sur des ragoûts de légumes : on fait de toutes les viandes blanches des rôtis, des godiveaux, des quenelles, de toutes sortes d'autres, de la chair à petits pâtés ; des lapins rôtis, des lapins frits, croquettes de lapin, filets de lapin en turban, en gimblettes, etc.; il en est de même pour le lièvre.

Lorsqu'on fait cuire des haricots rouges, blancs ou verts, des betteraves, des pommes de terre, il est plus économique de le faire pour deux jours, parce qu'il ne faut pas plus de temps et de combustible pour un grand pot que pour un petit ; mais on doit se garder de fricasser le tout à la fois. Le jour même la moitié en est accommodée au lait comme à l'ordinaire, et l'autre est gardée pour manger en salade. Je ne décrirai point cet accommodage si connu ; seulement je dirai qu'il faut y ajouter trois à quatre cuillerées d'eau pour les pommes de terre, et mettre beaucoup d'huile aux haricots verts.

Les assaisonnements doivent aussi captiver l'attention de la maîtresse : qu'elle ait sa provision de quelques livres de sel gris et blanc, rangées dans des vases de bois au grenier ou tout autre endroit bien sec ; qu'à la table de cuisine soit un tiroir à compartiments, ou mieux encore que sur une planche en rayon on trouve de petits cartons forts superposés l'un sur l'autre, et portant le nom des substances qu'ils renferment, ainsi qu'on le voit chez les épiciers ; ce sera le moyen d'éviter le mélange et la perte inévitable des assaisonnements imparfaitement contenus dans du papier, et se mêlant tellement dans la table de cuisine, qu'il faut finir par en jeter la plus grande partie. Ne souffrons pas cela ; ce sera, dira-t-on, une légère économie ; j'en conviens ; mais nulle économie répétée n'est à dédaigner. *Les grandes économies du ménage*, dit M. Ch. Dupin, *portent toujours sur les objets à bon marché.* Avec la perte du girofle, poivre, muscades, etc., vous éviterez aussi celle du temps que l'on consomme ordinairement à chercher. Auprès des boîtes seront les moulins à poivre, à café, etc. Ce n'est pas chose indifférente que de rapprocher les objets qui ont du rapport entre eux.

Quel que soit le genre de votre déjeûner, établissez chez vous l'habitude de faire manger le matin de la soupe à vos domestiques ; veillez à ce qu'elle soit abondante, saine et variée. Après la soupe, ils auront du pain à discrétion et du fromage commun, tel que le plus médiocre des fromages d'Auvergne, nommé *forme*, dont il faudra faire ample provision ; du raisiné, du fromage d'Italie pourront varier et servir au second déjeûner. Quant au dîner, à la soupe laissée par les maîtres, on ajoutera tout le pain et le bouillon nécessaire, y compris les légumes du pot, qui doivent être abondants ; le reste du bœuf et de l'entrée complètera leur dîner. Quand vous voudrez faire garder ce dernier plat, ayez pour vos domestiques un grand plat de pommes de terre, choux, purée de légumes avec des saucisses ou un morceau de petit salé. De temps en temps, comme à votre fête, pendant le carnaval, le dimanche, donnez-leur quelque chose d'un peu délicat. Il est essentiel qu'ils soient bien assurés que vous cherchez à les rendre heureux.

La cuisinière ainsi que la maîtresse doivent savoir de mémoire la plus grande partie des plats ordinaires ; mais il est bon, pour ne pas dire indispensable, d'avoir des livres de cuisine pour indiquer des mets variés, surtout pour les jours où l'on reçoit du monde. Ces livres sont en quantité : je les connais tous et peux guider la maîtresse dans le choix qu'elle voudra en faire. *La Cuisinière bourgeoise* est trop surannée ; le *Cuisinier royal*, le *Cuisinier impérial*, le *Cuisinier des Cuisiniers*, l'*Art du Cuisinier*, le *Manuel des Amphytrions*, ne conviennent qu'à des restaurateurs ou aux chefs de cuisine de millionnaires. *Le Cuisinier économe*, bien qu'il ne mérite guère son titre, vaut mieux ; mais le meilleur, selon moi, est le *Manuel du Cuisinier et de la Cuisinière*, par Cardelli (de l'*Encyclopédie-Roret*).

Je vais maintenant recommander à la ménagère deux genres précieux de provisions.

Tablettes de bouillons économiques.

M. Appèrt, auteur de l'*Art de conserver indéfiniment les substances alimentaires animales et végétales*, prépare des tablettes de jus de viandes et de légumes, supplétives de ces substances, mais beaucoup plus économiques, puisqu'il opère en grand journellement avec tous les procédés de l'art, tant pour le service de la marine royale que pour le commerce.

Chacun aime un bon potage, un bon bouillon et de bonnes sauces; mais, pour les obtenir, il faut généralement employer beaucoup de viandes; elles donnent du bouilli, et souvent cet aliment finit par lasser l'appétit. Ainsi, procurer ce que chacun aime, et débarrasser de ce qui fatigue, a paru à M. Appert un moyen de succès d'autant plus assuré, qu'il est économique; chose dont les plus incrédules pourront se convaincre au premier essai.

Manière d'opérer.

Au lieu de 2 kilog. de viande, mettez-en seulement 1 kilog. au pot, mais avec la même quantité d'eau que pour 2 kilog.; ajoutez quelques légumes frais, seulement pour garnir la soupe; une heure avant de la servir, vous ajouterez 60 gram. (2 onces) de tablettes, qui remplaceront le kilog. de viande, ainsi que les carottes et ognons brûlés supprimés.

Ce bouillon servira pour tous potages : on peut néanmoins les préparer au moyen seul des tablettes, faisant cuire légumes, riz, vermicelle ou tous farineux à l'eau; lorsqu'ils sont cuits, on y ajoute 15 grammes (1/2 once) de tablettes par personne, avec *une idée* de beurre ou de graisse, pour donner des *œils*.

Quant aux sauces ou ragoûts, excepté *ceux au blanc*, on les mouille avec de l'eau, et lorsque l'objet cuit, on y ajoute plus ou moins de ces tablettes, pour les corser et leur donner un bon goût : on économisera par ce moyen les bouillons et consommés requis en pareil cas.

Ces tablettes ne peuvent toutefois faire, seules, une excellente soupe : elle serait sans doute très-nourrissante, mais il lui manquerait la saveur et le parfum, qui, concentrés par la préparation des tablettes, ne se développent qu'à l'aide de substances qui n'ont pas encore supporté l'action du feu. Mais c'est une grande économie et un grand agrément d'obtenir le double par le simple, ainsi qu'on l'établit ci-après.

Ces tablettes se vendent 3 fr. le 1/2 kilog.; les 30 grammes (l'once) reviennent à moins de 20 cent. : ainsi, avec 40 cent. on remplace 1 kilog. de viande du prix ordinaire de 90 cent. à 1 fr.; aussi bien que 10 cent. de carottes ou ognons brûlés, ordinairement ajoutés à tous les pots-au-feu pour colorer le bouillon. M. Appert procure donc, et ceci n'est point indifférent, une économie de cinquante pour cent sur un aliment précieux, presque indispensable; et cette économie, journellement répétée, donne par année 150 à 200 fr.

Farines de racines potagères et de légumes cuits, propres à faire de la purée à l'instant.

Il est bien reconnu aujourd'hui que la meilleure manière de faire usage des légumes secs, tels que *pois, haricots, lentilles* et autres, est de les réduire en purée; ils sont alors moins venteux, d'une digestion plus facile et beaucoup plus nourrissants. Livrer ces substances légumineuses aux consommateurs, à un prix modique, *bien mondées de leurs enveloppes par un moyen mécanique*, et réduites ensuite en *farine toute cuite* dont on puisse faire usage à l'instant même, telle a été l'intention de M. Duvergier. La bonne cuisson et la parfaite dessiccation que ces farines subissent ayant détruit tout principe de fermentation, la simple précaution de les tenir à l'abri de l'humidité, comme cela est absolument nécessaire pour toutes les substances alimentaires, suffit pour les conserver longtemps.

Ces différentes farines légumineuses ont obtenu l'approbation de plusieurs Sociétés savantes (1), et mérité au fabricant une médaille qui lui a été décernée par le grand jury, lors de la dernière exposition, à titre d'encouragement et de récompense pour un objet d'utilité générale.

Elles ont l'avantage de renfler beaucoup, en sorte qu'une forte cuillerée suffit pour préparer un potage à une personne, et il y a dix-huit à vingt cuillerées semblables au 1/2 kilog. L'usage en est aussi facile que commode, ainsi qu'on va le voir ci-après.

Potage au maigre.

Préparez un bouillon maigre, soit avec des herbes fraîches ou cuites, tel qu'on le fait ordinairement dans les ménages; mais ne mettez pas le beurre de suite. Dix minutes avant de servir, jetez dans une casserole autant de cuillerées combles de farine que vous avez de personnes; délayez-la avec environ un verre de votre bouillon, par cuillerée de farine; posez sur le feu, assaisonnez de sel et de poivre à volonté; votre potage étant en pleine ébullition, ajoutez environ 30 gram. (1 once) de bon beurre frais, toujours par cuillerée de farine;

(1) Voir le rapport fait par M. *Cadet-Gassicourt* au Conseil de Salubrité, le 26 novembre 1818, mentionné dans le rapport général de la même année. — Le rapport fait par M. Robiquet, professeur de Chimie à la Société d'Encouragement, inséré au Bulletin de cette Société, du mois de juillet 1822. — Le rapport fait par M. Devillers, docteur en médecine à l'Athénée des Arts, le 16 février 1824, lu en séance publique le 5 décembre même année, par lequel l'Athénée a décerné au fabricant une médaille et une couronne, maximum de ses récompenses. Dans ce rapport il est dit : « Nous avons » appris qu'elles ont résisté (les farines) à un séjour prolongé sur les mers, lors des » courses périlleuses et lointaines du capitaine Freycinet. »

remuez, retirez du feu, liez avec un jaune d'œuf, et versez sur du pain en tranches, mieux sur des croûtons.

Purée maigre.

Détrempez quatre à cinq cuillerées combles de farine avec environ deux verres et demi d'eau chaude; posez sur le feu, tournez le mélange; ajoutez une pincée de persil haché menu, sel et poivre à volonté. Lorsque la purée bout, ajoutez 125 grammes (4 onces) de beurre bien frais, remuez et servez soit avec des œufs durs ou pochés dessus, ou simplement des croûtons fins.

Purée au lard.

Faites cuire convenablement dans de l'eau un demi-kilog. de petit lard de poitrine entrelardé, assaisonnez d'un bouquet garni et d'un ognon; dix minutes avant de servir, jetez dans une casserole cinq cuillerées combles de farine délayées avec environ trois verres de votre bouillon passé au tamis; le tout étant en ébullition, ajoutez, si vous voulez, un peu de poivre et environ 125 grammes (4 onces) de beurre bien frais; servez avec votre lard dessus.

L'on peut tout aussi facilement en préparer des garnitures d'entrées, comme pour masquer côtelettes, perdreaux, petit salé, cuisses d'oie et autres.

En général, tous les assaisonnements usités dans les ménages pour les légumes secs peuvent très-bien s'appliquer à toutes ces farines légumineuses. *Le tout sera bon si l'assaisonnement est convenable.*

Lorsque c'est de la purée de pois, on y ajoute ordinairement un peu de vert d'épinard pour lui donner une couleur verte plus décidée.

Le riz, le vermicelle, la semoule, et généralement toutes les pâtes, peuvent recevoir un accroissement de bonté en y ajoutant l'une ou l'autre de ces farines. Il suffira de délayer dans le riz ou le vermicelle, que l'on tiendra un peu clair à cet effet, une ou deux cuillerées de pois ou de lentilles, suivant la force du potage.

Racines potagères.

Les farines de racines mélangées, telles que carottes, panais, navets, poireaux, céleri, etc., servent également à préparer des potages à la purée de racines et de pain, des potages à la crécy et autres; elles font un très-bon effet dans le pot-au-feu, et se mêlent très-avantageusement avec celles de haricots, de pois et de lentilles, ce qui offre une agréable variation.

Potages ordinaires.

Enfin, l'expérience a prouvé que toutes ces farines entrent
très-convenablement dans la composition des soupes le plus
ordinairement en usage dans notre économie domestique,
telles que soupes aux choux, à l'ognon (dans lesquelles les
farines de haricots font un très-bon effet), dans les potages
aux herbes, à l'oseille et autres. Une ou deux cuillerées,
suivant la force du ménage, détrempées, peu de temps avant
de servir, dans l'une ou l'autre de ces soupes en ébullition,
les améliorent sensiblement, et les rendent plus nourris-
santes.

Polenta de pommes de terre.

La semoule et la farine servent également à faire des potages au gras et au maigre très-bons et très-sains, ainsi que
de très-bonnes purées. Pour l'agrément de la variation, l'on
peut mêler dans les potages à la polenta-semoule un peu de
pois ou de lentilles, ce qui fait un très-bon effet.

La polenta-farine est excellente pour faire les liaisons des
sauces, et bien préférable à la farine de blé; elle est aujourd'hui généralement recommandée pour faire la bouillie
aux enfants.

La polenta-semoule, légèrement torréfiée, acquiert une
saveur agréable de pain grillé, et remplace très-avantageusement la chapelure sur toute espèce de côtelettes, mouton
braisé, pieds de cochons farcis et autres.

M. Duvergier vient de joindre à sa fabrique de farines de
légumes cuits, celle de maïs, de froment, de seigle, d'orge et
même d'avoine. Ces farines, bien mondées de tout son, auront l'avantage d'offrir, à *l'instant même*, des bouillies provenant de grains bien cuits, chose très-recommandée par tous
les médecins, ainsi que des potages très-légers, au gras
comme au maigre; celles de seigle, d'orge et d'avoine seront
très-convenables dans toutes les occasions où il sera nécessaire de prendre des aliments légers et rafraîchissants, et
dans toutes les circonstances où l'on ordonne l'orge et le
gruau d'avoine.

Les farines préparées à la gélatine coûtent 20 cent. de plus
par demi-kilog.

La fabrique de M. Duvergier est à Gentilly, près Paris, et
son dépôt général est établi dans sa maison, quai Saint-Paul,
en entrant par la rue des Barres, nº 9, où l'on trouvera

toutes les farines ci-dessus, renfermées dans des sacs d'un demi-kilog.; et chez François Guitel, au dépôt d'eaux minérales, rue J.-J. Rousseau, n° 5 (1).

CHAPITRE VII.

CONSERVATION DES SUBSTANCES ALIMENTAIRES. — DES VIANDES. — POISSONS. — CHARCUTERIE.

Conservation des Viandes.

C'est surtout dans la conservation des substances alimentaires que la bonne ménagère trouvera d'agréables et de profitables économies. Par là elle se dispensera des frais de détail, toujours coûteux; elle épargnera la peine et le temps de ses domestiques, et, tout en exigeant moins, elle en retirera plus; car une domestique que l'on ne charge pas d'une multitude de commissions, de courses, de petits achats mal entendus, ayant beaucoup de temps de reste, peut en donner une partie au raccommodage du linge de cuisine, à la filature, etc. Le surplus lui appartient, et elle a encore plus de loisirs que dans les maisons non approvisionnées, où on lui laisse tout son temps. Survient-il à dîner quelques personnes que l'on n'attendait pas? on n'est point forcé de courir chez le traiteur; les provisions sont sous la main : que de fatigue, d'impatience, de frais et d'ennuis, épargne la bonne habitude de faire convenablement ses provisions en conservant les substances alimentaires. Je vais indiquer d'abord les procédés pour la conservation des viandes; le chapitre suivant traitera de celle des légumes; enfin, je terminerai par la conservation du laitage, œufs et fruits. Pour cette importante partie, j'ai mis à contribution les moyens employés par les meilleures ménagères, recommandés par MM. Cadet-Devaux, Gassicourt, les Traités les plus estimés d'économie domestique, et surtout les excellents procédés de M. Appert, qu'il suffit de nommer pour en faire le plus grand éloge.

Avant d'indiquer à la maîtresse de maison quelques modes de salaisons et autres pour la conservation des viandes, je vais lui donner le moyen de conserver différentes espèces de viandes pendant plusieurs jours, même dans les grandes chaleurs.

Le veau, le bœuf, le mouton et le gibier se conservent par-

(1) Il y en a des dépôts chez divers marchands de Paris, et dans toutes les villes de province.

faitement pendant une dizaine de jours dans les temps les plus chauds. Pour obtenir ces résultats, il faut les couvrir d'une légère couche de son bluté, et suspendre les morceaux au plafond d'une chambre élevée et bien aérée, dans un petit baril percé d'un grand nombre de petits trous, ou un garde-manger carré, garni de toile métallique, qui donne passage à l'air et en écarte les mouches.

Le gibier à poil ou à plume se conserve longtemps, si on lui met autour du cou une corde très-serrée qui empêche l'air de pénétrer dans le corps, et un morceau de charbon dans le ventre.

On conserve, dit-on, le gibier et la volaille en les vidant, les enveloppant soigneusement de linge blanc, et en les mettant dans un coffre recouvert de sable.

Système de conservation des substances alimentaires, par M. Prieur-Appert, à Paris.

Le bouchage employé par M. Prieur-Appert est le suivant:

La bouteille ou le bocal dont il se sert doit avoir à sa bague une cordeline de 4 centimètres (18 lignes) environ en contre-bas, à partir du bord de l'embouchure; elle, la bague, fait saillie sur le col de la bouteille d'environ 1 centimètre (5 lignes) autour du goulot, et elle est à sa partie supérieure aussi plate que possible; il emploie une capsule ou godet de verre ou de métal. Cette dernière ne pouvant servir pour tous les fruits, l'on doit donner la préférence à la capsule de verre.

Cette capsule de verre coiffe le col de la bouteille qu'elle emboîte hermétiquement jusqu'à la bague ou cordeline sur laquelle elle vient se poser. A cet effet, la capsule a à son ouverture quelques millimètres de plus que le pourtour du col du vase qu'elle doit boucher.

Les vases, boîtes ou bouteilles étant remplis, on scelle la capsule au goulot avec toute espèce de lut hydraulique; mais comme toutes les substances maigres demandent du temps à sécher, et que souvent on ne peut pas attendre qu'elles soient parfaitement durcies pour les soumettre à l'opération du bain-marie, on doit préférer les luts gras.

Pour boucher la bouteille, on applique le lut, soit gras, soit maigre, autour du goulot de la bouteille, depuis son orifice jusqu'à sa bague. Si le lut est gras, on fait chauffer légèrement la capsule, et l'on en coiffe le goulot de la bouteille en appuyant fortement dessus jusqu'à ce que les bords de la capsule soient bien appliqués sur la bague, et en ayant l'attention de soulever de côté deux ou trois fois la capsule pour laisser échapper l'air, qui présente souvent quelque résistance au bouchage de la bouteille. Pour maintenir une capsule pendant l'opération du bain-marie, on pose dessus deux ficelles en croix, auxquelles on fait un nœud dit *champenois*, ou deux bouteilles de métal arrêtées avec un fil-de-fer passé sous la cordelette ou bague de la bouteille.

Quant au lut gras il faut, pour l'empêcher de couler à la chaleur du bain-marie, garnir de plâtre tout le pourtour de la bouteille, qui présente, à cette intention, une petite galerie autour de la capsule servant à boucher les bouteilles ou les vases divers qu'on a jugé convenable d'employer.

Quelques jours après l'opération du bain-marie, on débarrasse les goulots du plâtre qu'on y a mis.

Autres moyens de conserver le gibier, etc.

Ouvrez chaque pièce, videz-la, mais laissez les oiseaux dans leurs plumes, et les lièvres dans leur poil. Remplissez-les de froment, recousez-les, et enterrez-les en quelque sorte dans un tas de blé ou d'avoine. Soustraire ainsi les animaux à l'action de l'air, suffit pour les conserver.

Un moyen de conservation que je puis donner pour certain, quoique sans l'avoir essayé, est le suivant : Videz le poisson, le gibier ou la volaille à conserver; mettez dans le ventre un fort bouquet garni, puis placez chaque pièce dans une boîte ou terrine, entre deux lits épais de poudre de charbon. Couvrez bien, et collez du papier sur toutes les jointures. Un turbot ainsi disposé est parvenu, sans aucune altération, de Caen à Stuttgard.

Conservation des viandes par le lait caillé, etc.

On peut aussi conserver, pendant une huitaine de jours, les viandes de toute espèce dans du lait caillé, aigre. On les conserve encore en les arrosant avec de l'eau bouillante pendant une heure, dans une passoire et en les frottant ensuite de sel bien égrugé.

Lorsqu'au bout de huit à dix jours on veut les manger, il faut avoir l'attention de les exposer pendant vingt-quatre heures à l'air, et de les mettre tremper une ou deux heures dans de l'eau tiède.

Il est un bon moyen encore pour conserver un laps de temps assez considérable toute espèce de viandes cuites.

L'on range par couches, dans un vase de terre ou de grès, la viande de boucherie ou la volaille rôtie. On l'arrose avec une gelée, une sauce, ou du jus de rôti. On ferme le vase hermétiquement et on lute les bords avec de la pâte ou du papier, afin d'interdire tout accès à l'air extérieur.

Je vais aussi indiquer un moyen de rétablir la viande qui se serait gâtée dans un temps chaud, humide ou orageux. Si c'est du bœuf, pour faire du bouillon, vous le mettez dans le pot avec de l'eau, vous l'écumez, et, lorsque l'eau est en ébullition, vous jetez dedans un charbon allumé, bien compacte et sans fumée; vous l'y laissez l'espace de deux minutes; il aura alors attiré à lui l'odeur fétide de la viande et du bouillon. Si un seul charbon ne réussit pas, vous réitérez l'opération.

Si c'est un rôti qui a éprouvé l'influence de la saison ou des mauvaises odeurs, avant de l'embrocher vous le mettrez dans de l'eau froide sur le feu, et l'y laisserez jusqu'à ce que l'eau soit en ébullition.

Après l'avoir écumé, vous jeterez dans le vase un charbon ardent bien compacte et sans fumée; vous l'y laisserez l'espace de deux minutes, ensuite vous retirerez la viande, vous l'essuierez jusqu'à ce qu'elle soit sèche, et vous l'embrocherez.

Il est très-rare, lorsque l'on a bien pris ces précautions, que la viande conserve aucun mauvais goût.

Recette pour la salaison.

Cette recette est employée en Angleterre, où elle jouit d'une grande réputation; la viande en acquiert une très-belle couleur rouge. On prend:

Sel de cuisine.	3 kilog. (6 livres).
Nitre..	45 gram. (1 once 1|2).
Sucre..	50 gram. (1 o. 5 gr.).

On fait dissoudre à chaud dans 20 kilogrammes (40 livres) d'eau.

Le nitre durcit un peu la viande, mais le sucre lui rend de nouveau sa tendreté.

Recette pour conserver les quartiers d'oies et de canards.

On garde les oies deux ou trois jours après qu'on les a tuées et plumées, puis on les étend sur une table et on les ouvre en faisant une incision longitudinale; on détache les chairs de dessus les os, et on ôte entièrement la carcasse de l'oie.

On coupe cette chair en quatre quartiers, on les saupoudre de sel, et on les met en tas dans un vase qu'on recouvre de sel. S'il gèle, on ne les laisse que deux fois vingt-quatre heures; dans le cas contraire, on les laisse quatre ou cinq jours.

On tire les quartiers, et on les essuie avec un linge fort et grossier, afin qu'il ne reste nulle humidité.

Dans le fond d'un vase vernissé en dehors et en dedans on met de petits brins de sarment qui forment une espèce de plancher postiche, qu'on recouvre avec de la graisse fondue; on y place alors un ou deux quartiers d'oie, selon la largeur du pot, en évitant cependant que les quartiers ne touchent les parois intérieures du pot: on recouvre les quartiers de saindoux et on met alternativement une couche de saindoux et une couche de quartiers, jusqu'à 8 centimètres (3 pouces) de l'orifice du pot. Quand tout est refroidi, on remplit le pot jusqu'au sommet de saindoux fondu. On laisse refroidir et on a le soin de boucher les fentes qui pourraient se former à la superficie. Ensuite on applique dessus un papier trempé dans l'esprit-de-vin, et on couvre le pot avec du parchemin. Traitez de même les canards.

Ailes et cuisses d'oie à la bayonnaise.

Levez entièrement les ailes et les cuisses de plusieurs oies; aplatissez les cuisses avec la main; frottez-les, ainsi que les ailes, de sel fin, dans lequel vous aurez mis 16 gr. (1 demi-once) de salpêtre pilé, pour les membres de cinq oies; rangez toutes vos ailes et vos cuisses dans une terrine; mettez entre elles du laurier, du thym et du basilic; couvrez-les d'un linge blanc; laissez-les vingt-quatre heures dans cet assaisonnement; puis, retirez-les, passez-les légèrement dans l'eau; laissez-les égoutter. Vous aurez ôté toute la graisse qui est dans le corps de vos oies; même celle qui est attachée aux intestins; vous l'avez préparée comme le saindoux; faites-les cuire à un feu extrêmement modéré: il faut que ce saindoux ne fasse que frémir. Vous serez sûr que ces membres seront cuits, lorsque vous pourrez y enfoncer une paille; alors égouttez-les quand ils seront bien refroidis. Vous les arrangerez le plus serré possible dans des pots; vous coulerez votre saindoux aux trois-quarts refroidis; laissez le tout ainsi refroidir pendant vingt-quatre heures; après cela couvrez les pots bien hermétiquement de papier ou de parchemin; mettez-les dans un endroit frais, sans être humide, et servez-vous de leur contenu au besoin.

Conservation des viandes au moyen de la suie.

J'engage la maîtresse de maison à employer le procédé de M. Bottcher, pharmacien, à Menselwits, en Saxe, pour la conservation de la viande de boucherie. On imprègne d'abord la viande de sel ordinaire, puis on l'humecte pendant quarante-huit heures avec de l'eau saturée de sel, et enfin on l'essuie avec un linge. On prend ensuite un demi-kilog. (une livre) de suie dans une cheminée où l'on n'a brûlé que du bois, et on la met dans un vase avec quatre litres d'eau; on la laisse infuser pendant vingt-quatre heures, en la remuant de temps à autre; on transvase l'eau, qui est chargée d'environ un vingt-cinquième du poids de la suie, et on y plonge la viande pendant une demi-heure; elle doit être d'un kilogramme et demi (3 livres) si c'est du bœuf, et de deux kilogrammes (4 livres) si c'est du mouton ou porc. Après l'avoir retirée de cette eau, on la sèche à l'air, et on la conserve à volonté. Elle ne perd rien de sa saveur pendant six semaines et plus.

Conservation des Poissons frais.

Les poissons frais sont susceptibles de se corrompre facilement dans les grandes chaleurs, et même l'hiver dans les temps humides; ils perdent aussi leur goût savoureux s'ils ont été gelés, et une maîtresse de maison doit remédier à ces accidents.

Il faut commencer, quand on a fait sa provision de poissons grands et petits, par les bien faire nettoyer, saupoudrer de sel, de poivre et d'autres épices. Il faut ensuite mettre les poissons dans un pot, à sec; le pot étant rempli, on le couvre hermétiquement, et l'on ajoute de la colle de farine autour de l'ouverture du pot, afin que l'air n'y pénètre pas; puis on le met, sur-le-champ, dans un four au moment où l'on enfourne le pain.

Lorsque l'on *défournera*, les poissons seront assez cuits. Apprêtés de cette manière, ils deviennent des mets succulents.

Le four n'est point absolument nécessaire à cette préparation; l'on peut de même la faire au feu de la cuisine ou sur du charbon.

Si le poisson menace d'être peu *frais*, ce qui, dans les grandes chaleurs, arrive assez subitement, il faut, pour lui ôter le goût et l'odeur fétides qu'il a contractés, le faire bouillir dans une grande quantité d'eau, à laquelle on ajoute un quart de vinaigre, du sel, et un nouet de linge, contenant du poussier de charbon.

Ce procédé est également applicable aux viandes qui menacent de se corrompre.

Il est aussi une précaution à prendre pour le poisson gelé. Si on le fait cuire dans cet état, l'on s'expose à le trouver en petits morceaux lorsqu'on le sert, et, ce qui est pis encore, c'est qu'il n'a ni qualité, ni consistance, et qu'il est absolument sans goût.

Il est donc essentiel de s'occuper, avant la cuisson, de lui rendre peu à peu la température qui lui est naturelle. Pour y parvenir, il faut commencer par le plonger dans un vase plein d'eau froide; cette eau le dégèlera doucement, et bientôt formera autour de lui une couche légère de glace ; vous retirerez alors le poisson pour le remettre dans une nouvelle eau, toujours froide, jusqu'à ce qu'il ne se forme plus de glace. Alors il a repris sa température ordinaire, et il n'y a plus rien à craindre pour la cuisson (1). Mais il faut le manger le plus promptement possible, sans quoi il se gâterait, à moins cependant que ce ne soit de l'espèce des poissons que l'on mange *au bleu;* alors on peut le garder quelques jours.

Si la maîtresse de maison à la campagne craint (avec raison) d'éprouver le désagrément de voir geler ses provisions en poissons, et croit pour cela devoir s'abstenir d'en acheter, elle peut s'en garantir par le moyen que je vais lui indiquer.

Il faut faire jeter un bouillon au poisson (de quelque nature qu'il soit), dans une petite quantité d'eau, et y mettre un peu de sel. On pourra le laisser trois ou quatre jours dans cette eau sans appréhender qu'il se corrompe, parce qu'il tombera au fond du vase, et que l'eau salée le couvrira entièrement.

Si l'on est forcé, par un motif quelconque, de le garder plus de trois jours, l'on remet le vase sur le feu, en y ajoutant un peu de sel et une ou deux feuilles de laurier.

Le poisson préservé de cette manière peut soutenir jusqu'à trois ébullitions. Il est bon d'observer qu'il ne faut employer que des vases de terre pour cette opération.

Pour garder le saumon une quinzaine de jours, il faut lui enlever un petit corps semblable à une grappe de groseilles rouges qu'il a dans l'estomac. Cette grappe cède facilement sous les doigts. Comme elle donne la couleur rouge à ce poisson, ce moyen de conservation le laissera pâle; mais on y suppléera avec un peu de cochenille.

Nouveau mode de conservation du poisson.

L'auteur de cette recette assure qu'il a vu, grâce à elle, des poissons transportés au milieu de l'été à de grandes distances, qui, après un voyage de plusieurs jours, présentaient tous les caractères de fraîcheur de ceux qui sortent de l'eau.

---

(1) Il est prudent d'envelopper de linge ce poisson, pour le faire cuire.

Ce procédé très-simple semble en effet devoir être précieux. J'engage la maîtresse de maison à l'essayer.

Préparez avec de la mie de pain tendre et une quantité suffisante d'alcool, une pâte de consistance moyenne avec laquelle vous remplirez la bouche et les ouïes du poisson : enveloppez-le ensuite d'une couche d'orties fraîches, et par-dessus d'une couche de paille que vous arrosez un peu de temps en temps.

Charcuterie de ménage.

Si vous habitez la province, et que vous ayez une nombreuse famille, des ouvriers à nourrir, même lorsque votre maison serait moins considérable, il vous serait très-avantageux de tuer chez vous un ou deux porcs dans l'hiver. Le *Manuel du Charcutier* contient à cet égard toutes les instructions que vous pouvez désirer, et je ne les répèterai pas. Mais, soit que vous ne puissiez ou ne vouliez pas mettre en usage la charcuterie domestique en grand, je vous conseillerais encore de l'essayer en petit, c'est-à-dire d'acheter des quartiers de porc non salé, le quart ou la moitié d'un cochon fraîchement tué, d'en lever le lard, de le préparer et de saler la viande. Si c'est du cochon écorché, vous pourrez faire fondre le lard, qui remplacera alors le saindoux pour accommoder des légumes au gras et les légumes communs. Vous trouverez dans cette pratique une notable économie, quoique moins avantageuse que celle que produirait le porc entier tué dans votre maison, 1° parce que la quantité en serait supérieure ; 2° parce que vous mettriez à profit tous les accessoires de l'animal, et vous savez que rien n'est perdu dans le porc. Si les circonstances vous interdisent ces deux genres d'économie, du moins ayez votre provision de saindoux, de lard ; fumez et salez quelques viandes pour l'hiver. Cette dernière précaution est presque indispensable à la campagne, où souvent, par les mauvais temps, il est impossible de se rendre chez le boucher, chez lequel, en outre, on est quelquefois obligé de prendre de mauvaise viande, faute de mieux, et faute aussi de provisions. Ne vous exposez pas à cette pénurie, et lisez avec attention les pages 119 jusqu'à 128 du *Manuel du Charcutier* (de l'*Encyclopédie-Roret*), où sont décrites, avec le plus grand détail, les méthodes les meilleures et les plus variées, pour saler, fumer, mariner et dessécher la viande.

Si vous êtes dans la bonne habitude de la charcuterie de l'intérieur, ayez dans votre cuisine les instruments nécessaires : un *boudinoir*, un tranche-lard, des moules, de petits entonnoirs, etc.

Conservation du Lard.

Après que le lard a été dix-sept jours dans le sel, on prend une caisse qui ne puisse contenir que trois ou quatre pièces, puis on met du foin au fond et on entoure chaque pièce avec un lit de foin, en ayant soin qu'elle soit séparée par une couche de foin : on ferme la boîte lorsqu'elle est bien remplie et foulée de foin dans toutes les parties, on la dépose dans un lieu sec, en évitant de l'exposer aux attaques des animaux nuisibles. Le lard que l'on conserve de cette manière ne rancit jamais et conserve un excellent goût.

CHAPITRE VIII.

CONSERVATION DES LÉGUMES DE TOUTE ESPÈCE. — PROCÉDÉS NOUVEAUX. — CONSERVATION DES OEUFS ET DU LAITAGE.

Acheter à peu de frais des légumes dans la belle saison, les conserver à peu de frais encore pour l'époque où l'on ne se les procure qu'à un prix exhorbitant, et même où on ne peut plus se les procurer du tout, tel est l'objet qui va nous occuper : on voit qu'il suffit d'y songer pour en apprécier le bénéfice.

Avant d'indiquer les moyens de conserver leur goût naturel aux légumes, nous allons donner ceux de conserver ces substances en changeant plus ou moins leur goût.

Manière de sécher les carottes et les ognons pour donner une couleur brun doré aux potages.

Les carottes. Ayez-en de belles, bien formées, mais non encore ligneuses ; épluchez-les, ratissez-les bien, coupez-les en deux parties si elles sont très-grosses, et puis enfilez par un gros fil de cuisine doublé en quatre, ou bien par un petit cordon, quoique fort ; mettez-les sur le feu pendant un quart d'heure au plus dans l'eau bouillante ; jetez-les ensuite dans de l'eau très-froide, égouttez-les bien et essuyez-les dans un linge blanc. Formez-en après cela plusieurs chapelets, et placez-les sur des claies, dans le four, dès qu'on a ôté le pain ou la pâtisserie. Il faut les y remettre plusieurs fois, jusqu'à ce qu'elles soient parfaitement desséchées et roussies. Si l'on n'a point de four, on peut envoyer ces chapelets de carottes chez son boulanger, ou mieux encore, les mettre sous le four de campagne, convenablement chauffé. On s'en sert ensuite pendant l'hiver comme de carottes ordinaires.

Les ognons. Placez sous un four de campagne bien chaud, et sur un gril très-serré ou plutôt sur une feuille de tôle très-chaude, de beaux ognons plats que vous aurez préalablement épluchés. Retirez-les au bout d'un quart d'heure et battez-les bien avec un morceau de bois plat; pour leur faire rendre leur jus (ce jus ne doit point être perdu; on le mettra immédiatement dans quelque ragoût). Remettez vos ognons bien aplatis sous le four bien plus chaud encore, et laissez-les bien se calciner jusqu'à ce qu'ils soient entièrement noirs; conservez-les ensuite au sec dans des corbeilles.

On peut préparer des navets et des betteraves selon ces deux procédés.

Haricots, Petits-Pois, Concombres, Herbes, etc.

Ces légumes délicats sont ceux que l'on désire particulièrement conserver. On choisit les premiers, bien verts, peu gros; on les épluche sans les casser en deux, parce qu'ils prendraient trop l'humidité, et que s'ils ne moisissaient pas, ils seraient mous et peu agréables au goût; on les épluche donc sans les casser en deux, et on les fait blanchir.

Pour que cette première opération réussisse, il faut que l'eau destinée à blanchir soit bouillante lorsqu'on les jette dedans; et surtout ne les y laisser que le temps nécessaire pour qu'ils soient bien saisis. Enfin il faut les retirer aussitôt que l'eau sera revenue en ébullition, afin qu'ils conservent leur verdeur et leur fermeté; ensuite les faire égoutter, et, lorsqu'ils sont à peu près séchés, les mettre dans des pots *de grès.* Il faut éviter d'en mettre par trop dans le pot, afin qu'ils puissent baigner dans l'eau. On met dans chaque pot une forte poignée de sel gris, et on les laisse jusqu'au lendemain.

Cette première opération terminée, l'on met dans chaque pot de haricots deux tiers d'eau et un tiers de vinaigre, avec trois poignées au moins de sel gris pour chaque pot, contenant trois litres; puis on les couvre avec du *beurre frais* que l'on fait fondre, et l'on a le soin de placer les pots dans un lieu qui ne soit exposé ni à la gelée, ni à une **trop grande** chaleur.

J'ai souligné les mots *beurre frais*, parce que l'usage du beurre salé fait contracter aux haricots un goût âcre : parce que le beurre fondu ne vaut pas non plus le beurre frais, qui d'ailleurs peut faire des fritures, tandis que les deux autres ne peuvent être employés.

Il est bon d'observer que les haricots verts que l'on veut

conserver doivent être cueillis avant que la *fève* soit formée dans la cosse.

Lorsqu'on veut manger ces haricots, il faut les faire tremper une ou deux heures avant de les fricasser.

Le pois est aussi un légume trop agréable pour que l'on ne désire pas de s'en procurer la jouissance le plus longtemps possible.

Le meilleur est celui nommé *pois Michaud* (1). Il faut que la maîtresse de maison fasse sa provision dans le temps où ils sont à meilleur marché; et choisisse les pois petits et tendres. On les conserve de la même manière que les haricots, et avec les mêmes précautions. Pour cela il faut que les maîtresses veillent à l'*écossage*; qu'elles fassent supprimer ceux qui seraient tros gros, parce qu'ils jauniraient dans la saumure, ce qui leur donnerait un aspect moins agréable.

Il est une autre manière de conserver les petits pois: c'est de les faire sécher à l'ombre.

Moyen employé à Berlin pour conserver les petits pois.

Un voyageur assure avoir trouvé ces pois très-tendres et très-savoureux pendant l'hiver.

Dès qu'ils sont écossés, on les saupoudre de sel bien fin, en mettant un verre à liqueur de sel sur une bouteille de petits pois. On les remue, et on les laisse se saler pendant douze heures. On les met ensuite dans des bouteilles que l'on arrange toutes droites dans un chaudron : on leur donne un petit bouillon ; refroidis, ils sont bouchés et placés à la cave.

Petits Pois séchés.

Mettez-les sur le feu avec de l'eau, et retirez-les aussitôt qu'elle commence à bouillir. Jetez-les dans l'eau froide : faites-les égoutter un moment sur un tamis, puis sur des claies couvertes de serviettes, en les remuant de temps en temps. Lorsqu'ils ne présentent aucune humidité, on les place sur du papier gris, et on complète leur dessiccation en les mettant alternativement au soleil, au four ou à l'air. On les laisse tremper quelques heures avant de les faire cuire.

Pâte propre à la cuisson des légumes rebelles, par M. CAPGRAND.

Lorsque les graines des légumineux sont rebelles à la cuisson, elles contiennent un acide particulier qui, agissant sur la fécule, la rend imperméable à l'eau; il ne s'agit donc

_____

(1) C'est le nom du premier cultivateur qui a obtenu cette espèce.

que de neutraliser cet acide pour rendre à la fécule toute sa propriété de se diviser après quelques instants d'ébullition.

Le bicarbonate de soude, dont la saveur est infiniment moins prononcée que celle du sel de cuisine, employé même en petite quantité, corrige parfaitement le défaut des légumes non cuisants, sans leur communiquer ni odeur ni saveur sensibles.

Le sous-carbonate de soude agit de la même manière, mais sa saveur, avant sa combinaison avec l'acide des légumes, étant désagréable, son emploi répugnerait aux personnes qui dégusteraient la préparation destinée à la faire cuire.

Des cendres mises dans l'eau pour dissoudre le carbonate de chaux qu'elles contiennent, ont également la propriété de faire cuire les légumes, lorsqu'on les y met préalablement tremper : mais les légumes et le bouillon en contractent un goût de lessive insupportable qui forcerait toujours à renoncer à son emploi, à moins que la cendre soit en très-petite quantité.

Préparation des Févilles.

Bicarbonate de soude. . . . . . . 100 parties.
Fécule de pommes de terre. . . . 25 parties.

On peut, à volonté, y ajouter une petite quantité de sucre.

Réduisez le sel en poudre fine, faites un mélange avec la fécule, et formez-en une pâte au moyen du mucilage fait à chaud avec la fécule de pommes de terre et de l'eau de thym (*thymus vulgaris*) ou tout autre aromatique approprié.

On divise cette pâte au moyen d'un instrument à vingt ou trente cannelures, dans lesquelles on fait rouler des cylindres de pâte dont le poids est connu, et les fragments, ayant la forme d'une fève ou de toute autre graine légumineuse, sont versés dans des tamis pour être desséchés à l'étuve.

Les févilles sont très-blanches et ne présentent rien qui doive empêcher les personnes qui ont des légumes durs à cuire à en faire l'essai, et dès qu'elles en auront reconnu l'efficacité, elles en recommanderont elles-mêmes l'usage.

La division de cette pâte par fractions d'environ 6 décigr. (11 grains) est très-commode pour en proportionner le nombre à la quantité de légumes que l'on veut faire cuire. La dose est de 10 ou 12 par 500 grammes (1 livre) de légumes, et jamais elle ne doit dépasser le nombre de 20.

Conservation des Asperges.

Il suffit, après les avoir bien nettoyées et en avoir ôté le blanc, de les faire blanchir, en prenant garde surtout de ne pas les écorcher. Ensuite on les met dans un pot de grès, dans lequel on a versé de l'eau et du vinaigre, par égales portions. L'on y ajoute du sel gris et quelques tranches de citron; puis on les couvre de 8 centimètres (3 pouces) au moins d'huile d'olive, de saindoux ou de beurre fondu.

Lorsque l'on veut les employer, on les lave dans l'eau chaude deux ou trois fois, enfin jusqu'à ce qu'elles soient débarrassées de la partie huileuse. On les fait cuire comme dans la saison où elles donnent.

Asperges conservées en rouleaux.

On coupe les asperges vers la Saint-Jean, moment où on cesse de les récolter; on les lave soigneusement, et on les sèche bien avec un linge, de sorte qu'il n'y reste ni sable ni terre; ceci fait, on prend de la farine bien sèche, on la mêle avec la sixième partie de sel séché et pulvérisé, et on en saupoudre chaque asperge séparément, en observant bien que la coupe inférieure en soit entièrement enduite; on lie alors ces asperges en bottes de 50 au moins, selon leur grosseur, avec de l'écorce, qui n'est pas sujette à couper comme le fil ou la ficelle; on saupoudre encore avec le mélange les bottes d'asperges, et on les enveloppe, chaque botte séparément, dans une pâte faite avec de la farine bise ou à pain, et roulée en gâteau de l'épaisseur d'un couteau, mais il faut que cette pâte soit bien pétrie.

Ces bottes d'asperges, ainsi enveloppées et bien fermées de haut en bas par la pâte, ressemblent, sous cette forme, à de gros rouleaux; on les laisse sécher en un lieu sec, avec le soin que la pâte ne se fende pas, et que l'air ne s'introduise point dans l'intérieur; on range ensuite ces rouleaux dans des pots de grès, ou dans une terrine; on verse par-dessus de la graisse fondue, et on conserve dans un lieu frais et sec. Chaque fois qu'on veut manger des asperges, on prend une botte; lorsqu'elle est ouverte, on en retire les asperges, que l'on met tremper une heure ou deux dans de l'eau, puis on les accommode à la manière ordinaire; elles sont aussi bonnes que celles du printemps.

Conservation des Concombres.

Les concombres se conservent aussi très-facilement. Il faut les prendre bien mûrs, ôter toute la graine et laisser les morceaux un peu gros; ensuite on les jette dans de l'eau bouillante, deux minutes au plus, puis on les met égoutter; et si, par hasard, il s'en trouvait qui fussent trop mous, il faudrait les mettre de côté pour les employer de suite.

Aussitôt que les concombres sont blanchis, on les met

dans des pots de grès avec du sel gris. Le lendemain, on jette cette eau, et l'on en remet de nouvelle, que l'on sale fortement. Les concombres doivent en être baignés.

On met, pour chaque pot, un double décilitre (un demi-setier) de vinaigre, et on couvre les pots avec du beurre.

Quand on veut les employer, il est indispensable de les laver dans de l'eau tiède, trois ou quatre fois, ensuite on les fait cuire à grande eau. Après qu'ils sont cuits, on les jette dans de l'eau fraîche, on les égoutte et on les accommode.

L'on fait aussi mariner les concombres. Pour cette opération, l'on prend de gros concombres qui ne soient pas trop mûrs; on les coupe en tranches minces, et l'on met au fond d'un plat étamé une couche de concombres, et par-dessus deux gros oignons blancs coupés en tranches minces. On recommence ainsi jusqu'à ce que le plat soit rempli. J'observe qu'il faut mettre une poignée de sel gris entre chaque couche. On couvre le plat avec un pareil, étamé de même, et on laisse les concombres vingt-quatre heures en cet état. Après cela, on les verse dans une passoire de *terre;* et, quand ils sont bien égouttés, on les met dans un pot de grès; on les couvre de vinaigre blanc, et on les y laisse quatre ou cinq heures.

On les retire du vinaigre, que l'on fait bouillir avec une petite poignée de sel par chaque litre.

On met ensuite, avec les concombres, une pincée de poivre en grains, un morceau de gingembre coupé par tranches, et l'on jette du vinaigre bouillant par-dessus.

Lorsqu'ils sont refroidis, l'on bouche, le plus hermétiquement possible, le vase avec un morceau de parchemin. De cette manière, l'on peut conserver les concombres jusqu'à la belle saison. On peut aussi, au bout de trois jours, commencer à en manger.

Ainsi conservé, ce légume sert en hors-d'œuvre. L'on peut l'entourer de petits cornichons, ou de câpres confites dans du vinaigre. On conserve les cardes de même: il faut seulement bien leur enlever toutes leurs filandres.

Conservation des *Artichauts.*

Les artichauts sont aussi très-faciles à conserver. L'on prend de beaux artichauts que l'on prépare comme pour les employer sur-le-champ; on les met dans l'eau bouillante, et on les y laisse assez de temps pour que l'on puisse en enlever la calotte et en extraire *le foin.* A la place du foin, l'on introduit du sel bien fin (le blanc doit être préféré), puis l'on met les artichauts dans des pots de grès, que l'on remplit d'eau, en y ajoutant une bonne poignée et demie de sel gris.

Le lendemain, l'on jette cette eau, et l'on en met de nouvelle avec quatre bonnes poignées de sel gris, et environ un double décilitre (un demi-setier) de vinaigre blanc, ensuite l'on couvre le pot avec du beurre frais, qui doit toujours être fondu.

Lorsque l'on veut manger les artichauts, on les fait tremper dans de l'eau tiède, et on les met cuire à grande eau, dit madame G.-Dufour.

Conservation des fonds d'artichauts.

Prenez-les au commencement de la saison ; enlevez le foin et les feuilles ; donnez-leur une cuisson complète, et après les avoir enfilés en chapelet, faites-les sécher au soleil, ou bien au four.

J'ai fait plusieurs fois l'expérience de garder ces artichauts ainsi conservés d'une année sur l'autre, et j'ai eu la satisfaction de les trouver aussi frais et aussi bons que ceux que je venais de préparer.

Conservation des Carottes, Pommes de terre et autres racines.

Il est bon de faire provision de toute espèce de légumes communs, tels que carottes, panais, poireaux, navets, betteraves, etc. ; les carottes de Flandre sont plus savoureuses et plus juteuses. C'est justement pour cette raison qu'il faut s'en pourvoir en moindre quantité que de celles nommées carottes de Belleville, qui sont moins susceptibles d'être attaquées par la gelée, en raison de leur chair moins spongieuse. Ces légumes se conservent dans du sable. Il faut éviter de les serrer dans la cave où sont les vins, parce qu'ils les détériorent ; on doit leur sacrifier un petit caveau, et les enterrer jusqu'à la tête dans du sable qui n'ait, autant que possible, aucune humidité.

On conserve parfaitement les pommes de terre en les faisant sécher au four après la sortie du pain.

L'on doit aussi conserver de même le *céleri*; ce légume est excellent frit, en sauce blanche et au jus ; on le mange aussi en salade et en rémoulade.

Les cardons d'Espagne se conservent encore de la même façon.

Conservation des Choux. — Choucroute.

Les choux se conservent aussi très-bien enterrés dans le sable, la racine en l'air ; mais il est plus avantageux de convertir la plus grande partie en choucroute.

Prenez de gros choux milans d'automne ; cueillez-les par un temps sec ; épluchez-les, lavez-les, faites-les égoutter. Enlevez la racine, puis l'intérieur du trou, en creusant avec un large couteau. Vous songez ensuite à les *rubanner*.

Pour cela vous placez contre la muraille un baquet ; vous posez transversalement dessus une planche, puis à l'aide du petit *rabot*, avec lequel on divise ordinairement les racines et légumes pour les juliennes, vous rubannez chaque chou, en le rabotant sur le côté. Il se divise en tranches minces, qui se détachent en rubans en tombant dans le baquet.

Cette opération terminée, vous frottez de farine et d'un peu de sel un tonneau défoncé. Vous étendez ensuite, au fond, un lit de choux ainsi divisés, puis vous saupoudrez de sel cette première couche. Vous mettez une seconde couche jusqu'à la moitié du tonneau. Arrivé à ce point, vous foulez fortement avec un lourd pilon de bois.

Les couches qui ont dû avoir 8 centimètres (3 pouces) d'épaisseur, après le pilotage n'ont plus que la moitié. On continue ensuite de la même manière pour achever de remplir le tonneau. On le couvre ensuite d'une toile, puis d'un couvercle, chargé d'une masse de cailloux : la masse est recouverte d'eau pure.

Quand la fermentation s'établit, on enlève cette première eau, on découvre la choucroute, on la saupoudre de sel, et l'on recouvre comme il vient d'être dit.

Tous les quinze jours, il faut réitérer cette opération. Au bout de six semaines, on peut manger la choucroute. On l'accommode avec du saindoux, du porc et du lard. On doit l'entourer de petites saucisses frites, et la servir en pyramide.

Il faut les éplucher avec attention, les plonger dans l'eau bouillante, et de suite dans de l'eau fraîche ; et, lorsqu'ils sont bien égouttés, les mettre dans des bocaux bien bouchés, et les faire bouillir au bain-marie une demi-heure au plus. Lorsqu'ils sont à peu près secs, vous les mettez dans des pots de grès que vous remplissez aux deux tiers avec de l'eau de rivière, et l'autre tiers avec du vinaigre blanc : vous les salez beaucoup, les couvrez de beurre frais ; et, lorsque vous voulez vous en servir, vous les mettrez tremper la veille dans de l'eau de rivière. Cependant, si l'on était forcé de les employer le même jour, il faudrait les laver, à plusieurs reprises, dans de l'eau un peu plus que tiède.

Conservation de l'Oseille, de la Chicorée, des Épinards.

Triez, épluchez, et faites blanchir de belle oseille ; mettez-la sur une passoire pour égoutter, puis faites-la cuire à un feu vif, avec de l'eau, en petite quantité, et retournez-la avec une écumoire pour bien l'amortir. Quand elle est cuite, égouttez-la en la pressant fortement sur la passoire, puis remettez-la sur le feu avec sel, poivre, un bouquet garni, un peu de laurier, et un bon morceau de beurre. Quand elle est complètement assaisonnée, retirez-la du feu, laissez-la refroidir, et mettez-la dans de petits bocaux de verre en la recouvrant de beurre fondu ; bouchez soigneusement, et conservez dans un endroit frais.

La chicorée se traite absolument de même, ainsi que les épinards. Seulement il est inutile de faire blanchir ce dernier légume.

Conservation des Tomates.

C'est le même procédé, à très-peu de chose près. Vous choisissez de belles tomates, bien rouges et bien mûres ; vous ôtez la queue, et les mettez *sans eau*, sur un feu vif, en les retournant. Elles baignent alors dans leur jus ; c'est le moment de les presser sur une passoire à trous rapprochés. Le jus tombé de cette passoire est remis par vous dans la casserole avec l'assaisonnement précédent. Faites réduire, et terminez comme il vient d'être expliqué.

Cette conserve est excellente, et du plus facile usage. Au moment de s'en servir, on en met seulement deux cuillerées dans une sauce. Poisson, gibier, volaille, œufs, prennent un goût exquis par cette addition.

J'ai gardé ces tomates sans la moindre altération, depuis octobre jusqu'à la fin de février. Je les recommande très-particulièrement.

Manière de faire cuire promptement les légumes.

M. Cadet-Devaux rapporte qu'à la campagne, une dame enceinte eut la plus grande envie de manger d'un chou énorme qu'on se réservait pour graine. Mais on devait se mettre à table dans une demi-heure, et il en fallait deux pour que le chou fût cuit. M. Cadet-Devaux alla secrètement chercher de l'alcali purifié ; il en mit plein un dé à coudre dans l'eau où devait cuire le chou, qui fut, au grand étonnement de chacun, parfaitement cuit en moins d'une demi-heure. L'alcali dénaturant l'odeur du chou, l'eau dans laquelle il avait cuit ne la prit point : cela améliora singulièrement son goût, en le rapprochant de celui du chou-fleur. Ce savant a toujours employé avantageusement cette recette pour les légumes, pois, lentilles, haricots, qui se refusaient à la coction.

Manière de conserver des œufs frais cuits à la coque.

Ayez à la mi-septembre des œufs nouvellement pondus, faites-les cuire à la manière ordinaire, et ne les laissez que deux minutes et demie dans l'eau bouillante. Serrez ces œufs dans un lieu sec et peu accessible à l'air extérieur, soit dans un tiroir de commode, soit dans des boîtes bien fermées. Quand vous voudrez manger ces œufs pendant l'hiver, vous les mettrez dans de l'eau froide, que vous ferez chauffer, et de laquelle vous les retirerez au moment de l'ébullition. Ces œufs ainsi conservés, auront le même lait, et le même goût que s'ils étaient pondus du jour. On peut les accommoder de telle manière que l'on juge à propos, au lieu de les mettre dans l'eau froide.

Manière de conserver les œufs avec la cendre.

Faites votre provision d'œufs au temps où ils sont à bon marché, c'est-à-dire depuis le 15 août jusqu'au 15 septembre. Arrangez-les avec beaucoup de soin dans un baril bien sec, avec de la cendre très-fine et très-sèche, et par lits, que vous recouvrez chacun de l'épaisseur de quatre doigts de cendre. Prenez bien garde, quand vous en prendrez, de déranger l'ordre dans lequel ils auront été mis, et de tenir le baril hermétiquement fermé dans un endroit sec, qui ne soit pourtant pas trop chaud.

J'ai vu conserver des œufs de la manière suivante : On prend des œufs très-frais ; on promène sur toute la surface une plume d'oie bien imbibée d'huile d'olive, et l'on place ensuite les œufs dans un panier. L'huile empêche que la substance de l'œuf ne s'évapore, et on le conserve parfaitement sain pendant un assez long intervalle.

Moyen de conserver les œufs par le lait de chaux.

La maîtresse de maison me saura gré, sans doute, de lui communiquer le moyen de conserver les œufs, par M. Cadet de Gassicourt : elle en mettra ce qu'il en pourra tenir dans un vase quelconque avec de l'eau saturée de chaux, ou une solution peu saturée de muriate de chaux.

Ces œufs peuvent ainsi se garder de dix mois à un an. On peut aussi en conserver en les plongeant dans l'eau bouillante, et lorsqu'ils sont essuyés, en les mettant dans un vase que l'on remplit de cendre tamisée, mais ils contractent une couleur verdâtre, qui du reste, ne fait rien au goût.

Pour conserver des œufs très-frais pendant plusieurs jours, on doit les mettre dans un plat d'eau très-froide, de manière à ce que l'eau les dépasse de quelques pouces. Pour réparer les œufs gâtés, il faut, dit-on, les faire fermenter avec une forte infusion de camomille. On ne risque toujours rien à tenter l'essai.

Méthode anglaise pour conserver les œufs.

Mettez dans un tonneau un boisseau de chaux vive, 1 kil. (2 livres) de sel de cuisine et 250 gram. (8 onces) de crême de tartre; ajoutez-y la quantité d'eau nécessaire pour qu'un œuf puisse s'enfoncer de manière à ne laisser paraître qu'une petite portion de sa surface. On place alors les œufs dans le liquide, qu'on a soin de remuer afin que les sels soient bien dissous; on couvre le tonneau et on laisse les œufs dans cet état, où ils se conservent pendant plusieurs années.

La préparation dans laquelle on plonge les œufs attaque légèrement leur coque, qui alors devient plus tendre et plus fragile, ce qui demande quelques soins pour les transporter.

Conservation du Laituge.

Une extrême propreté est la première condition pour conserver le lait; la seconde est de le tenir au frais et à l'abri de l'air; la troisième est de mettre une cuillerée de raifort sauvage en poudre ou en feuilles dans une terrine de lait, ou d'y ajouter une petite quantité de potasse, lorsqu'on le fait bouillir, pour l'empêcher d'aigrir, comme il arrive souvent en été, surtout par un temps d'orage. Le petit-lait étant propre à blanchir, très-avantageux pour adoucir la peau, la maîtresse de maison défendra qu'on le jette, car sa devise doit être : *tirer parti de tout.*

On donne le goût d'amande au lait en mettant par litre une demi-feuille de *laurier à lait.* On la met quand le lait commence à chauffer, et on l'ôte dès qu'il a bouilli, car l'infusion trop prolongée donnerait, au lieu d'un goût d'amande, une saveur amère au lait.

Pour faire cailler promptement du lait, lorsqu'on manque de présure, il suffit de frotter avec du thym sauvage et du serpolet la terrine qui le doit contenir.

Conserve de Lait de M. Braconnot.

Pour avoir toujours du lait à volonté, il faut s'exposer à la chance de le voir s'aigrir, et lorsque dans le ménage on n'en prend le matin que la quantité rigoureusement nécessaire, une circonstance imprévue, qui exige au dîner l'addition d'une crème, ou de toute autre friandise lactée, met la maîtresse de maison dans l'embarras. Voici le moyen de l'éviter:

Exposez cinq litres de lait à une température très-douce; ajoutez-y, à plusieurs reprises, une quantité suffisante d'acide hydro-chlorique *purifié,* étendu. Le lait se coagulera.

Séparez alors le caillé, et après l'avoir lavé, mélangez-y 10 grammes (2 gros) de carbonate de soude cristallisé. La dissolution s'opère facilement, et l'on obtient une frangipane d'un goût très-agréable, qui peut offrir à la cuisine de nombreuses ressources.

On peut obtenir une conserve de lait délicieuse, en ajoutant à la liqueur laiteuse concentrée que nous venons d'indiquer, son poids environ de sucre, à l'aide d'une douce chaleur. Il en résulte un sirop de lait qui se conserve très-bien, se transporte facilement, et qu'il suffit d'étendre d'eau pour obtenir un lait sucré d'un goût exquis.

Les réactifs indiqués produisent du sel marin, et ne doivent par conséquent point effrayer.

Conservation des Fruits.

Là *conservation des substances alimentaires*, et particulièrement *la conservation des fruits*, est facile à opérer par la méthode d'Appert. Il faut cependant pour bien réussir apporter le plus grand soin :

1° Dans le choix, le nettoiement des bouteilles, le choix des bouchons ;

2° Dans le choix des fruits à conserver ;

3° Dans le bouchage des bouteilles ;

4° Dans l'application de la chaleur. Appert, dans son livre de tous les ménages, a décrit toutes les précautions à prendre dans ces diverses opérations. Nous allons chercher à les faire connaître en quelques mots.

1° Les bouteilles employées doivent être bien nettoyées pour les priver de la paille et de toutes les matières qui pourraient s'y être accumulées pendant leur transport, ne pas être étoilées ; 2° présenter une ouverture bien faite et d'une force assez grande pour résister à l'action de la palette qui sert à enfoncer le bouchon ; 3° elles doivent être bien égales dans toutes leurs parties et d'un verre résistant.

Les bouchons doivent être choisis, en bon liège, ne présentant que le moins possible des gerçures ; ils doivent être en liège fin de 41 à 45 millimètres (18 à 20 lignes) de longueur. Il faut assouplir le liège formant ces bouchons en le comprimant entre des espèces de tenailles garnies de dents, tenailles connues sous le nom de mâchoires ; le liège ainsi comprimé devient plus souple, les pores se resserrent, le bouchon s'allonge un peu et diminue de grosseur à l'extrémité, de sorte qu'un gros bouchon peut entrer dans l'embouchure d'une moyenne bouteille.

Le bouchage des bouteilles exige aussi deux précautions. Les bouteilles contenant des liquides ne doivent pas être entièrement remplies, elles doivent présenter un vide 0^m,081 millimètres (3 pouces) à partir de la cordeline ou bague de la bouteille; celles contenant des fruits doivent présenter un vide, 0^m,063 millimètres (2 pouces) à partir du même point; ce vide est laissé dans le but d'éviter la casse par suite de l'application que l'on fait de la chaleur du bain-marie aux bouteilles qui contiennent des fruits.

Lorsqu'on opère le bouchage, on présente à la bouteille le bouchon qu'on a soin de mouiller légèrement pour qu'il puisse entrer plus facilement; on l'ajuste à l'embouchure en tournant, puis on enfonce ce bouchon avec une palette, en l'introduisant jusqu'aux trois quarts de sa longueur. Le quart du bouchon restant, démontre que la bouteille est bien bouchée et il sert à fixer les fils-de-fer avec lesquels on retient le bouchon et on l'empêche de sortir de la bouteille. Un bouchon qui entrerait jusqu'au ras du col de la bouteille boucherait mal; il faudrait en substituer un autre.

L'application de la chaleur se fait de la manière suivante : On range les bouteilles debout dans une chaudière, on remplit ce vase d'eau, de manière à ce que ces bouteilles y baignent jusqu'à la cordeline ou bague, on couvre de linges mouillés, on ferme les chaudières avec un couvercle, puis on chauffe l'eau contenue dans cette chaudière, de manière à la porter à l'ébullition : on continue l'ébullition plus ou moins longtemps, selon les produits; on retire le feu. Un quart-d'heure après, on retire l'eau de la chaudière; une heure après on retire les bouteilles, on les goudronne ensuite, et on les conserve dans un lieu où la température soit un peu élevée. Cette opération se fait soit le lendemain, soit quinze jours après, indifféremment; on range les bouteilles sur deux lattes, comme on fait pour le vin.

Nous avons dit que les bouteilles contenant des substances à conserver, devraient rester plus ou moins longtemps en contact avec l'eau portée à l'ébullition. Les règles données par Appert sont les suivantes :

A partir du moment où l'eau entre en ébullition, les bouteilles doivent rester dans ce liquide :

2 heures lorsqu'elles contiennent des petits pois;
1 — 1/4 — — des petites fèves robées;
1 — 1/2 — — des petites fèves dérobées;
1 — 1/2 — — des haricots verts et blancs;
1 — — — des artichauts.

Quelques minutes d'ébullition pour les sucs de fruits, les groseilles, les framboises, cerises, cassis, mûres, abricots, pêches, prunes de reine-claude, de mirabelle, poires, etc.

Les substances animales et végétales qui ont subi une première préparation sur le feu, comme les tomates, la chicorée, l'oseille, les viandes préparées, les consommés, les gelées, ne doivent rester que pendant trois quarts-d'heure exposées à l'ébullition.

Conservation des Groseilles en grappes.

On cueille les groseilles rouges ou blanches avec leurs grappes, et lorsque ces fruits ne sont pas entièrement mûrs, on les émonde de toutes les substances étrangères, on les met dans des bouteilles, en ayant soin de frapper le fond de la bouteille sur une table, pour que tous les vides soient bien remplis. On bouche les bouteilles, on ficelle le bouchon, on les place au bain-marie; aussitôt que l'eau chauffée a été portée à l'ébullition, on retire le feu. Un quart-d'heure après on retire l'eau chaude de la bassine, puis on enlève les bouteilles; lorsqu'elles sont refroidies, on goudronne les bouteilles et on conserve comme nous l'avons dit.

Conservation des Groseilles égrenées.

On égrène les groseilles lorsqu'elles ne sont pas tout-à-fait mûres, on tasse pour remplir ces bouteilles, on bouche; on porte au bain-marie comme pour les groseilles en grappes, et on conserve de la même manière.

Ces groseilles sont meilleures que les groseilles en grappe, la grappe altérant un peu le goût agréable du fruit.

Conservation des Cerises, Framboises, Mûres, Cassis.

On prend ces fruits avant leur entière maturité, on les met en bouteilles, on tasse pour opérer le remplissage, on bouche et on finit l'opération en agissant de la même manière que pour les groseilles.

Conservation des Abricots.

On conserve l'abricot commun et l'abricot-pêche. On prend les abricots, plein vent, mûrs, mais encore fermes; aussitôt qu'ils sont cueillis on les coupe par la moitié, en long; on enlève le noyau et la peau le plus mince possible, en se servant d'un couteau à lame d'argent. Lorsqu'ils sont coupés, on les fait entrer dans la bouteille destinée à les conserver; on tasse pour laisser le moins de vide possible; on ajoute si l'on veut douze ou quinze des amandes retirées des noyaux que l'on a cassés, on bouche la bouteille, on

la ficelle et on la porte au bain-marie. Si l'on agit sur l'abricot commun, on ne retire le feu qu'après que l'eau du bain-
marie est au premier bouillon. Si l'on veut conserver l'abricot-pêche on retire le feu à l'instant même où l'eau commence
à bouillir. On peut conserver de ces deux abricots dans le
même vase, en mêlant les quartiers de l'un et de l'autre.

Conservation des Pêches.

Les pêches se conservent en employant le même mode
d'agir que pour les abricots. Les fruits que l'on doit employer de préférence, sont la grosse mignone et la galande.

Les procédés que nous venons de décrire peuvent s'appliquer à un très-grand nombre de fruits et de légumes divers,
en suivant les règles générales qui se trouvent en tête de cet
article, et qui sont relatives au choix des fruits, des bouteilles, des bouchons, et de l'exposition à l'action de la chaleur.

*Nouvelle manière de confectionner les vases propres à conserver
les substances alimentaires, et leur fermeture, par le sieur
LEGRAND, de Nantes.*

Il faut une boîte en fer-blanc garnie d'une petite bande circulaire, dont la base est légèrement soudée à l'étain.

Cette boîte étant ainsi disposée, on la remplira de la substance que l'on veut conserver, et ayant soin, en les remplissant, de s'abstenir de répandre le liquide entre la bande
et la partie de la boîte destinée à recevoir le couvercle.

On enduira ensuite le tour du fond du couvercle avec une
pâte dont voici la composition : blanc d'œuf et farine de froment d'une consistance à pouvoir facilement emplir le quart
du couvercle de la boîte.

Le couvercle étant à sa place, on le soudera légèrement,
à l'étain, avec la partie supérieure de la bande ; on devra ensuite s'assurer si la boîte est bien fermée : pour obtenir cette
assurance, il suffira de la mettre dans un bain-marie chauffé
à 20 degrés Réaumur. Si l'on s'aperçoit que de petits globules montent à la surface de l'eau, c'est que la boîte est
mal fermée ; alors on observera d'où sortent ces globules,
afin d'y remédier avec la soudure d'étain. Si au contraire, on
n'aperçoit pas de globules, ce sera un signe certain que la
boîte est hermétiquement fermée et, par conséquent, disposée à entrer dans un bain-marie chauffé à 100 degrés centigrades.

Le bain-marie devra être couvert et luté. Pendant le temps
que se fait l'absorption de l'air contenu dans l'intérieur de

la boîte, la pâte dont on enduit le tour du fond du couvercle, se gonfle de manière à remplir le contour de l'ouverture de la boîte et à former une espèce de soudure en pâte au tour intérieur du couvercle en le liant avec la partie supérieure de la boîte.

Cette espèce de soudure en pâte est destinée à empêcher le passage de l'air atmosphérique; cette pâte, n'opposant que peu de résistance, n'empêchera pas le couvercle de s'enlever facilement lorsqu'il s'agira de mettre la boîte en consommation.

Lorsque la boîte est froide, on aura soin de retirer la bande circulaire qui y a été adaptée, en enlevant la soudure qui la fixait avec un fer à souder.

On mettra ensuite la boîte dans une étuve portée à 30 degrés de chaleur pendant vingt-quatre heures, afin de s'assurer si les substances qu'elle contient seraient d'une bonne conservation.

Ces boîtes, sans fortes soudures ni cordons de soudure, peuvent servir, ainsi que le couvercle, plusieurs fois sans réparations, attendu qu'elles ne sont nullement endommagées par le retrait des substances qu'elles contiennent, avantage qu'elles ont sur les boîtes confectionnées suivant l'ancienne méthode (puisqu'il faut briser un des fonds pour les ouvrir).

Le fer-blanc qui sert à leur confection n'étant qu'agrafé, elles ont l'avantage d'aller sur le feu et, par conséquent, de pouvoir servir de casseroles.

Elles n'auront pas non plus le désagrément des autres boîtes, qui ont l'inconvénient de faire contracter souvent aux aliments qu'elles contiennent le goût désagréable de résine, provenant de la soudure qui peut, en les soudant, couler dans l'intérieur de la boîte.

Il y aura donc, pour le fabricant, économie dans la main-d'œuvre, pour le consommateur économie dans l'achat, et en outre la commodité de n'avoir pas besoin d'un instrument tranchant pour en faire l'ouverture, les couvercles se retirant facilement par l'anneau disposé à cet effet.

Usage des substances aromatiques pour prévenir la moisissure, par M. MACCULLOCH.

On éprouve souvent le désagrément de voir des substances animales et végétales conservées dans des lieux humides, se couvrir de ces petites végétations qui constituent la moisissure.

L'encre, les colles, le cuir, les graines, se trouvent le plus souvent exposés à cette altération. L'auteur a réussi à la prévenir par l'emploi, à très-petites doses, des huiles essentielles odorantes; mais il n'a pas obtenu le même succès à l'égard des substances alimentaires, telles que le pain', les viandes froides, le poisson séché, parce qu'il ne pouvait détruire le goût aromatique qui leur était ainsi communiqué. Cependant les clous de gérofle et autres épices, dont l'arôme est riche et agréable, sont quelquefois employés pour cet usage; ils paraissent agir, non à raison de leur propriété antiseptique, mais bien par l'effet de leur arôme, puisqu'on a remarqué qu'ils préviennent également la formation des petits cryptogames sur des matières végétales.

Tout le monde sait qu'en jetant des clous de gérofle dans l'encre, on empêche qu'elle se couvre de champignons; on obtiendrait le même résultat en y versant quelques gouttes d'huile essentielle de lavande ou de toute autre huile odorante.

Pour garantir les effets d'équipements militaires en cuir, de la moisissure qu'ils contractent dans les magasins et pour éviter la dépense occasionée par le nettoyage fréquent de ces objets, il suffit de les enduire d'un peu d'huile de térébenthine, qui est préférable aux autres huiles essentielles, à cause de la modicité de son prix.

Ce qui confirme cette observation, c'est que le cuir de Russie, qui a une odeur forte et pénétrante, due à sa préparation avec l'huile de bouleau, ne se couvre jamais de moisi lorsqu'il est exposé à l'humidité; celui qu'on introduit en Angleterre reste pendant longtemps dans des magasins humides sans éprouver aucune détérioration, tandis que le cuir ordinaire s'altère promptement et a besoin d'être aéré et nettoyé souvent. Les livres couverts en cuir de Russie, non-seulement ne contractent pas la moisissure, mais en préservent encore les reliures ordinaires placées dans leur voisinage. On voit donc qu'il suffirait d'une petite quantité d'huile essentielle quelconque pour préserver de tout dommage les bibliothèques qui se trouvent dans des lieux bas et humides.

La colle de pâte employée par les colleurs de papier et les relieurs, est l'une des substances les plus promptement altérables par la fermentation acide; on la conserve pendant quelque temps en y mêlant un peu d'alun : la poix-résine des cordonniers serait préférable, parce qu'elle agit comme principe odorant; mais l'huile de térébenthine ou bien la lavande, la menthe poivrée, l'anis, la bergamotte, ajoutés en petite quantité, offrent encore plus d'avantages. Si l'on mêle à la colle du sucre brut pour en prévenir la dessiccation, et un peu de sublimé corrosif pour en éloigner les insectes, et si on la tient dans un vase bien bouché, on peut prolonger indéfiniment son état de conservation.

L'auteur a essayé le même moyen pour conserver les graines, particulièrement celles qu'on veut transporter à de grandes distances. Il fait remarquer que toutes les graines odorantes sont exemptes de la moisissure ; que, si on les emballe avec d'autres graines, celles-ci sont préservées ; qu'il en est de même du pain d'épice et de celui contenant des graines de carvi, sur lesquels le moisi ne se manifeste jamais, et que ce serait un objet digne de recherches, de s'assurer si la farine pourrait être conservée par un procédé analogue, pourvu qu'on parvînt ensuite à la priver du goût aromatique qu'elle aurait contracté.

CHAPITRE IX.

EXTRAIT DU LIVRE DE TOUS LES MÉNAGES,

OU L'ART DE CONSERVER PENDANT PLUSIEURS ANNÉES TOUTES LES SUBSTANCES ANIMALES ET VÉGÉTALES, PAR M. APPERT.

Procédés préparatoires.

Les opérations de M. Appert, si avantageusement connues dans toute l'Europe, et dont on a pu voir les étonnants résultats à l'exposition des produits de l'industrie (1827) (tels que lait conservé frais depuis cinq ans, bœuf parfaitement sain après dix ans, etc., etc.), doivent particulièrement faire partie du code d'une bonne maîtresse de maison.

Ces procédés sont simples : ils consistent principalement, 1o à renfermer dans des bouteilles ou bocaux les substances à conserver ; 2o à boucher ces vases avec la plus grande attention ; 3o à les soumettre, ainsi renfermées, à l'action de l'eau bouillante d'un bain-marie pendant plus ou moins de temps, d'après leur nature ; 4o à retirer les bouteilles de l'eau au temps prescrit.

La ménagère aura donc pour la préparation des conserves Appert, 1o des rayons de planches trouées, dites planches à bouteilles, comme celles sur lesquelles on doit chaque jour mettre égoutter les bouteilles ordinaires ; 2o d'excellents bouchons de liége, qui doivent être de 41 à 45 millimètres (18 à 20 lignes) de longueur, et du liége le plus fin. Le liége des montagnes de la Catalogne est le meilleur de tous ; celui de plaine est communément creux, et plein de défauts. Ces bouchons devront être comprimés par le petit bout au moyen d'une forte pince en fer, qui remplacera la mâchoire dont se sert l'entrepreneur dans sa fabrique ; 3° une pelote de fil-de-fer comme celui qu'on emploie pour maintenir les bouchons du vin de Champagne ; 4° une forte palette en bois pour faire entrer de force les bouchons ; 5° une cisaille ou ciseaux à couper le fil-de-fer ; 6° des bouteilles et vases de matière liante, les premières pesant 780 à 810 gram. (25 à 26 onces), pour un litre de capacité dont le verre soit réparti également ; car autrement elles casseraient au bain-marie, à l'endroit le plus chargé de matière : la forme de Champagne est celle que l'on doit préférer ; 7° une grande marmite chaudière, ou chaudron, à laquelle s'adapte un couvercle ; 8° des sacs de treillis, ou de grosse toile, faits comme un manchon, ouverts également par les bouts, serrant par une coulisse, garnis d'un cordon, et ne laissant d'ouverture que la largeur d'une pièce de cinq francs : l'un des bouts est garni de deux ficelles pour tenir le sac autour du col de la bouteille ; 9° un couteau bien affilé, graissé d'un peu de suif, ou de savon, pour couper les têtes des bouchons, qui doivent rarement se trouver trop hauts à l'extérieur de la bouteille ; 10° un lut composé par M. Bardel, pour luter les bocaux. Ce lut se fait avec de la chaux vive, qu'on fait éteindre à l'air, jusqu'à ce qu'elle soit bien fusée et réduite en poudre. On la conserve ainsi dans des bouteilles ou vases bouchés, pour s'en servir au besoin. Mêlée à du fromage blanc, dit à la pie, à consistance de pâte, cette chaux produit un lut qui durcit promptement et résiste à la chaleur de l'eau bouillante. On voit que tous ces ustensiles et ingrédients sont très-simples.

Colle pour faire de gros bouchons.

Pour rendre les bouchons plus gros, M. Appert fait fondre sur le feu 15 grammes (4 gros) de colle de poisson dans 250 gram. (8 onces) d'eau : cette colle fondue, il la passe à travers un linge fin, et la remet ensuite sur le feu pour la réduire à un tiers de son volume ; il y ajoute ensuite 30 gr. (1 once) de bonne eau-de-vie de 20 à 22 degrés ; il laisse le tout sur le feu jusqu'à réduction de 90 gr. (3 onces) environ, puis met cette colle ainsi préparée dans un petit pot sur des cendres chaudes ; il a soin de faire chauffer des morceaux de liége, puis, avec un pinceau, il les enduit légèrement de cette colle pour les coller ensemble ; quand tous les morceaux composant le bouchon ont été réunis et bien collés ensemble, il passe aux deux extrémités du bouchon une ficelle bien serrée, pour maintenir tous les morceaux, et les laisser sécher, soit au soleil, soit à une chaleur douce, pen-

dant environ quinze jours; au bout de ce temps, il a donné
aux bouchons la forme convenable, au moyen d'un couteau
de bouchonnier.

On commence par bien rincer les bouteilles dont on veut
faire usage; on les remplira des substances; on les bouchera
parfaitement, on les revêt de leur sac, on les met ensuite
dans une chaudière, debout, et l'on emplit cette chaudière
d'eau fraîche, de manière à ce que les vases y baignent jusqu'à la cordeline ou bague; on couvre la chaudière de son
couvercle, lequel pose sur les vases : on entoure le dessus
du couvercle d'un linge mouillé, afin de fermer toutes les
issues, et empêcher le plus possible l'évaporation du bain-
marie. On peut, si l'on veut, opérer sans couvercle, mais
alors il faut avoir de l'eau dans un coquémar ou bouilloire;
pour remplir le bain-marie d'eau bouillante, à mesure qu'elle
s'évapore, car il est indispensable que le bain-marie soit
toujours à la même hauteur. L'eau bouillante est de rigueur,
car la moindre différence de chaleur avec l'eau du bain-
marie ferait casser les bouteilles.

Plus on évitera l'évaporation de l'eau en ébullition, plus
on évitera la peine d'ajouter de l'eau au bain-marie, comme
il a été recommandé, et par conséquent plus on économisera
le combustible : ce n'est que pour cette raison que M. Appert prescrit de couvrir la chaudière.

Le même bain-marie peut contenir différentes espèces de
substances dans des bouteilles séparées, pourvu que ces
objets aient été disposés de manière à n'avoir besoin que du
même degré de chaleur au bain-marie.

On peut disposer les bouteilles et bocaux dans la chaudière, de telle manière et dans telle position que l'on voudra;
néanmoins il est plus convenable, par rapport aux bouchons,
de les mettre debout.

La chaudière étant préparée, et remplie d'eau froide, on
la tient sur le feu le temps prescrit pour les substances qu'elle
contient, puis, le temps expiré, on retire tout de suite la
chaudière du feu. Un quart-d'heure après, on retire l'eau
par le robinet, si la chaudière en est pourvue (ce qui serait
à désirer); au cas contraire, on retire les bouteilles, lorsque
l'eau est assez refroidie pour en pouvoir supporter la chaleur à la main.

L'eau étant sortie de la chaudière, on la découvre une
demi-heure après seulement, et une heure après l'avoir découverte, on en retire les bouteilles.

On doit ensuite déshabiller les bouteilles, les examiner
avec précaution, s'assurer qu'elles n'ont aucune avarie, au

sortir du bain-marie, et les coucher ensuite sur des lattes, à la cave ou dans un lieu tempéré.

On peut, si on le juge à propos, et sans que cela soit d'une nécessité absolue, goudronner les bouteilles avec du galipot seul, ou avec le lut indiqué par M. Bardel, avant de les ranger à la cave.

En terminant ces instructions sur les procédés préparatoires de l'art de conserver les substances alimentaires, M. Appert fait observer que les vases à grandes embouchures étant bien plus chers et bien plus difficiles à boucher parfaitement que ceux à petites embouchures, il est plus facile, plus économique et plus certain d'opérer sur les substances animales après les avoir désossées, et sur les gros fruits, après les avoir coupés par quartiers.

On voit combien cette précieuse méthode offre peu de difficulté. On a sous la main, dans un ménage, presque tout ce qu'il faut pour opérer. On trouve chez les faïenciers les bouteilles et les vases convenables. Les verreries de la Gare, de Sèvres, et de Prémontré et beaucoup d'autres, fabriquent des vases et bouteilles propres à cette méthode, c'est-à-dire solides, et munies d'une cordeline ou bague à l'extérieur, ainsi que souvent à l'intérieur. Les soins que l'on prendra pour le bouchage (la partie essentielle) ressemblent fort à ceux qu'exige la mise en bouteilles des vins et liqueurs. Les dames-jeannes de verre peuvent servir avantageusement, mais demandent beaucoup de précautions.

Bouchage. Pour parvenir à boucher parfaitement, il faut d'abord s'assurer de ce que les bouteilles ne soient pleines qu'à 8 centimètres (3 pouces) de la cordeline, afin d'éviter la casse, qui serait la suite nécessaire du gonflement produit par l'application de la chaleur au bain-marie, si ces bouteilles étaient trop pleines. Quant aux légumes, aux fruits, aux plantes, etc., 6 centimètres (2 pouces) de la cordeline suffisent. La bouteille convenablement remplie, on la pose sur un billot de bois, creusé à sa surface supérieure en forme de cuvette plate; on prend le bouchon convenable; on le trempe à moitié dans un petit pot d'eau que l'on doit avoir près de soi, afin qu'il entre plus facilement. Après en avoir essuyé le bout, on l'appuie, en tournant contre l'embouchure; on le soutient dans cette position de la main gauche, que l'on tient ferme, pour que la bouteille soit d'aplomb. On se sert ensuite de la palette en bois pour faire entrer le bouchon de force. Quand il ne reste plus que le quart du bouchon, on cesse de frapper avec la palette, cet excédant étant nécessaire pour soutenir le fil-de-fer mis en croix; on peut, à la rigueur, remplacer ce fil-de-fer par de la forte ficelle. M. Appert dit que les bons boucheurs ne songent jamais à renverser la bouteille pour s'assurer si elle ne fuit pas. Il leur suffit d'avoir introduit le bouchon avec peine ; s'il entrait trop facilement, il faudrait en substituer un autre un peu plus gros.

Moyen de conserver les viandes et poissons préparés de différentes sortes.

Tous les objets dont la liste va suivre n'ont besoin que d'être disposés à demi ou aux trois quarts cuits, pour recevoir l'application du bain-marie. Il est important de ne pas les y laisser même deux minutes de plus. Un quart-d'heure au bain-marie est le temps fixé pour :

1º Les palais, langues, cervelles, filets, biftecks, entre-côtes, etc., de *bœuf;*

2º Les fraises, ris, rognons, foies, fricandeaux, noix sautées, blanquettes, etc., de *veau;*

3º Les langues braisées, émincés de gigot, carbonnades, hachis, côtelettes, rognons, queues, etc., de *mouton;*

4º Côtelettes sautées, blanquettes, préparation de croquettes, etc., d'*agneau;*

5º Boudins noirs et blancs, saucisses, andouilles, pieds aux truffes, filets mignons, rognons, etc., de *cochon;*

6º Filets piqués, débris de hure, etc., de *sanglier;*

7º Filets sautés, côtelettes sautées ou braisées, etc., de *chevreuil;*

8º Filets sautés, civets, etc., de *lièvre et levraut;*

9º Préparation de croquettes et filets sautés aux champignons, hachis, etc., de *lapereau;*

10º Les filets sautés, aux truffes, rôtis, etc., du *faisan;*

11º Côtelettes, filets sautés, salmis, hachis, purées, etc., de *perdreau;*

12º Filets sautés, préparations diverses de la *caille;*

13º *Idem* de la *bécasse;*

14º *Idem* de la *sarcelle;*

15º *Les grives, ortolans, rouges-gorges, mauviettes,* encroustade, sautés, aux fines herbes ou après un tour de broche, etc.;

16º Aiguillettes sautées, ragoûts, rôtis de *canard;*

17º Les blancs émincés, blanquettes, hachis, préparations de quenelles, croquettes, etc., de *dindon;*

18º Les filets au suprême, piqués, etc., purées, etc., de *poularde;*

19º Aiguillettes, ragoûts, rôtis, etc., de l'*oie;*

Maîtresse de Maison. 17

20º Toutes les préparations du *pigeon* ;

21º Les parties désossées et préparées de toutes sortes de poissons, de l'*esturgeon*, du *thon*, du *turbot*, du *cabillau* et de l'*anguille de mer* ;

22º. Les tranches à moitié cuites sur le gril, et au bleu aux trois quarts cuites, pour en préparer de telle manière qu'on voudra, etc., du *saumon* ;

23º Au bleu, en filets sautés, etc., la *truite* ;

24º Les filets sautés, en aspics, préparés pour salade, de la *sole* ;

25º A la bonne eau, etc., de l'*éperlan* ;

26º A la maître-d'hôtel, filets sautés, etc., du *maquereau* ;

27º Les quenelles de filets, filets sautés, etc., du *merlan* ;

28º Au bleu, à l'allemande, filets sautés, pour le *brochet* ;

29º Les matelotes et marinières, de *brochet*, d'*anguille*, *carpe* et *barbeau*, ainsi que les ragoûts à la tartare et à la poulette d'*anguille* ; les quenelles et les allemandes, etc., etc., de *carpe* ;

30º Les *huîtres* préparées, pour les coquilles et à la poulette ;

31º La préparation ordinaire, etc., de l'*écrevisse*.

Conservation des grandes sauces.

Elles se conservent de la manière suivante : après avoir été préparées, puis refroidies, on les met en bouteilles, et on les tient un quart-d'heure au bain-marie, au bouillon. Les gelées de viande, les essences et les sucs de viande et de volaille, le bouillon, peuvent supporter, sans inconvénient, une heure d'ébullition, mais non les sauces composées qui ne veulent absolument qu'un quart-d'heure. Les sauces dites aspic blond de veau, essence de gibier, de légumes, glaces de racines et de veau, grandes espagnoles, velouté, roux, blanc et blond velouté, et espagnoles travaillées, sauces romaines, farces cuites, béchamel, malgré la crème qui entre dans sa préparation, se conservent très-bien par le procédé ci-dessus.

On peut ainsi préparer un grand repas à l'avance, en conserver les restes, et défier les saisons pluvieuses, les temps humides et chauds, ainsi que les grandes chaleurs.

Conservation des Œufs et du Laitage.

Œufs. Plus l'œuf est frais, plus il résiste à l'action du bain-marié. Prenez donc des œufs du jour, que vous rangerez dans un bocal avec de la chapelure de pain ou de la fine sciure de bois, pour remplir les vides et les garantir de la casse quand on les transportera. Bouchez, lutez, ficelez, etc.; mettez dans la chaudière, et donnez 75 degrés de chaleur au bain-marie. Retirez ensuite le bain-marie du feu, et quand vous y pourrez tenir la main, retirez les œufs. Au bout de six mois, retirez-les du bocal; faites-les recuire de nouveau de la même manière dans de l'eau à 75 degrés de chaleur, c'est-à-dire fortement bouillante. Ils se trouveront cuits à propos pour la mouillette, et aussi frais que lors de la première préparation. Quant aux œufs durs, préparés à la tripe ou à la sauce blanche, etc., M. Appert leur donne 80 degrés de chaleur au bain-marie, c'est-à-dire qu'après le premier bouillon, il retire la chaudière du feu.

Lait. M. Appert a pris du lait récemment trait, en le faisant réduire de moitié au bain-marie dans un plat creux. Lorsqu'il fut réduit ainsi, il y ajouta huit jaunes d'œufs bien frais, délayés avec une partie de ce même lait. La quantité de ce lait était d'abord de douze litres, et par conséquent ensuite de six. Après avoir laissé le tout ainsi bien mêlé sur le feu, pendant une demi-heure, il l'a passé à l'étamine, l'a fait refroidir, a ôté la peau qui s'était formée par le refroidissement, et l'a mis en bouteilles d'après les procédés ordinaires, et de suite au bain-marie, pendant deux heures de bouillon, etc. Ce moyen, dit M. Appert, m'a parfaitement réussi. Le jaune d'œuf avait tellement lié toutes les parties, qu'au bout de deux ans le lait était on ne peut mieux conservé. La crème, qui s'y trouve en flocons, disparaît sur le feu; l'ébullition se supporte parfaitement, et on a obtenu de ce lait du petit-lait et du beurre.

Crème. J'ai pris, dit M. Appert, cinq litres de crème levée avec soin sur du lait trait de la veille : je l'ai rapprochée au bain-marie à quatre litres sans l'écumer. J'en ai ôté la peau, je l'ai passée à l'étamine, j'ai fait refroidir; j'ai enlevé encore la peau qui s'y était formée en refroidissant. Je l'ai mise en demi-bouteilles et exposée une heure au bain-marie. Au bout de deux ans, cette crème était aussi fraîche que le premier jour. J'en ai fait de bon beurre frais la quantité de 120 à 150 grammes (4 à 5 onces) par demi-litre.

Petit-lait. Obtenu par les procédés ordinaires, clarifié et refroidi, il demande une heure de bouillon au bain-marie.

Beurre frais. Prenez 3 kil. (6 livres) de beurre frais battu; lavez-le; ressuyez-le sur un linge blanc; mettez-le en bouteilles par petits morceaux, et tassé pour remplir les vides, de manière que la bouteille soit pleine à 108 millimètres

(4 pouces) de la cordeline; bouchez bien; soumettez les bouteilles au bain-marie jusqu'à l'ébullition seulement; retirez-les dès qu'il est assez refroidi pour y tenir la main. Après six mois, ce beurre est frais comme au jour de sa préparation.

On retire le beurre des bouteilles au moyen d'une petite spatule de bois un peu plate et crochue par le bout, qui du reste sert pour extraire toutes les autres substances des bouteilles. Le beurre a été mis ensuite dans l'eau fraîche, puis en motte, après l'avoir bien lavé et peloté dans plusieurs eaux, jusqu'à ce que la dernière soit restée bien claire.

Les *huiles*, le *saindoux*, les *graisses de volailles*, ainsi que toutes les graisses de cuisine, se préparent de la même façon.

Conservation des Légumes et Racines.

Petit pois verts. Préférez le pois *michaud*, puis le *crochu* et le *clamart*; qu'ils ne soient pas trop fins; écossez-les dès qu'ils sont cueillis; séparez les gros; tassez-les bien dans des bouteilles; bouchez de suite. Mettez au bain-marie une heure et demie, s'il fait frais et humide, et deux heures s'il y a chaleur et sécheresse. Les gros pois veulent deux heures ou deux heures et demie, suivant la saison.

Les petits pois cueillis dans une saison chaude et sèche se conservent mieux et ont plus de saveur que lorsqu'ils sont récoltés par un temps humide. De moyenne grosseur, ils se conservent aussi beaucoup mieux.

Asperges. Qu'elles soient nettoyées comme pour l'usage ordinaire, puis plongées dans l'eau bouillante, et de suite dans l'eau fraîche. Les asperges entières sont rangées avec soin dans les bocaux, la tête en bas; celles en petits pots, mises en bouteilles; égouttez-les et donnez-leur un seul bouillon au bain-marie.

Petites fèves de marais. Cueillez-les très-petites; mettez-les en bouteilles tout en les écossant; tassez légèrement; ajoutez à chaque bouteille un bouquet de sarriette; bouchez promptement et donnez une heure de bouillon.

Haricots verts. Prenez l'espèce dite *bayolet*; épluchez à l'ordinaire, tassez. Si les haricots sont gros, coupez-les dans leur longueur, en deux ou trois: alors ils ne veulent qu'une heure d'ébullition, autrement il faut une demi-heure de plus.

Haricots blancs. Prenez celui de Soissons; qu'il soit cueilli quand sa cosse jaunit un peu; écossez-le tout de suite; mettez en bouteilles; deux heures de bouillon. Beaucoup de personnes préfèrent le haricot flageolet.

Artichauts entiers, de moyenne grosseur. Otez les feuilles inutiles, parez-les ; plongez-les dans l'eau bouillante, puis de suite dans l'eau fraîche ; égouttez-les. Une heure de bouillon.

Artichauts en quartiers. Otez le foin ; après les avoir échaudés et mis à l'eau froide, passez-les sur le feu dans une casserole avec un morceau de beurre frais et un peu de sel. Lorsqu'ils seront à moitié cuits, on les laisse refroidir, et on leur donne l'ébullition du bain-marie pendant une demi-heure.

Choux-fleurs. On les épluche comme à l'ordinaire, on les prépare comme les artichauts entiers, et on termine par les faire tremper une demi-heure au bain-marie.

Oseille, belle-dame, laitue, poirée, cerfeuil, ciboule. Epluchez convenablement toutes ces herbes ; faites-les cuire séparément, comme à l'ordinaire, c'est-à-dire après quelques bouillons ; retirez-les du feu, et mettez-les refroidir dans des plats de grès ou de faïence. Lorsqu'elles seront mises en bouteilles, donnez-leur un bouillon d'un quart-d'heure. Ces herbes, ainsi préparées, se conservent fort longtemps. M. Appert a gardé pendant dix ans de l'oseille parfaitement saine.

Oignons, échalottes, céleri, cardons d'Espagne. Ils se préparent au maigre ou au gras. Dans le premier cas, on les fait cuire aux trois quarts, on les laisse refroidir, puis on leur donne un bouillon d'un quart-d'heure ; dans le second cas, on les fait cuire à moitié avec un peu de sel, avec ou sans l'assaisonnement nécessaire ; on les égoutte, on les met refroidir, puis on les expose une demi-heure à l'ébullition du bain-marie.

Carottes, betteraves, navets, panais, salsifis, scorsonères. Absolument la même chose que précédemment, mais l'ébullition du bain-marie est d'une heure.

Pommes de terre. On les conserve, 1° en pulpe ; 2° en rouelles légères, et cuites comme à l'ordinaire, ou plutôt à la vapeur, puis on leur donne seulement un bouillon au bain-marie. On les fait aussi frire, et on ne les laisse pas plus longtemps exposées à l'ébullition.

Tomates ou pommes d'amour. On les fait cuire dans de l'eau ; on les écrase ; on les passe, et on en met refroidir la liqueur dans une terrine de grès ; on lui donne ensuite un bouillon seulement.

Conservation des Fruits.

Groseilles rouges et blanches égrenées. M. Appert ne met

point la grappe, parce qu'elle donnerait de l'âpreté; ces fruits doivent être cueillis avant leur maturité. Un seul bouillon.

Suc de groseilles. Le fruit non trop mûr écrasé, passé, mis en bouteille. Un bouillon seulement.

Suc de framboises, de cerises, de cassis, de mûres. Ces fruits doivent être cueillis parfaitement mûrs. Après les avoir réduits en jus, on leur donne un seul bouillon au bain-marie. Les merises veulent être très-mûres.

Pêches, abricots, brugnons. Conservez ces fruits entiers, choisissez-les fermes et un peu avant leur maturité; donnez-leur un bouillon. Le brugnon doit être pelé, parce qu'autrement il acquerrait de l'amertume.

Prunes de toutes sortes. On peut les conserver avec ou sans queue; on les cueille un peu fermes. On leur fait subir un bouillon.

Verjus. Egalement un seul bouillon.

Poires. Une demi-heure au bain-marie.

Coings. Prenez-les très-mûrs; essuyez-les pour leur ôter le duvet; mettez-les une demi-heure au bain-marie, comme ci-dessus.

Marrons. Piquez-les avec la pointe d'un couteau, comme si vous vouliez les faire rôtir. Exposez-les seulement à un bouillon.

Truffes. Exposez-les pendant une heure à l'action de l'eau bouillante.

Champignons. Mettez-les dans une casserole de cuivre bien étamé, avec un morceau de beurre ou de l'huile d'olive, pour leur faire jeter leur eau; laissez-les sur le feu pour que cette eau se réduise à moitié; mettez-les refroidir ensuite, et qu'ils reçoivent un bouillon.

Café. Commencez par triturer votre café dans un mortier, ce que M. Appert regarde comme beaucoup préférable à moudre; faites le café ensuite comme à l'ordinaire; mettez en bouteille, et donnez un léger bouillon.

Thé. Pour en conserver l'arôme, faites l'infusion, et donnez un bouillon de six minutes. Ce moyen est bon pour conserver le surplus d'un thé.

Oranges, citrons. Bouillon de six minutes également.

Fraises. Jusqu'ici il avait paru impossible de conserver l'arôme fugitif et délicieux de ce fruit: M. Appert y parvient en présentant seulement à l'ébullition la bouteille qui le renferme.

On peut se servir des substances conservées dix jours après l'opération, si on le juge à propos. On peut aussi les retirer partiellement des bouteilles, mais en ayant bien soin de les reboucher exactement. Quand on sort les bouteilles du bain-marié, il faut les examiner attentivement, parce que s'il s'en trouve d'étoilées, on les mettrait à part, pour consommer d'abord leur contenu.

Tels sont les procédés de M. Appert, qui fournit la marine française, et qui a monté une fabrique en grand, où s'approvisionnent tous les voyageurs de long cours. La maîtresse de maison verra, selon les circonstances, le parti qu'elle peut tirer de ces préparations, dont les soins sont légers et les résultats certains, pour peu qu'on y mette d'attention. Les manipulations Appert sont si généralement, si justement estimées, qu'il n'est pas un ouvrage d'économie domestique, disposé avec ordre, qui ne doive en faire mention.

CHAPITRE X.

DE LA CONSERVATION DES FRUITS. — FRUITIER POR-
TATIF. — FRUITS SÉCHÉS, COMPOTES. — CONFITU-
RES, ETC.

La maîtresse de maison doit, aussitôt que les fruits sont récoltés, faire ses provisions en poires, pommes, etc. Il n'en est pas des fruits que l'on nomme *fruits à couteau* comme de ceux destinés à faire du cidre (1); que ceux-ci soient froissés, ils n'éprouvent aucun tort, mais ceux que l'on veut conserver jusqu'à ce que les fruits rouges donnent, demandent à être choisis et soignés. Il faut, autant que possible, que les pommes conservent leurs queues, et qu'on les mette doucement dans les paniers qui doivent servir à les transporter au fruitier.

Le fruitier doit être garni de planches bordées avec des lattes, afin d'empêcher les fruits de tomber, ce qui les froisserait et les gâterait promptement.

Il ne faut pas que le fruitier soit à l'exposition du nord, parce que le fruit gèlerait, si le froid était excessif. Il faut même avoir soin, l'hiver, de mettre un vase d'eau au milieu, et si l'eau se congèle à la surface, boucher toutes les fenêtres avec des paillassons très-épais; si, malgré cette précaution, l'eau gelait encore, il faudrait mettre au milieu une poêle de braise allumée pour adoucir la température, si ce

(1) Des gens expérimentés prétendent que le cidre est meilleur quand la gelée a enlevé la partie aqueuse des pommes.

n'est point pour échauffer le fruitier. Il est essentiel que le fruitier ne soit jamais ni trop froid ni trop chaud.

Mais une chose plus essentielle encore, c'est l'existence du fruitier. Nous le supposons, et dans beaucoup d'appartements des grandes villes surtout, cette supposition est tout-à-fait gratuite. On ne sera plus forcé de mettre, comme on le fait trop souvent dans le voisinage des chambres à coucher, des fruits dont l'odeur incommode, ni de leur consacrer une ou plusieurs chambres, toutes circonstances qui dégoûtent de la conservation des fruits, et font qu'on se résigne à les acheter au marché, où on les paie dix fois plus cher.

Fruitier portatif.

On fait construire en planches de sapin ou de peuplier, de 18 à 25 millim. (8 à 10 lignes) d'épaisseur, des caisses de 81 millim. (3 pouces) seulement de hauteur, et de 65 centim. (2 pieds) de longueur sur 406 millim. (15 pouces) environ de largeur, le tout pris en dedans : toutes ces caisses doivent être de dimensions bien égales, de manière à s'ajuster exactement les unes sur les autres ; elles n'ont pas de couvercles, et le fond est formé de planches de 9 à 14 millim. (4 à 6 lignes) d'épaisseur, solidement fixées par des pointes sur le bord inférieur des planches qui forment les parois des caisses. Au milieu de chacun des quatre côtés de la caisse, on fixe par des clous, pris des bords supérieurs, des morceaux de bois ou tasseaux de 81 à 108 millim. (3 à 4 pouces) de longueur, sur 54 millim. (2 pouces) de largeur, et 11 ou 14 millim. (5 ou 6 lignes) d'épaisseur. Ces morceaux sont appliqués par une de leurs faces larges, sur les faces extérieures de la caisse, et en sorte qu'un de leurs bords, sur toute la longueur du tasseau, dépasse en hauteur de 7 à 9 millim. (3 à 4 lignes) le bord supérieur de la caisse. Ces tasseaux ont deux destinations ; d'abord ils aident au maniement des caisses, en servant de poignées par lesquelles on saisit facilement des deux mains les petits côtés d'une caisse ; ensuite ils servent d'arrêt pour tenir exactement les caisses dans leur position, lorsqu'on les empile les unes sur les autres ; à cet effet, ces tasseaux doivent être un peu délardés ou amincis en dedans, dans la partie qui dépasse la hauteur de la caisse, de manière que la caisse supérieure puisse poser exactement sur les bords de la précédente, sans être serrée par le bord des tasseaux.

On conçoit facilement, d'après cette description, que chaque caisse étant remplie d'un lit de poires, de pommes, de raisins, etc., elles s'empilent les unes sur les autres, cha-

cune servant de couvercle à la précédente ; et la caisse supérieure est seule fermée, soit par une caisse vide, soit par
une plate-forme mobile en planches des mêmes dimensions
que la caisse. On peut empiler ainsi quinze caisses ou même
davantage, et chaque pile présente l'apparence d'un coffre
entièrement inaccessible aux animaux rongeurs, et que l'on
peut loger dans un local destiné à tout autre usage, dans lequel il n'occupe presque pas d'espace.

J'ai indiqué la hauteur de 81 millim. (3 pouces) pour les
caisses, parce que c'est celle qui convient pour des poires
ou des pommes d'un gros volume ; mais pour des fruits plus
petits, on peut faire des caisses de 68 millim. (2 pouces et
demi), où même 54 millim. (2 pouces) de profondeur, et
l'on peut placer dans la même pile des caisses de profondeur différente, pourvu qu'elles aient toutes les mêmes dimensions en longueur et en largeur.

On pourrait aussi donner à toutes les caisses plus de longueur ou plus de largeur que je ne l'ai indiqué ; mais je pense
que l'on trouvera toujours plus commode de ne pas dépasser
les dimensions dans lesquelles chaque caisse peut être maniée
sans effort, par une seule personne. Dans les dimensions
que j'ai proposées, chaque caisse peut contenir cent poires
de beurré ou de bon chrétien d'une belle grosseur, et plus du
double des petites espèces ; en sorte qu'une pile de quinze
caisses, qui n'occupe qu'une hauteur de 1m.30 (4 pieds) au
plus, contiendra un approvisionnement de deux mille à deux
mille cinq cents poires ou pommes, d'espèces diverses.

Les fruits se conservent parfaitement dans ces caisses, et
cette bonne conservation est vraisemblablement due à la
stagnation complète de l'air dans cet appareil. On s'efforce
d'avoir autant qu'on le peut cette condition dans les fruitiers ordinaires, parce qu'on a reconnu que c'est elle qui
contribuait le plus à la conservation des fruits ; mais quelque
soin que l'on prenne dans les fruitiers, il est impossible de
l'atteindre dans le local le mieux clos, avec le même résultat
obtenu sans aucun soin dans les caisses. On sent toutefois
qu'il est encore plus indispensable ici que dans toute autre
disposition, de ne serrer les fruits dans les caisses que lorsqu'ils sont entièrement exempts d'humidité, puisqu'il ne peut
plus s'y opérer d'évaporation.

Les principaux avantages que l'on trouvera dans l'emploi
du fruitier portatif consistent non-seulement dans la possibilité de loger une très-grande quantité de fruits dans un
très-petit espace, et de les tenir parfaitement à l'abri des
animaux malfaisants ; mais aussi dans la facilité avec laquelle

se fait le service, pour soigner et tirer les fruits en enlevant ceux qui viendraient à se gâter, ou dont on a besoin pour la consommation journalière; en effet, la caisse supérieure de la pile étant découverte, on examine tous les fruits avec bien plus de facilité qu'on ne peut le faire entre les tablettes d'un fruitier ordinaire. On enlève ensuite cette caisse, et on la pose à terre à côté de la pile, afin de procéder à la même opération dans la seconde caisse qui se trouve découverte, et toutes les caisses viennent successivement se placer ainsi sur la première, en formant une nouvelle pile dans un ordre inverse de celui de la première. Si l'on place plusieurs piles les unes à côté des autres, une seule place vide suffit pour permettre d'opérer le remaniement de toutes, parce que le déplacement de la première laisse un nouveau vide, où vient se placer la seconde, et ainsi de suite.

Les fruits renfermés dans ces piles sont beaucoup moins exposés à la gelée que lorsqu'ils sont à découvert sur des tablettes; et à moins que le local où on les conserve ne soit exposé à de très-fortes gelées, il sera facile d'en garantir les fruits, en revêtant les piles de plusieurs doubles de couvertures, de vieux matelas ou de tout ce qui serait propre à cet usage; mais si la gelée devenait trop intense, on pourrait transporter instantanément toute la provision de fruits dans un autre local, sans les endommager et sans embarras, puisqu'il ne s'agirait que de former ailleurs une pile avec les caisses dont le transport peut s'opérer en très-peu de temps sans déranger les fruits. Chaque caisse, dans les dimensions que je viens d'indiquer, coûtera de 75 centimes à 1 franc, selon que le prix du bois sera plus ou moins élevé dans la localité, et que la construction sera plus ou moins soignée.

Moyen de conserver les Fruits précieux.

Les procédés de conservation doivent être relatifs à la valeur des objets. Celui que je vais vous indiquer ne peut guère s'appliquer qu'à des fruits rares et coûteux. On les cueille par un temps sec; on les enveloppe de papier Joseph qu'on attache avec un fil. A l'aide de ce fil, on plonge les fruits dans un bain de cire jaune ou blanche, seulement assez chaude pour être liquide. La couche de cire obtenue, on enveloppe ces fruits dans du papier ordinaire, et on les emballe dans des caisses ou barils contenant du son, de la sciure de bois, de la cendre tamisée, etc.

Des ananas, corosols, goyaves, ont été ainsi rapportés des Antilles à Paris, dans un état parfait de conservation.

Conservation des Fruits à la vapeur de l'alcool.

L'extrait d'un ouvrage inédit de M. Couverchel sur les fruits, indique ce mode fort avantageux.

Quand il a suspendu des poires dans un bocal contenant un vingtième de sa capacité d'alcool, ce liquide a perdu de sa force, car celui qui marquait 36°, au bout de quatre mois n'en marquait plus que 15. Les poires gonflées, présentant des gouttelettes à leur surface, étaient bien conservées.

M. Couverchel ayant suspendu de la même manière une grappe de raisin, les grains devinrent assez vite opaques et d'un brun clair, mais ils ne s'altérèrent pas pendant six mois, et le raisin très-ferme paraissait devoir se conserver indéfiniment.

Soins du Fruitier.

Lorsque la maîtresse de maison aura fait toutes ses provisions de fruits pour l'hiver, il faut qu'elle fasse trier les espèces et les mette séparément, et surtout qu'elle évite qu'ils ne se touchent, la circulation de l'air autour des pommes et des poires étant essentiellement nécessaire. Si l'une se pourrissait, elle gâterait celles qui la toucheraient, et ainsi de proche en proche.

Il est des espèces qui, si l'été a été pluvieux, ne se gardent point; si l'automne a été chaud, et qu'ils mûrissent trop tôt, on est également privé du plaisir de les conserver aussi longtemps qu'on le désirerait.

Les poires dont la maîtresse de maison doit se pourvoir, sont les poires de Saint-Germain, de royale d'hiver (qui se mangent en décembre) ; le messire-jean (en janvier) ; le rousselet d'hiver (il se conserve jusqu'au mois de mars) ; le martin-sec (il ne passe pas janvier).

La bergamote dure jusqu'en février. La bergamote de Pâques, ainsi nommée parce qu'elle se conserve jusqu'à ce temps, et le bon-chrétien, le catillac, sont les fruits que l'on peut garder, en apportant de l'attention, jusqu'à ce que les fruits rouges viennent annoncer le printemps.

Dans le nombre des pommes, les seules bonnes à garder pour l'hiver sont: le calville blanc, la pomme violette, le fenouillet jaune; mais celles qui doivent avoir la préférence sur toutes les autres, ce sont les reinettes d'Angleterre dorées, les reinettes blanches, les reinettes du Canada, les reinettes franches, reinettes grises, de Ranville, qui résistent aux plus grands froids.

Toutes ces espèces de pommes se conservent jusqu'en mars et avril. Néanmoins, si l'on néglige de visiter le fruitier, au moins trois ou quatre fois par semaine, une seule poire ou une seule pomme qui se gâtera pourra perdre une planche entière.

La petite pomme d'api n'est pas le meilleur fruit; mais sa forme et sa couleur la rendent charmante; elle a de plus l'avantage de durer longtemps.

Une chose qu'il faut éviter, c'est de mettre dans le fruitier des potirons, des coloquintes, des concombres du Canada : toutes ces plantes (qu'il est essentiel de mettre au sec si l'on veut les conserver) répandraient une odeur forte, qui serait très-nuisible aux fruits.

Les fruits sont une chose trop agréable l'hiver pour que la maîtresse de maison néglige d'employer tous les moyens propres à leur conservation. C'est, dit-on, entre la poire et le fromage que la gaîté se glisse.

Une chose que la maîtresse de maison ne doit pas négliger, c'est, lorsqu'une certaine quantité de fruits menace de ne point se conserver, de les employer à l'instant, soit en faisant faire des compotes, des tourtes, des conserves, soit même des poires et pommes tapées.

Il faut placer le fruit sur des planches, et en le saupoudrant de cendre, de sciure de bois bien sèche ou autre poussière, au moyen d'un tamis grossier. On le conserve beaucoup au-delà du temps ordinaire, en le plongeant dans du blanc d'œuf ou un mélange de fécule de pomme de terre dans l'eau, ou bien dans un vernis à l'esprit-de-vin qui se vend chez les marchands de couleur. On le plonge dans ces diverses substances, à l'aide d'un fil attaché à la queue.

Quant au bon-chrétien, il faut l'envelopper dans du papier blanc et fin, car sa peau, quoique fort épaisse, se noircit facilement à l'air. Le papier Joseph est celui qu'on doit préférer. Le fruit se conserve très-bien sur de la mousse sèche.

Manière de boucher et fermer hermétiquement les vases (ou bouteilles) à large embouchure, de verre, grès, etc. Conserver les fruits et les substances pendant plusieurs années, par MM. BERTRAND et FEYDEAU, à Nantes.

PREMIÈRE MÉTHODE.

Application aux vases ou bouteilles, des bouchons de verre ajustés à l'émeri, et procédé pour les boucher et les déboucher.

Le procédé consiste à remédier aux inconvénients de la dilatation du verre soumis à l'action de l'eau bouillante, de même qu'il donne le meilleur moyen de la produire, pour parvenir à déboucher facilement les vases ou bouteilles.

Confection des vases ou bouteilles.

Ils doivent être confectionnés de manière que leur bouchon qui aura 20 à 25 millim. (9 à 11 lignes) de longueur, et sera surmonté d'un bouton de même hauteur, entre tout entier dans le goulot, de telle sorte que le haut du bouton soit de niveau avec l'orifice du vase.

Nous prenons ce moyen pour préserver le bouchon des chocs qu'il pourrait recevoir, soit pendant la manipulation, soit lors du transport des bouteilles, si le bouchon venait à appuyer contre les parois des caisses qui servent à les emballer.

L'espace ménagé au-dessus du bouchon peut aussi servir à contenir du plâtre ou un mastic quelconque qui contribuera encore à la solidité du bouchon.

Nous pouvons nous servir aussi de vases ou bouteilles ordinaires, ayant un bouchon dont le bouton reste tout-à-fait en dehors du goulot et a une entaille qui sert à recevoir la ficelle destinée à l'assujettir.

Toutefois nous préférons le premier moyen au second, toujours à cause de la solidité.

Manière de boucher les vases ou les bouteilles.

Nous plaçons le bouchon dans le goulot, nous le faisons tourner pour bien l'assujettir, puis nous frappons sur le bouchon plusieurs coups de maillet en bois, afin qu'il adhère bien aux parois du goulot, qu'il soit bien enfoncé et ne laisse pas passer le liquide contenu dans les vases, lors de la dilatation qui se produira dans le verre lorsqu'on lui appliquera la chaleur de l'eau bouillante.

Puis, pour pouvoir ficeler le bouchon tout-à-fait enfoncé dans le goulot, nous plaçons sur le bouton la rondelle en bois entaillé qui emboîtera et permettra par son élévation d'y appliquer une ficelle (tournée à gauche pour qu'elle se resserre davantage dans l'eau bouillante), en croix, que nous attachons bien serré, et qui, maintenant fortement le bouchon, l'empêchera de sortir du goulot.

Pour le bouchon dont le bouton est hors du goulot, on n'a pas besoin de se servir de rondelle.

Il faut éviter d'employer le fil-de-fer au lieu de la corde, parce qu'il produit l'effet inverse de celle-ci en le lâchant à la chaleur, et donne un mauvais résultat.

Manière de déboucher les vases ou bouteilles.

Maintenant pour déboucher les vases dont les bouchons pour la plupart ne peuvent être arrachés à la main, il faut employer le moyen suivant :

On trempe un linge dans l'eau bouillante, et l'on en entoure le goulot de la bouteille à l'endroit où le bouchon est appliqué.

La dilatation qui se produit alors dans le verre formant le goulot, laisse détacher le bouchon, qui s'enlève avec facilité.

DEUXIÈME MÉTHODE.

Confection des vases ou bouteilles.

Les corps de vases ou bouteilles sont faits comme on a l'habitude de les confectionner ordinairement.

Le goulot, dont le diamètre se rétrécit un peu de haut en bas, à l'endroit où le bouchon est appliqué, reçoit à $0^m.020$ ou $0^m.025$ (9 à 11 lignes) environ de son ouverture, un élargissement semblable à peu près à celui d'un verre à quinquet renversé. Cet élargissement, qui forme à l'angle droit une saillie de $0^m.006$ à $0^m.010$ (3 à 5 lignes) sur le goulot, diminue de diamètre à mesure qu'il approche de l'ouverture du vase, de manière toutefois à laisser passer librement le bouchon, qui devra être introduit dans le goulot.

Manière de boucher les vases ou bouteilles.

Pour boucher les vases, on peut s'y prendre de plusieurs manières.

On enfonce dans le goulot un bouchon de liége de $0^m.02$ à $0^m.03$ (9 à 15 lignes) de longueur, ou mieux, encore un bouchon de verre de $0^m.010$ à $0^m.015$ (5 à 7 lignes) de longueur, ajusté à l'émeri et surmonté d'un bouton pour pouvoir le retirer facilement, de manière que le haut du bouchon soit de niveau avec la naissance de l'élargissement, puis, au-dessus du bouchon, on place un rond de plâtre que l'on a préparé à l'avance, et qui, étant moins large que le goulot, laisse tout autour, en dedans du verre, un espace vide dans lequel on coule du plâtre nouvellement gâché. Celui-ci remplit parfaitement l'intervalle, et comme la masse est plus large à sa base, elle ne peut sortir du vase sans être brisée, et maintient très-bien le bouchon.

Si nous prenons la précaution de nous servir d'un rond de plâtre préparé à l'avance, c'est que si nous remplissions

tout le haut du goulot de plâtre nouvellement gâché. le bour-
soufflement qui se produit dans celui-ci pourrait faire éclater le vase.

Après avoir enfoncé le bouchon comme il est dit plus haut,
on coule dessus 0m.004 (2 lignes) de plâtre qu'on laisse sécher suffisamment, puis, sur ce plâtre on colle une feuille
d'étain ou de plomb.

Pour plus de sûreté, on peut, au cas qu'on ait de mauvais
bouchons, coller d'abord une feuille d'étain sur le bouchon,
couler dessus 0m.004 (2 lignes) de plâtre qu'on laissera sécher, puis on collera une autre feuille d'étain, ou de plomb,
et l'on finira l'opération.

Ces feuilles d'étain ne sont placées que pour s'opposer à
la sortie du liquide et à son absorption par le plâtre si le
bouchon le laissait échapper.

Avant de mettre dans l'eau bouillante les vases renfermant
les substances auxquelles on voudra appliquer la chaleur du
bain-marie, il faudra laisser sécher le plâtre une ou deux
heures, puis couvrir le haut des vases d'une épaisse bande
de toile ou de laine bien attachée.

Dans les opérations ci-dessus, nous employons le plâtre de
préférence. C'est qu'il a la propriété de se maintenir intact
dans l'eau bouillante et de se laisser couper ou briser facilement, quand on voudra ouvrir les vases. On pourra se servir
de toutes autres matières qui réuniraient les mêmes qualités.

Les gros bouchons de liége de bonne qualité, de 0m.01 à
0,05 (5 à 22 lignes) et plus, de diamètre, que l'on emploie pour
boucher les bouteilles contenant les conserves alimentaires et
les fruits, commencent à devenir excessivement rares, et sont
d'un prix très-élevé. Au moyen de l'invention sus-relatée, on
pourra, soit se dispenser de s'en servir en faisant usage des
bouchons de verre, ou n'employer que des bouchons de liége,
qui, vu leur peu de longueur, seront toujours faciles à trouver, et coûteront bon marché.

Le procédé ci-dessus peut également s'adapter aux bouteilles ou vases ordinaires, mais il est d'une exécution plus
difficile. ou moins parfaite, attendu que l'étranglement qui
existe au haut du goulot empêche le liége d'entrer facilement, de bien appliquer sur le verre, et ensuite de sortir
aisément, lorsque l'on voudra déboucher les bouteilles.

Addition et perfectionnement.

Lorsque le bouchon de verre, après avoir été placé et assujetti, est frappé un peu fortement, il fait éclater quelquefois le goulot des bouteilles.

Si, au contraire, on ne frappe que légèrement, il arrive que, quoique le bouchon soit bien ficelé avec de la corde, la dilatation du verre formant le goulot occasionne encore, à l'ébullition, le coulage d'un grand nombre de bouteilles.

Pour obvier à cet inconvénient, nous avons imaginé de remplir de plâtre nouvellement gâché, l'espace ménagé au-dessus du bouchon ; les bouteilles étant rodées ou dépolies à l'intérieur du goulot, le plâtre adhère mieux, et très-fortement au verre, et, quoique le goulot des bouteilles soit tout-à-fait droit, et que le bouchon de verre ne soit frappé que légèrement, le plâtre résiste et le maintient parfaitement. Les bouteilles retiennent aussi très-bien, de cette manière et sans coulage, les liquides et substances qu'elles contiennent, ce qu'on n'est pas toujours aussi sûr d'obtenir, du moins sans quelques accidents, quand on se sert de bouteilles bouchées par nos autres procédés.

Lorsqu'on veut déboucher les bouteilles, comme le plâtre est quelquefois très-dur à couper, quand il remplit tout l'espace qui existe au-dessus des bouchons, nous en diminuons la quantité et rendons l'enlèvement du plâtre plus facile, au moyen d'une rondelle de bois que nous plaçons sur le bouchon de verre, et qui, étant moins large que le goulot, laisse tout autour, au-dedans du verre, un espace vide dans lequel nous coulons du plâtre nouvellement gâché : celui-ci remplit l'intervalle ; quand il est à moitié sec, nous retirons le moule, et il ne reste au-dessus du bouchon qu'une couronne de plâtre suffisante pour retenir le bouchon de verre, et très-facile à enlever quand on voudra ouvrir les bouteilles.

Il est à remarquer que, quand nous enlevons le plâtre, lorsque l'ébullition est finie et les bouteilles refroidies, le bouchon tient parfaitement bien.

On peut donc ôter le plâtre ou le laisser ; mais nous préférons le dernier moyen, qui ne peut qu'augmenter la solidité, lors du transport des bouteilles.

Pour donner plus de solidité aux bouteilles, nous leur faisons appliquer deux ou même trois cordelines, sur le goulot ; nous avons remarqué que de cette manière elles sont moins sujettes à fendre et à casser au goulot.

Nous appliquons nos procédés ci-dessus à toute bouteille ou vase de verre noir ou blanc, grès ou toute autre matière, et à large ou petite embouchure, quel que soit le diamètre du goulot.

Pour ouvrir les bouteilles, il suffit, après avoir ôté le plâtre, de les tenir renversées sur le côté et de verser sur le goulot, à l'endroit où le bouchon est appliqué, de l'eau bouillante ; au bout de quelques ·instants, la dilatation du verre s'opère à la chaleur, et le bouchon est retiré avec toute facilité.

Nous établissons donc bien que notre invention porte sur la propriété qu'a le plâtre de· maintenir parfaitement le bouchon d'une bouteille, et de causer son bouchage hermétique, alors même que plongée dans l'eau, elle est soumise à l'opération du bain-marie, et cela même sans le secours d'aucun ficelage.

Autre perfectionnement.

Nous avons fait fabriquer des vases de terre, grès, faïence, porcelaine ou toute autre matière, de toutes forme et grandeur, et ayant un goulot avec ou sans cordeline.

Nous leur avons fait ajuster (de la même manière que nous bouchons hermétiquement les bouteilles de verre fermées à l'émeri) des bouchons soit de grès, porcelaine, terre ou faïence, etc., soit de verre noir ou blanc.

Ces bouchons, destinés soit à être ficelés, soit à être couverts d'un mastic comme ceux de nos bouteilles de verre dont la confection est détaillée dans la première méthode de notre brevet, sont fabriquées absolument comme eux.

Nous nous servons, au reste, pour boucher et déboucher ces vases de grès, porcelaine, etc., des mêmes procédés que nous employons pour les vases de terre.

Toutefois nous observons que, comme le grès, la porcelaine, etc., sont beaucoup ·plus solides que le verre, on pourra se dispenser de faire appliquer sur les goulots plusieurs cordelines.

Il sera aussi possible· d'enfoncer les bouchons beaucoup plus fortement que ceux des vases de verre, attendu que les goulots sont beaucoup plus solides et se fendent difficilement.

On sera, de cette manière, beaucoup plus certain d'empêcher le coulage des vases pendant l'application de la chaleur.

Ces nouveaux vases (ceux de grès à qui nous donnons la préférence comme plus solides et moins coûteux) présentent encore un avantage, c'est que, si les bouchons enfoncés avec force venaient à ne pouvoir être enlevés au moyen de la dilatation du goulot produite par la chaleur, on pourra, sans inconvénient, briser le goulot des vases pour faire usage de leur contenu, car le grès ne présente point, quand il est brisé, d'éclats coupants comme ceux du verre, et les esquilles qui en proviennent peuvent ·être assimilées à des graviers plus ou moins menus ou à de la terre, qui ne peuvent faire aucun mal, et, comme les vases de grès sont d'une valeur très-minime, on fera, en les brisant, une perte presque insignifiante.

L'idée d'avoir appliqué aux conserves alimentaires, des vases de grès, qui sont d'une valeur très-petite, nous a fait penser qu'ils peuvent être, par cette raison, très-utiles pour renfermer d'une manière parfaite, qui n'a aucun des inconvénients du bouchage avec le liége, tous les liquides, comme le vin, la bière, etc., et toutes espèces de substances alimentaires n'ayant pas besoin d'être conservées au moyen de l'application de la chaleur.

En conséquence, nous entendons prendre notre brevet de perfectionnement, non-seulement pour les vases de grès, terre, porcelaine, etc., bouchés avec des bouchons de grès, terre, porcelaine, etc., qui doivent subir l'opération de la chaleur du bain-marie ou de la vapeur, mais encore pour l'emploi des susdits vases de grès, terre, porcelaine, etc., bouchés avec des bouchons de grès, terre, porcelaine, etc., appliqués à contenir toute espèce de substances alimentaires, ou liquides, ou spiritueux qui demandent à être soustraits au contact de l'air, sans avoir besoin d'être exposés, pour leur conservation, à la chaleur de l'eau bouillante ou de la vapeur.

Deuxième perfectionnement.

Nous avons fait fabriquer des vases de grès, terre, verre, porcelaine ou toute autre matière.

Nous avons fait appliquer sur le goulot, à 0m.006 à 0m.010 millim. (3 à 5 lignes) de l'embouchure une cordeline.

Nous avons fait confectionner un rouleau de fer-blanc bien soudé qui a le diamètre nécessaire pour entourer le haut du goulot des vases et qui à 0m.020 à 0m.025 millimétrés (9 à 11 lignes) de hauteur.

L'un des rebords de ce rouleau est rabattu en dedans et l'autre en dehors.

On applique ce cercle ou rouleau sur la cordeline du vase, de manière que celle-ci le partage en deux parties égales.

Celle de ces parties qui se rapproche le plus du corps du vase a son rebord rabattu en dedans ; le bord rabattu en dehors se trouve en dessus.

Les choses étant ainsi disposées, on voit que, lorsque le vase est placé debout, il existe en dessus de la cordeline, entre le goulot et le rouleau de fer-blanc, un espace vide de 0m.006 à 0m.010 millimètres (3 à 5 lignes) de hauteur et de l'épaisseur de la cordeline. On remplit cet espace avec du ciment romain, de la chaux hydraulique ou un mastic quelconque résistant à la chaleur de l'eau bouillante (le ciment romain a la propriété de devenir très-dur, d'être imperméable à l'eau et de ne pas faire oxyder le métal sur lequel il s'applique; nous le préférons pour ces motifs).

Au-dessus de la cordeline, il y a également un espace vide entre le goulot et le rouleau de fer-blanc, on le garnit parfaitement soit avec de la filasse, papier, etc., ou avec une pâte quelconque, inodore et résistant à la chaleur de l'eau bouillante : celle composée de farine et œuf réussit très-bien, et nous l'employons de préférence.

Cette pâte ou garniture a l'avantage d'empêcher le contact des substances ou liquides contenus dans le vase avec le ciment romain, qui pourrait leur communiquer un goût ou une odeur désagréable (on pourrait, au reste, se passer de la garniture en employant un mastic sans odeur ni saveur, et qu'on placerait seul en dessous et en dessus de la cordeline).

Quand le tout est bien préparé et séché à l'avance, on remplit les vases; puis, pour les fermer ou boucher, on soude le rouleau de fer-blanc ou petit couvercle du même métal, de la même manière, qu'on ferme les boîtes de fer-blanc contenant des substances alimentaires.

On voit par le détail qui précède, qu'à l'aide de la garniture de ciment romain et de pâte ou d'un mastic seul, qui résistent bien à la chaleur de l'eau bouillante, le rouleau de fer-blanc se trouve intimement joint avec le goulot du vase, et que, quand le petit couvercle est soudé au cercle de fer-blanc, le vase est hermétiquement bouché et peut être soumis à l'opération du bain-marie.

Cette méthode aura l'avantage de permettre d'utiliser des vases à aussi large embouchure qu'on le désirera; elle dispense aussi de se servir de bouchons de liége et supplée à la difficulté, qui nous a, jusqu'à ce moment-ci, paru insurmontable, de souder directement le métal au verre, etc.

Troisième perfectionnement.

Si l'on veut se servir de bouchons de liége, le procédé suivant nous a bien réussi; mais nous préférons, toutefois, les deux méthodes relatées plus haut, parce que le liége donne souvent un goût désagréable aux substances, et qu'il est d'ailleurs très-difficile de se le procurer sain et de bonne qualité.

Nous avons fait faire des bouteilles ou vases de terre, grès ou verre ayant une cordeline; après les avoir remplis, nous les bouchons avec un bouchon de liége qui peut n'avoir que 0m.012 millimètres (5 lignes) d'épaisseur.

On prend alors une capsule ou un chapeau de 0m.020 à 0m.025 millimètres (9 à 11 lignes) de hauteur, qu'on a fait faire soit en métal, soit en verre, et qui a un petit rebord rabattu en dedans; on remplit à moitié cette capsule de ciment romain ou chaux qui sèche promptement, et on coiffe le goulot des vases; on laisse durcir le mastic : celui-ci une fois sec, ne peut sortir du goulot, parce qu'il est retenu par la cordeline; d'un autre côté, la capsule ayant un rebord rabattu en dedans, celui-ci, appliquant exactement sur le mastic durci, empêche la capsule de sortir : de cette manière, le bouchon se trouve maintenu par le mastic et la capsule, et ne peut être poussé hors du goulot des vases pendant l'opération du bain-marie.

En agissant ainsi on pourra donc se servir des bouchons de liége qui n'auront que 0m.012 millimètres (5 lignes) d'épaisseur et qui seront par conséquent d'un prix peu élevé.

Pour ouvrir les bouteilles on brisera ou coupera la capsule.

Nous entendons prendre ce perfectionnement pour le procédé qui consiste à interposer, entre le bouchon de liége et la capsule de métal ou de verre, du ciment romain ou un mastic équivalent, qui durcisse promptement, retienne le bouchon et s'oppose à la sortie du liquide à travers les pores du bouchon pendant l'opération du bain-marie ou l'application de la vapeur.

Quatrième perfectionnement.

Nous avons reconnu que les bouteilles ou vases de verre bouchés avec des bouchons de verre creux, ainsi que les fabricants de verrerie nous les avaient faits d'abord et qu'ils ont l'habitude de les confectionner, se débouchent très-difficilement, et que les bouchons ne peuvent souvent être arrachés du goulot des vases.

Pour obvier à cet inconvénient, nous avons fait faire des bouchons de verre pleins; ce moyen nous a très-bien réussi, et les bouteilles se débouchent aujourd'hui avec une grande facilité.

Nous mentionnons donc ce perfectionnement comme très-important, puisque, sans lui, une partie des vases fabriqués ne pourraient être débouchés, et que, par cette raison, il deviendrait impossible de faire usage de leur contenu.

Poires en quartiers conservées en bouteilles.

Vous prenez la quantité de poires que vous désirez conserver, vous les coupez par quartiers, les débarrassez de leurs pepins, les mettez en bouteilles et ensuite au bain-marie. Il ne faut qu'un seul bouillon aux poires à couteau ; il en faut au moins quatre au catillac et au bon-chrétien d'hiver. Pour utiliser les poires tombées, vous les préparez de même, à l'exception que, n'ayant pas acquis le degré de maturité qui leur est nécessaire, il est essentiel de les faire bouillir l'espace d'un quart-d'heure au moins.

Ces poires, lorsque les fruits sont très-rares, c'est-à-dire lorsqu'il n'y en a presque plus, servent à faire des compotes, qui ont un goût savoureux, lorsqu'on les emploie au moment où les poires ornent les jardins.

Poires sèches.

Il est aussi nécessaire de faire sécher les poires, surtout les *poires de rousselet;* mais il faut les cueillir un peu avant leur maturité, pour les conserver avec toute leur saveur. Vous les pelez, les placez sur des clayons dans un four un peu moins chaud que pour cuire le pain ; vous les y laissez à peu près une demi-heure ; vous les en retirez pour les exposer à l'ardeur du soleil, jusqu'à ce qu'elles soient presque sèches.

Cette manière est la meilleure, et je vais en expliquer la cause. La poire étant mise au four chaud, l'humidité produite par son jus ne s'évapore point, elle se concentre et s'attache au cœur de la poire ; de même, les pepins peuvent et doivent même communiquer de l'humidité, qui nécessairement corromprait la poire ; au lieu qu'en la mettant, au sortir du four, exposée aux rayons ardents du soleil, il pompe l'humidité, l'intérieur se dessèche autant que l'extérieur, et l'on ne court point le danger de perdre son fruit et ses peines.

Si lors de la seconde épreuve du four et du soleil, l'on s'aperçoit que les poires sont encore molles, c'est-à-dire qu'elles ploient sous le doigt, il faut recommencer jusqu'à ce qu'elles aient acquis le degré de sécheresse suffisant pour leur conservation. Ce procédé est celui qu'on emploie à Reims.

Les poires de bon-chrétien, de doyenné, de Saint-Germain, se préparent à peu près de la même manière. Après qu'elles ont été pelées, on les plonge environ cinq ou six minutes dans l'eau bouillante ; on les met ensuite dans un four très-chaud l'espace d'une demi-heure, puis on les expose au soleil ; et aussitôt que ces fruits ne reçoivent plus la même chaleur, on les rentre dans un lieu sec et à l'abri de l'influence de l'air ; puis le lendemain on les expose de nouveau au grand soleil. On continue cette opération jusqu'à ce que les fruits soient bien secs.

Ces poires faites avec soin sont meilleures que celles de rousselet. Elles deviennent rouges et transparentes. Ce procédé peut être employé pour sécher toutes sortes de poires. Il est absolument essentiel pour les conserver de les enfermer dans un lieu sec, après les avoir mises dans des boîtes de bois également sec.

Poires tapées.

Les poires tapées sont beaucoup moins longues à préparer. On pèle les poires, on les blanchit dans l'eau bouillante, et on leur donne même un petit bouillon, si elles sont assez fermes pour le soutenir. Il faut conserver l'eau dans laquelle elles auront blanchi, ainsi que les pelures.

Lorsque les poires ont subi la première préparation, vous les rangez sur des claies et les mettez dans le four, un peu moins chaud que pour cuire le pain ; vous les replacez au four, jusqu'à ce qu'elles soient parfaitement sèches ; ensuite vous les mettez dans des boîtes bien closes, et dans un endroit à l'abri de toute humidité.

Vous pilez ensuite les pelures, et lorsqu'elles sont maniables, vous les mettez dans l'eau où on a blanchi les poires, dans laquelle vous les faites bouillir jusqu'à ce qu'elles soient bien molles ; vous mettez de la cassonade dans cette eau, la quantité proportionnée au jus ; vous passez ce jus et le mettez dans des bouteilles bien fermées ; et l'hiver, lorsque vous voulez faire des compotes avec vos poires tapées, vous prenez de ce jus et les faites bouillir avec jusqu'à ce qu'elles s'amollissent ; vous n'y ajoutez rien qu'un morceau de cannelle. Ces compotes sont excellentes et peu coûteuses.

Moyen de donner à la pomme de reinette le goût de l'ananas.
(Mme G. Dufour)

L'ananas est une plante cultivée dans les Indes, et maintenant à Paris dans les serres chaudes, à cause de l'excellence de son fruit, dont la saveur surpasse celle de tous les autres.

On distingue plusieurs sortes d'ananas : l'ananas *pain de sucre*, ainsi nommé à cause de sa forme ; le gros ananas blanc, d'une odeur plus suave que celle de nos coings ; et l'ananas pomme de reinette, qui est le plus excellent de tous. C'est de celui-ci que le moyen que j'emploie procure exactement le goût.

Il faut choisir des pommes de reinettes blanches, bien belles, bien saines, et dont la peau soit bien lisse ; vous les essuyez à plusieurs reprises avec un linge fin, et surtout vous faites attention à ne point froisser la peau.

Vous prenez ensuite des boîtes de sapin, dans lesquelles vous mettez des fleurs de sureau bien séchées à l'ombre et récoltées au printemps qui précède cette opération, afin qu'elles conservent toute leur odeur.

Ces préparations étant terminées, vous prenez les boîtes de sapin bien séchées, vous mettez un lit de fleurs de sureau au fond, puis un lit de pommes ; un second lit de fleurs et un lit de pommes, jusqu'à ce que votre boîte soit pleine. Il faut surtout avoir soin de remplir de fleurs tous les vides occasionés par la forme ronde des pommes, et prendre aussi bien garde qu'elles ne se touchent.

Tous vos lits de fleurs et de pommes ainsi faits, et le lit de fleurs étant le dernier, vous fermez votre boîte et collez du papier sur tous les joints, afin d'éviter que l'air n'y pénètre par aucun endroit.

Au bout d'un mois, ces pommes ont le parfum du fruit qu'elles représentent, et vous avez de plus l'avantage de les conserver jusqu'aux mois de juillet et d'août, aussi fraîches et aussi bonnes qu'en janvier. Lorsque les ananas (dans les serres) n'ont point acquis le degré de maturité qui leur est nécessaire, l'on en fait des compotes : l'on peut aussi faire des compotes avec les pommes imitant les ananas ; et j'affirme qu'elles sont beaucoup meilleures que celles de véritables ananas qui ne sont pas assez mûrs pour avoir le parfum et la saveur de l'ananas des Indes.

Confitures d'Abricots entiers.

On choisit pour cela les plus beaux ; il faut qu'ils soient un peu fermes. L'on retire avec attention le noyau par une petite ouverture du côté de la queue ; on les met à mesure dans de l'eau fraîche, et, lorsque la quantité que l'on veut conserver est préparée, on les fait blanchir.

Quand ils commencent à bouillir, il faut ôter la bassine du feu, et retirer le fruit avec une écumoire, en prenant le plus grand soin pour éviter qu'il ne soit froissé. Vous le laissez égoutter tout le temps que vous employez à faire le sirop de sucre. Lorsque le sirop est en ébullition, vous y mettez le fruit et lui faites jeter une douzaine de bouillons ; vous ôtez la bassine de dessus le feu. Lorsque le tout est un peu refroidi, vous séparez le fruit du sirop, que vous faites cuire de nouveau, et, lorsqu'il commence à perler, vous le jetez bouillant sur les abricots ; vous les laissez encore refroidir ; et, lorsqu'ils sont entièrement froids, vous les mettez dans des bocaux, les couvrez et les serrez dans un endroit à l'abri de toute humidité.

Les abricots-pêches se conservent différemment. Il faut qu'ils soient de plein-vent, bien mûrs, bien colorés, et qu'en les serrant légèrement entre les doigts, l'on sente le noyau se détacher. Vous les mettez dans des vases de terre vernissés ; à chaque lit d'abricots, vous les saupoudrez de sucre, et lorsque le vase est plein, vous versez de l'eau de fontaine avec précaution.

Lorsque les pots sont remplis, vous les mettez dans un chaudron plein d'eau sur le feu, et aussitôt que l'eau est en ébullition, vous retirez le chaudron et laissez l'eau se refroidir (les pots toujours dedans).

Quand l'eau a perdu assez de calorique pour que l'on puisse y tenir la main sans éprouver une trop grande chaleur, vous retirez les pots, les laissez refroidir entièrement ; vous saupoudrez le faîte avec du sucre en assez grande quantité, pour que les fruits puissent être entièrement imprégnés, et les laissez ainsi jusqu'à ce que le sucre se soit bien amalgamé avec les fruits. Cela fini, et le sucre à peu près mis en liqueur, vous versez environ un demi-verre d'eau-de-vie bien sucrée, dans laquelle vous aurez mis quelques gouttes d'eau de fleurs d'oranger, et vous bouchez vos pots hermétiquement. On peut d'ailleurs appliquer cette méthode à tous les fruits.

Compote d'Abricots verts.

L'on fait aussi, pour l'été, des compotes d'abricots, même de ceux qui tombent verts, lorsque l'arbre est trop chargé de fruits. Pour cela, l'on blanchit les abricots (après les avoir piqués avec une grosse épingle, afin qu'ils laissent évaporer leur *jus vert*) ; lorsqu'ils s'amollissent, vous les retirez de l'eau, les laissez égoutter sur un tamis. Quand ils commencent à sécher, vous les mettez sur le feu avec un gros morceau de sucre ; vous y ajoutez quelques gouttes d'eau de fleurs d'oranger, et vous les mettez dans des pots.

Ces compotes bien cuites peuvent se garder un mois ou deux, et font attendre plus patiemment que les fruits qui doivent les suivre soient mûrs.

Confitures d'Abricots verts.

Lorsque les abricots sont abondants, et qu'avant leur maturité les vents les ont fait tomber, il ne faut pas perdre ces fruits verts. Voici la manière de les utiliser :

Pour attendrir les abricots, vous prenez un linge blanc, que vous remplissez de cendre tamisée, et le mettez dans de l'eau de rivière, sur un grand feu. Après qu'elle a jeté deux ou trois bouillons, vous mettez les abricots dedans, toutefois après les avoir bien lavés et percés avec une épingle un peu grosse; lorsqu'ils fléchissent sous le doigt, vous les retirez du feu, et les jetez dans de l'eau fraîche pour les faire reverdir; ensuite vous les faites égoutter sur un tamis; puis vous faites un sirop de sucre, et mettez les abricots dedans: il ne faut pas qu'ils bouillent plus de deux minutes. Vous les retirez du feu, les laissez dans le sucre pendant une heure; vous les faites égoutter, et donnez une cuisson plus forte à votre sucre; vous y ajoutez les zestes et le jus d'une ou deux oranges, selon la quantité de fruit qui est cuite; vous mettez de nouveau les abricots dans le sirop, et après une ou deux ébullitions, vous les retirez avec une écumoire. Lorsqu'ils sont froids, vous les mettez dans des compotiers, et passez le sirop que vous versez dessus.

Les brugnons se conservent de la même manière que les abricots.

Marmelade d'Abricots.

Afin que cette confiture se garde bien, on doit choisir les abricots très-mûrs, le moins tachés qu'il soit possible; et, d'abord, il faut peser le fruit, et mettre par chaque livre un peu moins de 250 grammes (1/2 livre) de sucre.

Lorsque le sucre est cassé, que les abricots sont épluchés, l'on met le tout dans la bassine; on fait bouillir ce mélange à petit feu, en ayant surtout soin de le remuer, ce fruit s'attachant plus facilement que les autres.

Quand votre marmelade a acquis une consistance convenable (ce qu'il est facile de reconnaître en en faisant refroidir dans un vase de faïence), vous mettez les amandes provenant des noyaux des abricots dans votre marmelade; toutefois après les avoir fait blanchir pour les dépouiller de leur peau, vous leur faites jeter un bouillon dans la confiture, et de suite vous mettez vos abricots dans les pots.

Il est important de ne couvrir cette confiture que lorsqu'elle est entièrement refroidie.

Les marmelades de prunes de reine-claude, de mirabelle, de monsieur, se font absolument de la même manière, excepté que l'on n'y met pas les amandes provenant des noyaux.

L'on peut aussi, avec des abricots, faire une liqueur nommée *vin d'abricots*; mais ce sont les abricots-pêches que l'on emploie, comme étant plus juteux et plus succulents. Vous prenez des *abricots-pêches* extrêmement mûrs; vous en extrayez les noyaux, et les saupoudrez de 45 gram. (1 once 1/2) de sucre par 1/2 kilogramme, pour faciliter la séparation de leur suc ; ensuite vous les faites cuire à une chaleur douce ; et, sur 2 kil. (4 livres) de fruit, vous versez un litre de bon vin blanc et un double décilitre (demi-setier) d'eau-de-vie. Vous aurez aussi le soin de casser les noyaux, d'en extraire les amandes ; vous laisserez le bois des noyaux sécher pendant un jour au soleil, et vous les ferez infuser dans le vin ; un mois après, vous passerez cette liqueur à la chausse, et, si elle n'était pas bien claire, vous la filtreriez au papier gris.

Conserve pectorale d'abricots.

On prend des abricots blancs à demi-mûrs, on les coupe par petites tranches, et on les fait dessécher sur un feu doux. Il ne faut, pour cette conserve, que 125 grammes (4 onces) de fruit par 1/2 kilogramme de sucre. L'on fait cuire le sucre en sirop à la plume. Lorsqu'il commence à épaissir, on le laisse refroidir un peu, puis on met le fruit dedans, et on le remue pendant un certain temps, afin qu'il puisse se bien amalgamer avec le sucre. Quand il est déjà consolidé, l'on dresse cette conserve sur du papier blanc, après l'avoir coupée selon la forme que l'on désire.

La conserve de pêche se fait de la même manière.

Gelée de Groseilles.

Il faut d'abord choisir des groseilles bien mûres, et faire en sorte qu'elles ne soient pas cueillies par un temps humide. On prend la quantité de groseilles que l'on désire préparer en gelée, on les épluche ; on met un tiers de blanches et deux tiers de rouges ; des framboises rouges et blanches, en quantité proportionnée : toutefois il faut observer que ce dernier fruit ne doit pas dominer, mais seulement donner de son goût agréable.

Les groseilles doivent être épluchées et mêlées ensemble dans la bassine avec les framboises. Lorsqu'elles sont en ébullition, et qu'elles ont jeté cinq à six bouillons, vous les retirez du feu, les mettez sur un tamis, et les laissez égoutter ; quand elles sont un peu refroidies, vous les pressez dans un linge un peu serré, afin de recueillir tout le jus ; puis vous les remettez sur le feu.

Si l'on veut que ces confitures soient bonnes et en même temps économiques, il ne faut pas mettre plus de 250 grammes (1/2 livre) de sucre par 1/2 kilogramme de jus.

Lorsqu'on aura mêlé le jus de groseilles dans la bassine, avec le sucre, il faudra l'écumer avec attention ; mettre la première écume de côté, et conserver la seconde, qui sert à faire au moins une ou deux bouteilles d'eau de groseilles.

La première écume doit être employée, attendu sa partie sucrée, à mettre dans des compotes d'autres fruits qui tomberaient et pourraient être encore utilisés lorsque la maîtresse de la maison serait seule avec sa famille.

Quand le jus de groseilles sucré est en ébullition, et qu'il a été bien écumé, il faut le surveiller, et de temps en temps en mettre dans une cuillère exposée à l'air, afin d'examiner s'il se met en gelée. Lorsqu'il y est, l'on retire la bassine du feu, et l'on met le jus dans des pots; ensuite on les serre dans un endroit sec, surtout sans les couvrir ni avec des planches ni avec du papier. Il faut que cette gelée soit saisie par le contact de l'air.

Deux ou trois jours après, l'on peut couvrir les pots; mais il faut préférablement couper, de la largeur du haut des pots, des ronds de papier, que l'on fait tremper dans de l'eau-de-vie; ensuite l'on a du papier que l'on a mis tremper dans de l'eau fraîche, et, lorsqu'il est bien imbibé, l'on en met un morceau sur chaque pot, et légèrement on le fixe autour du pot (1).

Pommée ou marmelade économique de pommes.

Prenez à la fin de novembre toutes les pommes les moins belles, ainsi que celles dont la piqûre de ver a devancé la maturité, en un mot, toutes celles qui sont peu susceptibles de se conserver. Pelez-les (à moins que vous n'opériez en grand); coupez-les de deux en quatre; enlevez les pépins; mettez-les dans un chaudron sur lequel vous posez un couvercle, et au fond duquel vous avez jeté un ou deux verres d'eau. Faites cuire à feu doux; quand les pommes commencent à fondre, versez-les dans des terrines que vous transporterez au frais; mettez le lendemain les pommes à la cuisson, et retirez-les de même du feu. Si vous n'avez pas voulu ôter les pépins, vous passez la pulpe à travers une pulpoire ou passoire très-fine. On peut mêler les coings à la pommée : un seul suffit pour cent pommes.

Enfin, vous remettez la pommée sur le feu pour la troisième fois, et vous finissez par la cuire en consistance de marmelade. Si, refroidie, elle relâche encore son eau, on la remet sur le feu; enfin on l'empote, et on présente à deux ou trois fois les pots au four, à la sortie du pain, ce qui recuit la pommée et produit à sa surface une croûte qui tend à la conserver. Ces coctions successives la rendent très-sucrée : on

_____

(1) Voyez plus bas *Vin de groseilles.*

peut l'aromatiser avec de la cannelle et autres arômes, comme les compotes. La pommée fait une excellente marmelade de pommes, aussi sucrée que les confitures.

Gelée de Pommes de Rouen.

Qui ne connaît la transparence, l'éclat, et pour ainsi dire l'aspect aérien de cette suave gelée? qui ne désire, sans l'espérer toutefois, parvenir à l'imiter? La recette suivante va complètement satisfaire ce désir.

Pelez avec un couteau à lame d'argent des pommes de reinette bien saines; ôtez-en avec soin les pepins, coupez-les par morceaux, et jetez-les à mesure dans une terrine pleine d'eau froide, pour empêcher l'air de les noircir. Faites chauffer ensuite de l'eau de rivière dans une bassine de faïence ou d'argent, et jetez-y vos pommes avec les écorces de deux citrons, dont vous avez ôté toute la chair, puis quatre clous de girofle.

Lorsque vos pommes sont cuites à peu près en compote liquide, vous les mettez dans des chausses ou linges bien propres; vous les suspendez sur des vases pour recevoir le jus qui en tombera, vous mettez ce jus dans la bassine avec la quantité de sucre ou cassonade qu'exigera le sirop, et placez votre bassine sur un grand feu. Vous coupez les écorces de citron que vous avez fait cuire avec les pommes, et lorsque votre gelée commence à prendre, vous les jetez dedans. Néanmoins on préfère généralement la gelée pure.

Pour connaître si votre sirop est cuit, il faut faire les essais indiqués pour les autres gelées : il faut surtout ne pas quitter la bassine, parce que cette gelée est susceptible de prendre un degré de cuisson qui la rend très-ferme.

La gelée à demi-froide est versée dans de jolis pots de verre blanc, qui laissent voir tout son éclat. Les soins de préparation indiqués en commençant, ont pour but d'atteindre à la blancheur parfaite. S'il vous est indifférent que la gelée ait une teinte jaune, vous pouvez vous servir d'ustensiles ordinaires.

Confiture de Raisin.

Le raisin le meilleur pour cette confiture, est celui que l'on appelle vulgairement *raisin de vignes;* le chasselas n'est jamais aussi bon.

Vous prenez donc ce raisin, vous l'égrainez, et le mettez dans la bassine sans une goutte d'eau. Vous le faites bien cuire et le passez de même que la groseille. Si votre raisin est bien mûr, vous ne mettez pas 125 gram. (4 onces) de sucre par 1/2 kil. (1 livre). Il faut avoir soin de prendre du sucre ou de la cassonade un peu belle, cette confiture ne supportant d'autre liquide que celui du jus de raisin. La moindre goutte d'eau l'empêche de se tourner en gelée. Elle s'écume comme la groseille ; son écume fait une boisson excellente et rafraîchissante.

Vous essayez à l'ordinaire pour juger le degré de cuisson.

Confiture de Raisin Muscat.

Vous choisissez un certain nombre de beaux raisins muscat que vous égrainez. Vous choisissez les plus grosses graines.

Avec des aiguilles fines vous ôtez tous les pepins et vous conservez soigneusement le jus, en prenant le plus de précaution possible pour que le grain reste en son entier.

Vous éviterez ce travail si vous pouvez vous procurer des raisins frais de Corinthe, ou des raisins muscat-malaga, dont les grains sans pepins sont d'ailleurs beaucoup plus gros.

D'autre part vous faites bouillir environ 5 ou 6 kilog. (10 ou 12 livres) de raisin, dont vous exprimez le jus ; vous prenez 125 gram. (4 onces) de sucre par 1/2 kil. (1 livre), vous en faites un sirop dans lequel vous faites bouillir vos grains de raisin muscat, jusqu'à ce qu'ils aient perdu leur couleur verdâtre ; ensuite vous les retirez du sirop avec une écumoire ; puis vous mettez dans ce sirop le jus que vous avez retiré du raisin que vous avez fait bouillir, et, sur un grand feu, vous le faites cuire jusqu'à ce qu'il commence à former une gelée ; alors vous mettez dans cette gelée vos grains entiers et les faites bouillir de nouveau jusqu'à ce que votre jus soit en gelée parfaite, ce qui doit être l'affaire d'un demi-quart-d'heure au plus.

Conservation des Fruits par le sirop de vinaigre.

On prend une certaine quantité de vinaigre blanc de la meilleure qualité, proportionnée au nombre de livres de confitures que l'on veut préparer. On y jette une quantité suffisante de sucre en poudre, pour que ce vinaigre puisse, au bout de quelque temps, se changer en un sirop acéteux, où l'acide ne domine point trop ; c'est dans ce sirop que l'on met les fruits que l'on veut conserver. Il faut avoir la précaution de choisir les fruits dans leur parfaite maturité ; et par un temps très-sec au bout de six ou sept mois, le sirop a parfaitement pénétré les fruits. Il faut avoir soin de tenir les vases de grès dans lesquels on les met, dans un endroit ni trop chaud ni trop froid. Les fruits ainsi confits conservent toute leur saveur, et ont un goût très-agréable.

Confitures économiques.

Elles se font avec toute espèce de fruits. On pèle et l'on coupe par tranches les fruits à pepins; on ôte la queue, la grappe, le noyau des autres, puis on les met dans des pots plus ou moins grands, en les saupoudrant d'une plus ou moins grande quantité de cassonade, selon le degré de délicatesse et de conservation que l'on veut obtenir. On met ces pots dans le four après la sortie du pain, et à défaut de four, dans un chaudron plein d'eau. On fait bouillir le temps nécessaire pour donner une légère cuisson aux fruits que l'on conserve dans un lieu sec.

Raisiné.

Cette confiture est ordinairement si mal faite, que des personnes fort peu délicates la refusent obstinément sans vouloir même la goûter. C'est un petit préjugé que la ménagère est bien sûre de vaincre. Dès qu'on aura accepté de son raisiné par complaisance, on y reviendra par attrait.

A l'époque des vendanges, procurez-vous du moût bien frais, faites-le bouillir dans une chaudière; écumez-le parfaitement. Lorsqu'il ne donne plus d'écume, jetez dedans de la craie en poudre, peu à peu, à raison de l'effervescence que cette substance détermine dans la liqueur. Ne craignez pas d'en mettre trop, l'excès ne pouvant être nuisible, cependant 1/2 kil. (1 livre) de craie pulvérisée est plus que suffisante pour 5 kil. (10 livres) de moût.

Quand elle a cessé de produire de l'effervescence, vous brassez fortement le liquide, et vous le versez de suite dans une terrine. Vous brassez de nouveau, et laissez reposer jusqu'au lendemain matin. La craie se précipitera, la liqueur sera très-limpide; alors vous la découlerez et la ferez bouillir rapidement jusqu'à consistance de sirop. D'autre part, vous ferez blanchir dans une chaudière les fruits à raisiné, moitié coings, moitié poires. Vous pourrez même y ajouter des carottes rouges et des betteraves jaunes, sans diminuer la douceur et l'agrément de votre confiture. Vous jeterez ces fruits et racines dans le moût désacidifié, et vous continuerez l'ébullition jusqu'à ce qu'ils soient tout-à-fait cuits. Vous essaierez de temps en temps si le sirop est à point : à cet effet, vous en laisserez tomber une goutte sur du papier à lettre bien collé, et, si vous ne l'apercevez pas sur le verso, la confiture est cuite, et vous pouvez l'ôter du feu sans craindre qu'elle ne s'altère.

Quelques instants auparavant, jetez-y des grains de raisin

muscat blanc, bien mûr : la peau ne doit pas en être ridée quand vous enleverez la chaudière. C'est une agréable addition.

Cette confiture n'a du raisiné commun que le nom. Au lieu d'être noir comme lui, elle est d'un brun clair ; au lieu d'être acide, elle est douce et sucrée. Après l'avoir préparée, ainsi que je viens de l'expliquer, j'avais moi-même peine à croire qu'elle n'eût pas reçu une large partie de sucre.

CHAPITRE XI.

VINS DE FRUITS. — FRUITS A L'EAU-DE-VIE.
RATAFIAS.

Vins de Fruits.

Les vins de fruits sont les sucs de ces fruits, animés par la fermentation, et tantôt adoucis par la coction, l'addition de cassonade, de sirop de betterave, de miel (ce qu'il y a de plus économique, selon les localités), tantôt excités par une addition de levain, d'eau-de-vie, de divers parfums. Le goût et l'habitude décident de ces additions.

Vin de Cerises blanches.

La cerise blanche est, de toutes les espèces, la plus sucrée ; en la faisant légèrement cuire et infuser dans un mélange de 1 litre de vin et 1/2 litre d'eau-de-vie, on a un vin infiniment agréable, auquel le noyau qu'on a concassé donne une légère odeur de vanille. On passe l'infusion, on exprime et on filtre ; il n'y a pas de sucre à ajouter.

Vin de Groseilles et de Cassis.

Il faut cueillir les groseilles ou les cassis sur la fin de la matinée, et les exposer à l'ardeur du soleil pendant quelques heures ; ensuite les égrainer sur un crible, et les fouler à mesure pour faire tomber le suc et les peaux dans un cuvier destiné à faire l'opération. Cela terminé, on ajoute un peu de sucre brut, dans la proportion d'un dixième, et la quantité d'eau nécessaire pour diminuer un peu de viscosité du suc de groseilles ; brassez le mélange pendant quelques instants, couvrez le cuvier d'une toile par-dessus laquelle vous poserez son couvercle, et placez-le dans un lieu tempéré afin que la fermentation ne soit pas trop tumultueuse ; elle s'annoncera au bout de quelques heures par un sifflement qui, bientôt, augmentera aussitôt que la liqueur commencera à baisser. Soutirez-la dans des barils que vous porterez à la cave.

Laissez ces barils débouchés pendant quelques jours, et à mesure qu'ils dégorgeront, vous les remplirez avec du vin de groseilles réservé à cet effet. Bouchez les barils petit à petit, à mesure que la fermentation diminuera, sans cesser cependant de les remplir quand il en sera besoin, et n'enfoncez tout-à-fait le bouchon que lorsque toute la fermentation aura cessé. Ce vin sera soutiré au bout de deux mois seulement, en ayant soin de ne pas le remuer jusque-là, après quoi il sera excellent.

On doit le coller avant de le mettre en bouteilles.

Vin de Pêches.

On choisit de préférence la pêche de vigne, quoiqu'elle soit peu agréable à manger et peu parfumée, mais on y ajoute un sixième de pêches fines. Après avoir essuyé ces fruits pour en ôter le duvet, on les ouvre en deux pour en enlever le noyau, et on les jette dans un tonneau défoncé en les écrasant à mesure. Après avoir laissé reposer cette pâte pendant quelques heures, sans lui donner le temps d'entrer en fermentation, on y ajoute un peu de levain artificiel (un pour cent environ); on la pétrit avec des billots de bois; on délaie la masse en consistance de bouillie claire avec de l'eau chaude; enfin on ajoute les noyaux sans les casser, très-peu de cannelle et de girofle si on le juge à propos, et l'on met en fermentation pendant quelques jours, comme pour le vin de cerises, après avoir couvert le tonneau avec des planches ou toute autre chose capable d'intercepter l'air extérieur.

Lorsque la pâte a été préparée et délayée ni trop ni pas assez, la fermentation est vive et prompte. Le vin de pêche est l'un des plus agréables que l'on puisse boire. Quelques personnes y ajoutent, après le soutirage, un peu de vanille triturée avec du sucre, ou quelques gouttes d'ambre; mais le parfum naturel du fruit et celui du noyau suffisent. Ce vin étant très-liquoreux, a besoin d'être gardé pendant un an en futaille.

Vin d'Abricots.

Ce vin se fabrique exactement comme celui de pêches, et lui cède peu quand il est bien préparé; on choisit de préférence des abricots en plein vent. Il est inutile de rappeler que ces fruits et tous ceux que l'on destine au même usage, doivent être aussi mûrs que possible. On peut parfumer le vin d'abricots avec un peu de framboises blanches.

Vin de Poires et de Pommes.

On prépare par les mêmes procédés que pour le coing, et avec les poires de rousselet, ou les pommes de fenouillette, des vins qui diffèrent très-peu du cidre et du poiré, préparés par les procédés ordinaires.

Vin de Coings.

Ce fruit, malgré le peu de matière sucrée qu'il semble contenir, fournit une liqueur vineuse très-bonne et qui n'est point assez connue; on extrait le suc du fruit comme pour le ratafia, et l'on met fermenter ce suc avec environ 4 à 5 kil. (8 à 10 livres) de cassonade ou de miel, et 1 kil. (2 livres) de levain pour 100 litres de liqueur. Cette pratique est sans contredit la meilleure : ou bien on coupe les coings par quartiers, on enlève la peau que l'on met de côté, et l'on rejette les pepins, on fait ensuite cuire les fruits dans l'eau jusqu'à ce qu'ils s'écrasent aisément; on les jette dans un fort tamis de crin ou dans un crible de fil de laiton, pour les réduire en pulpe. On ajoute le sucre et le levain, on délaie le tout d'abord avec le produit de la décoction, et ensuite avec de l'eau chaude. Si la matière est trop pâteuse, on ajoute alors la peau des fruits, un ou deux clous de girofle par litre, et l'on se conduit du reste en tout point comme pour le vin de pêches. Ce vin conserve encore de l'âpreté; mais il s'en dépouille en vieillissant, et devient même gracieux.

Fruits à l'eau-de-vie.

Avant de connaître la méthode de M. Cadet-Devaux, pour préparer les fruits à l'eau-de-vie, je trouvais comme lui détestables ces fruits infusés simplement dans cette liqueur. J'engage donc bien la maîtresse de maison à renoncer à cette mauvaise méthode pour adopter celle de M. Devaux.

Cerises à l'eau-de-vie.

Prenez, dit-il, cerises précoces parfaitement mûres, ôtez le pédoncule, écrasez-les à la main, séparez-en les noyaux et les concassez, mettez-les sur le feu dans une poêle à confiture avec le sucre ou la cassonade; faites bouillir à un feu doux pendant une demi-heure; retirez et jetez dans cette compote bouillante la framboise que vous ferez plonger avec l'écumoire, et versez le tout avec l'eau-de-vie dans une cruche, en y joignant les arômes.

On laisse infuser le tout au soleil jusqu'au moment où l'on récolte la grosse cerise qui est la dernière de toutes.

Alors on exprime cette infusion, on la passe à la chausse, et on y plonge sa cerise, dont on coupe la queue en partie.

Par ce procédé, ce n'est plus dans l'eau-de-vie pure, mais dans un excellent ratafia de cerise framboisé et aromatisé, que la cerise infusera ; elle n'échangera pas son eau douce et légèrement sucrée contre de l'eau-de-vie, mais bien contre une liqueur aussi agréable au goût que salutaire, et elle ne sera ni molle ni racornie.

Voici les proportions :

Cerises précoces. . . . . 3 kilog. (6 livres).
Cassonade au sucre. . 1 kil. 500 gram. (3 livres).
Framboises.. . . . . 500 gram. (1 livre).
Eau-de-vie.. . . . . . 6 litres.
OEillets à ratafia épluchés: . 6 poignées, ou tout autre arôme, girofle, cannelle, vanille.
Cerises à confire, la quantité suffisante pour être recouvertes du liquide.

Cerises à l'eau-de-vie, au sirop.

On substituera, aux 3 kil. (6 livres) de sucre ou cassonade, 4 kil. à 4 kil. 1/2 (8 à 9 livres) de sirop ; mais le sirop portant avec lui de l'eau dont est privé le sucre, on substituera aux 6 litres d'eau-de-vie ordinaires, 4 litres d'eau-de-vie forte ou esprit ; et voilà encore une des appropriations du sirop, telle qu'on ne le distingue point du sucre.

Prunes à l'eau-de-vie.

La prune à l'eau-de-vie sort du cercle de l'économie de la ménagère ; c'est un confit d'office, et presque du luxe ; il y a d'ailleurs quelque art à les bien préparer, toutefois indiquons-en le procédé.

On prend la plus belle reine-claude, celle des 15 ou 16 au 1/2 kilogramme, avant son point de maturité ; on la pique et on la met dans une bassine avec de l'eau froide ; on la blanchit, c'est-à-dire qu'on fait chauffer l'eau ; puis on enlève avec l'écumoire la prune à mesure qu'elle s'élève à la surface, pour la plonger dans l'eau froide ; on retire celles qui se fendent ou se déchirent.

Alors on fait clarifier 1 kil. (2 livres) de sucre dissous dans 1 kil. 1/2 (3 livres) d'eau ; le sirop refroidi, on y plonge la prune ainsi blanchie, et on la laisse à un feu doux se pénétrer de sucre ; on la retire pour concentrer un peu le sirop, et on y plonge de nouveau la prune qu'on avait mise à refroidir ; elle lâche son eau et prend un peu plus de fermeté par le refroidissement ; enfin on la replonge pour la dernière fois dans le sirop plus concentré et cuit à consistance ; alors on enlève la bassine du feu, et on verse la prune et le sirop dans des bocaux où l'on a mis de l'eau-de-vie : les proportions sont parties égales de sirop et d'eau-de-vie ; on ne met que les prunes bien entières.

Abricots à l'eau-de-vie.

Les fruits étant choisis et nettoyés, on enlève la queue, puis on enfonce dans cet endroit la pointe d'un couteau jusque sur le noyau qu'on agite légèrement, afin de le détacher.

On met sur le feu une bassine contenant du sirop de sucre, fait avec une partie de sucre et une demi-partie d'eau ; lorsqu'il commence à bouillir, on y jette, avec précaution, les abricots, en ayant soin de les faire plonger dans le sirop avec l'écumoire ; lorsqu'ils commencent à fléchir sous le doigt, on les retire du feu, on les fait égoutter ; le mélange de l'eau-de-vie et du sirop à la dose indiquée étant fait, vous filtrez et versez la liqueur sur les abricots qui sont rangés, sans être pressés, dans des vases.

Pêches à l'eau-de-vie.

Après que les pêches ont été blanchies au sirop, ainsi que les abricots, on les retire de la bassine, on laisse le sirop sur le feu, on clarifie au blanc d'œuf, puis on le jette tout bouillant sur les pêches rangées à cet effet dans des terrines : elles doivent plonger entièrement dans le sucre. Après vingt-quatre heures de séjour on les retire ; on mêle trois parties du poids d'esprit à 22 degrés, à deux de sirop, on filtre et on verse sur les pêches rangées avec soin dans des vases.

On peut suivre pour les abricots et les pêches le procédé du blanchiment par deux coups de feu, mais cette manière, quoique préférable en ce qu'elle laisse aux fruits leur beauté, demande plus de soin ; si on la met en usage, il faut mélanger partie égale d'esprit et de sirop.

Poires de rousselet à l'eau-de-vie.

On choisit la poire dite rousselet, de Reims, on la pèle avec soin, en conservant la queue dont on coupe l'extrémité ; lorsque cette opération est faite, on jette la poire dans de l'eau qui doit être alunée, afin de l'empêcher de noircir. Après une demi-heure de séjour, on les retire pour les précipiter à l'eau bouillante ; lorsqu'elles commencent à fléchir sous le doigt, on les retire et on les plonge dans de l'eau froide, dans laquelle on a ajouté le jus de quelques

citrons. Si l'eau s'échauffe, on la remplace par de la nouvelle ; lorsque le fruit est entièrement froid, on le fait
égoutter, puis on range les poires une à une avec précaution dans des bocaux ; et, pendant le temps qu'on dispose
les fruits, on fait bouillir le sirop qu'on jette bouillant sur
les peaux des poires, afin de retirer tout l'arôme du fruit
qui est contenu dans ces peaux, on laisse infuser jusqu'au
moment où le liquide est refroidi.

On ajoute deux parties d'eau-de-vie à 22 degrés, à deux
de sirop, on passe à la chausse et on coule sur les fruits ;
on peut, si on le juge convenable, faire passer les poires
au sirop, tel que cela se pratique pour les pêches et les
abricots.

Noix vertes à l'eau de-vie.

Lorsque la coquille de la noix n'est pas assez dure pour
résister à la pression d'une épingle qui doit traverser son
tissu avec facilité, cueillez et pelez délicatement cette noix
jusqu'au moment où vous aurez découvert cette petite mem-
brane blanche qui forme à cette époque la coquille, et jetez-
la immédiatement dans l'eau anulée, dans laquelle elle doit
baigner entièrement, et qu'on a soin de changer à mesure
qu'elle se colore ; après quelques instants, placez-les sur le
feu dans une bassine d'eau alunée avec une ou deux poignées de cendres renfermées dans un linge ; laissez le tout
bouillir légèrement, assez pour prolonger l'infusion sans
cuire le fruit ; retirez-les du feu, jetez-les à l'eau froide, que
vous renouvelez trois ou quatre fois de quart-d'heure en
quart-d'heure, lavant chaque fois les noix avec précaution ;
laissez égoutter et passez au sirop ; lorsque la noix percée
légèrement avec une épingle touche, par son propre poids,
au fond de la bassine, elle est assez cuite, on la retire et on
laisse égoutter ; le sirop rapproché est coupé avec deux parties d'eau-de-vie sur une de sirop ; passez à la chausse et
coulez sur les noix.

On peut mettre les noix pendant quinze jours à l'eau-de-
vie seule après leur sortie du sirop, afin de les raffermir et
de leur donner un peu plus de force.

Raisins à l'eau-de vie.

Choisissez de beaux et bons raisins muscats, ni trop ni
pas assez mûrs ; détachez les grains les plus gros et les plus
sains ; piquez-les de deux ou trois trous et jetez chaque grain
dans l'eau fraîche ; retirez-les de l'eau après quelques instants, faites égoutter, essuyez vos grains, puis écrasez les
graines que vous avez laissées de côté et mêlez-en le jus au

sirop que vous clarifiez au blanc d'œuf; ajoutez deux parties d'eau-de-vie à une de sirop, filtrez et versez sur les raisins qui seront gardés dans un lieu frais et obscur (1).

RATAFIAS.

Ces liqueurs économiques sont composées spécialement de l'infusion des fruits dans l'eau-de-vie bien sucrée. On en prépare toutefois avec différentes fleurs et racines, et l'on remplace assez souvent l'eau-de-vie par l'esprit-de-vin, mais ce ne sont là que des accessoires.

Ratafia blanc ou base des ratafias.

Eau-de-vie.	1 litre.
Eau.	1 double décilitre.
Sucre.	375 gram. (12 onces.)

Ensuite avec quelques gouttes d'une huile essentielle quelconque, comme bergamotte, menthe, cannelle, mises sur un morceau de sucre, la ménagère aromatisera ce ratafia blanc. Et pour donner un arrière-goût, elle ajoutera soit un filet d'eau de rose, d'eau de fleurs d'oranger, une pincée de sucre de vanille, puis filtrera.

Les fruits à écorce, comme citron, orange, sont mis en zestes. Les fruits à graines (cerises, groseilles) se mettent écrasés. Les fruits charnus, comme les coings, se mettent râpés. Les fleurs, les racines, les épices se concassent. Les recettes que nous allons donner vont servir d'exemple à ces préceptes, d'après lesquels la maîtresse de maison pourra faire des ratafias avec une multitude de substances. Quelques-unes offriront des exceptions légères ou plutôt des variétés.

Ratafia de Girofle et Vanille.

Vous prenez vingt clous de girofle et deux bâtons de vanille, que vous cassez par morceaux; vous les mettez dans le ratafia blanc ou sirop à l'eau-de-vie et les y laissez un mois; puis vous le filtrez.

Ce ratafia a le goût aussi agréable que ceux que l'on achète fort cher; il est moins malfaisant, parce qu'il est simple, et qu'il n'y entre point d'esprit-de-vin.

Ratafia d'Orangeade.

Pour un litre d'eau-de-vie, vous prenez deux oranges de

(1) Quand vous aurez des boîtes de fruits confits de Clermont, qu'ils deviendront secs, et ne seront par conséquent plus agréables, mettez-les simplement dans de l'eau-de-vie. Au bout de trois semaines, vous aurez les plus délicieuses préparations en ce genre. Il suffit d'ajouter un peu d'eau-de-vie de temps en temps.

Malte, que vous coupez par quartiers, et surtout en conservant le jus; vous faites infuser les oranges dans ce jus pendant une quinzaine de jours au moins; puis vous faites un
sirop avec 250 grammes d'eau et 500 grammes de sucre.
Vous mêlez avec de l'eau-de-vie, et vous laissez infuser le
tout pendant une huitaine de jours.

Ce ratafia est recherché des gourmets. On croirait, en le
buvant, avoir dans la bouche la meilleure orange : il se garde
longtemps et gagne beaucoup à vieillir.

Ratafia de Jonquille.

Pour un litre d'eau-de-vie, vous prenez 125 grammes de
fleurs de jonquille doubles, comme étant les plus odorantes.
Lorsqu'elles sont bien épluchées, vous les mettez dans le
sirop, que préalablement vous avez fait avec 500 grammes
ou 625 grammes de sucre ; vous les laissez infuser pendant
une quinzaine de jours, vous les filtrez à la chausse et mettez
cette liqueur en bouteilles, que vous avez l'attention de
boucher.

Ratafia d'Œillets.

L'on prend 140 grammes (4 onces 1⁄2) d'œillets les plus
odorants pour un litre d'eau-de-vie ; on les épluche, en faisant attention à ne pas froisser les pétales de la fleur, et vous
terminez comme pour le précédent.

Ratafia de fleurs d'oranger.

Vous prenez 250 grammes (1⁄2 livre) de fleurs d'oranger,
cueillies par un temps sec, point trop épanouies, vous les
épluchez avec attention, afin de ne les point trop presser ;
vous mettez ces fleurs dans un vase, et versez dessus environ un litre d'excellent esprit-de-vin ; vous laissez infuser ces
fleurs une demi-heure au plus ; ensuite vous les versez dans
un vase couvert d'un linge propre et pas trop serré, afin
d'obtenir l'esprit sans expression. Tandis qu'il s'écoule,
vous faites fondre, à froid, à peu près 750 gram. (1 liv. 1⁄2)
de sucre dans un litre d'eau de rivière; puis vous mêlez ce
sirop avec l'infusion spiritueuse, et, lorsque le tout est bien
amalgamé, vous filtrez la liqueur.

Il est bon d'ajouter à l'eau 125 grammes (4 onces) d'eau de
fleurs d'oranger. Les fleurs macérées n'étant point, à beaucoup près, épuisées peuvent servir à parfumer d'autres ratafias.

Cette liqueur est très-savoureuse et n'a point l'amertume
de la plupart des ratafias de fleurs d'oranger que l'on prépare
ordinairement.

Ratafia de Tilleul.

Cueillez, un peu après le lever du soleil, des fleurs de tilleul bien épanouies, mettez-les sans les tasser dans une cruche de grès que vous remplirez d'esprit-de-vin. Exposez la cruche à la chaleur du soleil après l'avoir parfaitement bouchée, passez au bout d'une huitaine de jours en exprimant légèrement, et ajoutez à la colature partie égale d'eau dans laquelle vous aurez fait fondre 150 à 180 grammes (5 à 6 onces) de sucre par litre de ratafia.

Cette liqueur très-peu connue est fort agréable.

Ratafia de fruits à noyaux.

Prenez une certaine quantité de pêches fines, d'abricots, de brugnons ou autres fruits à noyaux bien mûrs et extrayez-en le suc, mais sans le dépurer; ajoutez par chaque litre de ce suc un litre d'esprit un peu faible, 180 gram. (6 onces) de sucre en poudre, les noyaux des fruits et deux clous de girofle; exposez le tout pendant un mois au soleil dans une cruche bien bouchée et filtrez à cette époque. On peut faire un ratafia de tous les fruits à noyaux mêlés ensemble, ou de chacun en particulier, et y associer même le coing. Enfin on peut faire infuser dans l'esprit-de-vin le fruit écrasé, mais cette seconde méthode, quoique bonne, et surtout plus économique que la première, ne donne pas un ratafia aussi parfait.

Ratafia de Cassis.

Faites macérer au soleil, pendant huit jours, 2 kil. (4 liv.) de cassis égrappés, bien mûrs, et trois ou quatre poignées de feuilles de la plante, dans 2 kil. 1/2 (5 livres) d'esprit-de-vin; jetez le contenu de la cruche dans un tamis de crin ou autre; laissez égoutter pendant toute la nuit. Mêlez à la colature 875 gram. à 1 kil. (28 à 32 onces) de sucre fondu dans 2 kil. (4 livres) d'eau, 7 grammes (2 gros) de cannelle, 5 grammes (1 gros) de macis et autant de girofle, le tout en poudre, et filtrez au bout d'un mois de digestion au soleil.

Ratafia économique de Coings.

Versez sur le marc du suc de coings exprimé, du raisin blanc bouillant, et laissez infuser à une douce chaleur pendant cinq à six heures. Ajoutez alors 2 kilog. (2 livres) d'eau-de-vie forte par 1/2 kilog. de sirop, avec un peu de girofle ou de cannelle en poudre, et passez après trois ou quatre jours de digestion au soleil.

On pourra obtenir ainsi un ratafia fort peu coûteux, quoique assez agréable si l'on ne prolonge pas l'infusion trop longtemps. Les propriétés stomachiques du ratafia de coings sont connues.

Ratafia de Noyaux.

Mettez des noyaux entiers d'abricots ou de pêches, ou les uns et les autres mélangés, dans une cruche, jusqu'à près de moitié de sa hauteur, et remplissez-la d'esprit-de-vin. Faites digérer le tout pendant six semaines à une chaleur équivalente à celle du soleil; cassez alors environ un quart des noyaux que vous remettrez dans la cruche avec leurs coquilles. Faites macérer de nouveau pendant quinze jours à la même température; soutirez alors la liqueur, ajoutez-y partie égale d'eau dans laquelle vous aurez fait fondre environ 180 grammes (6 onces) de sucre par 1/2 kil. Laissez digérer de nouveau le mélange à froid pendant une quinzaine avant de filtrer.

On peut abréger de beaucoup la première préparation en cassant de suite les noyaux et passant la liqueur au bout de huit jours. Mais la coquille du noyau contient un arôme très-agréable dont l'esprit-de-vin ne peut se charger en si peu de temps. D'autres personnes laissent infuser leur noyaux ainsi cassés pendant un mois ou deux; mais alors l'amande de ces noyaux finit par donner à la liqueur un goût peu agréable.

Si on voulait associer à cette liqueur (qui n'en a pas besoin) un parfum étranger, on pourrait choisir de préférence le macis, l'ambre ou la vanille, mais en très-petite quantité. On peut aussi le rendre plus agréable en y ajoutant un peu de suc de pêche ou de raisin de muscat.

Ratafia de Truffes.

Choisissez des truffes de Périgord, noires, bien parfumées et de moyenne grosseur; brossez-les dans l'eau froide pour en enlever toute la terre sans endommager la peau, et les séchez dans un linge. Mettez dans une cruche de grès 1/2 kil. (1 livre) de ces truffes coupées en tranches, 7 gram. (2 gros) de cannelle, 3 grammes (1 gros) de girofle, autant de macis; 2 kil. 1/2 (5 livres) d'eau-de-vie à 22°; placez la cruche dans un lieu frais; passez au bout de huit jours de macération; ajoutez à la colature 1 kil. 1/2 (5 livres) de sirop de sucre; laissez reposer pendant quelques jours et filtrez.

Cette liqueur est digne d'occuper un rang distingué parmi les compositions de ce genre. Mais il est impossible d'en donner une recette bien exacte, parce que les truffes n'étant pas toujours parfumées au même point, il faut quelquefois augmenter la dose, comme aussi varier la proportion des aromates qu'on y ajoute. Il faut même avoir la précaution de s'assurer si l'eau-de-vie est assez parfumée, avant d'ajouter le sirop, sinon la repasser sur de nouvelles truffes.

CHAPITRE XII.

LIQUEURS ET SIROPS.

Les liqueurs de la ménagère diffèrent peu des ratafias, car elles se font par infusion. Comme eux, elles ont une base ou type, liqueur blanche qu'il suffit d'aromatiser à volonté avec des esprits saturés de parfums ou avec des huiles essentielles, pour obtenir toutes les variétés désirables de liqueurs. Voici cette liqueur-type.

Liqueur simple ou base de liqueur.

Mêlez 6 kilog. (12 livres) d'alcool dit trois-six (c'est toujours de celui-ci qu'il s'agira quand je dirai simplement alcool) avec 5 kilog. (10 livres) ou litres d'eau, et 3 kil. (6 liv.) de sirop de sucre bien clarifié et bien cuit, ou bien du sucre seulement froid.

Toutes fois que vous emploierez des essences, n'oubliez pas de les mettre avant le sirop, ou du moins de les dissoudre à part avec un peu d'alcool. Maintenant procurez-vous de la manière suivante des parfums pour vos liqueurs.

Conservation du parfum des fleurs.

Prenez les pétales des fleurs effeuillées avec soin; placez couche par couche alternativement dans un bocal, un lit de fleurs et un lit de beau sucre en poudre, remplissez ainsi votre vase et le bouchez hermétiquement pour le placer au soleil ou dans une étuve, durant une semaine, ou un mois dans une cave fraîche. Après ce temps, exprimez le jus à la presse et à travers une étoffe de laine; conservez-le dans des bouteilles hermétiquement fermées.

Vermouth ou extrait d'absinthe de Hongrie.

Cette liqueur stomachique, dont on fait très-grand cas dans tous les pays du Nord et en Allemagne, se confectionne ainsi :

Commencez par choisir des raisins bien mûrs, et, après en avoir extrait le moût, passez-le à travers un filtre, et versez-le ensuite dans un baril, que vous placerez dans une chambre chauffée modérément. Ainsi clarifiée, cette liqueur est versée dans une cuve, dont le fond, percé de plusieurs trous, est couvert d'absinthe. Elle est reçue dans un vase, et on la laisse fermenter pendant quelque temps en ayant soin d'écumer à mesure de la fermentation et d'augmenter graduellement la chaleur du poêle. On la passe ensuite à travers des sacs de toile en forme de filtres, disposés l'un à côté de l'autre sur un châssis de bois. Quand la liqueur coule clair, on la reçoit dans une cuve bien propre, d'où elle est transvasée dans de petits barils contenant une infusion d'absinthe et d'herbes aromatiques, auxquelles on ajoute de la noix muscade, de la cannelle, de l'anis et autres ingrédients semblables, en petite quantité. La liqueur subit alors une seconde fermentation, après laquelle on la met en bouteilles. Cette excellente recette a été communiquée, en 1822, par M. de Fahrenberg : c'était jusqu'alors un secret de famille. Cette liqueur est excellente pour les estomacs paresseux. A moitié des grands repas, des gastronomes en prennent pour stimuler l'appétit. C'est, selon moi, une gloutonnerie dégoûtante ; mais comme il est d'usage d'offrir de l'extrait d'absinthe, que du reste la diversité des mets excite malgré soi à dépasser un peu les bornes de la tempérance, la maîtresse de maison fera très-bien d'en présenter.

Eau de Coings.

On choisit des coings sains et bien mûrs, on les râpe, et lorsqu'ils sont réduits en cet état, on en exprime le jus en tordant le linge dans lequel on les a mis ; on ajoute à ce jus une égale quantité d'eau-de-vie, et l'on met du sucre dans la proportion d'un 1/2 kil. (1 livre) sur 6 litres de liquide ; on ajoute une quantité plus ou moins grande de cannelle, selon que l'on désire rendre le goût de cet aromate plus ou moins sensible. Comme il se forme un dépôt au fond de cette liqueur, on doit la soutirer au bout d'une quinzaine de jours ou même d'un mois. On la met en bouteilles, et l'on en fait usage au besoin : elle acquiert des qualités en vieillissant.

Baume de Moluques.

Mettez infuser pendant dix jours, dans une dame-jeanne capable de contenir 20 kilogrammes (40 livres) d'eau, 5 kilogrammes (10 livres) d'eau-de-vie à 18 degrés, 2 kilogrammes (4 livres) de sucre blanc, 2 kilogrammes (4 livres) d'eau de rivière, 15 grammes (4 gros) de girofle en poudre, 255 centigrammes (48 grains) de macis aussi en poudre. Agitez deux ou trois fois par jour, donnez une couleur brune à l'aide du caramel ; filtrez au bout de dix jours, et mettez en bouteilles.

Soupirs de l'amour.

Mettez autant d'eau-de-vie, de sucre et d'eau que pour la liqueur précédente ; parfumez avec de l'essence de rose, en quantité suffisante, déterminée par le goût ; donnez une couleur rose pâle avec la teinture de cochenille. Vous pouvez filtrer aussitôt que le sucre est fondu, après avoir agité six fois, et mettre en bouteilles.

Pour obtenir la teinture de cochenille, vous pilez dans un mortier cette substance, à laquelle vous ajoutez un sixième d'alun en poudre. Quand l'une et l'autre sont bien pulvérisées ensemble, vous y versez de l'eau bouillante ; vous mélangez le tout avec le pilon, et jetez la couleur dans la liqueur prête à filtrer.

Curaçao, nommé vulgairement cuirasseau.

On ne la regarde aujourd'hui de bonne qualité qu'autant que quelques gouttes laissées au fond d'un verre, prennent une belle couleur rose lorsqu'on y verse quelques gouttes d'eau. Les Hollandais furent les premiers qui apportèrent cette liqueur en France, avec cette marque distinctive. On essaya de les imiter ; on y parvint bientôt, et aujourd'hui tous les liquoristes un peu expérimentés en fabriquent qui a les mêmes qualités. Voici le procédé le plus simple, qui se fait par infusion.

On met dans un grand bocal, à peu près rempli d'alcool à 34° Baumé (ou trois-six), les zestes de six belles oranges de Portugal, dont la peau est la plus lisse ; on laisse infuser pendant quinze jours ; après ce temps, on met dans une dame-jeanne comme la précédente, 5 kilogrammes (10 liv.) d'eau-de-vie à 18 degrés, 2 kilogrammes (4 livres) de sucre blanc, 2 kilogrammes (4 livres) d'eau de rivière. Lorsque le sucre est dissous, on y ajoute la quantité suffisante d'infusion de zestes d'oranges pour que ce goût domine, et l'on aromatise le tout avec 5 grammes (1 gros) de cannelle fine, et autant de macis, l'un et l'autre en poudre. Enfin on jette dans la liqueur 34 grammes (1 once) de bois de Fernambouc en poudre. On laisse en infusion pendant dix jours, en agitant trois ou quatre fois par jour ; au bout de ce temps, on goûte la liqueur. Si elle est trop forte et moelleuse, on ajoute de l'eau ; si elle est trop faible, on ajoute de l'esprit trois-six ; si elle n'est pas assez moelleuse, on ajoute du sirop. Alors on donne la couleur de caramel, qui doit être un peu foncée.

Crème de macarons.

Eau-de-vie, sucre et eau, comme à l'avant-dernière recette, auxquels on ajoute 250 grammes (1⁄2 livre) d'amandes amères pelées et bien pilées, girofle, cannelle et macis en poudre, de chacun 255 centig. (48 grains). On ne doit pas remplacer les amandes amères par des noyaux d'abricots ou de pêches, parce qu'il sont trop âcres.

On colore en violet pourpre par une décoction de pains de tournesol, à laquelle on ajoute de la couleur de cochenille en quantité suffisante pour avoir une belle nuance.

Crème de la Forêt-Noire.

Prenez : Sucre blanc. . . . . . 250 gram. (8 onces).
    Faites fondre dans un mélange
      composé de kirsch de pre-
      mière qualité. . . . . 125 gram. (4 onces).
    Eau filtrée. . . . . . . 125 gram. (4 onces).

Lorsque la dissolution de sucre est opérée, filtrez dans un entonnoir fermé, afin que la liqueur ne puisse s'affaiblir par la volatilisation spontanée d'une partie des principes alcooliques, puis ajoutez :

    Teinture d'ambre.. . . . . . 1 goutte.
    Mêlez exactement.

Crème de rose.

Prenez : Sucre blanc. . . . . 450 gram. (14 onces).
    Faites fondre dans un mélange
      composé d'eau de rose double 500 gram. (1 livre).
    Esprit-de-vin à 56 degrés. . . 1⁄2 litre.

Lorsque la dissolution de sucre est complète, colorez avec un peu de cochenille et d'alun, 3 décigrammes (6 grains), puis filtrez dans un entonnoir fermé.

Huile de fleurs d'oranger.

Prenez : Fleurs d'oranger mondées. 60 gram. (2 onces).
    Faites macérer pendant deux
      heures dans eau-de-vie de
      bonne qualité. . . . . 1⁄2 litre.
Passez à travers un tamis, puis ajoutez au liquide obtenu :
    Eau filtrée. . . . . . . 30 gram. (1 once).
    Sucre blanc.. . . . . . 500 gram. (1 livre).

Lorsque le sucre est complètement dissous, filtrez dans un entonnoir fermé.

Huile de vanille.

Prenez : Vanille de bonne qualité,
  coupée en très-petits mor-
  ceaux. . . . . 4 gram. (1 gros).
Cochenille finement concassée.. 96 centig. (18 grains).
Alun pulvérisé. . . . . 32 centig. (6 grains).
Faites macérer le tout pendant
  quinze à vingt jours dans
  esprit de vin à 33 degrés. . 1 litre.
Filtrez ensuite dans un entonnoir fermé, puis ajoutez :
Eau filtrée. . . . . . . 750 gram. (1 livre 1/2).
Sucre blanc.. . . . . 1 kil. 500 gram. (3 livres).
Lorsque le sucre est complètement dissous, filtrez de nou-
veau, avec les mêmes précautions que pour la première.

Liqueur à la rose.

Cette liqueur, recherchée par les dames à raison de son
parfum, de sa couleur, de son goût de rose, doit briller dans
les flacons de la ménagère.

Roses fraîches mondées de leur
  calice. . . . . 500 gram. (1 livre).
Sucre en poudre. . . . . 1 kilog. (2 livres).
Mettez les fleurs et le sucre par couche dans un bocal, que
vous placerez dans un lieu frais. Quand le sucre sera entièrement dissous, vous ajouterez deux litres de bonne eau-de-
vie, que vous aurez soin de colorer auparavant avec 15 décigrammes (24 grains) de cochenille, et 15 décigr. (24 grains)
d'alun : mêlez et filtrez.

Eau du chasseur.

Faites dissoudre cinq à six gouttes d'essence de girofle, de
menthe ou de cannelle, dans 2 kil. 1/2 (5 livres) d'esprit-de-
vin; ajoutez-y 2 kil. 1/2 (5 livres) de bonne eau de menthe
poivrée, dans laquelle vous aurez fait fondre 915 grammes
(30 onces) de sucre blanc; filtrez au bout de quelques jours.

Alkermès de Florence.

Cette recette, employée par les moines du couvent de
Sancta-Maria-Novella, jouit d'une grande estime en Italie,
où l'on met des feuilles d'or dans l'alkermès pour montrer
combien il est précieux.

Prenez : Cannelle de Ceylan. . . 15 gram. (4 gros).
Clous de girofle. . . . . 287 centig. (54 grains).
Vanille givrée, coupée par mor-
  ceaux.. . . . . . . 4 gram. (1 gr. 9 gr.).

Concassez ces trois substances, mêlez et mettez-les dans un vase de grès ou de verre : jetez par-dessus :

Alcool à 32 degrés. . . 1 kil. 170 gram. (21. 5 o. 4 g.)

Faites digérer pendant trois jours, en agitant de temps à autre, puis filtrez et conservez à part.

D'un autre côté prenez :

Eau distillée de roses. . . . . 135 gram. (4 o. 4 gr.).
Cochenille choisie et pulvérisée. 5 gram. (1 gr. 36 gr.)
Alun cristallisé. . . . . . 53 centig. (10 grains).

Mêlez et faites macérer pendant trois jours en agitant quelquefois. Décantez, filtrez et conservez à part. Alors prenez :

Sucre fin. . . . . . 1 kil. 670 gram. (31. 5 o. 4 g.)

Faites-en, avec suffisante quantité d'eau, un sirop bien clarifié, et cuit à 32 degrés.

Lorsqu'il sera refroidi, mêlez-y la teinture spiritueuse de cannelle, girofle et vanille, puis la teinture aqueuse de cochenille. Enfin versez dans le mélange

Eau de fleurs d'oranger. . . . 68 gram. (2 o. 2 gr.).

Laissez reposer pendant trois jours, en agitant de temps en temps, puis filtrez à travers une couche de sable bien propre et bien lavée. Mettez ensuite la liqueur dans des bouteilles que vous boucherez et cacheterez soigneusement.

Laissez-la vieillir un peu avant d'en faire usage. Cette liqueur fort estimée se vend très-cher.

Liqueur des vierges.

Prenez : Racine d'angélique. . . 2 gram. (1/2 gros).
Semences d'angélique. . . . 2 gram. (1/2 gros).
Semences de carvi. . - . . 2 gram. (1/2 gros).
Safran oriental. . . . . . 64 centig. (12 grains).

Concassez les trois premières substances, incisez finement le safran, et faites macérer le tout pendant quinze à vingt jours, dans :

Alcool à 30 degrés. . . . . . 1 litre.

Filtrez dans un entonnoir fermé, puis ajoutez :

Sirop de capillaire. . . . . 750 gram. (1 livre 1/2).
Mêlez exactement.

DES SIROPS.

Dans une maison bien tenue, faire des sirops est aussi nécessaire, peut-être, et plus que des liqueurs.

Pendant l'été, ils offrent seuls d'agréables boissons rafraîchissantes. Dans les soirées d'hiver, ils sont indispensables. Dans le cours des rhumes, irritations internes, soit graves, soit légères, les sirops sont le remède principal. Notre maîtresse de maison s'en fournira donc. Elle n'imitera point à cet égard ces ménagères mal avisées, qui attendent l'ordonnance d'un médecin pour envoyer chercher rouleau par rouleau chez le pharmacien ou l'épicier, des sirops de gomme, de capillaire, de groseilles, etc. Or, chaque rouleau se paie de 75 cent. à 1 fr. 25 cent., et se boit souvent dans la journée. D'autres, aussi mal inspirées, font présenter dans une soirée des verres d'eau sucrée, qui viennent de recevoir le sucre. On tourne un peu, mais la soif, la danse, la conversation empêchent d'attendre que le sucre soit fondu, on boit l'eau non sucrée, et le sucre, resté au fond des verres, est du sucre perdu.

Un approvisionnement en sirop ne semble embarrassant et coûteux qu'aux personnes inexpérimentées. Comme nous avons vu qu'il est un ratafia simple, base des autres ratafias, une liqueur simple, base des autres liqueurs, il est aussi un *sirop simple*, base de tous les autres sirops. C'est le *sirop de sucre*, que l'on peut préparer avec le sucre brut, la cassonade. Ce sirop, toujours prêt, reçoit ensuite la saveur et le parfum qu'on juge convenable. Et les confiseurs, les pharmaciens, nous vendent ordinairement sous le nom de tels et tels sirops, du sirop de sucre qu'ils aromatisent et décorent ensuite d'un nom convenu. Le procédé indiqué page 233, pour recueillir le parfum des fleurs, afin d'aromatiser les liqueurs, convient aussi parfaitement pour les préparations qui nous occupent.

Sirop simple ou sirop de sucre. — Clarification.

Mettez sur un feu vif, dans une bassine, 5 kil. (10 livres) de sucre cassé en gros morceaux, avec 5 litres d'eau et trois blancs d'œufs. Délayez le sucre en remuant jusqu'à ce qu'il soit entièrement fondu.

Le blanc d'œuf se charge de toutes les impuretés contenues dans le sucre, et se rassemble avec elles dans les écumes qui montent à la surface du sirop. A mesure que l'écume commence à s'affaisser, on la dépose sur un linge posé au-dessus d'une terrine. Mais il vaut mieux avoir un petit instrument bien simple connu dans les pharmacies et chez les liquoristes, sous le nom de *blanchet*. C'est un morceau carré de toile ou de molleton de laine, que l'on fixe aux quatre coins armés d'un clou, d'un carré vide nommé *carrelet*.

Après la première écume, on verse du plus haut possible

dans le sirop encore un peu d'eau et de blanc d'œuf que l'on y mêle bien, et l'on attend que la seconde écume soit formée pour l'enlever comme la première. On continue ainsi à ajouter du blanc d'œuf battu, et à écumer jusqu'à ce que le sirop soit parfaitement clair; alors on y jette un peu d'eau froide, qui fait quelquefois monter une légère écume très-blanche, que l'on enlève comme les autres, et l'on passe le sirop à la chausse.

Quand l'on emploie du sucre blanc en pain, il faut moins de blancs d'œufs, et il suffit d'une seule clarification sans avoir besoin de faire monter les écumes plusieurs fois. Mais si l'on opère sur de la cassonade commune, il faut non-seulement faire monter les écumes à plusieurs reprises, mais encore recourir au charbon. A cet effet, on fait fondre le sucre dans de l'eau, et lorsque le mélange commence à bouillir, on y verse petit à petit, pour 50 kil. (100 livres) de sucre, environ 750 grammes ou 2 kil. (1 1/2 ou 2 livres) de charbon animal, et autant de charbon ordinaire pulvérisé et tamisé. On laisse alors monter le bouillon, on l'apaise avec environ un litre d'eau dans laquelle on a battu deux blancs d'œufs; et l'on répète cette opération autant de fois qu'il est nécessaire, en ayant soin de laisser le feu et d'enlever les écumes à mesure qu'elles se forment. On termine par passer. De quelque manière qu'on opère, il faut ménager le feu, afin que l'ébullition ne soit pas trop violente.

Emploi des écumes.

Les écumes du sirop simple, comme de tout autre sirop, doivent être employées. Leur premier produit, c'est-à-dire ce qui coule en premier lieu du blanchet, s'ajoute au sirop même : le second produit fait un sirop plus faible; enfin le troisième et même quatrième produits obtenus, en jetant de l'eau sur l'écume, forment une boisson agréable qui doit être consommée le même jour.

Le liquide clarifié, parvenu à la consistance de sirop, est retiré du feu; on le laisse un peu refroidir, mais lorsqu'il conserve encore de la chaleur, on le met en bouteilles, puis on attend qu'il soit complétement refroidi pour le boucher. Ce sirop pur convient parfaitement pour faire à l'instant de l'eau sucrée. Avant d'indiquer les autres sirops, je dois dire qu'ils craignent tous la chaleur, l'humidité, le contact de l'air, et qu'ils se conservent difficilement quand les vases ne sont pas pleins.

Sirops de fleurs d'oranger, de cannelle, d'angélique, de menthe, d'écorce de citron, etc.

Aromatisez du sirop de sucre avec les eaux distillées de ces objets, ainsi que de toutes les plantes aromatiques susceptibles de fournir des eaux distillées très-odorantes.

Sirops de groseilles, framboises, d'oranges, de citrons, de coings, etc.

Après avoir égrappé des groseilles bien mûres et cueillies par un beau temps, exprimez-en le suc sans eau; laissez reposer ce suc en lieu frais, pendant vingt-quatre ou quarante-huit heures, selon le temps; séparez-le de son dépôt; filtrez pour l'avoir parfaitement clair; mettez dans un matras 490 grammes (29 onces) de sucre en poudre par chaque 1/2 kil. (livre) de suc, et faites fondre à une très-douce chaleur. On peut ajouter sur 5 kil. (10 livres) de groseilles 1 ou 1 kil. 1/2 (2 ou 3 livres) de framboises et 1/2 kil. (1 livre) de merises ou cerises noires.

Les sirops d'oranges, de citrons, de coings, etc., se préparent de même. Pour obtenir le suc de ce dernier fruit, il faut, après l'avoir mondé de ses pepins sans le peler, le râper, le soumettre à la presse, après l'avoir exposé pendant vingt-quatre heures à la cave; laisser encore reposer le suc un ou deux jours avant de le filtrer, et terminer le sirop comme celui de groseilles.

Avant de porter à la cave les sucs de citrons ou d'oranges, il est bon d'y faire fondre quelques morceaux de sucre frottés sur la superficie de l'écorce, en observant de diminuer d'autant la dose de sucre destinée à faire le sirop. Tous les sucs de ces fruits peuvent être mélangés avec du sirop de sucre.

Sirop d'Orgeat.

On prend 250 gr. (1/2 livre) d'amandes douces, et autant d'amandes amères; on les passe dans l'eau bouillante pour retirer avec facilité leur pellicule rougeâtre; on les met ensuite dans le mortier, avec 125 grammes (4 onces) de sucre; on pile, en ajoutant un peu d'eau, de manière à former une pâte qui n'offre aucun grumeau; on verse ensuite de l'eau; on forme une émulsion que l'on passe avec expression dans un linge très-fort; cette émulsion reçoit le reste du sucre; on place sur le feu, et lorsque le sucre est fondu, on met une cuillerée de fleurs d'oranger. On peut remplacer les amandes par des avelines.

Sirop de Fraises.

Prenez 5 kil. (10 livres) de fraises épluchées, 6 à 7 kil. (12 à 14 livres) d'eau ; jetez cette eau à 40 degrés sur les fraises, et agitez un instant l'eau et les fraises pour les écraser ; placez le tout dans un lieu frais, ou entourez la terrine avec de la glace ; couvrez et laissez reposer vingt-quatre heures : jetez après cet espace de temps sur une étamine, et faites passer deux fois si cela est nécessaire, afin d'obtenir très-claire cette eau de fraise qui est très-aromatisée.

Prenez autant de livres de beau sucre blanc que vous avez de livres de jus, et faites dissoudre ce sucre à froid immédiatement dans de l'eau de fraises. Lorsque le sucre est totalement dissous, on mélange le tout à l'aide d'une spatule en bois ; puis on place ce sirop dans des bouteilles, on les bouche avec soin, on les ficelle, puis on les couche dans un chaudron, au fond duquel on met un lit de foin, on le remplit d'eau et on fait du feu dessous jusqu'au moment où toute la masse a éprouvé deux ou trois tours d'ébullition ; on cesse le feu, et lorsque le tout est froid, on retire les bouteilles et on les conserve pour l'usage. On peut se servir du même moyen pour faire de la conserve de fraises, mais on n'ajoute pas d'eau aux fraises, qui sont placées tout entières dans des bouteilles à large ouverture, et traitées de la même façon. Ce sirop est fort agréable aux malades, et recherché pour les soirées d'hiver. Les conserves de fraises servent à faire des compotes, des crèmes ou des glaces.

Sirop d'OEufs.

Cette précieuse composition de M. Payen sera fort utile dans l'habitude de la vie, pour avoir instantanément l'émulsion nommée *lait de poule*, émulsion dont chacun connaît l'avantage pour les petits enfants, les personnes enrhumées, ou dont les fonctions digestives sont dérangées. Le sirop d'œufs peut être substitué au sirop d'orgeat lorsque la digestion en est pénible, et rendre la limonade, et diverses boissons acides, plus légères à l'estomac.

On prend dix œufs frais de grosseur moyenne, on les bat avec 50 grammes (1 once 5 gros) d'eau, jusqu'au point d'être assez fluides pour passer, avec une légère pression, au travers d'une toile peu serrée : on parviendra ainsi à séparer les germes. On achèvera de fouetter les œufs en mousse, puis on ajoutera, en saupoudrant, 800 grammes (1 livre 5/4) de sucre pulvérisé : ces proportions donneront 1,550 grammes (2 livres 12 onces) de sirop saturé de sucre à la température de 15°, et l'on aromatisera avec 22 gouttes de fleurs d'oranger : l'addition de 15 grammes (1/2 once) de sel marin blanc pourra concourir à rendre la conservation plus longue, sans rendre le goût désagréable.

Lorsque tout le mélange, agité pendant un quart-d'heure, sera bien fluide, on séparera la mousse, puis on mettra le sirop liquide en flacon de 125 grammes (4 onces), que l'on gardera bien bouchés ; la quantité contenue dans chaque flacon pourra être prise en deux ou plusieurs fois, suivant le besoin.

Sirop de Gomme.

Pour chaque 1/2 kil. (livre) de sirop de sucre, faites dissoudre 30 grammes (1 once) de gomme dans la petite quantité d'eau nécessaire, pour obtenir une dissolution. Mélangez ensuite la gomme et le sirop, en faisant chauffer jusqu'à l'ébullition.

Sirop de Mûres.

Ecrasez un panier de mûres pour obtenir environ 3/4 de litre (3 demi-setiers) de jus ; mettez-les dans une bassine sur le feu, avec un demi-litre d'eau, et les ferez bouillir jusqu'à ce qu'ils soient réduits à un demi-litre. Exprimez bien, puis faites chauffer dans la bassine bien lavée, du sirop de sucre, de manière à avoir 1 kil. (2 livres) de sucre par 1/2 kil. (livre) de fruits (ce qui est la règle pour les sirops) ; ajoutez le jus de mûres, en tournant bien pour rendre le mélange parfait.

Ce sirop, d'un goût agréable, est très-bon pour les maux de gorge.

Sirop de Vinaigre framboisé à froid.

Epluchez 1 kil. 1/2 (3 livres) de belles framboises bien mûres, mettez-les dans un bocal avec 2 litres de vinaigre rouge : laissez infuser pendant huit jours, s'il fait très-chaud, et douze jours si la chaleur est modérée ; remuez de temps en temps avec une cuillère de bois. Au bout de ce temps, faites égoutter sur un tamis, et mêlez votre vinaigre avec 2 kil. (4 livres) de sirop simple. Ce sirop est excellent, il est des plus faciles à préparer, mais je pense qu'il ne se conserverait pas, et qu'il faut, comme je l'ai fait, le consommer dans la saison.

CHAPITRE XIII.

VINAIGRES DE TABLE. — LÉGUMES ET FRUITS CONFITS AU VINAIGRE. — MOUTARDES.

On aime généralement à faire usage pour la table, surtout dans les salades, d'un vinaigre qui puisse flatter le palais par une saveur agréable et aromatique. D'ailleurs un vinaigre ainsi préparé peut tenir lieu de l'assaisonnement que l'on ajoute aux salades, au moyen de plantes d'un goût prononcé, comme les ciboules, les pimprenelles, les capucines, l'estragon, etc., ce qui doit être préféré, car ces plantes se digèrent souvent avec difficulté par certains estomacs. Quand il s'agit d'aromatiser du vinaigre, on doit choisir celui qui est le plus fort, afin qu'il soit moins affaibli par les plantes auxquelles on veut l'allier. Le vinaigre blanc est en général préféré au vinaigre rouge.

Les plantes qui peuvent être employées pour aromatiser le vinaigre sont assez nombreuses. Chacun choisira celles qui seront les plus appropriées à son goût ou à ses habitudes. Ainsi on pourra employer l'estragon, la fleur du sureau, la pimprenelle, l'ail, les ognons, les ciboules, les fleurs de capucine, le cerfeuil, le céleri, le cresson d'eau, ou le cresson alénois.

Il est bon, avant d'employer ces plantes, de les cueillir pendant un temps sec, et de les exposer pendant un jour sur des claies pour leur enlever une partie de l'humidité dont elles sont imprégnées. L'on peut n'en prendre à la fois qu'une ou deux, ou en combiner plusieurs ensemble. On jetera dans un litre de vinaigre, une poignée de ces plantes, plus ou moins, selon que l'on voudra communiquer au vinaigre un goût et une saveur plus ou moins forts, ou selon la nature des plantes qu'on emploiera. On laissera macérer celles-ci pendant un mois; puis on filtrera la liqueur dans une chausse, en exprimant bien les plantes imprégnées de vinaigre. On peut se contenter de la laisser reposer pendant quelques jours, et de la transvaser.

Voici quelques exemples de la manière de combiner ces vinaigres.

Vinaigre à l'estragon.

Vous prenez deux poignées d'estragon que vous épluchez, sans y laisser aucune branche, puis vous le mettez aussi frais que vous le pouvez dans du vinaigre blanc, avec une demi-poignée de sel gris ; vous le laisser infuser pendant un mois.

Ce temps expiré, vous pouvez vous en servir dans la salade ; mais il faut vous abstenir d'en mettre dans les sauces, il donnerait un goût désagréable, à moins que ce ne soit dans des sauces piquantes à l'estragon.

Vinaigre de baume, estragon et sureau.

Il se fait de la même manière que le précédent, en ajoutant une demi-poignée de feuilles de baume, un tiers de litre de fleurs de sureau et de l'ail, en admettant que l'on n'ait point d'aversion pour cet assaisonnement.

Capucines ou câpres de ménage.

Vous prenez de la graine de capucine avant qu'elle soit mûre ; il est essentiel qu'elle ait conservé sa verdeur ; vous la mettez dans le vinaigre avec du sel et de l'estragon.

Cette graine supplée dans la cuisine aux câpres véritables pour les sauces piquantes ; accompagnée d'estragon, elle se sert aussi en hors-d'œuvre d'hiver.

Si vous n'avez point de jardin, vous pouvez très-facilement faire croître la capucine dans une cour, ou dans des pots.

Vous ne fermerez pas à demeure le vase qui contient les *câpres de ménage*, tant que vous pourrez en ajouter de nouvelles, à mesure que vous les récoltez. Elles doivent se cueillir petites.

Petits ognons confits au vinaigre.

Vous prenez de très-petits ognons blancs que vous épluchez, en ayant le soin de couper ce que l'on appelle improprement la tête.

Lorsque vos ognons sont bien épluchés, vous les jetez dans le vinaigre jusqu'à ce que votre vase soit plein ; vous les couvrez avec de l'estragon, de la passe-pierre et de la pimprenelle ; vous les salez et fermez hermétiquement votre pot jusqu'au moment où vous voulez vous en servir.

C'est encore un hors-d'œuvre qui plaît à quelques personnes, et qui est très-digestif.

Piment ou poivre long au vinaigre.

Vous prenez du piment ; le plus petit est le meilleur ; vous en ôtez la queue, et le jetez dans le vinaigre avec une poignée une peu forte de sel gris, de l'estragon, de la passe-pierre, et deux ou trois gousses d'ail.

Cornichons.

Choisissez des cornichons petits et de moyenne grosseur,

fermes, bien verts, caractères qui conviennent aux véritables cornichons, et non pas aux petits concombres vendus souvent sous ce nom. Mettez de bon vinaigre dans un pot de grès, et à mesure que vous essuyez fortement vos cornichons avec du linge neuf ou même avec une petite brosse (je préfère le linge), vous les jetez dans le vinaigre.

Cette préparation est indispensable, afin qu'ils s'imprègnent bien; sans cela, cette espèce de petite graine qui les enveloppe se resserre dans le vinaigre, et forme une sorte de pâte qui empêche les cornichons de s'infuser comme il faut; et lorsqu'on les mange, ils sont désagréables, cette graine *croquant* sous la dent.

Lorsque les cornichons sont dans le vinaigre, vous y ajoutez de la passe-pierre, de l'estragon, de la pimprenelle, des petits ognons, environ six gousses de piment ou poivre-long, pour un pot de six litres de vinaigre, environ aussi une demi-poignée de graines de capucines, quelques feuilles de roses, et deux ou trois poignées de petits haricots verts. Vous salez ensuite les cornichons, assez pour que tous les ingrédients puissent participer à la salaison. Cette préparation terminée, vous fermez hermétiquement votre pot.

Si vous êtes pressé de manger des cornichons, vous le pourrez deux mois après.

C'est prendre une peine inutile que de retirer, au bout d'un mois d'infusion, les cornichons du vinaigre, et de le mettre bouillir. Loin de lui donner de la force, ainsi qu'on le prétend, on l'atténue au contraire. Cette méthode est celle de madame G.-Dufour.

Autre manière de préparer les Cornichons.

On met sur le feu une bassine en cuivre non étamé et remplie aux deux tiers d'eau. Quand l'eau bout, on y plonge les cornichons dans une passoire en cuivre; après deux ou trois bouillons, on retire rapidement les cornichons et on les jette dans un grand baquet d'eau froide. On continue l'opération sur la totalité, et on laisse égoutter sur un linge ou un tamis.

Quand les cornichons sont bien égouttés, on les range dans des pots de faïence ou de grès, dans lesquels on doit les conserver. On fait ensuite échauffer du vinaigre étendu d'eau dans la bassine, puis on verse ce vinaigre bouillant sur les cornichons dans les pots, on répète cette manœuvre le lendemain avec le vinaigre des pots, on l'écume sur le feu, et on y ajoute un peu d'eau. Le troisième jour, après avoir fait bouillir le même vinaigre, toujours en ajoutant un peu d'eau, on y plonge les cornichons avec une passoire, comme il est dit plus haut. On leur donne un bouillon ; on les remet dans les pots, et on y verse le même vinaigre bouillant. Cette troisième opération cuit les cornichons ; elle ne doit point être répétée pour les plus petits.

On confit aussi de cette manière les petits ognons et les jeunes épis de maïs.

Bigarreaux confits au vinaigre.

Vous prenez 2 kilogrammes (4 livres) de bigarreaux blancs, avant qu'ils soient tout-à-fait mûrs ; vous en ôtez les queues, les mettez dans un grand vase et les couvrez d'eau bouillante ; puis vous les égouttez sur-le-champ, et ne les mettez dans le vinaigre que lorsqu'ils sont bien secs ; alors vous y ajoutez une bonne poignée d'estragon et de sel, et les laissez infuser l'espace de vingt-quatre heures ; puis vous les goûtez et y ajoutez de l'assaisonnement, si vous les trouvez trop doux.

Ces bigarreaux se servent quelquefois en hors-d'œuvre, avec les cornichons.

MOUTARDE.

Moutarde ordinaire.

Cinq litres de graine de moutarde de première qualité, cinq litres de bon vinaigre blanc ordinaire. On fait infuser la graine dans le vinaigre pendant huit jours environ, en agitant le mélange deux fois par jour et ajoutant du vinaigre de manière que les graines soient toujours humectées ; ensuite on broie au moulin, et on délaie avec le vinaigre, en une bouillie claire. On met dans les pots.

Moutarde aromatique.

Pour 6 kilogrammes (12 livres) de graines de moutarde, on prend une demi-botte de persil, une demi-botte de cerfeuil, une demi-botte de ciboules, trois têtes d'ail, une demi-botte de céleri, 250 grammes (8 onces) de sel marin en poudre, 125 grammes (4 onces) d'huile d'olive fine, 60 grammes (2 onces) des quatre épices fines, que l'on trouve chez les épiciers bien assortis, quarante gouttes d'essence de thym, trente gouttes d'essences de cannelle, trois gouttes d'essence d'estragon.

On hache toutes les plantes et les racines, après les avoir bien épluchées ; on les met ensuite macérer pendant quinze jours dans une suffisante quantité de vinaigre blanc de première qualité. Au bout de ce temps, on les broie au moulin, comme on est dans l'usage de le faire. On ajoute à la matière broyée les douze litres de moutarde broyée et très-fine. On réunit à ce mélange le sel, l'huile, les épices et les essences ; on délaie dans le vinaigre, dans lequel les plantes et les racines ont été mises en macération : on mélange bien le tout. Au bout de deux jours, on remplit de cette composition des pots de faïence bien blanche, qu'on bouche et qu'on goudronne.

Je terminerai ce chapitre en recommandant à la maîtresse de maison de conserver dans le vinaigre les anchois qu'elle pourra avoir de reste, après les avoir servis en hors-d'œuvre.

CHAPITRE XIV.

DE L'ÉCLAIRAGE. — PROVISIONS.

NETTOYAGES ORDINAIRES. — ANNUELS. — OBSERVATIONS SUR DIVERSES LAMPES. — COMPARAISON DES DIFFÉRENTS SYSTÈMES. — BRIQUETS PHOSPHORIQUES. — GAZ HYDROGÈNE.

Eclairage.

De toutes les économies mal entendues dont la maîtresse de maison doit se défendre, une des plus pernicieuses est celle du manque d'éclairage. Faute d'y voir on perd du temps, on casse les objets, on se heurte souvent d'une manière dangereuse. Si, dans la nuit on se trouve subitement réveillé par quelque accident, les secours sont lents, et souvent même inefficaces.

La ménagère doit donc établir un éclairage constant, suffisant, approprié aux différentes heures : elle doit avoir des provisions en ce genre, les distribuer avec régularité, et veiller surtout à ce que tous les ustensiles soient tenus dans la plus grande propreté.

Ayez pour éclairer la cuisine une lampe à mèche commune, mais un peu élevée ; ayez aussi des *bougeoirs-lampes*, qui n'ont pas comme la chandelle l'inconvénient de couler et de s'éteindre par le transport. Les bougeoirs, rangés le soir sur la table de cuisine auprès de la lampe, seront prêts à être allumés dès que les domestiques auront à aller ou à venir. Une chandelle dans un flambeau sera auprès d'eux pour servir dans les cas où il sera nécessaire de voir bien clair sur quelque point de la cuisine, ou de quelque endroit de la maison. Que des mouchettes avec leur éteignoir soient toujours placées auprès, afin que l'on n'omette pas de moucher convenablement la chandelle, et qu'on ne l'éteigne jamais avec le souffle, ou en la retournant du côté de la flamme dans le flambeau. Tous ces ustensiles seront dès le matin nettoyés et rangés à leur place ordinaire, sur une planche ou la cheminée. Ayez de petites lanternes pour aller dans les lieux où le feu peut prendre aisément.

Si votre fortune est au-dessus de la médiocrité et que votre salle à manger serve de passage au salon et à votre chambre, qu'une lampe à plusieurs mèches, recouverte d'un globe en gaze, soit suspendue au milieu de la salle à manger. Elle suffira pour éclairer le dîner ordinaire ; mais les jours où la table sera de plus grande dimension, on ajoute des flambeaux ou des candélabres garnis de bougies ou de chandelles-bougies à chaque bout de la table. Ces jours-là l'office doit être éclairée par un quinquet. Les jours où l'on reçoit, il faut, outre les lampes à colonnes qui garnissent la cheminée du salon, au moins deux bougies sur cette cheminée : il en faut pour les tables de jeu. Pour peu que vous le puissiez, l'escalier doit être éclairé. Voici donc une consommation considérable. Les personnes très-opulentes ont un lustre suspendu au milieu du salon, et une lampe antique suspendue de même dans la chambre à coucher de madame. Une gaze en forme de sac recouvre ordinairement ce lustre. Lorsqu'on éteint les lampes et quinquets, il est bon de couvrir l'ouverture du verre avec un étui de carton ou de métal propre à cet effet ; cela empêche l'odeur de s'exhaler et la poussière de s'introduire.

L'ordre et la propreté, que je ne cesserai point de recommander à la maîtresse de maison, sont indispensables pour l'éclairage. Faites pour l'année vos provisions d'huile à quinquets, de bougies (si vous vous en servez), de chandelles-bougies et de chandelles communes. Que dans votre grenier ou dans tout endroit sec, obscur et bien fermé, soit un petit cabinet destiné à cet approvisionnement. Que dans le bas soient les grandes bouteilles d'huile, tenant chacune au moins 5 kilogrammes (10 livres) ; celles dans lesquelles vous ferez transvaser ce qu'il faudra pour le mois, et enfin celles qui contiendront la provision de la semaine ; les diverses mesures sont nécessaires pour prévenir le gaspillage que les domestiques feraient. Un peu au-dessus doivent être des rayons sur lesquels vous placerez dans des boîtes de bois blanc, étiquetées, les diverses sortes de bougies, telles que les bougies diaphanes (1), de blanc de baleine, colorées et

_____

(1) Essayez la bougie stéarique, dont la mèche est tratée et ne *champignonne* jamais.

autres. Ayez aussi une douzaine environ de bougies repliées, non de *rats-de-cave*, qui infectent en brûlant, mais de bougies une fois plus grosses, et repliées carrément : elles vous serviront dans vos courses du soir.

Ayez dans un carton plat une provision de verres et de mèches de lampe à quinquets, rien n'étant plus désagréable, et n'entraînant autant de perte de temps que la nécessité d'aller chez le marchand remplacer le verre de lampe qui se casse subitement. Il est en outre fort difficile d'avoir la juste mesure : il faut apporter la lampe, et bien souvent on ne peut trouver ce qui convient. Quant aux mèches, si vous voulez faire une facile économie, vous ramasserez les morceaux de bas que l'on retranche ordinairement à ceux que l'on raccommode, vous les couperez de la longueur et de la largeur d'une mèche ordinaire : avant de rejoindre par une couture à surjet lâche, le petit morceau à peu près carré que cette imitation vous donnera, vous y placerez à longs points de reprise des fils en coton, un peu gros, afin de soutenir cette mèche de nouvelle façon, qui sert absolument comme celle qu'on achète.

J'ai déjà dit que le nettoyage des ustensiles d'éclairage est on ne peut plus important ; la maîtresse de maison y veillera attentivement, car c'est en quelque sorte le bon ordre et la propreté qui font la lumière des lampes à colonnes, et quant aux flambeaux, leur saleté serait insoutenable, elle ferait soulever le cœur. Si vous ne vous chargez point vous-même de préparer les lampes, faites-les toujours nettoyer le matin, parce qu'il est impossible, à la lumière, de couper la mèche justement, et très-difficile de ne pas excéder la dose d'huile. Tous les ingrédients propres à ce nettoyage doivent être rangés dans une boîte de bois, à part. Il y a : 1º une sorte de cheville en bois qui se vend avec la lampe, et qui sert à placer les mèches neuves, qui l'embrassent exactement (et, par parenthèse, c'est sur ce bois que vous ferez la couture des mèches économiques, citées plus haut); 2º de gros ciseaux pour tailler la mèche; 3º un petit couteau pour racler le tuyau de fer-blanc où s'engage la mèche ; 4º un bâton de moyenne grandeur, entouré de linge bien blanc, de manière à former une sorte de poupée qui puisse entrer par l'extrémité la plus resserrée du verre à lampe. Il faut aussi de vieux torchons, les uns déjà salis, les autres blancs, et enfin, un chiffon de laine pour donner le dernier coup. Il doit encore se trouver dans la boîte, du blanc d'Espagne pour nettoyer le verre de temps en temps. Outre cela, il est nécessaire d'avoir une sorte de cafetière à très-long bec, laquelle sert à introduire l'huile par le goulot. Cette cafetière, ou porte-huile, peut, selon la saison, contenir la provision d'un ou de deux jours.

Pour bien nettoyer la lampe, on en séparera les parties, on frottera bien chacune d'elles avec les trois sortes de chiffons : on enlèvera la couronne brûlée qui se trouve à la mèche, et l'on rognera bien exactement ce qui pourrait être inégal : on remettra les parties en place : on versera lentement et avec précaution l'huile, en baissant la mèche pendant ce temps, de peur qu'ayant à le faire quand l'huile serait introduite, il ne s'en échappât. Chaque jour, le verre à lampe sera frotté avec des linges très-propres. Tous les huit jours, on versera dans un pot destiné à cet usage, le résidu qui se trouvera dans le fond de la colonne. Ce résidu servira à l'alimentation des *bougeoirs-lampes*.

Manière de nettoyer les globes de lampes.

Pour bien nettoyer les globes de lampes, employez une eau chaude de savon ou de potasse. Si cela ne suffit pas, frottez l'intérieur du globe avec de la pierre-ponce pulvérisée. Pour enlever les taches qui ont résisté, frottez-le avec une pierre-ponce. Terminez par rincer à l'eau pure.

Moyen d'empêcher les verres d'éclater.

Pour empêcher les verres à quinquets d'éclater, faites donner à la base du tube, par un vitrier, un coup de diamant. Cette solution de continuité soustrait le verre aux effets de la chaleur subite de la flamme.

Si comme beaucoup de lampes de travail, comme les appareils Locatelli, vos lampes sont en cuivre poli, mettez 31 grammes (1 once) de sel d'oseille par un litre d'eau douce, à peine tiède, lavez le cuivre avec cette eau, et passez-le ensuite au tripoli et blanc d'Espagne, pour bien nettoyer.

Indépendamment de ce nettoyage ordinaire, il est un nettoyage annuel bien important.

L'huile dépose dans les conduits une couche plus ou moins épaisse qui nuit à la pureté de la flamme. Pour retarder cet inconvénient, il est bon de n'employer jamais aux lampes soignées les fonds des cruches d'huile, mais on ne le prévient pas. Vous y remédierez en vidant, 1° toute l'huile contenue dans la lampe ; 2° en introduisant de l'huile chaude, et en l'agitant fortement dans le réservoir, dans les conduits, puis en la sortant par le bec. Il faut en remettre jusqu'à ce qu'elle soit pure. Il importe beaucoup de ne pas se servir de lessive, car elle détruirait les vernis.

Ces précautions vous dispenseront de vider complètement les lampes, et de cesser d'en faire usage pendant l'été.

Mais alors il faut nécessairement les allumer de temps à autre afin de renouveler l'air dans les conduits, et d'empêcher l'huile d'y former une sorte d'enduit résineux, épais et tenace. Ce soin est surtout indispensable pour les lampes hydrostatiques dont les tuyaux sont longs et multipliés.

Le nettoyage des becs sinombres est difficile, à raison de leur construction à jour : il est presque impossible d'en extraire les émouchures ; aussi de temps en temps il faut les enlever (ce qui est très-facile) et les faire tremper dans une eau chaude et savonneuse.

Il faut éviter soigneusement de tourner en les nettoyant, la colonne et le pied des lampes astrales, sinombres, etc. Ces lampes étant formées d'un grand nombre de pièces tenant à vis, elle se dévisseraient et la lampe perdrait tout agrément et toute solidité.

Quand une lampe de ce genre perd l'huile en dessous du pied, on doit bien la vider et couler au fond de la colonne assez de résine fondue pour qu'elle couvre complètement la surface par où l'huile s'échappait.

Les nouvelles lampes Locatelli sont réputées les plus économiques de toutes. L'adoption de ce système d'éclairage par plusieurs grands établissements, notamment par l'Opéra, doit encourager à l'essayer. Pour l'éclairage habituel, je conseille la lampe modérateur.

Je joins à ces indications un tableau dressé par M. Peclet, pour comparer la dépense des différents éclairages.

COMPARAISON DES DIVERS ÉCLAIRAGES

SOUS LE RAPPORT ÉCONOMIQUE.

NATURE de L'ÉCLAIRAGE.	QUANTITÉ de combustible nécessaire pour fournir une lumière égale à celle d'une lampe à mouvement, brûlant 42 gr. d'huile par heure.	PRIX du kilogramme	Dépense par heure.
	gr.	fr. c.	fr. c.
Chandelle de 6.	70 35	1 40	» 098
Chandelle de 8.	85 92	1 40	» 120
Chandelle économique de 6. .	98 93	2 40	» 237
Bougie de cire de 5.	64 04	7 60	» 486
Bougie de blanc de baleine de 5	61 94	» 760	» 478
Bougie d'acide stéarique de 5.	65 24	6 »	» 571
Lampe à mouvement d'horlogerie..	42 »		» 058
Lampe à mèche plate, à réservoir supérieur et à chem. .	88 »		» 123
Lampe astrale, bec en fer blanc	86 16		» 120
Lampe sinombre, réserv. annulaire, bec no 1.	50 58		» 070
Lampe sinombre, réserv. supérieur, bec no 4.	45 90		» 061
Lampe à réservoir supérieur, bec en fer-blanc..	47 77	1 40	» 066
Lampe de Gérard, bec en fer-blanc.	54 52		» 176
Lampe hydrostatique de Thilorier, bec no 1.	47 80		» 066
Lampe hydrostatique de Thilorier, bec no 2.	45 76		» 064
Lampe hydrostatique de Thilorier, bec no 3.	42 46		» 059
Lampe hydrostatique de Thilorier, bec no 4.	35 65		» 055
Gaz de la houille.	107 litres.	5 c. les 156 lit.	» 059
Gaz de l'huile.	30 litres.	5 c. les 58 litres.	» 059

Ne souffrez point que les domestiques mettent les chandeliers à nettoyer sur les charbons ou sur la cendre chaude devant le feu : rien ne les gâte autant et ne produit une plus mauvaise odeur. Nous en parlerons à l'article des nettoyages. Vous aurez sans doute pour la cuisine des chandeliers à ressorts qui relèvent la chandelle jusqu'à la fin ; alors il est inutile de vous parler des *brûle-suif*, sorte de petite bobêche en fer-blanc, surmontée de trois pointes, sur lesquelles on place le bout du suif à brûler, de manière qu'il ne s'en perde point.

On ne met plus du tout au bas des chandelles ou bougies ces papiers découpés, d'un assez joli effet, mais qui devenaient bien incommodes lorsque la flamme les gagnait.

Il ne me reste qu'à vous recommander d'introduire chez vous l'usage des veilleuses, afin d'avoir de la lumière à tout moment, et d'éviter, par cette simple précaution, les accidents les plus terribles.

Depuis que M. Sauvage a inventé *le compteur pour le gaz*, qui permet de mesurer exactement la quantité que l'on en consomme, je vous engage, si vous avez une vaste maison, à faire usage de ce mode d'éclairage si brillant, si économique, et qui demande si peu de soin.

CHAPITRE XV.

CHAUFFAGE. — PROVISIONS DE BOIS ET DE CHARBON.

ÉCONOMIES MAL ENTENDUES A ÉVITER. — MANIÈRE DE BIEN FAIRE
LE FEU. — DIVERS MODES DE CHAUFFAGE. — MOYEN D'ÉCAR-
TER LA FUMÉE.—APPAREILS ÉCONOMIQUES DE M. MILLET CONTRE
LA FUMÉE. — CALORIFÈRES. — CHEMINÉES-CALORIFÈRES. —
RAMONAGE A LA PERCHE, AU FAGOT. — POÊLE-FOURNEAU. —
MANIÈRE D'ÉTEINDRE PROMPTEMENT LES FEUX DE CHEMINÉES.

Lorsqu'une maîtresse de maison néglige de veiller au
chauffage et de le gouverner comme il faut, c'est une source
de dépense et de désagréments. Le premier soin à prendre
est celui des provisions de combustible : c'est aux mois de
juillet et d'août qu'il convient de faire ces provisions, pour
que le bois ait le temps de sécher. Prenez les deux tiers du
bois nécessaire pour l'année en bois neuf de chêne ou
d'orme, un demi-tiers en bois de gravier ou flotté, et le reste
en bois de hêtre ou de charme, qui brûle très-vite, et sera
toujours placé devant le feu. Il est bon aussi d'avoir un peu
de fagot pour allumer promptement. Vous calculerez la
quantité de bois qu'exige le nombre de feux de votre maison, et vous en prendrez un peu plus qu'il n'en faut, parce
que l'hiver peut être plus rude ou plus prolongé qu'à l'ordinaire, et qu'il est important de ne point se trouver à
court, le bois et le transport augmentant de prix à l'époque
des grands froids. Choisissez votre bois d'après la nature de
votre chauffage ; il va sans dire que pour des poêles, des
cheminées dites à la prussienne, il doit être petit. Néanmoins, en cette circonstance même, vous pouvez prendre de
gros bois, qui fournit toujours beaucoup plus de chaleur ;
mais vous aurez alors soin de le faire fendre après qu'il sera
scié, et avant d'être rangé, car rien n'est plus incommode
que d'avoir de trop gros bois : il faut finir par le faire fendre : c'est un embarras désagréable et, de plus, coûteux.
Prévenez toute chose de ce genre ; car en ménage les petites contrariétés, les légères dépenses, se répétant sans
cesse, terminent par être un tourment et par produire une
grosse somme. Faites donc ranger votre bois séparément
d'après ses diverses longueurs et grosseurs, afin que lorsqu'on voudra prendre une grosse bûche pour mettre au

fond de la cheminée, on ne soit point obligé d'en déranger six et même plus.

Autant que vous le pourrez, ne faites point ranger votre bois à la cave, cela le maintient humide, fatigue les domestiques, les force souvent à l'aller chercher avec de la lumière, quoique ce dernier inconvénient soit facile à éviter. Lorsqu'on habite Paris, des bouges, des cabinets noirs, d'autres dégagements selon les localités ; en province, des hangars, sont ce qu'il y a de mieux pour ranger le bois. Mais, relativement à ce dernier cas, si vous élevez de la volaille dans la cour où s'élèvent vos hangars, ayez soin qu'ils soient fermés d'une porte à claire-voie grossière, parce que les volailles, surtout les dindons, ont beaucoup de goût pour y aller percher, et les bûches sont toutes salies de leur fiente. Au reste, de quelque manière que vous fassiez ranger votre bois, ayez, soit dans l'antichambre, soit dans les corridors, soit dans des cabinets voisins de chaque chambre à feu, des coffres que vous ferez remplir de bois, afin de pouvoir, au besoin, prendre votre bois vous-même, et de n'être pas obligé de sonner un domestique, et d'attendre à chaque bûche dont vous aurez besoin.

Le fagot que vous emploierez sera coupé et disposé en très-petit tas, afin qu'on n'en brûle pas plus qu'il n'est nécessaire, ce qui arrive lorsqu'il est trop allongé, surtout au feu de la cuisine. Pour allumer le feu des appartements, il n'est rien de meilleur que des *fumerons*, que l'on vend à Paris à raison de 2 fr. 50 cent. le grand sac. Le fagot n'est, à proprement parler, bon que pour les feux clairs qu'exigent les fritures, les étuvées, etc. Je vous conseille d'avoir pour cet objet du sarment, des copeaux, que les vignerons et menuisiers donnent à très-vil prix.

Provision de Charbon.

Le charbon est un article de provision indispensable, important. Veillez à son choix, car souvent il est mêlé de *fumerons*. Prenez de celui de l'Yonne, réputé le meilleur; qu'il soit bien gros, sec, résonnant; placez-le au grenier, dans de grandes caisses couvertes pour qu'il ne tombe rien dedans, et pour que les chats n'aillent point le salir, ce qui produit ensuite une odeur infecte en brûlant. Calculez ce qu'il faut de charbon par semaine à la cuisine, et donnez la portion hebdomadaire chaque lundi. Il est probable qu'une foule de circonstances (comme la nature de certains plats, quelques personnes à dîner, des bouillons, tisanes, bains de pieds, etc., à faire chauffer) vous mettront quelquefois dans la nécessité d'ajouter un supplément; mais ne l'accordez jamais sans connaître bien les motifs qui le déterminent. Calculez aussi le charbon nécessaire aux repassages, et distribuez-le de la même façon.

Dans le chauffage, comme en toutes choses, il faut se défier des économies mal entendues. Rangez sous cette dénomination l'emploi des bûches avec de l'argile mélangée de charbon de terre, ainsi que les *briquettes* de même composition : les premières se placent au fond de la cheminée avec une ou deux petites bûches de bois devant, et les secondes en guise de tisons lorsque le feu est allumé. On passe beaucoup de temps à faire prendre le feu; il s'éteint vite, et quelque soin qu'on en prenne, il ne donne point de chaleur. Le coke, charbon de terre qui a servi au gaz hydrogène, et qui, par conséquent, a perdu de son odeur et de sa chaleur, ne peut convenir qu'avec une cheminée garnie d'un gril spécial pour empêcher la fumée. L'usage de mélanger le coke avec le bois dans les cheminées ordinaires est une détestable invention. L'usage des *mottes* est encore une mauvaise économie, car ce combustible passe rapidement, et produit de l'odeur. Du reste, on ne peut se servir de mottes dans une maison tant soit peu distinguée. La meilleure, la seule économie possible en ce genre, est peut-être dans la manière de préparer le feu, et surtout dans la construction des cheminées.

Pour qu'une cheminée reflète bien la chaleur, il importe qu'elle soit étroite dans le fond, élargie sur le devant, légèrement étroite et basse. D'après cette disposition, on fait scier pour le fond le plus gros bois, et on y enterre bien une bûche, de manière à ce qu'il n'y ait de découvert que le côté du devant. Afin d'avancer le feu, de conserver la chaleur, et de rendre la combustion de cette grosse bûche plus lente, on donne de la consistance aux cendres, en les humectant d'eau journellement; alors elles deviennent tellement compactes, qu'au bout de quelque temps elles pourraient au besoin remplacer la grosse bûche. Il y a une quinzaine d'années que l'on se servait d'une bûche creuse en fonte que l'on remplissait de charbons ardents et couvrait de cendres; elle remplaçait la bûche du fond et donnait beaucoup de chaleur; mais son usage apportait un peu d'embarras. Au reste, la bûche du fond ne doit point se déranger; on entretient le feu en renouvelant la bûche de devant. La première peut durer deux jours: lorsqu'elle forme deux gros tisons, on les croise en les recouvrant à demi de cendres.

Quoi qu'il en soit, quand la bûche du fond est bien en-

terrée, on place devant elle une autre bûche plus longue et
moins grosse pour supporter les tisons, ou une troisième
bûche plus petite encore. Une barre de fer, placée transversalement, maintient le tout et soutient les tisons. Le feu
se place toujours par dessus. Lors même que l'on n'adopte-
rait pas la bonne habitude de lier les cendres, on doit en
avoir abondamment, parce qu'elles conservent le feu et augmentent la chaleur; bien entendu qu'elles seront contenues
par le cendrier ou garde-cendres, car rien n'est plus malpropre que de les laisser s'échapper du foyer.

Moyen de brûler le charbon sans qu'il répande aucune mauvaise odeur.

D'après MM. Potter et Mourlat, ce procédé consiste à
faire au fond du foyer, tout-à-fait en bas, et derrière le charbon de terre, une ou plusieurs ouvertures, par lesquelles
s'échappe la plus grande partie de la fumée (ce qui crée un
tirage assez fort pour faire brûler le charbon de terre avec
vivacité), et une ou plusieurs ouvertures à une certaine distance au dessus, pour laisser passer l'excédant de la fumée
qui ne pourrait pas s'échapper par les ouvertures d'en bas.
MM. Potter et Mourlat construisent en général un foyer sur
une grille; mais elle n'est pas absolument nécessaire.

Ce foyer s'adapte à toutes les cheminées, ainsi qu'aux
poêles, et produit beaucoup de chaleur.

Porte-pincettes, ou croissant mobile.

Il semble inutile d'abord de parler des pelles et pincettes;
cependant il faut dire que leur élégance doit être assortie à
celle de l'appartement. Elles sont d'acier plus ou moins
poli, et portent sur la poignée un ornement doré ou bronzé
qui représente une lyre, une couronne, une fleur, boule, etc.
Quand par parenthèse cet ornement se dévisse (ce qui arrive
assez souvent), il faut entourer la vis d'une très-petite ban-
delette de toile fine, bien imbibée d'une dissolution de colle-
forte, et visser l'ornement dessus, en appuyant fortement.
J'ai raccommodé ainsi le mieux du monde des objets que pour
ce motif on avait laissés là.

Dans une chambre à coucher, de jolis croissants à grosse
boule dorés ou bronzés suffisent, mais dans un salon élégant, il faut un *porte-feux*, *porte-pincettes*, ou *croissant
mobile*. C'est un instrument formé d'un double croissant
porté sur une tige de fer, dont le pied supporte la partie
inférieure de la pelle et pincette; on le pose au dehors de
la cheminée. Il a de la ressemblance avec le *porte-parapluie*.

Tout le monde sait qu'outre les cheminées ordinaires, on a les poêles et les cheminées portatives. Les premiers offrent beaucoup de variétés. Viennent d'abord les grands poêles, ordinairement carrés, à dessus de marbre et à bouches de chaleur, que l'on peut placer dans la muraille, de manière à ce qu'ils chauffent entièrement. à huit heures du matin, et ayant soin d'éviter les courants d'air; ils produisent une température douce jusqu'à trois heures de l'après-midi environ; on les chauffe une seconde fois pour conserver cette température pendant le reste du jour. Les poêles de seconde qualité sont les poêles cylindriques à colonnes, sans bouches de chaleur. La troisième espèce, est les poêles à four, assez économiques, mais qui produisent de l'odeur lorsqu'on y fait cuire des viandes ou des légumes, et qui, ne conservant point la chaleur, veulent être entretenus presque continuellement, d'où il suit que leur chaleur est ardente, malsaine, met la tête en feu et laisse les pieds glacés (ce qui est si contraire aux plus importantes lois de l'hygiène). Je ne parle point des poêles de fonte, qui ont ces inconvénients au plus haut degré.

Depuis peu de temps on fait usage, chez les commerçants, des poêles à *pompe*. Ces poêles n'ont ni tuyau ni colonnes; la fumée s'échappe par des conduits souterrains, et pour les allumer il faut faire du feu dans une chambre correspondante. La pose en est coûteuse (un poêle assez grand coûte 500 francs tout posé), et l'emploi assujettissant; mais comme il n'y a jamais un atôme de fumée, c'est d'un avantage inappréciable pour les marchands.

Afin de ne rien omettre, je ferai mention des poêles à braise, sorte de réchaud de faïence en forme d'urne, roulant à volonté, et fait pour recevoir de la braise de boulanger enflammée. C'est non-seulement un chauffage malsain, mais fort dangereux.

Autant que vous le pourrez, préférez les cheminées à la prussienne; elles réunissent les avantages particuliers des cheminées ordinaires et des poêles: en les ouvrant, on a le chauffage des premières, on voit le feu, on y peut faire chauffer diverses cafetières (ce qui les rend propres à être mises dans une chambre de malade); en les fermant, on a le chauffage des seconds. Les prix en sont très-variés: il y en a depuis 30 jusqu'à 200 francs.

Calorifère.

Le nouveau *Calorifère*, propre à brûler de la houille, produit le chauffage le plus économique et le plus fort. Il ne répand aucune odeur, mais il pourrait avoir le désagrément de laisser échapper quelques portions de braise. Ce défaut, auquel il est si facile de remédier en donnant à la circonférence de l'ouverture un rebord saillant de 27 à 54 millim. (1 à 2 pouces), ne doit pas empêcher l'essai d'un instrument précieux, que l'expérience, dégagée de toute prévention, m'engage à recommander. On trouve le calorifère chez tous les marchands de poêles, cheminées prussiennes, etc.

J'emprunte à M. Aristide Vincent, l'un des rédacteurs du *Journal des Connaissances usuelles*, les réflexions suivantes, et l'indication d'une cheminée qui paraît avoir les avantages du calorifère.

Observation sur le chauffage des appartements à cheminées-calorifères.

D'après la statistique de Paris, la consommation en combustibles a été pendant les années 1822, 1823 et 1824, moyennant de

Bois dur. . .	905,140 st.	} à 15 fr. le st.	16,000,500 fr.
Bois blanc. .	161,560 st.		
Fagots. . . .	3,865,450	à 20 fr. le c.	773,090
Ch. de bois..	1,033,559 hect.	à 4 fr. 50 c.	4,651,055
Ch. de terre.	731,602 hect.	à 4 fr..	2,926,408

Total. . . . 24,351,015 fr.

Comme une partie de ces combustibles est employée par l'industrie, je ne compterai pour le chauffage des appartements que le bois dur et le bois blanc, en tout 1,066,700 stères, valant 16 millions.

Examinons maintenant le pouvoir calorifique des divers appareils employés pour le chauffage des appartements.

1º Les cheminées ordinaires à foyer carré, mal faites, ne donnant que depuis la quatre centième partie de la chaleur produite par la combustion jusqu'à la deux centième partie.

2º Les cheminées à la Rumford, à pans coupés, donnent de 5 à 7 pour 100 de la chaleur dégagée.

3º Les cheminées à la Lhomond donnent

12 à	13 1/2 p. 100.	
4º Celles de Désarnod.	16	idem.
5º Le poêle de Curaudau.	25	idem.
6º Le poêle de Désarnod..	33	idem.
7º Le calorifère bien proportionné. . .	50	idem.

Le tout en supposant le même poids de combustible brûlé dans chacun de ces appareils dans les mêmes circonstances.

Je ne crois pas qu'on se trompe beaucoup en disant que les cheminées ordinaires entrent pour moitié dans la consommation du combustible coûtant 16 millions ; elles consomment donc 8,000,000 fr. de bois, sur lesquels on ne profite guère que de 5 pour 100 au plus, ou 400,000 fr., donc 7,600,000 fr. s'échappent sous la forme de fumée.

Les autres appareils, dont le profit moyen est de 22 pour 100, donneront 1,760,000 fr. utilisés et 6,240,000 convertis en fumée. Donc on ne profite réellement que de 143,999 stères, coûtant 2.160,000 fr. et les 922,704 autres stères de bois coûtant 13,840,000 fr., ne produisent que de la fumée. Nous nous trouvons encore heureux lorsque cette fumée développée à si grands frais ne vient point nous incommoder.

Le chauffage des appartements ne doit pas consister seulement dans la construction d'un foyer où le combustible brûle sans incommoder de fumée les habitants ; il faut encore que la quantité de chaleur fournie par la combustion à l'appartement ne coûte pas trop cher, et il est bon d'en apprécier la quantité.

Or, la chaleur en se dégageant du combustible rayonne tout à l'entour, chauffe les corps rencontrés par les rayons calorifiques, l'air vient s'échauffer contre ces corps, car rappelons-nous bien que l'air ne peut s'échauffer que par son contact avec un corps chaud. La fumée forme une colonne ascendante, la vitesse d'ascension est assez ordinairement de 4 à 5 mètres (12 à 15 pieds) par seconde. Le courant qui en résulte entraîne la plus grande partie de la chaleur qui aurait rayonné dans ce courant, de telle sorte que la chaleur rayonnante devient très-peu de chose. Pour s'en convaincre, je prie le lecteur de mettre un petit morceau de suif ou de cire au bout d'une épingle et de l'approcher de la flamme d'une bougie allumée ; sur le côté de la flamme, il pourra l'approcher jusqu'à 7 millim. (3 lignes) de la flamme, sans que le suif fonde, tandis qu'à 8 centim. (3 pouces) au-dessus de la flamme le suif fondra. La chaleur est donc presque tout entière entraînée dans le tuyau de la cheminée par le courant de fumée.

Effectivement, une cheminée ordinaire ne donne par le rayonnement que 3 pour 100 de chaleur dégagée. Si l'intérieur du foyer est garni de matières polies, leurs surfaces réfléchiront plus de chaleur ; ce sera la cheminée à la Lhomond ; mais elle ne donnera jamais qu'environ 12 pour 100 de la chaleur dégagée ; le reste montera dans le tuyau. Il faut donc chercher un autre moyen de chauffage plus avantageux.

Les métaux sont très-bons conducteurs du calorique ; ils s'en emparent et s'en désaisissent promptement, et sont des espèces de crible pour la chaleur. Les pierres, les briques, les terres sont de mauvais conducteurs.

L'illustre Franklin profita de cette propriété des métaux pour faire des foyers à parois métalliques isolées, qui donnent 16 pour 100 de la chaleur dégagée au foyer. Ces foyers portent le nom de cheminées à la Désarnod. Le poêle métallique de Désarnod donne 55 pour 100.

Tous ces appareils ne sont pas aussi bons qu'on peut les faire, cela tient à ce que les métaux ne peuvent y être dépouillés de leur chaleur que par de l'air immobile, tandis qu'il faudrait qu'un courant d'air froid frottât sans cesse dessus ; il enlèverait d'autant plus de chaleur qu'il serait plus froid et qu'il serait renouvelé plus souvent. En effet, le calorifère qui est construit sur ces principes donne 50 pour 100 de chaleur dégagée, lorsqu'il est bien fait, et pourrait même donner plus dans certains cas favorables.

M. Clément, professeur de chimie industrielle, a eu l'heureuse idée d'appliquer la même disposition aux cheminées, et il a parfaitement réussi. J'ai fait exécuter 8 cheminées de cette espèce avec le plus grand succès, puisqu'elles donnent jusqu'à 30 pour 100 de la chaleur dégagée et pourraient même donner plus si l'on voulait dépenser davantage pour leur établissement. Je les nomme *cheminées calorifères*, à cause de leur similitude d'effet avec ce dernier appareil de chauffage. En voici la description.

Je commence par poser un âtre en fonte ou en forte tôle, à 81 millim. (3 pouces) au-dessus du sol ; j'établis un foyer métallique, de manière à ce qu'il reste un espace de 81 mill. (3 pouces) entre ce nouveau foyer et l'ancien ; je surmonte ce foyer métallique d'un tuyau en fonte ou en tôle, de 16 à 18 cent. (6 à 7 pouces) de diamètre, montant jusqu'au-dessus du plafond de l'appartement ; je réserve tout autour de ce tuyau un espace vide de 27 ou 54 millim. (1 ou 2 pouces). A la hauteur du plafond, je ferme soigneusement cet espace vide, et j'ouvre au-dessous de la corniche une bouche de chaleur de 16 centim. (6 pouces) de diamètre. Au moyen d'une ventouse pratiquée sous le parquet ou le carreau, d'environ 16 centim. (6 pouces) carrés, j'introduis de l'air du dehors sous l'âtre contre lequel il s'échauffe, il commence à s'élever en s'échauffant tout autour du foyer métallique qui est très-chaud, monte dans l'espace vide réservé autour du tuyau contre lequel il s'échauffe encore, et sort par la bouche que je lui ai ouverte.

On concevra aisément, en se rappelant les principes généraux que j'ai énoncés, que toutes les surfaces métalliques seront très-chaudes, que la différence de hauteur qui existe entre l'entrée de l'air et la sortie détermine une vitesse ascensionnelle assez grande; l'air dépouillera donc les surfaces métalliques de leur chaleur, à mesure qu'elles en recevront de nouvelles, s'échauffera facilement, et sortira avec vitesse de la bouche à chaleur. J'aurai donc rattrapé une partie de la chaleur qui auparavant était perdue dans le tuyau de cheminée.

De plus, j'ai le grand avantage d'amener dans l'appartement une grande quantité d'air chaud, qui vient renouveler celui qui était vicié par le séjour des habitants. Nous avons vu que chaque kilogramme de bois exigeait pour sa combustion 10 mètres cubes d'air; cet air est pris dans l'appartement, de sorte qu'il est de toute nécessité qu'il en entre pareille quantité par le dessous des portes et les imperfections des joints de croisées, ou bien le vide commencerait à se faire, la cheminée non-seulement ne tirerait plus, mais l'air enfumé du tuyau rentrerait dans la chambre.

Avec la nouvelle cheminée, nous n'avons rien à craindre de tout cela, puisqu'une grande masse d'air chaud nous arrive continuellement pour alimenter la combustion. Si les portes et les fenêtres ne ferment pas bien, il n'entrera pas d'air froid, mais il sortira de l'air chaud; si elles ferment bien, nous chaufferons parfaitement l'appartement avec beaucoup moins de bois.

Si l'on avait une pièce voisine à chauffer, on ouvrirait la bouche de chaleur pour cette pièce, et l'on chaufferait les deux à la fois.

De la fumée. La bonne tenue des appartements, le soin d'avoir des bourrelets aux extrémités inférieures et supérieures des châssis de croisées, des lisières, ou bourrelets à l'extérieur des portes; de grossiers paillassons devant la porte d'entrée principale, des nattes de jonc devant chaque porte de chambre; quelquefois une porte tombante bien rembourrée, des tapis plus ou moins beaux, tout cela contribue beaucoup à préserver du froid, de l'humidité, et entretient le bien-être à peu de frais. La maîtresse de maison ne négligera point ces accessoires; mais elle prendra garde surtout, et avant tout, à se garantir de la fumée, car c'est un supplice, un dégât que nul motif ne peut faire endurer. Quand on a le malheur d'avoir des cheminées qui fument, il faut ne se donner ni trève ni relâche que le mal ne soit réparé.

Mais appeler des fumistes est chose fort onéreuse; ils font souvent des essais inutiles avant de connaître la cause de la fumée, faute de pouvoir observer comme le doivent faire les maîtres de la maison. On verra par les détails suivants combien il est facile de déterminer soi-même, et d'une manière efficace, le remède qu'il convient d'appliquer.

Franklin compte neuf causes de fumée :

1° *Quand l'air extérieur manque pour faire tirer la cheminée*, c'est-à-dire lorsque la chambre ne fournit pas l'air nécessaire, parce qu'elle est exactement calfeutrée ; il faut alors pratiquer dans un carreau de la partie supérieure des fenêtres une ventouse formée par une lame de fer-blanc inclinée, ce que l'on nomme *vasistas;* ce nom est allemand, et vraisemblablement l'invention a la même origine. On place cette ventouse le plus haut possible, parce qu'elle fait circuler l'air extérieur au plafond, et par conséquent ne diminue pas la chaleur de la chambre. Depuis quelques années on met à la petite ouverture du carreau une lame de fer-blanc mobile, qui, tournant sur elle-même au moindre vent, produit tout l'air extérieur nécessaire. Néanmoins, ces deux moyens doivent être employés le plus rarement possible, parce qu'ils sont toujours désagréables à l'œil.

2° *Quand la cheminée n'a pas assez d'air, lors même qu'il y aurait quelques ouvertures à la chambre, soit comme portes, fenêtres mal jointes, soit une ventouse ou vasistas,* faites mettre au-devant en maçonnerie une plaque coloriée d'après la décoration de l'appartement, et par-dessus une autre plaque moins large, à laquelle vous pratiquerez de place en place, des trous ronds qui conduiront l'air dans le tuyau.

3° *Quand il y a un courant d'air contraire à celui de la cheminée.* Il arrive souvent qu'une porte située du côté de la cheminée produit un courant d'air qui chasse la fumée dans la chambre chaque fois que cette porte s'ouvre. Pour obvier à cet inconvénient, il faut faire usage d'un paravent, ou, mieux encore, faire changer les gonds de la porte, de manière à ce qu'elle ouvre tout différemment.

4° *Quand le tuyau est trop court*, il faut faire placer, sur le faîte de la cheminée, un tuyau en tôle, plus ou moins long, adapté à celui de la cheminée, et surmonté d'un chapeau également en tôle. Tous les poêliers vous le prépareront.

5° *Quand la cheminée est dominée par un édifice ou émi-nence quelconque*, employer le remède précédent.

6° *Pour la cause contraire*, faire seulement placer un chapeau recourbé sur le haut de la cheminée.

7° *Quand l'embouchure de la cheminée est trop grande dans la chambre*, resserrez-la graduellement avec des planches bien jointes, jusqu'à ce qu'il ne fume plus, et faites ensuite mettre à la place des planches, des briques posées sur le côté, et revêtues de plâtre. Quelquefois il suffit d'exhausser le foyer.

8° *Quand le tuyau de deux cheminées se courbe.* Dans les maisons mal construites, il arrive que pour faire servir un tuyau à deux cheminées, on le courbe, et que, par conséquent, l'une des deux manque d'air, ou bien à un tuyau trop court : il faut le faire allonger et procurer l'air nécessaire. Cette cause est d'autant plus désagréable que, lorsqu'on fait du feu dans une chambre, il fume dans l'autre, où cependant il n'y a pas de feu.

9° *Quand une cheminée où l'on n'allume pas de feu se remplit de fumée :* Si vous éprouvez ce désagrément, observez si cela tient à la cheminée d'une chambre correspondante, et alors prenez les précautions nécessaires dans cette chambre. Il arrive quelquefois que le mal vient d'un appartement voisin. Souvent, aussi, une cheminée fume dans une armoire ou un cabinet: fermez-le bien exactement, recouvrez-le d'un enduit, d'un fort papier; remédiez à la fumée par le moyen ordinaire, faites bien et souvent ramoner; enfin ne négligez rien pour vous défaire de ce fléau domestique.

Appareil Millet.

On peut encore avoir recours aux appareils économiques à placer dans l'intérieur des cheminées, seul procédé contre la fumée, pour laquelle M. Millet a obtenu un brevet d'invention, passage Saulnier, n° 4 bis, faubourg Montmartre, à Paris.

Ces appareils sont portatifs, préservent de la fumée, offrent une grande économie de combustible, en le mettant presque en dehors de la cheminée, ou même tout-à-fait en dehors; il en résulte une chaleur toute rayonnante, entièrement au profit de l'appartement. Ils sont en fonte, en tôle, en cuivre et en argent plaqué et aussi en marbre factice; n'apportent aucun obstacle au ramonage, et présentent un moyen aussi sûr que prompt d'étouffer les feux de cheminées; ils sont susceptibles de recevoir tous les ornements et le luxe que l'on peut désirer. Ils se placent en moins d'une heure.

On trouve un grand assortiment de ces appareils à 50 fr. et au-dessus de ce prix. Ils ont été remarqués avec satisfaction à l'exposition.

La fumée des poêles est plus désagréable encore que celle des cheminées : pour la prévenir habituellement, ayez du bois court et un peu gros ; faites rapidement le feu ; ayez à demeure, sur le devant du poêle, un petit support en fer pour empêcher les bûches d'étouffer le feu ; mettez-les toujours sur un lit de braise, et ayez soin d'entretenir le feu en conséquence. Ne soufflez pas. Faites bien attention à ne jamais fermer la clé, c'est-à-dire la tourner horizontalement ; que tout le bois soit consumé. N'entassez point le bois de manière à ce qu'il s'approche du haut du poêle, parce que la flamme frapperait la tôle et produirait une insupportable odeur de forge. Que les tuyaux de poêle soient parfaitement joints, principalement s'ils offrent des coudes, parce qu'il s'en échapperait une liqueur qui tacherait fortement les objets sur lesquels elle coulerait. Pour l'éviter, veillez à ce qu'en assemblant les tuyaux on fasse pénétrer chacun d'eux de quelques pouces dans celui qui est au-dessous. N'attendez pas que le poêle fume pour nettoyer les tuyaux et les ramoner avec un balai. Un poêle de faïence doit être fréquemment lavé avec une éponge humectée d'eau chaude.

Outre la méthode ordinaire de ramonage, on peut se servir du *ramonage à la perche et au fagot*. Le dernier convient aux cheminées à tuyau court, et par conséquent à celles des étages supérieurs. Voici la manière de procéder : un homme monté sur le toit prend une longue corde, et en fait tomber un long bout par la cheminée, sur le foyer. Placée à ce point, une autre personne attache ce bout de corde après un fagot d'épines, en le laissant tomber un peu. L'homme du toit tire alors ; celui du foyer ensuite, et tous deux imitent les mouvements des scieurs de long. Quant au ramonage à la perche, il a lieu de deux façons, tantôt on attache à une longue perche une raclette semblable à celle des ramoneurs, et un homme monté sur le toit introduit cette perche par la cheminée : il faut que celle-ci soit parfaitement droite, et l'obligation de monter sur le toit est un assujétissement ; l'autre méthode en débarrasse. La perche est composée de plusieurs parties mobiles tenant entre elles par une cheville, à peu près comme la tête d'un compas ; la raclette se place à volonté à l'une ou à l'autre de ces parties. On voit de là combien il est facile d'introduire, du foyer, cette perche, qui se plie facilement, et de ramoner toutes les parties de la cheminée en faisant couler à volonté la raclette. Ces moyens sont indiqués dans le *Manuel du Poêlier-Fumiste*; ils sont surtout utiles à la campagne, lorsqu'on ne peut point avoir de ramoneur. Excepté dans la cuisine, où l'on est souvent forcé d'avoir les pieds froids, qu'il ne se trouve point de chauffe-pieds ou chaufferettes chez vous, cela étant extrêmement malsain, ayez un chauffe-pied de *fourrure* ou *chancelière* (cela coûte de 6 à 10 fr.), ou une *jarrine*, un moine de santé, sortes de chaufferettes qui donnent de la chaleur, au moyen d'une lampe adaptée dans l'intérieur (1). On les trouve à Paris, chez un grand nombre de marchands, et surtout rue Sainte-Appoline. Les marchands de meubles, en province, en ont aussi.

Nous avons dit qu'il ne faut faire du feu dans la cheminée que pour les plats qui demandent un feu clair, comme les étuvées, les fritures, etc.: encore peut-on faire les dernières sur le fourneau. Ne négligez pas ce conseil, car c'est à la cuisine que se consomme, à raison du gaspillage, le plus de bois. Mais pour que vos domestiques soient tenus chaudement, faites-y placer en hiver un *poêle-fourneau*, entouré de coussins allongés et grossiers, à peu près comme on en voit dans l'hospice de la Charité, à Paris. Veillez à la manière dont ce poêle est entretenu. N'oubliez jamais que le devoir d'une maîtresse de maison est de dépenser modérément, convenablement, afin de rendre tout le monde heureux chez elle.

Ne souffrez jamais que l'on éteigne le charbon en le couvrant de cendres, mais exigez qu'on le mette dans un étouffoir, dont, au reste, vos fourneaux doivent être munis. Faites-vous rendre un compte exact du combustible. Il est très-bon d'habituer chacun de vos domestiques à avoir un petit livret, où il marquera ce qui sera relatif à ses attributions.

Pour n'avoir jamais à redouter les suites d'un feu de cheminée, ayez toujours auprès de chacune du soufre en poudre, pour jeter dans le foyer au moment où le feu se déclare. On prend alors la précaution de placer un drap devant la cheminée. On trouve dans la *Bibliothèque Physico-Economique*, qu'il est très-avantageux d'ajouter au soufre du salpêtre en poudre, et du charbon de bois blanc pulvérisé. Il en faut 31 gr. (1 once) sur 250 gr. (8 onces) de soufre. Ce mélange brûle promptement (2).

(1) Les chauffe-pieds dans lesquels on introduit de l'eau bouillante sont préférables. Ils forment chancelière ou tabouret.

(2) Un *couvre-feu*, sorte de grand couvercle très-bombé, en tôle, est fort utile. Il éteint subitement le feu en se plaçant sur le foyer au moyen d'une poignée. (Voir le *Manuel du Poêlier-Fumiste*, Encyclopédie Roret.)

CHAPITRE XVI.

PROCÉDÉS DE NETTOYAGE. — DESTRUCTION DES ANI-MAUX NUISIBLES. — MOYENS D'ENLEVER LES TACHES. — RÉPARATIONS DES OBJETS.

Ce n'est point encore assez de faire chaque jour comme on dit *le ménage*, c'est-à-dire de balayer partout, de frotter, d'épousseter les meubles et les différents objets du mobilier; il faut encore que chaque semaine, chaque mois, chaque année, aient lieu des nettoyages particuliers. Mais avant d'indiquer dans quel ordre on doit les faire, je vais donner les divers procédés nécessaires à cet égard.

Moyen de garantir de la rouille le fer et l'acier.

Faites chauffer le métal à préserver jusqu'à ce qu'il brûle la main; frottez-le alors avec de la cire-vierge très-blanche. Chauffez-le une seconde fois de manière à faire disparaître cette cire, et frottez-le ensuite vivement avec un morceau de drap ou de cuir pour lui rendre son brillant. En remplissant tous les pores du métal, cette opération le rend inattaquable à la rouille, même quand il serait exposé à l'humidité.

Vernis pour préserver le fer et l'acier de la rouille.

On prend du vernis appelé vernis gras à l'huile, dont la base est la gomme copale; on choisit le plus blanc qu'on puisse trouver. On y mêle de l'essence de térébenthine bien rectifiée, depuis la moitié jusqu'aux quatre cinquièmes, suivant que l'on veut conserver plus ou moins aux pièces leur brillant métallique. Ce mélange se conserve sans altération, étant bien fermé.

Pour employer ce vernis, on prend un petit morceau d'éponge fine, lavée dans l'eau; on la lave ensuite dans l'essence de térébenthine pour en faire sortir l'eau. On met un peu de vernis dans un vase; on y trempe l'éponge jusqu'à ce qu'elle soit entièrement imbibée; on la presse ensuite entre les doigts, afin qu'il ne reste qu'une très-petite quantité de vernis. Dans cet état, on la passe légèrement sur la pièce, ayant soin de ne pas repasser lorsque l'essence est une fois évaporée, ce qui rendrait le vernis raboteux et d'une teinte inégale. On laisse sécher dans un lieu à l'abri de la poussière.

L'expérience a prouvé que des pièces ainsi vernissées, quoique frottées avec les mains et servant à des usages jour-

naliers, conservent leur brillant métallique sans être atteintes
de la plus légère tache de rouille.

Ce vernis s'applique également sur le cuivre, en suivant
les mêmes préparations que pour le fer et l'acier. Il faut seulement avoir soin de ne pas l'employer au moment où le
cuivre vient d'être poli. On le nettoye, on le laisse pendant
un jour exposé à l'air ; il prend une teinte qui approche de
celle de l'or. On peut alors le vernir par le procédé ci-dessus
indiqué. Il est à l'abri de tous les effets d'oxydation et conserve son poli avec sa couleur.

Papier à dérouiller.

On trouve difficilement ce papier dans les petites villes, et
par ce seul motif, je donne le moyen de le préparer, car il
vaudrait mieux l'acheter.

Imprégnez d'une forte dissolution de colle forte une des
surfaces d'une feuille de papier écrit ou non écrit, il n'importe. Ayez d'autre part du verre, ou de la pierre-ponce, ou
du grès pilé. Après avoir tamisé, sur la feuille encollée, une
de ces poudres, recouvrez d'une autre feuille de papier, sur
laquelle vous passerez un rouleau en appuyant avec force,
afin que toutes les parties pulvérulentes adhèrent au papier. Vous donnerez différents degrés de finesse aux poudres, selon que vous voudrez donner au métal un poli plus
ou moins beau.

Méthode de M. Rey, pour nettoyer les cuivres dorés.

Préparez une eau de savon blanc ou noir, faites-la bouillir
et trempez-y les objets que vous voulez nettoyer ; frottez-les
avec une brosse douce, une brosse à dents, par exemple.
Retirez les objets de l'eau savonneuse, après les avoir bien
brossés ; plongez-les ensuite dans de l'eau de rivière ou de
fontaine en ébullition, et brossez-les de nouveau, pour
achever d'enlever la crasse ou l'eau de savon dont ils pourraient être imprégnés. Mettez-les à l'air sans les essuyer.
Lorsque les pièces seront bien sèches, vous prendrez une
peau de gant, ou à son défaut un linge fin, et vous frotterez
bien les parties brunies qui reprennent ainsi tout leur éclat.
Il ne faut pas frotter les parties mates.

Nettoyage des cuivres.

Prenez : Eau.	125 gram.	(4 onces).
Acide sulfurique.	30 gram.	(1 once).
Alun.	7 gram.	(2 gros).

Pour entretenir seulement les objets propres, diminuez la
dose d'acide ; augmentez-la, même double, s'ils sont très-

salis, et même, en ce cas, joignez à cette eau de la brique pilée tamisée. D'ailleurs, versez de cette eau sur un linge et frottez avec ce linge humide le cuivre, qui devient bientôt très-brillant.

Nettoyage des cuivres vernis.

Ce vernis qui donne l'apparence de la dorure, s'altère par le frottement; il suffit, pour le nettoyer, de frotter délicatement les objets avec de l'eau tiède légèrement vinaigrée.

Nettoyage des bronzes dorés.

Si les bronzes des flambeaux, lampes, porte-allumettes et autres objets sont salis par l'huile, la graisse, la bougie ou autre corps gras, il faut les démonter s'il est possible, enlever soigneusement toutes les pièces qui ne sont que passées au vert, puis faire bouillir pendant un quart-d'heure, dans une lessive de cendres de bois. Si les ustensiles étaient fort salis, on pourrait ajouter une faible quantité de potasse; puis on les retire, on les essuie délicatement avec un linge fin ou bien une brosse douce, et on les passe dans la liqueur suivante :

Eau.. . . . . 250 gram. (8 onces).
Acide nitrique.. . . . . . 60 gram. (2 onces).
Sulfate d'alumine. . . . . 7 gram. (2 gros).

On retire chaque pièce avec précaution, puis on essuie légèrement avec un chiffon doux : on expose ensuite à l'action d'une chaleur légère.

Nettoyage des dorures de pendules.

Lorsque quelques taches paraissent sur ces ornements (ce que les doreurs appellent *pousse du mercure*), chauffez la pièce légèrement, puis touchez-la, à l'aide d'un pinceau, avec de l'acide nitrique étendu d'eau par égale partie. Frottez doucement avec un linge fin; chauffez de nouveau, et remontez la pièce quand elle est sèche; elle jouit alors de son éclat primitif. Plus elle est dorée légèrement, plus il faut agir avec précaution.

Procédé pour nettoyer les cadres dorés.

Les cadres dorés qui reçoivent toute la poussière des appartements, sont fort sujets à la retenir sur leurs moulures, ce qui altère leur brillant. Les doreurs sur bois emploient, pour nettoyer ces cadres, une eau de savon très-légère; mais si l'opération n'est pas faite avec le plus grand soin et par des mains exercées, le cadre a bientôt perdu toute sa fraîcheur. Nous croyons donc utile de faire connaître le procédé suivant, mis en usage par un industriel distingué, qui nous l'a communiqué avec d'autant plus de plaisir qu'il est plus simple et plus certain dans son effet. Prenez : blanc d'œuf 90 grammes (3 onc.), eau de javelle 30 grammes (1 once); battez le tout ensemble et nettoyez les cadres avec une brosse douce trempée dans ce mélange. La dorure reprend immédiatement sa vivacité. Cette opération peut se répéter plusieurs fois avec succès sur la même dorure, chose difficile à obtenir par l'ancien procédé. Lorsque le cadre a été remis à neuf, il faut lui donner une nouvelle couche de vernis dont se servent les doreurs sur bois.

Nettoyage de l'argenterie et de la dorure.

Eau.	125 gram. (4 onces).
Carbonate de soude.	7 gram. (2 gros).
Alcool.	60 gram. (2 onces).
Blanc d'Espagne très-fin. . .	15 gram. (1/2 once).

On met ce mélange sur l'objet avec un linge imbibé; on laisse sécher, puis on nettoie avec un autre chiffon si les parties sont unies, ou une brosse, si elles sont carrelées et creuses. La crème de tartre en poudre fine nettoie parfaitement les galons d'argent. On s'en sert à l'aide d'une brosse douce qu'on passe légèrement sur les broderies. La crème de tartre, jetée en poudre très-fine à travers un petit sachet, et frottée ensuite très-délicatement, nettoie aussi fort bien les broderies en or.

Nettoyage de l'argenterie.

La ménagère soigneuse qui sert les œufs avec des cuillères de corne ou de buis, afin d'éviter la couleur noirâtre qu'ils donnent à l'argenterie, appréciera la méthode que je vais lui offrir.

Cette teinte est due à la présence du gaz de soufre exhalé des œufs, et se combinant avec l'argent (combinaison appelée par les chimistes *sulfure d'argent*). Partout où se trouve le soufre, l'argent en reçoit l'action ; aussi la proximité des lieux d'aisance, des eaux sulfureuses, l'influence du fard blanc délétère, le peu de sulfure qui se trouve uni à une des parties de l'air, tout cela ternit, noircit l'argent. Nous savons bien que des pièces de ce métal, conservées dans un lieu habité, finissent par devenir toutes noires.

Pour rendre à l'argenterie son éclat, employez la suie mélangée de vinaigre, ou bien le sel d'oseille, la crème de tartre, l'alun pulvérisé, mêlés avec un peu d'eau.

La plus mince couche de gomme ou de résine préserve la surface de l'argent de cet inconvénient.

Entretien de l'argenterie.

Dissolvez de l'alun dans une forte lessive ; écumez-le avec soin ; ajoutez-y ensuite du savon, et lavez avec ce mélange les vases d'argent, en les frottant avec un linge. Ils acquerront ainsi beaucoup d'éclat.

Encaustique pour l'entretien des meubles.

Faites dissoudre à chaud 185 grammes (6 onces) de cire jaune ; ôtez la dissolution du feu, et ajoutez-y, en remuant bien, 185 grammes (6 onces) d'essence de térébenthine. Si vous désirez un encaustique jaune, faites infuser préalablement, pendant 48 heures, du bois jaune dans l'essence, ou bien une pincée d'orcanette, si voulez un encaustique rouge. Pour les marbres, employez de la cire vierge. Fermez bien le vase pour empêcher l'évaporation. On étendra sur les meubles ; on frottera bien ensuite avec une brosse dure, puis avec un chiffon de laine.

Encaustique à la potasse.

Faites dissoudre 7 gram. (2 gros) de bonne potasse dans de l'eau, qui après la dissolution doit avoir 4° à l'aréomètre de Baumé. Prenez-en 306 grammes (10 onces), dans lesquels vous ferez fondre 155 gram. (5 onces) de cire vierge, comme il vient d'être dit.

Etendez l'encaustique dans un peu d'eau, passez-le avec un pinceau sur le parquet. Laissez sécher, passez une brosse douce, et polissez avec du drap.

Cirage des parquets. — Encaustique de BACHELIER.

Sel de tartre.	7 gram. (2 gros).
Eau de rivière.. . . . . :	306 gram. (10 onces).
Cire bien sèche, coupée en petits morceaux.	20 gram. (5 gros 1/2).

On met sur un feu doux. Le mélange ressemble bientôt à une eau savonneuse très-chargée. En refroidissant, il prend, à sa surface, la forme d'une crème épaisse. Le reste de la liqueur est plus fluide.

Mastic pour raccommoder les parquets.

Si un éclat s'enlève dans votre parquet et que quelques endroits soient brûlés, ou que les *artisons* en détériorent quelques parties, voici, soigneuse maîtresse de maison, le moyen de réparer ces accidents.

Colle de Flandre en dissolution de consistance légère,

Blanc d'Espagne, ou de Bougival, deux parties couleur terreuse en poudre, selon le bois, *idem;* sciure du bois à raccommoder, quatre parties.

Faites à chaud un mélange exact, pour obtenir une pâte d'une consistance un peu forte; placez-la dans les parties détériorées et laissez sécher.

Mastic pour raccommoder l'acajou.

Dissolution de colle de Flandre de moyenne consistance; sanguine en poudre, quantité suffisante pour former le mastic. Si l'acajou est vieux, il faut brunir un peu cette composition, à l'aide du bleu en poudre et du noir de fumée. S'il s'agit d'un bois de noyer ou tout autre, on emploiera une couleur terreuse assortie. Ce mastic très-résistant convient pour les fissures, les trous de meubles. Il faut le dégrossir à la lime.

Moyen d'enlever les taches d'encre sur les parquets.

Si on veut enlever l'encre d'un parquet, on humecte la tache d'encre avec de l'eau chaude; on frotte de nouveau avec un linge et de l'eau, puis on touche la tache avec l'acide que l'on étend au pinceau, et on frotte bien avec un torchon, afin que l'acide pénètre toute la partie tachée. Lorsqu'on voit que la liqueur a produit son effet, on lave plusieurs fois avec de l'eau.

Nettoyage des sculptures d'albâtre.

Pour l'opérer, on fait disparaître, avec l'essence de térébenthine, les taches de graisse, s'il s'en trouve; ensuite on plonge la pièce dans l'eau, où elle doit rester assez longtemps pour être débarrassée de ses impuretés. Après l'avoir retirée, on frotte avec un pinceau bien sec, on la laisse sécher et on y passe du plâtre pulvérisé. De cette manière, la pièce sera parfaitement nettoyée et semblera sortir des mains du sculpteur.

Blanchîment des ouvrages en ivoire.

Lorsque la teinte jaune de l'ivoire est légère, qu'elle se montre en veines délicates et nuancées, loin d'être un défaut, c'est l'agrément qui distingue *l'ivoire rose.* Mais lorsque cette teinte est foncée, uniforme, il faut en débarrasser les objets par le procédé suivant :

Brossez-les avec de la pierre-ponce pilée très-fin et délayée dans l'eau; placez-les immédiatement sous le verre, et répétez cette opération une seconde fois, s'il est nécessaire, en les exposant au soleil.

Les petits objets peuvent se blanchir en les exposant à la vapeur du soufre ; les gros courraient risque de se fendre.

Nettoyage des vases resserrés et profonds (1).

N'avez-vous pas été quelquefois contrariée par la difficulté de nettoyer le fond des vases à déposer les fleurs, des théières, des pots à café, au lait, des cabarets en porcelaine, des flacons en cristal, enfin de tous les vases dans lesquels on ne peut faire entrer la main? Cela vous est arrivé comme à moi, sans doute. Or donc, pour enlever d'une manière aussi prompte qu'efficace ce désagréable dépôt, il suffit de jeter dans le vase quelques gouttes d'acide hydrochlorique (esprit de sel marin) étendu d'eau. Le dépôt disparaît de suite, et le vase recouvre tout son éclat.

Moyen de nettoyer les carafes, flacons, etc.

On forme, avec du papier gris brouillard, des boules plus ou moins grosses, on les fait entrer dans le vase qu'on veut nettoyer ; on y jette une eau de savon qu'on fait légèrement chauffer ; on agite fortement le vase, on le vide, et on finit par bien le rincer.

Nettoyages.

Chaque semaine. Frotter les parquets avec plus de soin.— Y mettre de la cire ou de l'encaustique si l'on a reçu beaucoup de monde, car autrement on peut attendre la quinzaine. — *Chaque mois.* Faire les pièces où l'on n'entre que rarement. — Secouer les rideaux, en les dégageant de leurs embrasses. — Promener la *tête de loup* (araignoir arrondi en crin) sur les papiers et plafonds. Battre avec un fouet de lanières de peau les tapis, les sparteries.

Chaque mois. Aux nettoyages de la semaine ajouter ceux-ci : Passer les meubles à l'encaustique. — Brosser les bordures veloutées des papiers. — Nettoyer les cristaux, flacons, etc. Partout où il y a des ciselures et des moulures, brosser, afin de bien pénétrer dans les interstices, et d'empêcher le blanc d'Espagne ou la pâte de papier d'y séjourner.

On donne aussi le poli aux marbres au moyen d'un peu d'huile d'olive étendue avec une brosse destinée à cet usage, et en essuyant ensuite fortement avec des chiffons. L'emploi

---

(1) Pour pouvoir vous servir d'un vase de porcelaine fêlé sans qu'il laisse échapper les liquides, frottez en dedans et en dehors tout le long de la fêlure avec une amande dont la substance grasse bouchera la fente.

de l'encaustique est préférable. Les corbeilles, paniers délicats, en osier, sont savonnés dans plusieurs eaux auxquelles on ajoute un peu d'eau de javelle ou de chlorure de chaux. On dérange la vaisselle pour bien nettoyer l'intérieur du buffet, et ôter les miettes de pain que l'on ne doit point laisser perdre. Si on a de la volaille, des lapins, on les leur donnera dans du son.

Chaque printemps. Enlever les sparteries extérieures et les grands tapis, les battre. Brosser ces derniers et les bien envelopper de toile après les avoir roulés. — Dérouiller les feux ou les gardé-cendres. — Garde-feux, etc., en nettoyer les parties d'acier et de cuivre. — Envelopper ces objets de papier, après avoir garni les dorures délicates, de coton non filé. Les ranger dans un endroit bien sec. Envelopper ainsi les croissants pour les garantir de la pluie. Placer les devants de cheminée et les bien assujétir. Brosser de haut en bas les papiers veloutés. Nettoyer les vitres, verres bombés, vases de porcelaine, ainsi que les glaces. Pour rendre celles-ci bien brillantes, faites un léger lait de blanc d'Espagne, passez-le dans un linge fin, ajoutez-y un peu de vinaigre, et frottez la glace avec une toile fine humectée de ce lait. Cela m'a réussi bien mieux que le nettoyage à l'esprit de vin. L'eau vinaigrée nettoie parfaitement les verres des tableaux.

Chaque hiver. — Il faut renouveler ces derniers nettoyages surtout si l'appartement reçoit beaucoup de poussière; sortir les feux, tapis, etc.; ranger les devants de cheminées. A l'époque où l'on cesse de faire du feu (dans les environs de Pâques), et à celle où on commence à en allumer (ordinairement à la mi-octobre, environ), il faut faire blanchir les housses de fauteuils, les rideaux de fenêtre et de lit. Si ces rideaux n'étaient pas d'étoffe qui se blanchit, il faudrait du moins les ôter des tringles pour les bien secouer à deux, en plein air, et les frotter avec une étoffe de laine en plusieurs doubles, afin d'en ôter la poussière et d'en conserver le brillant. On avise aussi au moyen d'enlever les taches s'il s'en trouve. On peut se dispenser de détendre les draperies; mais il importe aussi de les secouer avec la tête de loup. Il est indispensable de choisir un beau jour pour cette opération.

Comme il est bien plus fréquent de rencontrer des appartements tendus de percale, jouy ou mousseline, je vais entretenir spécialement la maîtresse de maison de ce qu'elle doit faire pour ces deux blanchissages d'automne et de printemps. Si les draperies sont d'étoffe de couleurs, elle n'aura qu'à remettre les rideaux dans leurs tringles, au retour du blanchissage; sinon, il lui faudra découdre tous les plis des draperies, parce que cette partie se blanchirait mal, formerait de faux plis désagréables, et ne draperait pas comme il faut. Appeler toujours un tapissier, est à la fois assujétissant et coûteux; elle s'exercera donc à replacer ses draperies sans son secours. Pour cela, si elle manque de goût, ou plutôt d'habitude, avant de livrer les morceaux au blanchissage, elle en comptera les plis et mesurera les largeurs que présentent les diverses pièces, quand elles sont en place. Elle conservera ces notes pour les consulter après le blanchissage, remettra exactement les choses en état, les fixera avec des épingles dites *à tapissier*, épingles courtes et très-grosses, qui sont à moitié clous, mais qui, pointues, ne peuvent déchirer. La ménagère n'aura pas pris ce soin trois fois, qu'elle n'aura plus besoin de préparer des notes.

Tandis que l'on blanchit, il est désagréable d'être dans une chambre entièrement dégarnie, et l'habitude d'avoir des rideaux nuit alors au sommeil. Ayez des rideaux provisoires, en calicot extrêmement commun, et de peu de durée, qui ne serviront qu'à cet objet. Avant de remettre les rideaux et draperies, nettoyez à fond tout l'appartement : il faut ordinairement un jour entier. S'il vous faut réparer quelque chose au papier de l'appartement, l'occasion est favorable; il sera bien aussi de choisir cette époque pour faire rebattre celui des matelas de chaque lit qui n'aura point été battu l'année précédente. Les couvertures de laine et de coton doivent être secouées à plusieurs personnes, au grand air, et lavées s'il s'y rencontre des taches. Ne souffrez jamais que l'on se serve, pour repasser, des couvertures de lits. Une fois par an, réparez ou faites réparer les taches et écaillures des meubles.

J'ai donné force détails pour faire régner une propreté pleine d'économie et d'agrément chez la maîtresse de maison; il s'agit maintenant de compléter à cet égard mes instructions, en lui indiquant le moyen de conserver et réparer plusieurs objets exposés à la casse ou à la détérioration. Mais avant tout, et pour n'avoir point à donner des leçons inutiles, je l'engage fortement à s'abstenir d'avoir des animaux, car il est impossible de rien conserver de propre avec eux, à moins que de les tenir dans une contrainte qui les rend malheureux et leur ôte toute leur gentillesse, ou de les veiller sans relâche, et encore n'y parvient-on pas. C'est se donner gratuitement un ennuyeux assujétissement, se préparer des impatiences, fournir aux domestiques un prétexte de malpropreté, s'astreindre à une dépense journalière qui à la fin de l'année ne laisse pas d'avoir son importance, et enfin, habituer les enfants à la tyrannie ou à l'envie. A moins donc que son mari ne le désire (ce qui n'est guère probable), la maîtresse de maison n'aura ni oiseaux, ni chien, ni chat surtout, à moins qu'elle n'habite la campagne.

Vernis et poudre propres à l'entretien des meubles, par M. AYMARD, de Beaulieu.

Composition et usage du vernis.

Le vernis conservateur se compose d'une partie d'alcool, d'une partie de potasse, d'une partie d'essence de térébenthine et d'une petite quantité de cire vierge; il s'emploie avec succès pour nettoyer les meubles, quel que soit le bois dont ils sont formés, pourvu qu'ils aient été vernis primitivement. Pour cette opération, il faut prendre avec la mèche d'une plume un peu de vernis, l'étendre légèrement sur le meuble avec un petit chiffon de mousseline, ensuite passer plusieurs fois un linge fin en coton sur le meuble, sans frotter trop fort.

Composition et usage de la poudre d'Origny.

La poudre d'Origny est composée d'une partie de blanc d'Espagne, d'une partie de cendre de bois et d'une partie de potasse ; elle s'emploie pour enlever les taches de graisse, d'huile et même d'encre qui peuvent se trouver sur les meubles auxquels on veut rendre le brillant de leur vernis : elle n'est donc que le complément du vernis ci-dessus décrit.

Si le meuble que l'on veut nettoyer est taché, avant d'employer le vernis, il faut laver le meuble avec une éponge et de l'eau, puis prendre de cette poudre, et, avec un linge fin, on frotte jusqu'à ce que l'on sente qu'il glisse de manière à faire penser que la tache est enlevée. Puis on lave de nouveau, on essuie avec un linge sec, et on peut alors employer le vernis.

Préparation destinée à l'entretien des meubles, des marbres ou du cuir; par M. GRACIÉ.

Formule.

Cire.	500 gram.	(1 livre).
Eau.	1 kil. 250 gram.	(2 liv. 1/2).
Potasse.	125 gram.	(4 onces).
Dissolution de gomme arabique.	250 gram.	(8 onces).
Dans eau.	250 gram.	(8 onces).

Maîtresse de Maison.

Teinture de copahu. . . .	60 gram.	(2 onces).
Vernis de sandaraque.. .	60 gram.	(2 onces).
Une huile volatile.. . . .	4 gram.	(1 gros).
Alcool à 36 degrés.. . . .	250 gram.	(8 onces).
Cinabre en poudre.. . . .	60 gram.	(2 onces).

Mode d'opération.

Saponifier la cire par la potasse et l'eau; après refroidissement, y incorporer la dissolution de la gomme dans laquelle on aura mêlé la teinture, le vernis, l'huile volatile et le cinabre dans l'alcool.

- Mode de l'emploi.

Etendre la vernicine sur le meuble avec un morceau de drap ou de toile de coton, et frotter.

Préparation de la nigérine.

Même manipulation que pour la vernicine : remplacer le cinabre par du noir de fumée, et, avant de saponifier la cire, faire bouillir, dans 1 kil. 1/2 (5 livres) d'eau, 184 grammes (6 onces) de safran de mars et autant de litharge, l'un et l'autre en poudre fine; le liquide sera réduit à 1 kil. 1/2 (3 livres) par l'ébullition.

Mode de l'emploi.

Etendre sur cuir avec une brosse, et frotter avec une brosse d'un poil doux.

Procédés d'entretien des ameublements, par MM. COHER et LIMONAIRE.

Ces perfectionnements, qui s'appliquent aux meubles et à tous objets de bijouterie, ont pour but :

1º Le nettoyage à froid, sans rien démonter, de toutes les dorures de métaux;

2º Le dégraissage (sans nécessité de revenir) des bois, laques et tôles vernis.

La composition chimique que nous employons pour le nettoyage de la dorure ne tache ni le marbre ni le bronze et n'altère pas le mat ou velouté de la dorure.

Cette composition, que nous désignerons sous le nom d'eau d'orvalie, comprend les matières suivantes, rangées par ordre d'introduction dans un vase destiné à les contenir.

Composition d'un litre d'eau d'orvalie.

1º Potasse à 19 degrés. . .	250 gram.	(8 onces).
2º Esprit rectifié.	30 gram.	(1 once).
3º Acide sulfurique. . . .	16 gram.	(4 gros).

4º Acide oxalique.. · . · ·	16 gram.	(4 gros).
5º Acide muriatique. . · . ·	50 gram.	(1 once).
6º Essence de citron.. · . ·	50 gram.	(1 once).
7º Eau de puits. . · . .	250 gram.	(8 onces)

La composition chimique de ce mélange s'obtient naturellement par l'introduction successive, dans une bouteille ou un vase quelconque, des matières rangées dans l'ordre indiqué.

Ces matières réagissent les unes sur les autres et se combinent ensemble pour constituer notre eau d'orvalie, destinée au nettoyage à froid de toutes les dorures de métaux.

Pour effectuer ce nettoyage, on verse de cette eau sur une éponge ou une brosse douce, puis on frotte la dorure; on y passe ensuite de l'eau fraîche en petite quantité pour enlever la partie humide du mélange qui pourrait oxyder la dorure, puis on sèche avec un chiffon servant de tampon, et la dorure se trouve parfaitement nettoyée.

L'avantage de cette composition est de n'attaquer ni altérer les objets d'entourage, ce qui la rend propre au nettoyage de toutes pièces de bijouterie et d'ameublement.

Nos perfectionnements, dans les procédés d'entretien des meubles et objets de luxe, comprennent, comme complément indispensable, une composition destinée au dégraissage des bois vernissés, laques et tôles, sans avoir besoin de revernir.

Cette composition, complémentaire de l'entretien des meubles et objets vernis, et que nous désignons sous le nom d'*eau vernonisée*, comprend les matières suivantes, rangées dans leur ordre d'introduction dans un vase de forme quelconque.

Composition d'un litre d'eau vernonisée.

1º Terre pourrie, lavée et tamisée.. · . . · ·	125 gram.	(4 onces).
2º Esprit rectifié. · . · .	15 gram.	(4 gros).
3º Eau de javelle.. · . · .	30 gram.	(1 once).
4º Acide sulfurique. · . · ·	95 gram.	(3 onces).
5º Huile de lin pure. · . · ·	80 gram.	(2 o. 1/2).
6º Eau pluviale. · . · . ·	315 gram.	(10 onc. 1/2).
7º Essence de citron.. · . ·	15 gram.	(1/2 once).

Ces matières sont successivement introduites dans une bouteille ou un vase, et réagissent l'une sur l'autre pour composer l'eau vernonisée.

Pour se servir de cette eau au dégraissage des meubles vernis, il faut, chaque fois, remuer le mélange, puis en imbiber un morceau de drap et en frotter la partie grasse du meuble verni; on frotte alors bien à sec avec un chiffon, et la partie grasse se trouve enlevée sans nuire au vernis, qui en reçoit, au contraire, un nouveau lustre.

Dans le procédé ordinairement employé par les ébénistes pour dégraisser les meubles, la matière qu'ils utilisent à cet effet enlève le vernis avec l'huile, et on se trouve dans l'obligation de revernir; notre procédé, au contraire, favorise le vernissage tout en séchant l'huile.

Nettoyage des meubles.

Le cuivre jaune qui entre souvent dans la décoration de quelques parties de nos ameublements, et que depuis quelques années on retrouve dans l'ornementation des magasins, des escaliers, des poêles, etc., se ternit et perd bientôt l'éclat qui le fait rechercher. Pour le lui rendre, il est nécessaire d'en frotter assez fréquemment la surface avec des substances qui, en même temps qu'elles enlèvent la couche très-superficielle de couleur grise qui s'y est développée, lui rendent ou augmentent même son poli.

Le vinaigre mêlé d'émeri bien fin, ou de rouge de Prusse en poudre extrêmement tenue, est souvent employé; mais si l'on n'a pas soigneusement essuyé tout ce qui peut rester de ce mélange sur le cuivre, le vert-de-gris se met après l'objet, et le nettoyage est devenu plus nuisible que salutaire. D'ailleurs l'acide employé ternit la portion de bois limitrophe des parties métalliques, qu'il est difficile et souvent impossible de ne pas atteindre, même en opérant avec beaucoup de soin.

Parmi les moyens que l'on peut substituer à l'emploi du vinaigre, quand on opère sur des meubles précieux, ce qu'il y a de mieux, est un mélange de cire dissoute dans l'essence de térébenthine, dans lequel on a incorporé intimement l'émeri ou le rouge de Prusse en poudre impalpable.

Pour employer cette pâte, on en imprègne un linge fin, et l'on frotte avec ce linge la partie du meuble à nettoyer.

Composition propre à polir, à nettoyer tous les métaux et à les préserver de l'oxydation, par M. Munier, à Paris.

La composition faisant l'objet de la présente demande nettoie également bien l'or, l'argent, le cuivre, l'acier, le fer poli, etc., etc.: elle remplace avec avantage toutes les eaux pour nettoyer les métaux, qui, composées avec des acides, ont l'inconvénient de brûler les objets avec lesquels elles se trouvent en contact.

Elle remplace encore les poudres pour donner le poli à l'argenterie, qui, pour la plupart, ne sont que des combinaisons de mercure avec du carbonate de chaux, et qui peuvent nuire à la santé, rendre l'argenterie très fragile et lui donner un poli couleur de plomb; elle offre, de plus, une grande économie dans la main-d'œuvre, puisqu'un ou deux nettoyages par semaine suffiront pour tous les cas où l'on serait tenu d'opérer, par d'autres moyens, un nettoyage quotidien.

Enfin, elle est d'un prix très-modéré, et sera livrée au public à très-bon marché.

Substances qui entrent dans cette composition.

Sucre animal (lait). . . .	125 gram.	(4 onces).
Sucre végétal.	45 gram.	(1 once 1/2)
Gomme adragante.	7 gram.	(2 gros).
Huile essentielle de menthe. .	3 gram.	(1 gros).
Essence de térébenthine. . .	65 centig.	(12 grains).
Eau filtrée. . . . . 5 kil.	250 gram.	(10 liv. 1/2).

Manière de réunir les substances ci-dessus.

Faites dissoudre le sucre animal et la gomme adragante ensemble, dans de l'eau chauffée à 75 degrés centigrades; imbibez le sucre végétal d'huile essentielle de menthe et de térébenthine, et faites dissoudre séparément dans 62 gram. 5 décigrammes (2 onces 9 grains) d'eau froide.

Réunissez ces dissolutions à 5,125 gram. (10 kil. 4 onces) d'eau filtrée.

Ajoutez comme corps dur, pour les objets polis, carbonate de chaux ou terre pourrie, en quantité suffisante pour amener le tout à consistance de sirop ordinaire; la proportion de carbonate de chaux ou de terre pourrie est de 125 gram. (4 onces) par 75 gram. (2 onces 1/2) du liquide ci-dessus; mettez enfin la composition dans des flacons de verre, d'une capacité convenable, qu'il faut boucher et goudronner.

Pour les objets grossiers et chargés de rouille, ajoutez la même proportion de pierre ponce pulvérisée, grès ou émeri.

On humecte de cette composition un tampon de linge ou autre étoffe, on en frotte l'objet à nettoyer jusqu'à ce que l'oxydation ait disparu, et que la surface ait acquis un beau poli; on essuie avec un linge sec.

Observations.

On remarquera que, jusqu'à présent, aucune composition de ce genre n'a réuni la propriété de nettoyer également bien l'acier, le fer poli et le cuivre, aux avantages ci-devant indiqués. Tous les militaires et gardes nationaux pourront nettoyer, avec l'*extractif Munier*, leurs armes sans les détériorer.

Tous les ornements, les objets d'antiquité en métal, pourront, avec cette composition, être préservés pendant longtemps de l'oxydation; car elle laisse, à la surface de tous les objets sur lesquels on en fait usage, une espèce de vernis imperceptible qui les soustrait à l'humidité et au contact de l'air.

Cirage de meubles et d'appartements, par M. PECQUET DU BELLET, à Paris.

Ce cirage, qui ne porte point d'odeur, diffère en cela du grand inconvénient attaché aux encaustiques, à la térébenthine, employés jusqu'à ce jour pour les meubles, etc., et a pour but non-seulement de conserver et de donner du lustre aux objets sur lesquels il est appliqué, mais encore de nettoyer ces objets qui seraient gâtés par des taches d'encre, de graisse, etc.

Il se compose de lessive de cendre de bois, dans laquelle on fait liquéfier de la cire jaune première qualité, puis on y ajoute un mélange d'infusion de graine d'Avignon et de bois du Brésil, ce qui lui donne une teinte que l'on fixe au moyen d'alun.

Manière de l'employer.

S'il s'agit de nettoyer et de polir à la fois des meubles, marbres ou autres objets ayant reçu ou recevant un vernis, on prend un linge de coton ou tampon que l'on imbibe de la matière, et l'on frotte plus ou moins, selon que les taches sont ou non difficiles à enlever; on laisse ensuite sécher; puis, avec un morceau de laine, on frotte et essuie largement: le brillant vient aussitôt.

Pour les parquets sur lesquels ce cirage est également applicable, en raison de la modicité de son prix, on se servira, pour étendre, d'un pinceau commun; on laissera sécher, puis on emploiera la brosse, et en dernier lieu de la laine. On obtient ainsi un lustre beaucoup plus beau que par les frottages usités jusqu'à ce jour, et cela avec infiniment moins de peine.

Perfectionnement.

Divers perfectionnements ou additions ont été apportés à ce cirage, pour obtenir les qualités variées, sans que néanmoins la base de la composition soit différente.

1° On emploie, au lieu de lessive de cendre, de la potasse dissoute dans de l'eau.

2° On supprime la graine d'Avignon ou le bois de campêche, ou tous les deux, pour varier la couleur.

5° On emploie de la cire-vierge pure ou de la cire-vierge mêlée de cire jaune, dans diverses proportions, suivant qu'on veut donner au cirage plus ou moins de finesse.

4° On supprime l'alun, le cirage perd alors de sa fixité; il est plus susceptible de s'altérer à l'humidité, mais il est d'un usage plus facile, plus doux à frotter, plus prompt à briller.

5° On ajoute une petite dose d'alcool pur ou aromatisé. L'alcool donne un brillant plus vif, plus éclatant; les aromates divers donnent au cirage un parfum agréable.

Les cinq perfectionnements sus-indiqués, ou additions, peuvent être employés seuls ou combinés ensemble, par 2, par 3, par 4 ou par 5, suivant la qualité du cirage qu'on veut obtenir.

Eaux propres à nettoyer les bois vernis, par M. SOYE, de Bordeaux.

Mordant.

N° 1. Dans un litre d'eau distillée, on met :

Terre pourfie bien pulvérisée. .	1 décilitre.
Huile d'œillette.	2 décilitres.
Essence de lavande.	2 centilitres.
Essence de térébenthine.. . .	6 centilitres.

On agite fortement ce premier mélange, puis on ajoute :

Eau distillée (à 20 degrés centi- grades de chaleur). . . .	1 litre.
Eau forte à 38 degrés.	12 centilitres.

On agite le tout pendant cinq minutes.

Brillant vif.

N° 2. Esprit-de-vin rectifié de 34 à 36 degrés, 1 litre; on ajoute 3 grammes (6 gros) de cochenille broyée et l'on décante, ensuite on ajoute :

Huile d'œillette purifiée. . . .	1 décilitre.
Vernis blanc à la gomme-laque purifiée..	1 décilitre.
Esprit de vin coloré et filtré.. .	1 litre.

Enfin lorsque les meubles sont très-vieux et que le vernis est usé, on se sert du composé suivant :

N° 3. Huile d'œillette purifiée.. . .	2 décilitres.
Vernis blanc à la gomme-laque purifiée..	5 décilitres.
Esprit-de-vin coloré ou blanc, se- lon la nature du bois. . . .	5 décilitres.

Le brillant vif peut être aromatisé sans nuire en rien à son effet. On passe d'abord le mordant sur le meuble à nettoyer, puis on passe le brillant.

Certificat d'addition en date du 9 juin 1845.

Les eaux préparées, comme nous venons de le dire, s'appliquent au nettoyage et au revernissage à neuf de tous les bois qui ont été vernis au tampon, des laques, des tableaux à l'huile peints sur toile ou sur bois, des instruments de lutherie et des marbres.

Addition.

Ce perfectionnement consiste dans des changements apportés à la composition n° 3 décrite au brevet, et qui peut ensuite être modifiée de manière à donner deux autres compositions applicables au nettoyage des stucs vrais ou imités, des marbres, etc.

N° 3 modifié :

Vernis blanc à la gomme-laque purifiée. . . . . . 1 litre.
Huile d'œillette purifiée. . . 20 centilitres.
Esprit de vin à 36 degrés. . .. 10 centilitres.

Enfin deux nouveaux produits résultent de ce changement : l'un, n° 4, se compose de :

Vernis blanc à la gomme-laque purifiée. . . . . . 1 litre.
Huile d'œillette purifiée. . . 40 centilitres.
Esprit de vin à 36 degrés. . . 20 centilitres.

L'autre, n° 5, de :

Vernis blanc à la gomme-laque purifiée. . . . . . 1 litre.
Esprit de vin à 36 degrés. . . 30 centilitres.

Emploi du brillant stuc.

Ces nouveaux produits servent également à polir toutes les imitations de marbre, les stucs vrais et faux, les plâtres alunés, les enduits à fresques et autres enduits de mastic durs, préparés à la truelle ou dégrossis avec différentes pierres.

Si le tampon humecté de la composition n° 5 ne glisse pas suffisamment sur la surface à polir, il faut humecter légèrement le linge du tampon avec la composition n° 4.

Savon propre à nettoyer le cuivre, par MM. FENOUIL et BROT, de Versailles.

Ce nouveau produit qui peut nettoyer le cuivre et plusieurs autres métaux et substances, se compose ainsi :

On prend 50 kilogrammes (100 livres) et 50 kilogrammes (100 livres) d'acide hydrochlorique. On met le tout dans un vase inattaquable à cet acide. A l'aide d'une douce chaleur on fait dissoudre les os. On obtient de la sorte une matière qui ressemble à une bouillie claire : c'est la combinaison de l'acide avec la substance des os. Elle est grasse, se dissout facilement dans l'eau. En chauffant plus ou moins on obtient une substance plus ou moins compacte.

Tous les acides susceptibles de dissoudre les os sont bons, principalement les acides minéraux et ceux qui en dérivent.

Les graisses cuites longtemps dans les acides, peuvent fournir un savon pour nettoyer les métaux, mais inférieur à celui fait avec des os.

Pour obtenir un savon propre à nettoyer le cuivre, il faut prendre de l'acide hydrochlorique ou de l'acide sulfurique; avec de l'acide nitrique on obtient un savon convenable pour l'étain.

Mixtion pour rafraîchir les tableaux.

Il faut prendre un verre d'eau-de-vie, un blanc d'œuf et 3 grammes (1 gros) de sucre candi en poudre, bien battre le tout et en passer une couche, avec une éponge fine, sur le tableau à rafraîchir, après l'avoir préalablement bien lavé avec une autre éponge. Cet enduit qui peut être renouvelé sans altérer la peinture, a même la propriété de l'empêcher de s'écailler.

Moyen simple d'empêcher les mouches de salir les cadres des tableaux et bordures des glaces.

Faites infuser dans un litre d'eau bouillante, une botte ordinaire de poireaux, laissez refroidir le liquide et en passez légèrement une couche sur les dorures que vous voulez préserver : les mouches ne s'y poseront plus.

Masse pour polir les meubles.

Cette masse est une dissolution de cire dans l'essence de térébenthine, et allongée d'esprit-de-vin.

Pour la préparer on prend :

Cire blanche.	60 gram. (2 onces).
Essence de térébenthine. . .	45 gram. (1 once 1/2).

et l'on fait chauffer jusqu'à parfaite dissolution. Quand cette dissolution est suffisamment refroidie, c'est-à-dire quand elle est devenue blanchâtre et un peu épaisse, on y ajoute :

Alcool concentré. . . . . 30 gram. (1 once).

Si l'on double la dose d'alcool, la masse n'en devient que meilleure, mais on est obligé de frotter plus longtemps qu'avec la masse à 30 grammes (1 once) d'alcool seulement.

Bleu propre à azurer le linge, par M. MEILLET, *à Poitiers (Vienne).*

Ce bleu se compose de 10 kilogrammes (20 livres) de bleu de Berlin superfin qu'on mélange intimement en le broyant sur une pierre à l'aide d'une molette avec 3 kilogrammes (6 livres) de prussiate de potasse; on ajoute 10 kilogrammes (20 livres) de dextrine en pâte, et on en fait des pastilles qu'on fait sécher à l'étuve.

Vernis anglais qui devient très-dur et ne gerce jamais, par M. OLIVIER MATHEY.

On prend 1/2 kil. (1 livre) d'huile de noix, 31 grammes (1 once) de rayon d'abeille, et une côte d'ail sauvage, le tout est broyé ensemble, on met le mélange sur le feu avec un morceau de pain pesant environ 16 grammes (1/2 once).

D'autre part, on met sur le feu 125 gram. (4 onces) d'huile d'aspic; lorsqu'elle est chaude, on ajoute par petits morceaux, 62 gram. (2 onces) de caoutchouc; lorsque ce dernier est fondu, on retire du feu et on verse doucement en remuant dans le premier mélange; on laisse bouillir une heure; on retire le pain lorsqu'il est brun.

Siccatif.

1/2 kil. (1 livre) d'huile de lin, 125 gram. (4 onces) de litharge, 60 gram. (2 onces) de minium, 30 gram. (1 once) de terre d'ombre, le tout broyé en pâte avec un peu d'huile; on ajoute à froid le reste de l'huile; en remuant, on met sur le feu, et lorsque le mélange bout, on ajoute, avec un tamis, une cuillerée à café de plâtre en poudre fine.

On fait cela toutes les dix minutes; lorsque la litharge vient sur le bain avec l'aspect cuivré, on en met deux gouttes sur une plaque de verre, et lorsqu'on peut, en étirant, obtenir un fil de 27 à 33 cent. (10 à 12 pouces) de long. On laisse encore dix minutes; on retire du feu et l'on ajoute 625 gr. (1 livre 1/4) d'essence de térébenthine, on couvre tout de suite pour éviter l'évaporation, et l'on décante le lendemain.

Vernis brillant pour confiseur.

On brûle de l'eau de cerise avec du sucre, et l'on ajoute ensuite de la gomme arabique en poudre.

Encaustique pour cirer les appartements.

Cette encaustique se prépare avec de la cire qu'on saponifie en partie.

Pour cela, on dissout une partie de belle potasse du commerce dans vingt ou trente parties d'eau, puis on chauffe, et l'on ajoute huit parties de cire jaune coupée en petits morceaux ; on fait bouillir et l'on agite pendant environ vingt minutes ; après cela on retire le vase du feu, et l'opération est terminée. On obtient de cette manière une liqueur épaisse, ou de la consistance du miel fluide, suivant que l'on a employé plus ou moins d'eau, ou que l'évaporation a été plus ou moins longue.

Cette encaustique s'étend sur les parquets ou sur les carreaux à l'aide d'une brosse à peindre, ou plutôt d'un linge lié à l'extrémité d'un bâton, parce que ce savon le très-alcalin altère facilement le crin de la brosse. On laisse sécher, puis on lisse avec la brosse du frotteur.

On a remarqué, sans pouvoir en expliquer l'effet, qu'une légère addition de nitrate de potasse lui donne beaucoup d'éclat. On ajoute aussi quelquefois du savon mou pour la rendre plus homogène et plus grasse.

On a tenté, mais sans succès, de substituer à la potasse dans cette préparation, le sous-carbonate ou sel de soude du commerce, qui est à bien meilleur marché ; mais le produit qu'on obtient par la soude durcit en se desséchant, et ne prend pas bien le poli sous la brosse à frotter.

Encaustique pour vernir les meubles.

On la prépare en dissolvant, au moyen de la chaleur, de la cire dans de l'huile volatile de térébenthine, jusqu'à ce que par le refroidissement le produit prenne la consistance d'un miel peu solide, ou plutôt jusqu'à ce qu'étant assez épais, il puisse pourtant encore s'étendre sur une surface lisse sans y former de grumeaux.

Pour faire usage de cette encaustique, on l'étend sur un meuble, et on la lisse à l'aide d'une brosse d'abord, et d'un tampon de taffetas bourré ensuite. Par la chaleur que développe le frottement, toute l'huile volatile s'évapore et il ne reste que la cire qui se trouve alors répartie très-également ; ce que l'on n'obtiendrait que difficilement sans une dissolution préalable.

Procédé pour blanchir l'ivoire jauni.

M. Schmeïsser, fabricant d'instruments, emploie un moyen fort simple pour rendre à l'ivoire jauni par l'âge ou le service sa blancheur primitive ; il suffit pour cela d'immerger les objets dans une dissolution aqueuse d'acide sulfureux.

L'immersion ne doit pas durer plus de quatre heures, sinon l'ivoire est attaqué.

L'acide sulfureux ne doit pas être employé à l'état gazeux, sinon l'ivoire contracte des gerçures.

Assainissement des habitations.

Le premier soin qu'il convient de prendre pour empêcher la détérioration des effets, et plus encore celle de votre santé; c'est d'éloigner l'humidité de votre habitation (1). Vous y parviendrez, 1° en choisissant un logement exposé au sud ; 2° en faisant, si besoin est, appliquer sur les murailles du poussier de charbon; 3° en garnissant bien votre palier et votre antichambre, ou entrée intérieure du logis, de sparteries. La première sera un grand tapis de paille tressée, qu'il faudra faire sécher lorsqu'il sera trop humide, et laver lorsqu'il sera trop boueux : aussi convient-il d'en avoir un ou deux de rechange; l'autre sera en joue : moins exposé que le précédent, il demande moins de soins ; toutefois il est bon de lui donner un soutien.

Tenez-vous aussi en garde contre la chaleur et le soleil trop ardent, car les draperies, le papier de tenture perdent leurs couleurs, les meubles s'écaillent et l'appartement entier se ternit. Je ne saurais trop vous recommander d'avoir des jalousies, qu'il est facile de réparer soi-même, en remettant exactement des morceaux de ruban de fil écru aux morceaux usés du léger suspensoire des planchettes. Il vaut cependant infiniment mieux qu'elles soient montées sur de gros fils-de-fer. Dans les chambres des enfants et des bonnes, remplacez-les par des rideaux en percaline verte, sans plis, placés à l'extérieur, et terminés par un rouleau de bois noir, comme les cartes géographiques. On les fixe à l'autre extrémité, au moyen d'une tringle dont les bouts entrent dans des pitons. Cette extrémité du rideau est tenue fixement sur la longueur de la tringle. Ces jalousies économiques, dont j'ai fait avantageusement usage, produisent une fraîcheur et un demi-jour analogue à celui des véritables jalousies. Pour les ôter, on les enlève des pitons, et on les roule dans un coin de l'appartement; mais il serait facile de se dispenser de cet

(1) Pour l'assainissement des salles basses et humides, ayez recours à l'hydrofuge composé d'huile de lin lithargée. Plus d'indications seraient superflues. Le travail est tel qu'il faut avoir recours à un habile ouvrier.

assujettissement, en les relevant par des doubles cordes passées dans une double rangée de trous latéraux.

Il faut de temps en temps graisser la poulie des jalousies perfectionnées (à fil-de-fer) et savonner à sec la corde qui s'enroule en haut.

Destruction des animaux nuisibles.

Les housses mises en été contribuent au développement des mites. Un soin important à prendre, c'est de préserver les meubles en laine des vers. En battant et frottant très-souvent les fauteuils, canapés, causeuses, en les changeant de place, en plaçant sous leurs coussins de la menthe et autres herbes aromatiques, enfin, en veillant à leur fabrication, on n'a rien à redouter de ces insectes destructeurs. Quant au dernier point, il faut veiller à ce que le tapissier enduise légèrement, avec une brosse, la contre-toile et les sangles d'encaustique préparée avec de la cire jaune et de la térébenthine, dans laquelle on fait aussi dissoudre un peu de camphre.

Les souris sont des ennemis non moins nuisibles; mais une souricière, quelques feuilles de menthe placées sur les objets de leur friandise, des petits morceaux d'éponge usée, humectés d'eau gommée et roulés dans du sucre en poudre mêlé d'un centième d'arsenic, suffisent pour vous en délivrer en peu de jours sans le secours d'un chat.

On recommande à cet égard le procédé suivant :

Moyen de détruire les souris.

Mettez sur une ardoise ou sur une tuile, dans les endroits où vous jugez qu'il y a des souris, deux cuillerées de farine de seigle grillée, que vous aurez soin d'étendre uniformément pour mieux apercevoir si ces animaux y ont touché. Renouvelez pendant deux ou trois jours cette pâture, qu'elles ne manqueront pas de venir manger, à moins d'être dérangées; arrosez ensuite votre farine avec quelques gouttes d'huile d'anis, et continuez à leur servir cet appât encore deux ou trois jours; le quatrième jour vous ne leur en donnerez que la moitié; et enfin le cinquième jour vous leur donnerez la composition que voici :

Pour 125 grammes (4 onces) de la même farine, parfumée avec six gouttes d'huile d'anis, vous mettez 16 grammes (1/2 once) de carbonate de baryte, bien pulvérisé en mortier, et passé au tamis fin de mousseline. Vous mêlerez le tout et le déposerez comme les jours précédents, sur vos ardoises, que vous abandonnerez aux souris pendant vingt-quatre heures. Peu d'heures après qu'elles auront mangé de cette composition, vous en verrez courir quelques-unes çà

et là, comme ivres ou attaquées de convulsions, et toutes
enfin se retirer dans leur trou et y mourir. Comme les rats
ont beaucoup de sagacité, il convient de leur laisser l'appât
deux jours de suite quand ils en ont déjà mangé un peu.

Il n'est pas moins nécessaire de tenir fermées les portes
des chambres où l'on aura placé cet appât, et pendant tout
le temps qu'il y reste, soit pour que les rats et les souris ne
soient pas dérangés, ou pour empêcher les autres animaux de
s'empoisonner; quoique cette composition ne soit pas plus
dangereuse que toutes celles qu'on emploie ordinairement
pour tuer les souris, il y aurait toujours à en craindre de fâcheux effets.

Sur l'appareil dit 4 de chiffre.

Un de nos lecteurs nous ayant demandé des détails sur
cet appareil, nous le donnons ici.

Ce petit appareil, qui sert à détruire les animaux nuisibles, et qui peut varier dans ses dimensions, se compose de
trois pièces en bois léger. La première a environ 10 centimètres (4 pouces) de long, elle est coupée en sifflet à l'un
de ses bouts, tandis qu'à 1 centimètre (5 lignes) environ de
l'autre bout, elle porte une entaille. La deuxième pièce qui
est un peu plus longue que la première, n'a point d'entaille,
elle est seulement coupée en sifflet à l'un de ses bouts. La
troisième pièce a une longueur double de celle des autres; à
l'une de ses extrémités, elle porte une entaille semblable à
celle de la pièce première. Sur une des faces latérales et à
une distance de 5 à 6 centim. (2 à 2 pouces 1/2) de l'entaille, en est une seconde, et qui doit recevoir la deuxième
pièce quand on dresse l'appareil. C'est à l'extrémité de cette
pièce que l'on place l'appât.

Quand l'appareil est dressé et qu'on le maintient à la
main, on fait reposer le bout d'une planche pesante sur
l'extrémité, tandis que l'autre bout appuie sur le sol. Il faut
que l'appât soit toujours placé sous la planche.

Procédés contre les Mouches, — les Fourmis, etc.

Ces insectes sont presque un fléau pour la maîtresse de
maison. Ils gâtent, souillent sans relâche les plus brillantes
parties du mobilier, et je connais bien des dames qui, sans
oser l'avouer, se mettent en colère contre les mouches. Pour
éviter et cette colère et leurs dégâts, mettez un peu d'huile
de laurier, de place en place, à l'aide d'un léger pinceau,
sur l'épaisseur des cadres dorés. L'odeur de cette huile aromatique, quoique assez forte, n'est pas incommode, et l'on
s'y accoutume aisément.

Il n'est pas rare de voir des cordons de fourmis aboutir d'un jardin dans le buffet, ou l'office, et pénétrer dans le sucrier, les pots de confitures, ce qui est importun et dégoûtant. Mettez du tabac à fumer en petits morceaux, et vous en serez promptement débarrassé. Un morceau de camphre est encore un moyen plus sûr. On dit que ce procédé est encore fort bon pour écarter les puces, les mouches et les punaises.

Préparation pour détruire les Punaises.

Eau distillée.	1 kilog.	(2 livres).
Essence de térébenthine. . .	1 kilog.	(2 livres).
Esprit de vin.	1 kilog.	(2 livres).
Sublimé corrosif.	45 gram.	(1 once 1|2).

Collage des papiers pour détruire les Punaises.

Le procédé précédent est l'un des plus certains pour se délivrer des punaises, mais il est coûteux, et c'est d'ailleurs un poison dangereux qui réclame l'attention la plus sévère de la maîtresse de maison. Celui-ci est moins grave, moins dispendieux, et doit toujours se pratiquer de préférence lorsqu'il s'agit de poser un papier dans une chambre infectée de punaises. L'autre méthode convient lorsqu'on veut ménager la tenture.

Pour une chambre de 3 mètres 33 centim. (10 pieds) de hauteur sur 5 mètres (15 pieds) de largeur et de longueur, un 1|2 kil. de colle de Flandre, que l'on humecte légèrement. Une heure après, on la met devant le feu avec un litre et demi d'eau; on y joint 250 gram. (8 onc.) de térébenthine, et on la laisse cuire pendant une demi-heure, en la remuant continuellement. Lorsque la térébenthine est entièrement dissoute, on enduit les murs de deux ou trois couches de cette colle à chaud.

On prend ensuite, pour coller le papier, de la colle de farine, dans laquelle on fait encore dissoudre au feu de la térébenthine, dans la proportion de 150 ou 180 grammes (5 ou 6 onces) par demi-kilog. de colle, ayant toujours le soin de bien la remuer, sans quoi la térébenthine tacherait le papier si elle n'était pas bien dissoute dans la colle.

Aux moyens de préservation et de conservation, ajoutons ceux de réparation. D'abord les *taches*, soit simples, soit composées, que je vous engage à enlever de suite au savonnage, ce qui réussit presque toujours quand la tache est récente, ou du moins l'affaiblit tellement, qu'elle cède ensuite avec la plus grande facilité.

Procédés pour enlever les taches.

Les taches sont une des contrariétés domestiques les plus fréquentes. Que de craintes éprouve un pauvre enfant, dont la robe neuve est tachée! Que de contraintes souffre une jeune conviée, dont le schall est souillé de graisse par la maladresse d'un domestique étranger. Impossible de se plaindre, de paraître même y songer! Et sans cesse dans sa pensée revient, avec tous les commentaires de l'impatience, *c'est un schall perdu!*

Nous allons délivrer la maîtresse de maison de cet ennui.

Les taches sont grasses et huileuses, ou résineuses, ou elles sont produites par les acides, par les alcalis ou l'urine, par l'encre, la poix, le goudron, le cambouis, etc.

1° Les taches graisseuses s'enlèvent soit par le savon ou l'eau chargée d'alcali, quand il s'agit d'étoffes qui peuvent se laver; on peut encore employer le fiel de bœuf, purifié ou non purifié : l'essence de térébenthine et l'éther peuvent également dissoudre les taches des estampes et des livres. L'éther et l'essence de citron conviennent très-bien pour les étoffes délicates.

On doit préférer l'emploi des terres absorbantes ou alumineuses, comme la terre à foulon, l'argile, la craie, la chaux éteinte, etc., quand l'on altère la couleur de l'étoffe.

2° Les résines et la cire s'enlèvent facilement au moyen de l'alcool plus ou moins rectifié.

3° Les taches d'acides rongent le plus souvent les couleurs; on est alors obligé de peigner l'étoffe avec les chardons, et d'arracher les poils de l'étoffe décolorée. Les savons et les alcalis ramènent rarement les couleurs à leur état primitif.

4° Les taches par l'urine et les alcalis s'enlèvent à l'aide des acides végétaux, le vinaigre, le suc de citron, le tartre, le sel d'oseille.

5° Fraîches, les taches d'encre ordinaire sur le linge s'enlèvent facilement au moyen de sel d'oseille; anciennes, elles exigent que ce sel soit dissous à chaud dans une cuillère d'étain pleine d'eau. Cette dissolution enlève aussi très-bien les taches de rouille sur le linge de fil et de coton. L'encre d'imprimeur, le cambouis, doivent d'abord être traités par le savon ordinaire ou ammoniacal, puis être lavés dans la dissolution de sel d'oseille ammoniacal.

6° La poix, le goudron, les peintures à l'huile, se détachent au moyen d'huile volatile de térébenthine. L'alcool s'emploie aussi pour les premières.

7° Les taches de fruits s'enlèvent avec la plus grande fa-

cilité avec du chlorure de soude, surtout après un savonnage. L'acide sulfureux produit le même effet, mais auparavant il faut essayer si ces agents ne peuvent nuire à la couleur
de l'étoffe.

Essence à détacher parfumée.

Esprit 3⁄6	3 litres.
Savon blanc.	500 gram. (1 livre).
Fiel de bœuf.	500 gram. (1 livre).
Essence de citron. . . .	30 gram. (1 once).
Essence de menthe.. . .	60 gram. (2 onces).

Savon à détacher.

Faites dissoudre du savon blanc, sec, très-divisé, dans de
bon alcool; broyez le mélange dans un mortier avec six jaunes d'œufs; ajoutez-y peu à peu l'essence de térébenthine,
et lorsque la pâte sera bien pétrie, incorporez-y de la terre
à foulon très-divisée, pour donner la consistance convenable.

Pour faire usage de cette composition, humectez, avec de
l'eau chaude, s'il est possible, l'étoffe tachée, et frottez dessus avec la savonnette. Puis avec la main, une éponge, ou
bien une brosse fine, frottez, étendez entièrement ce savon.
Il convient pour toutes les taches, excepté l'encre et la
rouille.

Eau à détacher, ou nouvelle eau vestimentale, pour les taches graisseuses.

Essence de térébenthine pure.	250 gram. (8 onces).
Alcool à 40°.	30 gram. (1 once).
Ether sulfurique.	30 gram. (1 once).

Mélangez et agitez bien à bouchon fermé. Si vous voulez
masquer l'odeur de la térébenthine, ajoutez de l'essence de
citron.

Pour vous servir de cette eau, placez l'étoffe à détacher sur
plusieurs doubles de linge; imbibez-en la partie tachée de
graisse, puis frottez légèrement avec un autre linge fin,
jusqu'à ce que l'étoffe soit séchée et la tache enlevée. Si
celle-ci était ancienne, vous devriez en chauffer un peu la
place.

Eau pour dégraisser les étoffes de laine commune.

Mettez dans une terrine vernissée une bouteille d'eau tiède,
un peu de savon blanc, 31 grammes (1 once) de soude d'ali-
cante pulvérisée. Le tout bien fondu, ajoutez-y deux cuillerées de fiel de bœuf et un peu d'essence de lavande. Remuez

bien, passez à travers un linge, et conservez en bouteille bien bouchée.

Pour en faire usage, mettez avec précaution quelques gouttes sur la tache; frottez avec une petite brosse; lavez ensuite à l'eau tiède l'endroit où était la tache, ou celui sur lequel la liqueur s'était étendue.

Objets décollés. Ne souffrez jamais des boîtes, cartons et autres articles de ce genre décollés; faites-les promptement recoudre proprement avec de gros fil, et recouvrir de papier collé. La colle suivante vous sera à cet égard d'une grande utilité.

Colle pour réparer les cartonnages.

Délayez de la farine de riz avec de l'eau froide, puis faites-la ensuite chauffer et bouillir jusqu'à ce qu'elle forme une pâte claire et blanche. A la Chine et au Japon on ne se sert pas d'autre colle. La maîtresse de maison l'emploiera pour réparer, pour préparer même de petites boîtes en cartonnage, des registres. Elle pourra lui donner la consistance du plâtre et en faire de petits bustes, des vases, des bas-reliefs, si elle a du goût pour le dessin. C'est un amusement dont elle devra tirer parti pour occuper ses enfants.

Objets cassés. C'est une des tribulations ordinaires en ménage, à laquelle on ne peut remédier en partie que par l'industrie et la patience, mais que le bon ordre et le goût de l'arrangement préviennent aux trois quarts. Ne faites point payer à vos domestiques ce qu'ils cassent, car rien ne les rend plus impertinents : si vous le pouvez, ne vous fâchez point, afin que votre douceur les rende plus soigneux; remplacez promptement l'objet cassé, et faites-leur voir que vous vous imposez des privations. Pour peu qu'ils aient d'attachement pour vous, cette conduite les fera veiller avec un soin minutieux et sévère à ne plus renouveler le dégât. Ne vous servez jamais d'objets cassés, car c'est le signe du désordre, et cela suffirait pour rendre vos domestiques négligents. Ne faites *brider*, c'est-à-dire raccommoder avec un fil-de-fer, que la vaisselle de terre, encore lorsqu'il s'agit de grands vases, comme terrines, qui coûtent assez à remplacer; autrement rejetez ce raccommodage, qui ne se joint jamais parfaitement, paraît toujours, et produit des protubérances qui déchirent les mains. Quand le vase cassé est en faïence fine, que le morceau détaché peut se rejoindre aisément, et que ce vase ne doit pas contenir des choses trop chaudes, on peut employer la colle forte pure. J'ai fait tenir solidement pendant quatre ans une tasse de porcelaine cassée; mais ce procédé ne réussit pas toujours, et le suivant est immanquable.

Ciment pour réunir les fragments de la porcelaine, du verre, cristal.

A 30 gram. (1 once) de mastic dissous dans une quantité suffisante d'esprit-de-vin très-rectifié, la maîtresse de maison pourra ajouter 30 gram. (1 once) de colle de poisson, d'abord tout-à-fait amollie dans de l'eau, puis dissoute dans du rhum ou de l'eau-de-vie, jusqu'à ce qu'elle forme une forte gelée, à laquelle elle ajoutera 8 gram. (2 gros) de gomme ammoniaque bien pulvérisée. Elle exposera ces deux substances dans un vase de terre à une chaleur douce, et quand elles seront bien mélangées, elle les versera dans une fiole parfaitement bouchée.

Quand quelque objet sera cassé, elle mettra dissoudre un petit morceau de ciment dans une cuillère à café d'argent, au-dessus de la flamme d'une chandelle, et fera chauffer les morceaux cassés; elle les enduira ensuite du ciment, et après avoir collé avec soin les surfaces cassées, elle les laissera en contact très-serré, pendant douze heures au moins, jusqu'à ce que le ciment soit bien pris. La place cassée sera, après ce temps, complètement solide, et l'on ne pourra l'apercevoir (1).

Manière de préserver les ustensiles de cuivre du vert-de-gris.

Les ustensiles de cuivre dont on ne se sert que passagèrement, tels que les bassines, les poêles à confitures, les chaudrons à cuire les herbes, etc., se couvrent de vert-de-gris, que l'on n'ôte qu'à force d'écurage, ce qui use beaucoup plus que l'emploi des vaisseaux, fait perdre beaucoup plus de temps et donne beaucoup de peine. Voici le moyen d'obvier à ces inconvénients :

Les ustensiles encore chauds, lavez-les avec une grosse éponge, et quand ils ne sont plus que tièdes, étendez sur toute la surface un encollage de fécule de pomme de terre délayée dans de l'eau : elle a dû être cuite un moment pour devenir à l'état de colle. Appliquée sur le cuivre, elle s'y sèche, et prévient parfaitement le vert-de-gris.

Formule d'un cirage anglais.

On prend :

Eau bouillie et refroidie. . . . 1 bouteille.
Noir d'ivoire.. . . . . . . 60 gram. (2 onces).

(1) On colle parfaitement, dit-on, les morceaux de pierre dure, porcelaine, verre, avec la substance grasse, blanchâtre et gélatineuse, qui se trouve dans la vésicule située à l'extrémité du corps des gros escargots.

Cassonade ou mélasse. . . .	60 gram.	(2 onces).
Huile d'olive.	1 cuillerée à bouche.	
Acide sulfurique.	30 gram.	(1 once).
Acide hydrochlorique. . . .	30 gram.	(1 once).

On met dans l'eau les substances dans l'ordre indiqué ci-dessus, en ayant soin d'agiter longtemps avec une spatule. Quand on a versé l'acide sulfurique et qu'on a convenablement agité le mélange, on laisse reposer pendant deux heures, après quoi on verse l'acide muriatique en agitant toujours. On peut amener ce cirage à l'état de pâte en faisant évaporer sur un feu doux. On pourrait l'obtenir solide en mêlant ensemble le noir d'ivoire, la cassonade ou la mélasse, l'huile d'olive, l'acide sulfurique, puis ajoutant, deux heures après, l'acide hydrochlorique.

Le cirage serait plus beau si, aux substances indiquées plus haut, on ajoutait 30 grammes (1 once) d'indigo.

Il faut avoir soin d'employer de la mélasse provenant du travail du sucre de canne, et non de la mélasse du suc de betteraves.

CHAPITRE XVII.

DU LINGE. — PROVISION DE LINGE.

MANIÈRE DE LE RANGER, DE L'ENTRETENIR, DE LE MARQUER, DE LE DISTRIBUER. — BLANCHISSAGE. — ÉCHANGEAGE. — LESSIVES. — SAVONNAGES. — REPASSAGES. — SOINS DES BAS.

La fortune apporte sans doute une différence dans le choix et le nombre du linge, mais aucune dans son bon ordre et son entretien. Ainsi, les personnes riches ont des draps de toile de Cretonne dans les belles qualités, à 5 et 6 francs le mètre, ce qui leur fait revenir une paire de draps de 75 à 90 francs; elles ont des services de cérémonie damassés de Flandre, de Hollande et de Saxe, qui varient suivant la quantité de serviettes qui les composent et la grandeur des nappes, surtout suivant la finesse du tissu et la délicatesse du travail. Les moindres, composés de vingt-quatre serviettes, d'une nappe et son napperon, qui s'ôte pour le service du dessert, coûtent 200 à 250 francs. Outre ce prix élevé, ce linge a un autre inconvénient : chaque fois qu'on le fait blanchir il faut l'envoyer à la calandre, ce qui est assujettissant et onéreux. En Hollande ou en Flandre, où se fabrique ce linge, il n'y a pas de maison où il n'y ait un cylindre qui repasse non-seulement ce linge de table, mais aussi le linge de lit et de corps, ainsi les gens moins fortunés ont des draps de toile de Courtrai, de Guibert, d'Alençon, de Bretagne, d'Auvergne, qui sont moins chers de moitié que celle de Cretonne, et remplissent le même objet. Ils se servent de linge de table de France, de serviettes unies à liteaux bleus; les plus belles coûtent 45 francs la douzaine, et la nappe pareille, de douze couverts, de 25 à 45 francs. Les serviettes damassées en coton, et généralement le linge de coton, qui est à très-bas prix, s'emploient dans beaucoup de ménages. Mais, quel que soit le choix que l'on fasse en linge, on doit toujours veiller avec le plus grand soin à sa conservation.

Voici les conseils que je crois devoir donner à la maîtresse de maison : qu'elle n'ait ni trop, ni pas assez de linge. Trop, il jaunit sans servir, encombre inutilement des armoires, et c'est de l'argent inerte qui pourrait avoir un produit plus avantageux. Pas assez est peut-être pis encore : on n'a pas le temps de l'arranger, de le raccommoder convenablement; la nécessité des autres dépenses fait ajourner celle-ci; le linge s'altère de plus en plus, s'use bientôt tout-à-fait : il faut des frais extraordinaires pour le renouveler. Si on ne le peut, l'esprit de désordre s'introduit dans la maison. A Paris, six paires de draps et douze taies d'oreiller par chaque lit de domestique, sont suffisantes, parce qu'on manque de grenier pour tenir le linge sale à l'air. Dans la province, on peut avoir un tiers ou le double de plus : douze douzaines de serviettes ordinaires et leurs nappes pour le courant; quatre ou six douzaines de plus belle qualité, et leurs nappes pour les jours où l'on reçoit; si douzaines de serviettes de toilette (les unies sont préférables pour cet usage, non-seulement parce qu'elles sont plus douces, mais aussi parce qu'étant mises à part, à mesure qu'elles s'usent, elles servent en cas de maladie), trois douzaines de serviettes solides et communes pour les repas des domestiques, et six nappes; deux douzaines de tabliers à plis et à poches de toile blanche pour la cuisinière; quatre douzaines de tabliers à *cordon* de toile écrue, pour préserver le tablier blanc, qui doit toujours être propre, soit lorsque cette cuisinière sort pour faire ses provisions, soit lorsqu'elle est appelée pour recevoir quelques ordres, soit enfin, lorsqu'après son ouvrage elle fait quelque travail d'aiguille; six douzaines de torchons de toile écrue qui, à mesure qu'ils vieillissent, doivent servir à essuyer la vaisselle, l'argenterie et les meubles; douze tabliers de femme de chambre, et douze pour le domestique (si la fortune permet d'en avoir). Voilà ce qui suffit très-amplement à une maison bien montée.

Je conseille à la maîtresse de maison d'avoir une partie de son linge de corps, de lit et de table, en coton. Indépendamment du bon marché, il est bien pendant l'hiver d'avoir des draps et des chemises de calicot (ou plutôt de madapolam, sorte de calicot renforcé), ce linge étant plus doux et plus chaud. Quant au linge de table, cette raison ne peut exister; mais si l'on veut varier et avoir des nappes et serviettes damassées, il est facile de s'en procurer à bon compte, la douzaine de serviettes, la nappe et le napperon, se donnant pour 30 à 40 francs. Ce linge est d'un très-beau blanc et de belle apparence, mais peu distingué, à raison du bas prix; on ne peut s'en servir qu'en famille. Beaucoup de personnes le dédaignent parce qu'il est plucheux, et lui préfèrent des serviettes de madapolam, coupées à la pièce. Ces serviettes, à bon marché aussi, sont très-avantageuses et de beaucoup de durée. On peut en faire de très-bonnes serviettes de toilette. Pour tout le reste du linge, les tabliers de femme de chambre exceptés, il faut toujours avoir de la toile, le coton n'étant pas assez fort pour résister à l'usage du service et de la cuisine.

Numérotez tout votre linge par douzaine, au-dessous des lettres initiales de votre nom, également en coton rouge. Au-dessous des numéros, depuis 1 jusqu'à 12, qu'il se trouve, pour la première douzaine, 1re, pour la seconde, 2me, ainsi de suite. Attachez chaque douzaine ensemble avec un ruban de fil de couleur, qui portera sur une étiquette le numéro de la douzaine. Mettez tous les replis des draps, des serviettes, les uns sur les autres sans interruption, et du côté de l'ouverture de l'armoire, afin que l'on puisse enlever chaque pièce sans désordre et difficulté. Placez les douzaines de serviettes dans l'ordre de leurs numéros, puis étendez sur tout le linge, dans chaque rayon, une nappe ou autre linge usé qui empêche l'air et la poussière de pénétrer (1). Rangez tout votre linge dans cet ordre, que le blanchissage ne doit jamais interrompre. Eloignez-le de toute humidité, et pour cela, autant que possible, ne le placez point au rez-de-chaussée. Mettez le linge de table dans un endroit, celui de lit dans un autre, et enfin le linge de corps dans un autre; le linge de service sera aussi rangé à part. Les armoires doivent être placées auprès de votre chambre, et préférablement dans la chambre du repassage, dont je parlerai bientôt: on peut cependant se prêter aux localités; mais une chose indispensable, c'est de placer le linge à votre usage, ainsi

(1) Un rideau placé sur tringle devant la porte de l'armoire vaudrait encore mieux.

que vos vêtements, le linge et les habits de votre mari, de
vos enfants, à portée de la chambre de chacun. Cette seule
précaution épargne beaucoup de perte de temps, de confusion et d'ennui.

Le point de tapisserie est la meilleure manière de marquer le linge, mais c'est un travail d'une extrême lenteur.
Pour les personnes qui désirent opérer promptement, et
cependant marquer solidement le linge, j'insère les deux
procédés suivants :

Caméléon minéral pour marquer le linge.

On prépare le caméléon minéral en chauffant jusqu'au
rouge dans un creuset une partie de protoxyde de manganèse
de commerce, et deux parties de nitrate de potasse, ou
même de potasse ordinaire. Le résidu vert qu'on obtient se
décomposerait à l'air, mais il se conserve indéfiniment si on
a soin de l'enfermer dans un flacon sec que l'on bouche bien.
Pour faire usage, il doit être pulvérisé, puis mêlé avec un
volume égal au sien, de terre de pipe. C'est cette bouillie
qu'on applique sur le linge, soit au moyen d'une griffe ou
d'un cachet gravé en cuivre, ou mieux encore, au moyen
d'un pinceau et d'une planche en cuivre gravée à jour. On
peut s'en servir en écrivant sur le linge à la plume, pourvu
qu'on ait soin de rendre la pâte un peu liquide, et de s'en
servir promptement, une fois qu'elle est sur la plume.

La pâte verte ainsi appliquée change vite de couleur, et
passe au brun en lavant; au bout d'un quart-d'heure on détache une portion de matière qui n'est qu'adhérente, on enlève la potasse, et le tissu reste coloré au brun dans toutes les
parties imprimées. Il ne faut pas préparer la pâte longtemps
à l'avance, à raison du bas prix de la substance. Ce procédé
est préférable à l'emploi du nitrate d'argent, dont le prix est
fort élevé. L'impression qui en résulte résiste parfaitement
au savon, aux acides faibles, aux plus fortes lessives.

Encre à marquer le linge.

Sulfate de manganèse.	4 gram. (1 gros).
Eau distillée.	4 gram. (1 gros).
Sucre en poudre.	8 gram. (2 gros).
Noir de fumée.	2 gram. (36 grains).

Faites une pâte semi-liquide. On se sert de cette pâte
comme d'une encre d'imprimerie, au moyen d'une estam-
pille, on laisse sécher, on trempe la marque dans une solution de potasse caustique, on fait sécher de nouveau, puis on
lave à grande eau.

L'entretien du linge consiste à le raccommoder et à le remplacer. Pour le premier point, il faut, après l'échangeage du linge, le faire regarder à contre-jour, repriser tout ce qu'il y aura de mauvais. Le même soin devra être pris en mettant le linge *en presse*; et de cette manière il ne s'échappera pas un seul trou. Au bout d'un certain temps, à peu près quand le milieu des draps commencera à s'user, vous les *retournerez*, c'est-à-dire vous découdrez la couture, dont les deux morceaux réunis formeront alors les parties latérales du drap, et vous coudrez les anciennes parties latérales, qui se trouveront faire le centre. Les tabliers de cuisine à plis seront retournés de même, mais après qu'on en aura mis le bas en haut. On change également le haut en bas des tabliers ou torchons à cordons, le bas étant toujours à peu près neuf quand l'autre extrémité est usée. Quand les draps deviennent mauvais, il faut faire des serviettes ou des chemises d'enfant avec les quatre coins, qui sont toujours bons, et garder le centre pour faire des essuie-pieds, essuie-rasoirs, linge de réserve en cas de maladie.

Tout le linge en général, et principalement les serviettes, doit être longtemps reprisé avec soin; mais il arrive un certain point où il n'est plus susceptible d'être raccommodé, alors le temps énorme qu'on emploie à sa réparation est un temps perdu. Quand le linge est ce que l'on appelle *élimé*, choisissez ce qu'il peut y avoir de bon dans les coins pour l'usage de vos enfants, pour mettre des pièces à celui qu'on peut raccommoder encore, et que le reste soit en réserve pour les cas de maladies. Il est inutile, je pense, d'insister sur ce point : chacun voit combien il est ennuyeusement onéreux d'employer beaucoup de temps, de payer de nombreuses journées d'ouvrières pour raccommoder du linge qui revient du premier blanchissage tout aussi mauvais qu'avant d'y aller. Voilà, s'il en fut jamais, une économie mal entendue.

A mesure que vous mettrez du linge à la réforme, et même dès qu'il faudra le repriser, y poser des pièces, vous en tiendrez note, et vous songerez à le remplacer : tous les trois ans il vous faudra acheter deux paires de draps de maître, une de domestique, une douzaine de serviettes, et seulement six torchons, quoique le linge de service s'use beaucoup plus que l'autre, parce que dans les objets mis à la réforme, surtout dans les draps et nappes de domestiques, dans les tabliers à plis, vous ne manquerez pas d'en trouver. Il faudra que votre cuisinière raccommode les anciens torchons, et contribue à ourler les nouveaux. Un état détaillé du linge, qui en marque le nombre, les diverses qualités, la date, le degré de bonté et l'usage, doit se trouver dans chaque armoire, et se vérifier tous les trois mois. Grâce à cette habitude, vous saurez à point nommé la quantité de linge qui s'approche plus ou moins de la réforme.

Chaque semaine, soit le samedi soir ou le dimanche matin, et toujours aux mêmes heures, car il importe d'apporter beaucoup de régularité dans toutes vos opérations ; vous donnerez à la femme de chambre, si vous en avez, ou à la bonne, si vous n'avez qu'une seule domestique, les serviettes, la nappe, les torchons et les tabliers de la semaine ; pour que votre vaisselle soit tenue proprement, ainsi que les autres objets de la cuisine, il faut au moins trois bons torchons par semaine et quelques-uns en chiffons. Vous donnerez aussi les torchons usés ou chiffons pour la lampe, les essuie-mains, le linge de corps des enfants, les serviettes de toilette ; mais il en faut ordinairement au moins deux pour huit jours. Chaque mois vous distribuerez les draps. A chaque fois que vous ferez cette distribution, vous remettrez bien le linge qui recouvre chaque rayon, et vous prendrez garde à ne pas déranger l'arrangement ordinaire.

Le blanchissage est un article qui demande toute l'attention de la maîtresse de maison. On le distingue en *savonnages* et en *lessives* ; les premiers comprennent tous les objets fins, tels que bonnets, fichus, mouchoirs de batiste, robes de mousseline, percale ou de couleur ; les jupes mêmes et les bas doivent être compris dans les savonnages, parce que la ménagère aura soin d'en changer très-souvent, et de les salir fort peu ; mais, après trois à quatre savonnages, ces divers objets doivent être mis à la lessive.

Tous les lundis, faites *échanger* votre linge salé (1), c'est-à-dire passer à l'eau froide en été et tiède en hiver ; qu'il soit trempé environ une demi-heure, battu, frotté, puis étendu sur des cordeaux qui doivent se trouver à demeure dans le grenier (il va sans dire qu'en cas de fortes gelées on se dispense de cette opération). A mesure que le linge sèche, on l'enlève du cordeau, et on le met dans des armoires communes, en tas, selon son espèce, de manière qu'à l'instant de la lessive on est dispensé de le tirer. Je ne saurais trop recommander cette pratique, qui arrête l'action de la crasse, l'empêche de pénétrer le tissu du linge, de le jaunir, et par conséquent de l'user. Les lessives alors n'ont pas besoin d'être fortes ; le savonnage demande peu de frottement, et

(1) Lorsqu'on fait blanchir souvent, qu'on est logé à l'étroit, ou que la domestique a beaucoup d'ouvrage, on se dispense d'échanger.

on n'a point à faire précéder la lessive d'un savonnage général, comme cela se pratique avec raison dans les endroits
où l'on n'a pas l'habitude d'échanger le linge. Qui ne voit
du premier coup-d'œil tout l'avantage de cette méthode!

La maîtresse de maison veillera à ce que son linge soit
trié, compté, pour être mis à la lessive; elle mettra un peu
de racine d'iris dans le cuvier, ça et là quelques morceaux ,
pour donner une légère odeur de violette au linge; elle
pourra même couvrir la cendre d'herbes odoriférantes.

Lorsque le linge est entassé dans le cuvier , l'on coule à
froid, sans y mettre de cendre, pendant huit ou dix heures :
ensuite l'on jette l'eau qui a servi à ce premier *coulage*.

Le soir, on couvre le cuvier de cendre, que l'on imbibe légèrement, afin que le linge ne s'échauffe point et ne prenne
aucune mauvaise odeur.

Le lendemain, de grand matin, l'on couvre la cendre
d'herbes aromatiques, et l'on commence à échauffer la lessive
par gradation, l'espace de dix ou douze heures ; ensuite on
bouche le cuvier et on le couvre, afin que la chaleur reste
concentrée.

Blanchissage anglais.

La lessive que je viens d'indiquer suffisait à toutes les conditions d'un bon blanchissage, mais je ne dois pas moins
faire connaître un procédé qui, d'après la longue expérience
de son auteur, économise à la fois sur le temps, sur le savon, et sur le nombre de personnes employées, qu'il a réduits au quart.

Il fait assortir selon leur finesse les objets à lessiver, et les
met dans différents baquets avec de l'eau chauffée à 100 ou
130° de Fahrenheit, dans laquelle il a fait fondre le tiers du
savon employé pour une lessive ordinaire. Il ajoute un peu
de potasse, et laisse tremper 48 heures ; après cela, il fait
tirer, rincer à l'eau froide, et tordre légèrement. Il encuve
ensuite le linge dans un grand chaudron, en mettant le gros
au fond, puis jette dessus, de manière à le faire baigner, de
l'eau chaude comme la première fois, mais avec le double de
savon. Alors il fait bouillir pendant une demi-heure. Ce temps
écoulé, on retire la première couche de linge, c'est-à-dire le
fin.

L'auteur de ce procédé assure qu'il suffit ensuite de rincer
le linge sans le frotter.

Ne vous servez point de *bleu en liqueur* pour azurer le
linge : ayez de l'indigo en pierre, ou plutôt préparez-en d'a-
près les excellentes recettes pour lesquelles leurs auteurs
ont obtenu des brevets d'invention, recettes que j'ai insérées

dans le *Manuel d'Economie domestique*, de l'*Encyclopédie-Roret*, (l'indigo en morceaux tache souvent). Pour sécher et plier le linge, il existe deux manières : je vais les indiquer succinctement.

La première consiste à rendre le linge fermé et tendu comme si on l'avait légèrement empesé. Pour y parvenir, dès que les draps, nappes et serviettes ont été tordus, et que toute l'eau a en été extraite, on les plie en long comme ils doivent toujours être, et on les met sécher sur le cordeau; lorsqu'ils sont à moitié secs, on les tire bien ; tout-à-fait secs, on les étend sur une table, on en égalise les morceaux repliés, on passe et repasse les mains étendues dessus, et l'on termine par les plier transversalement comme de coutume. Cet usage a, selon moi, un grave inconvénient, c'est de rendre le linge désagréablement dur, si peu qu'il soit neuf et gros, puis, en outre, de demander beaucoup de soin et de temps. Je lui préfère cette seconde méthode : Mettre sécher le linge de table et de lit comme à l'ordinaire, le lever aux trois quarts sec, le plier en long, le trier en superposant l'une sur l'autre les choses semblables ; les étendre ensuite pliées dans leur longueur sur une table de repassage, et achever de les plier en leur donnant un coup de fer. C'est ainsi qu'en usent les blanchisseuses des environs de Paris, et ce léger repassage donne vingt fois moins de peine que toutes les opérations précédentes. Pour les serviettes très-communes, les draps de domestiques, les torchons, on se contente de les bien détirer et de les plier quand ils sont entièrement secs. Le reste du linge doit être mis *en presse*, c'est-à-dire plié carrément, étant encore humide, et mis en tas ou paquets de chaque espèce, bien enveloppés d'un torchon mouillé, si on veut le repasser de suite, et d'un torchon sec, s'il faut attendre quelques jours. Le retard est à éviter autant que possible, parce qu'alors il faut de nouveau humecter le linge, qui n'est jamais si bien préparé au repassage par cette seconde opération que par la première. On y emploie, du reste, beaucoup de temps.

Tout en levant de dessus les cordeaux le linge échangé et séché, vos domestiques trieront celui du savonnage, afin de n'avoir pas à y revenir. Faites en sorte de régulariser les savonnages et de les fixer à chaque mois, en prenant de préférence les jours où vous dînerez en ville, afin que vos domestiques aient plus de temps. Il est important d'avoir en provision des briques de savon qui, coupées par morceaux chacun d'un 1/2 kil. (1 livre), se sèchent et en deviennent beaucoup plus profitables. Le savon frais se détrempe trop facilement, et la consommation qu'il faut en faire est du double au moins. J'engage donc fortement la maîtresse de maison à faire la provision d'un an, et de la renouveler tous les six mois, afin d'avoir toujours six mois d'avance. Le savon de Marseille est le meilleur de tous. Il est marbré d'un gris bleu, et coûte de 20 à 25 sous le 1/2 kil. (1 livre). Ayez aussi votre provision d'indigo en boules préparées, d'amidon, le tout rangé avec soin dans des caisses, dans une grande armoire attenante à la chambre de réserve pour le repassage (dont je vais vous entretenir). A défaut de cette armoire, que ces provisions de blanchissage soient rangées dans un cabinet de planches, au grenier ou une mansarde bien sèche et bien close, qui vous servira aussi à contenir les autres provisions d'épicerie, comme riz, vermicelle, sel, poivre, assaisonnements divers, semoule, farines potagères de M. Duvergier, haricots, lentilles, etc.

Tout le monde connaît la manière de savonner, et, du reste, j'en ai donné quelques leçons dans le *Manuel d'Economie domestique* (*Encyclopédie-Roret*). Je me bornerai donc à dire aujourd'hui que lorsqu'on a coupé de petits morceaux de savon dans la seconde eau de savonnage, il faut, avant d'y plonger le linge déjà préalablement décrassé, y mettre de l'indigo, le faire bouillir, y plonger le linge, le laisser bouillir ; quand la première ébullition a fondu entièrement le savon coupé, un quart-d'heure environ écoulé, ôter la terrine du fourneau, faire refroidir, laisser le linge dans cette eau douze à quinze heures, le bien frotter ensuite, le rincer à l'eau froide et l'étendre. Madame Pariset (1) dit qu'elle a eu une femme de chambre, excellente blanchisseuse, qui remplaçait cette seconde eau par de l'eau froide de rivière à laquelle on ajoutait, par *seau, un verre d'eau de javelle* ; qu'elle laissait tremper le linge dans cette eau un quart-d'heure, en le remuant deux ou trois fois ; elle le retirait ensuite, le tordait, puis le plongeait dans une autre eau de rivière froide dans laquelle elle l'agitait un peu ; elle terminait par le retordre et le passer à l'eau d'indigo. Cette méthode économise le savon et le feu, mais elle est dangereuse, parce que l'eau de javelle mal mesurée, les verres qu'on doit en mettre mal comptés, ou quelques minutes de plus d'immersion, peuvent brûler le linge et causer une perte considérable. Madame Pariset en fait l'observation.

Il sera bon d'avoir une chambre particulière pour faire sécher vos savonnages, en cas que vous n'ayez pas de grenier.

_____

(1) Voyez la première partie de ce volume.

A 2 mètres (6 pieds) environ du sol, afin qu'on y puisse circuler librement, des cordeaux de crin doivent être tendus en divers sens dans cette chambre. Ce genre de cordes est préférable, en ce que le linge n'y est jamais taché ni sali ; du reste, chaque fois que l'on étendra du linge, on les essuiera par prudence. L'été, vous laisserez les fenêtres ouvertes pour faire sécher ; mais l'hiver, au temps du grand froid, vous y ferez du feu, parce que d'abord le linge qui sèche promptement est plus blanc, et qu'ensuite il faut éviter avec soin qu'il ne gèle. Il devient alors d'une raideur extrême, et dès qu'on le touche on risque de le déchirer fortement. Dans le milieu de cette chambre une table de repassage carrée, un peu grande, doit être établie à demeure, parce que tout l'attirail des repassages gêne extrêmement dans tout autre endroit de la maison. Ayez soin qu'il se trouve auprès de cette table une autre table petite et commune sur laquelle seront les grils à repassage, le nouet de cire que l'on doit promener sur les fers chauds pour les mieux faire couler, un petit arrosoir de jardin, dont la pomme aura les trous très-fins, afin d'humecter convenablement le linge quand il sera trop sec, des fers à gaufrer de différentes grosseurs : une *boule* en fer, ayant un long support et un pied. Cet instrument de nouvel usage est indispensable pour le repassage des bonnets actuels : plusieurs *poignées* à fer à repasser, afin que la repasseuse les change de temps à autre pour ne point s'échauffer trop les mains.

Pour une seule personne, il faut trois fers à repasser si c'est du gros linge, et deux seulement si c'est du fin. Pour que ces fers chauffent plus vite et dépensent moitié moins de charbon, la maîtresse de maison ne saurait mieux faire que d'acheter le fourneau à repasser de M. Harel. Ce fourneau en tôle est couvert d'une lame de tôle qui laisse passage aux fers, dont le nombre varie suivant la grandeur du fourneau. Ces fers, qui se glissent comme par coulisse dans les ouvertures pratiquées pour les recevoir, sont très-épais et conservent longtemps leur chaleur. Un fourneau ainsi recouvert, consomme moitié moins de charbon qu'un autre, et ne donne point d'odeur. Le feu s'y entretient au moyen d'une petite porte qui est au bas, par laquelle pénètre l'air, et qui se ferme quand on veut suspendre le repassage. Le charbon s'éteint, et se conserve ainsi sans le moindre embarras. On fait chauffer les fers à gaufrer par cette ouverture. On peut adapter à ce fourneau un brûloir à café.

Cette chambre de repassage peut et doit aussi servir aux blanchissages à neuf des tulles, dentelles, bas de soie, etc. ;

pour cela vous y aurez à demeure un châssis tendu de drap vert, comme en ont les dégraisseurs, ce qui n'est pas bien onéreux, et une quantité d'épingles fines pour tendre l'étoffe sur le châssis, comme je l'ai expliqué dans les *Manuels des Jeunes Demoiselles* et d'*Economie domestique* (1). On y passe ensuite l'empois en promenant sur l'étoffe une éponge très-fine trempée dans une dissolution de gomme, ou dans un mélange d'eau de riz et d'amidon. Il est bon aussi d'avoir des formes de bas en bois blanc, telles qu'on les voit chez les fabricants de bas, afin de conserver une belle forme aux bas fins, aux bas à jour, auxquels il convient de donner quelquefois un léger apprêt; pour cela il suffit de les repasser un peu humides sur le moule.

Revenons au repassage ordinaire. Je conseille à la maîtresse de maison qui doit économiser le temps des personnes qu'elle emploie, de faire passer à l'empois, la veille du repassage, les objets à repasser: l'empois séché alors convenablement, et l'on a vingt fois moins de peine que lorsqu'il est trop mouillé; s'il est trop sec, quelques moments avant le repassage on l'humecte un peu, ou bien on l'enveloppe d'un linge mouillé. Le linge repassé sera mis sur une table bien propre, recouverte d'un linge, puis trié et placé dans des corbeilles pour être ensuite transporté dans les armoires.

Qu'il se trouve sur la table de la repasseuse un petit nouet de linge fin, légèrement humide, qu'elle appliquera sur le linge lorsqu'il s'y fera des faux plis.

Planche à repassage.

Quand les localités vous permettraient d'avoir une chambre de repassage (ce qui n'arrive pas toujours), vous ne pourriez pas constamment laisser la table garnie comme pour repasser. La couverture, le linge qui la recouvre, se saliraient (s'useraient d'ailleurs), et quand viendrait le repassage, il faudrait garnir la table de nouveau. D'ailleurs elle sera nécessaire pour couper et raccommoder les vêtements.

Cependant lorsqu'on a quelques petites pièces, des rubans, des coutures à repasser, il est désagréable de garnir une table, et l'on repasse fort mal si on ne le fait pas. Pour obvier à cet inconvénient, ayez une planche assez longue pour repasser une robe au besoin, et de largeur égale à celle d'une petite table. Revêtez-la à demeure d'un mauvais couvre-pied, ou d'un morceau de couverture, cousu par-dessous. Ayez ensuite un morceau de toile, de grandeur convenable, pour recouvrir le dessus: qu'il soit attaché en dessous

(1) Ces deux ouvrages font partie de l'*Encyclopédie-Roret.*

avec des cordons, afin de n'avoir pas à le découdre à chaque blanchissage. Il faut avoir plusieurs de ces *toiles à planche*.

N'oubliez pas d'avoir aussi, un grand morceau de serge verte pour repasser l'empois, qui sans cela s'attache au linge.

Une maîtresse de maison bien entendue met beaucoup de soin aux bas : elle les fait marquer et numéroter par douzaine comme le linge, et de plus, met à chaque paire une petite marque distinctive, comme un ou deux points de marque, une croix, une petite étoile, etc., pour qu'ils ne soient jamais mêlés. Dès qu'elle y aperçoit une maille lâchée, elle la reprend ; elle les fait garnir au talon et au bout du pied : tout le long de la couture de la jambe, elle pose une ganse plate, à plat, afin de prévenir la rupture des mailles, produite ordinairement par l'effort que l'on fait en entrant les bas. Lorsqu'ils sont usés à la semelle, elle y adapte des semelles en toile de coton plucheuse pour l'hiver, et en toile ordinaire pour l'été. Quand les talons et les bouts de pieds sont mauvais, elle y ramaille des morceaux ; enfin, elle les recoupe et renouvelle lorsque le pied est complètement usé. (Voyez, pour tous les détails de ces opérations, les *Manuels des Demoiselles* et *d'Économie domestique.*) Elle ne les attache jamais l'un à l'autre en les cousant après le blanchissage ; elle y fait mettre, près de la couture, un cordon en ruban de fil. A demi-secs, elle les retourne, les met en presse, en y passant la main dedans et dessus, puis les repasse : sans doute c'est un peu de soin, mais les bas paraissent plus fins, plus blancs et plus beaux. Enfin, elle veille à ce qu'ils soient peu salis, reprisés avant l'échangeage, échangés et reprisés ensuite s'il y a lieu.

CHAPITRE XVIII.

DES VÊTEMENTS.

MESURES A PRENDRE POUR MODES, EMPLETTES EN GROS, CONSERVATION DES BIJOUX, FOURRURES, ETC. — RÉPARATIONS. — ÉPREUVES DES ÉTOFFES.

La maîtresse de maison doit être toujours d'une propreté minutieuse sur elle-même. Le matin, lorsqu'elle vaque aux occupations du ménage, sur lesquelles elle doit toujours avoir l'œil, elle sera mise simplement, mais toujours proprement. Sa redingote d'indienne ou de mérinos sera bien attachée ; un corset-ceinture, que l'on met seule, empêchera qu'elle n'ait un air de désordre ; ses papillottes seront cachées, autant que possible, par un bandeau ou par un tour, car il n'est rien, selon moi, de si ridicule et de si laid que ces papiers tortillés autour de la tête. Je me suis un peu étendue sur ce costume, parce que c'est, à proprement parler, celui de la ménagère; pour le reste de la toilette, je renvoie au *Manuel des Dames*.

La maîtresse de maison maintiendra ses effets, ceux de son mari et de ses enfans dans le plus grand ordre. Les mouchoirs, les camisoles et le linge de corps seront marqués et numérotés comme le reste du linge. Les robes de soie, à garnitures, et généralement de toute sorte, seront, s'il est possible, suspendues à des porte-manteaux dans un grand placard. Il serait bon d'avoir à cet effet un petit cabinet exactement fermé, sur la porte duquel s'étendrait en dedans un rideau d'étoffe commune. Ce cabinet, garni de plusieurs rangées de porte-manteaux un peu écartés et de rayons, recevrait les robes, les chapeaux, les fichus, bonnets habillés, et serait d'une commodité inappréciable. On le nettoierait à fond deux fois par an, après avoir ôté tous les objets. Il serait important qu'il fût auprès de la chambre de madame. Dans un autre placard beaucoup moins soigné, ou dans le cabinet de toilette, doivent aussi être des porte-manteaux pour suspendre les effets de la nuit et du matin, car il faut sur toutes choses éviter l'encombrement dans les appartemens. Il est bon d'avoir quelques malles bien doublées et fermant bien, pour serrer les objets d'hiver pendant l'été, et quelques objets d'été pendant l'hiver.

De quelque nature que soient les habits, ils doivent être secoués et pliés chaque fois qu'on les quitte. Ce soin est surtout indispensable en se couchant. Vous en ferez prendre l'habitude à vos enfants aussitôt qu'ils en seront capables.

Autant une femme doit être abondamment fournie en linge, autant elle doit avoir peu de robes, de chapeaux et autres objets de luxe, parce que les modes changeant continuellement, elle ne tarderait pas à être mise d'une manière ridicule. En vain serait-elle adroite et changerait-elle leurs formes, ces formes variant exprès d'un extrême à l'autre, laissent souvent peu de ressource, et du reste, lorsqu'on réussirait à les renouveler, l'étoffe n'est plus selon l'usage reçu. Huit à dix robes, plus ou moins, selon les sorties que l'on est obligé de faire, me paraissent devoir suffire abondamment à une femme agréablement mise.

Malgré cette restriction, comme les modes changeront avant que les robes ne soient usées, comme aussi elles ne s'useront qu'en partie et qu'il faut savoir tirer parti de tout, la maîtresse de maison rajeunira les corsages, les garnitures, taillera dans les jupes des robes à ses enfants ; elle se servira des restes de percale, mousseline, indienne qui pourront se déteindre à la lessive, pour faire des fichus, bonnets, camisoles, etc. J'ai donné, à cet égard, d'amples instructions dans le *Manuel d'Économie domestique*. Pour mettre ainsi tout à profit, et non pour céder à l'envie d'avoir toutes les choses nouvelles, vous vous procurerez tous les patrons possibles, vous les taillerez en écrivant dessus quelques détails sur l'objet qu'ils représentent, vous en étiquetterez les parties, parce qu'après un certain temps on ne s'y reconnaît plus ; enfin, tous ces modèles seront soigneusement rangés dans un carton portant leur étiquette et placé avec les restes d'étoffe et de linge, dont une ménagère a toujours les paquets.

Un mot sur ces objets-là. Il est bien difficile de les tenir en ordre, et pourtant comme il faut les visiter souvent, la perte de temps et les impatiences s'en suivent. D'ailleurs tous ces restes mêlés finissent par devenir un chaos. Pour éviter tout cela, triez-les, et de chaque espèce faites un paquet lié d'un cordon, étiqueté en gros caractères.

Attendez pour adopter quelque mode, qu'elle se soit établie, et lorsqu'elle est d'une nature ridicule, attendez que l'usage général en ait presque fait une loi, car il arrive que ces modes grotesques ne durent qu'un mois, et qu'ensuite il est impossible de se servir des choses qui ont coûté fort cher. Au reste, gardez-vous de la manie de défaire et de refaire sans cesse vos bonnets, vos fichus : comme la mode et la fantaisie varient continuellement, le temps s'use, l'étoffe disparaît dans ces mutations puériles, qui entraînent beaucoup de peine, de dépenses, font négliger le soin du ménage, et en déplaisant avec raison au mari, amènent souvent l'humeur et la discorde. De plus, les petites filles prennent ce goût, et femmes, restent toujours de grands enfants jouant à la poupée.

La maîtresse de maison prendra le plus grand soin des vêtements de son mari ; elle lui donnera elle-même du linge blanc deux fois la semaine ; elle le priera de s'habituer à changer de chemise le soir ; elle l'engagera à porter des faux-cols quand le col de sa chemise ne sera plus d'une extrême blancheur. Elle veillera à ce que ses habits soient tous les jours bien brossés, et battus toutes les semaines. Tous les matins elle veillera à ce que les domestiques, à leur lever et avant de faire les chambres, nettoient et cirent très-proprement tous les souliers portés la veille. Les souliers d'été doivent être seulement brossés.

Et les souliers de bal, qu'en dirons-nous ? rien sans doute.

Pas du tout. J'ai à cet égard un moyen économique, un moyen *éprouvé.*

Manière de teindre en violet et en vert les souliers de prunelle et de satin blanc (1).

Les souliers de ce genre sont ordinairement mis de côté après avoir servi au plus deux fois : la maîtresse de maison me saura gré de lui donner le moyen de les utiliser.

Pour les teindre en *vert*, vous mêlez un peu d'eau de bleu foncée avec quelques gouttes de teinture de *terra merita*. Vous variez la teinte en mettant plus ou moins de l'une ou de l'autre couleur.

Pour teindre les souliers en *violet*, vous faites bouillir un demi-quart de bois de Brésil en copeaux, dans un demi-litre d'eau pendant une demi-heure, puis vous ajoutez 4 gram. (1 gros) d'alun pulvérisé à cette décoction, dix minutes avant de la retirer du feu.

Pour appliquer ces couleurs, vous placez le soulier sur une forme qui maintient bien l'étoffe, puis, à l'aide d'un pinceau, vous passez une ou deux couches. La seconde se donne toujours quand la première est bien sèche. Il faut souvent en mettre une troisième, surtout pour le vert.

Quand le satin est bien sec, on le frotte avec un linge propre pour le rendre brillant. Afin d'y mieux parvenir, on donne l'apprêt suivant, mais cette opération demande un peu d'habitude.

Prenez 2 décigr. (4 grains) de gomme arabique, autant de sucre candi et 5 centigr. (1 grain) de savon. Faites dissoudre dans 45 grammes (1 once 1/2) d'eau, puis, à l'aide d'un pinceau, vous passez légèrement de cette dissolution sur l'étoffe et lustrez.

Remontage des brodequins.

On peut encore faire recouvrir les souliers en gros de Naples, et en satin de couleur, par de jeunes ouvriers qui travaillent à bon marché. Les brodequins se *remontent*, c'est-à-dire que votre cordonnier remettra après l'étoffe ou dessus du brodequin, le soulier qui est annexé, et s'est usé seul tandis que le dessus est resté neuf. Ce *remontage* coûte six francs, et fait durer des brodequins de neuf ou douze, comme s'ils étaient neufs.

La ménagère aura une heure fixe pour faire sa toilette, et

(1) Quand vous aurez des souliers de maroquin de couleur flétris, enlevez le vernis avec la pierre-ponce, puis passez-y deux couches d'une dissolution de sulfate de zinc. Terminez par une couche d'encre et faites cirer. Les souliers seront d'un très-beau noir.

ce sera immédiatement après le déjeûner, afin que ce temps de repos favorise la digestion. Pendant que la bonne déjeûnera elle-même ou lèvera le couvert, madame se nettoiera les dents, se peignera avec grand soin, puis se fera habiller ; je le répète, toujours à la même heure, autant que possible, car on ne saurait trop tenir à la régularité des occupations.

Quant aux emplettes des vêtements, le temps en est à peu près fixé à chaque saison, afin d'avoir des choses plus nouvelles ; mais il faut avant tout consulter les circonstances qui peuvent se rencontrer, comme les frais d'une maladie, un retard de paiement, une perte quelconque. C'est alors sur l'habillement, et surtout sur sa toilette, que la maîtresse de maison doit faire porter la réduction nécessaire : son premier devoir comme son premier plaisir étant le bien-être continuel de son intérieur. Alors son mari ne s'apercevra point de cette fâcheuse circonstance, ou s'il s'en aperçoit, ce sera pour chérir encore plus sa compagne.

Il ne faut pas sans doute chercher de préférence les élégants magasins, où l'on vous fait payer le faste des décorations ; mais il ne faut pas non plus aller dans les boutiques médiocres et mal assorties : il importe surtout de se garder des bons marchés et des choses passées de mode, puisque la mise d'une femme ne vaut que par la grâce et la fraîcheur.

Je vous conseille fortement d'acheter les rubans de fil et de coton, les ganses, soies, fil, coton à coudre, coton à broder, les épingles, aiguilles, boutons, agrafes, gants, rubans en gros. Pour tout ce qui regarde les ouvrages de femme, on trouve toujours à l'employer, et pour les gants et rubans, on fait plaisir aux personnes de sa famille ou de sa connaissance, en les leur remettant. Pour les ganses et rubans de fil, on prend une pièce qui tire 32 à 35 mètres (28 à 30 aunes), et qui coûte plus d'un tiers de moins qu'on ne paierait en détail. Il en est de même pour une poignée de fil dont on paierait séparément chaque écheveau 12 centimes : la poignée en contient douze, et on la paie de 50 à 55 centimes. Je ne donne que ces deux exemples, mais c'est toujours dans la même proportion, selon les qualités. La soie doit s'acheter au poids, ainsi que le coton ; de cette manière, ils reviennent à moitié prix au moins. Dans la rue du Four-Saint-Germain, au *Mouton*, nᵒ 10, on paie au poids, 25 à 30 cent., un écheveau de beau coton, qui en vaut quatre ou cinq de ceux que l'on vend 20 cent. en détail. Les trois douzaines de boutons de nacre, qui tiennent sur une petite plaque en carton et se vendent 1 fr. 30 cent., se paient en détail 60 à 75 cent. la douzaine. Les agrafes de laiton argenté ou bronzé valent, en détail, 2 cent. 1/2 par porte ou par agrafe, et au poids 40 c. les 50 grammes (l'once), on en a près de deux cents. C'est à peu près la même chose pour les rubans; les gants offrent moins de bénéfice dans le prix, mais beaucoup pour la durée.

Pour renouveler votre linge en coton, achetez aussi en gros des calicots et madapolams: on en vend une pièce seule, et les pièces tirent de 23, 29 à 33 et 42 mètres (20, 25 à 30 et 36 aunes); on a ordinairement 30 à 40 cent. de bénéfice par mètre en s'adressant aux fabriques. Autant que vous le pourrez, achetez de cette façon, c'est la seule manière d'avoir de bons marchés avantageux.

Ne faites *jamais* de mémoire, principalement chez votre *marchande de modes.* J'ai souligné ces mots, parce qu'il est de la dernière importance de se prémunir à cet égard contre la fantaisie et l'occasion.

Soins des Fourrures.

Le soin des schalls, étoffes de laine, des fourrures, est un article que ne doit point négliger la maîtresse de maison. La chose est d'ailleurs facile. Il suffit de soustraire ces objets à la ponte des mites, ponte qui a lieu du 15 mai au 15 septembre. A cet effet, il faut envelopper soigneusement les fourrures, etc., dans du linge blanc de lessive, mettre dans le paquet du vitiver, et coudre comme pour emballer. Après la ponte, il faut secouer et battre les objets.

Moyen de nettoyer les rubans, fichus et robes de soie.

Vous commencez par découdre les robes et les nœuds de ruban, puis vous mélangez et battez ensemble les substances suivantes:

Eau-de-vie.	25 centilitres.
Miel.	30 gram. (1 once).
Savon vert.	30 gram. (1 once).

(S'il s'agit d'étoffe de soie blanche, vous employez beau miel blanc, savon blanc, alcool, ou trois-six incolore.) Cette quantité suffit pour une robe de grandeur ordinaire.

Etendez sur une tablette de bois blanc bien propre chaque morceau, après l'avoir trempé dans le mélange; puis avec une éponge ou une brosse douce, frottez sur les deux surfaces de l'étoffe à nettoyer. Ayez une autre éponge que vous imbiberez d'eau pure, et agissez de même sans jamais frotter avec la main. Terminez par agiter dans un baquet d'eau, en prenant l'étoffe à deux mains par les deux extrémités de la partie supérieure. Pour la faire sécher, étendez-la sur une table à repassage garnie d'une toile qui ne s'épluche pas, et sans la déranger, repassez l'étoffe à moitié sèche.

Nouveau moyen d'enlever les taches graisseuses sur les étoffes de soie.

Commencez par enlever délicatement la graisse avec un grattoir ou un couteau. Etendez l'étoffe tachée sur la planche à repassage, mettez dessus une pincée de talc en poudre, puis placez sur cette poudre un papier de soie. Passez un fer chaud sur le papier. La graisse se fond, le talc s'en imbibe : on le secoue bien vite; on frotte avec de la mie de pain la partie qu'il couvrait, et cette partie est ordinairement nettoyée. Si elle ne l'était pas, on recommencerait une seconde fois.

Manière de relever le poil couché ou comprimé du velours.

On tient le velours bien tendu, et de manière que la surface veloutée soit en dessous, et ne touche aucun corps; on applique à l'envers un linge légèrement humide, puis on passe dessus ce linge un fer chaud, qui vaporise l'eau, et la fait passer à travers le poil qu'elle force à se relever. On doit laisser sécher au grand air, et ne pas toucher. Quand le velours est peu comprimé, on peut l'exposer à l'envers à l'action de la vapeur d'eau chaude. S'il était graisseux ou ciré, on imbiberait à l'envers, soit avec de l'essence vestimentale, soit avec de l'alcool fort et pur, la partie tachée, puis on repasse avec un fer placé par dessus un linge humecté de ces eaux.

Soins des Bijoux.

Il faut savonner l'or, les pierres précieuses, les passer dans un linge fin, et les mettre ensuite sécher dans de la sciure de bois; on termine par les essuyer légèrement avec de la peau douce de gants. On enveloppe les bijoux d'acier dans du papier Joseph.

Moyen de nettoyer les Bijoux d'or.

Il suffit de les faire bouillir dans de l'eau où l'on aura mis du sel ammoniacal. Mais ce procédé serait dangereux pour les bijoux ornés d'or de couleurs diverses. Les nuances seraient toutes détruites. L'on peut aussi frotter les diamants avec une brosse et du blanc d'Espagne en poudre.

Moyen de reconnaître la solidité des couleurs des étoffes.

L'achat d'une étoffe excite presque toujours l'hésitation des ménagères. Est-elle, n'est-elle pas *bon teint*? Le procédé suivant résoudra cette question.

Les épreuves pour reconnaître la solidité des couleurs des étoffes sont naturelles et artificielles. Les épreuves consistent à exposer l'étoffe à l'air, au soleil et à la pluie. Si la couleur n'est pas changée après avoir été soumise douze ou quinze fois à ces influences, on peut être sûr qu'elle est solide. Cette épreuve, néanmoins, ne peut pas servir pour toutes les couleurs, parce qu'il y en a qui la supportent très-bien, mais qui ne peuvent résister à l'action de certains acides; d'autres, au contraire, qui supportent très-bien cette action, ne peuvent résister à l'action naturelle.

Les couleurs peuvent donc être rangées en trois classes, pour chacune desquelles on doit mettre en usage une espèce différente d'épreuve artificielle. On doit traiter la première classe par l'alun, la seconde par le savon, la troisième par le tartre.

Pour l'épreuve par l'alun, dissolvez 16 grammes (1/2 once) de ce sel dans un litre d'eau contenue dans un pot de terre, et mettez-y 4 grammes (1/8 d'once) de l'étoffe que vous voulez essayer; et après avoir fait bouillir le tout pendant cinq ou six minutes, on le lave avec de l'eau propre. C'est ainsi qu'on essaie le cramoisi, l'écarlate, la couleur chair, le violet, le ponceau et la fleur de pêcher, différentes teintes de bleu et autres couleurs de ce genre.

Quant à l'épreuve par le savon, on fait bouillir 8 gram. (1 quart d'once) de savon dans un litre d'eau, et 4 gram. (1 huitième d'once) de l'étoffe à essayer, et on fait bouillir le tout pendant cinq minutes. On essaie de cette manière toutes sortes de jaune, de vert, de garance, de rouge, et d'autres couleurs semblables.

Pour l'épreuve du tartre, il faut broyer très-fin cette substance pour la dissoudre plus aisément: on en fait bouillir 31 gram. (1 once) dans un litre d'eau, et l'on fait bouillir aussi 8 gram. (1 quart d'once) du fil ou de l'étoffe dans la dissolution pendant cinq minutes. Cette épreuve est employée pour toutes les couleurs qui tirent sur le brun.

Moyen de reconnaître le coton dans les étoffes de laine.

Cette continuité est encore bien souvent et bien vainement désirée par la maîtresse de maison. Cependant il est bien facile de l'acquérir. Il faut cependant éplucher l'étoffe, et brûler lentement à la flamme d'une chandelle les fils épluchés. S'ils brûlent rapidement, et sans avoir d'odeur, ils sont en coton. S'ils brûlent au contraire avec lenteur, et sentent la laine brûlée, il n'y a plus lieu d'en douter.

CHAPITRE XIX.

HYGIÈNE DOMESTIQUE. — BAINS.

USTENSILES DE SANTÉ. — SIÈGES INODORES. — PETITE PHARMACIE. — QUELQUES REMÈDES SIMPLES CONTRE LES ACCIDENTS. — RECETTES DIVERSES. — PRÉPARATIONS HYGIÉNIQUES — INSTRUCTIONS SUR LES CHLORURES.

Les soins à prendre pour conserver la santé de sa famille, ou pour la rappeler dès le premier signe d'indisposition, sont d'importants et bien chers devoirs pour une maîtresse de maison. Sans doute la salubrité du logement, la bonté de la nourriture, une exacte propreté, sont les fondements de l'hygiène domestique ; mais il est encore d'autres précautions qu'il convient de prendre afin de n'appeler que le moins possible et le moins longtemps un médecin.

A moins que vous n'habitiez Paris, et que votre fortune ne soit fort restreinte, ayez une baignoire chez vous ; qu'elle soit placée dans un cabinet simple et propre, bien aéré surtout. Au moyen des fourneaux, des cheminées économiques, des caléfacteurs à bains, il vous sera facile de faire chauffer l'eau à peu de frais. Les chemises d'hommes, vieillies, vous serviront à faire des peignoirs, dont la décence, la commodité, le bien-être réclament également l'usage. Vous ferez adopter chez vous l'usage de prendre des bains au plus tous les huit jours, pendant les grandes chaleurs, et au moins tous les mois pendant l'hiver : il sera bon d'avoir une petite baignoire d'enfant.

Indépendamment de ces deux baignoires, il vous faut avoir un fauteuil à demi-bain, et un seau à bains de pieds ; je vous conseille de prendre l'un et l'autre en fer-blanc fort épais, montés sur un châssis de bois pour éviter les chocs. Les seaux en terre, en faïence, coûtent fort cher, et se cassent facilement ; je voudrais aussi qu'un manteau de drap commun, mis à la réforme, un grand tablier de même étoffe, servissent, l'un à couvrir le dos de la personne qui prend le demi-bain, l'autre les genoux de celle qui prend le bain de pieds. Si le cabinet de bains était assez spacieux pour contenir ces objets, bien rangés avec ordre, cela serait encore mieux.

La maîtresse de maison fera mettre dans la chambre à repassage *une couronne en osier à chauffer le linge en hiver* : tout le monde sait que l'on place, sous cette sorte de cage ouverte, un réchaud garni de charbons ardents ; on étend habituellement sur cette couronne les chemises blanches, les peignoirs et les serviettes qui serviront au sortir du bain. Ce sera une sage précaution de chauffer également les linges pour essuyer les pieds, lorsqu'on prendra un pédiluve.

Dans un grand placard ou dans un petit cabinet doivent se trouver tous les ustensiles nécessaires à la santé : une seringue montée sur boîte à pied, et qui peut s'en retirer à volonté ; un clissoir ; de petites seringues à oreilles pour faire dans cette partie des injections émollientes. Un cylindre en plomb fermé à vis pour placer de l'eau chaude sous les pieds d'un malade. Un bassin de malade, en tôle vernie, avec couvercle glissant entre deux coulisses. Les restes de vieux linges taillés en compresses et bandelettes seront encore placés dans cet endroit ; les compresses bien pliées en quatre, et les bandelettes roulées bien serré : il faut ôter avec soin les ourlets, les pièces, remplacer les coutures ordinaires par des coutures en reprises ; en un mot, retrancher tout ce qui fait saillie et peut blesser.

La propreté des garde-robes est un article important dans l'hygiène domestique ; la puanteur, l'insalubrité des garde-robes ordinaires seront évitées par notre soigneuse maîtresse de maison.

Soins de la garde-robe.

En province, et généralement dans les maisons peu fortunées, les lieux d'aisances sont des cloaques rebutants. Leurs insupportables exhalaisons infectent l'escalier, les pièces voisines : aussi les établit-on soit dans les étages élevés, soit dans la cour, malgré l'incommodité qu'entraîne cette dernière position les jours de pluie, malgré la fatigue, la perte de temps. Est-on en toilette, pressé par le temps, on se trouve forcé d'avoir recours aux chaises percées. De là, dans les appartements une puanteur presque constante ; une habitude malpropre bien vite contractée, l'humeur des domestiques, je ne sais combien d'ennuis et d'embarras. Vous éviterez tout cela, n'est-il pas vrai ? Un système inodore plus ou moins soigné rendra chez vous les latrines semblables à tout autre cabinet de la maison. Le siége sera peint, ciré, les murs badigeonnés ou recouverts d'un simple papier de tenture ; la fenêtre, grande ou petite, sera garnie de rideaux de mousseline, ou d'un vitrage rayé pour éviter les regards ; une tablette pour soutenir le vase à chlorure, un flambeau lorsqu'on s'y rend le soir, quelques crochets pour suspendre les montres, un ou deux porte-manteaux pour recevoir un manteau, un chapeau, un schall, une pelote, une ou deux serviettes suspendues; enfin un petit balai de jonc et un chiffon pour nettoyer les vases de nuit; tels seront les meubles de ce cabinet. Mais ces accessoires ne me font point oublier l'objet principal, et je reviens à l'appareil inodore.

Appareil inodore pour les lieux d'aisances.

Il consiste en une première cuvette sans fond, posée sur une seconde contenant une petite cuillère, destinée à fermer la première, mais son diamètre étant un peu plus grand que celui de la première cuvette, il reste un vide entre elles. En levant la tige, on fait baisser la cuillère qui se vide; le poids, attaché à la tige, la fait descendre et fermer la cuvette. Un réservoir placé dans le voisinage fournit l'eau au robinet, par lequel elle tombe dans la cuvette; quelque petite qu'en soit la quantité, elle suffit pour fermer exactement cette cuvette, et empêcher toute communication avec la seconde.

Cet appareil fort simple se trouve à Paris, chez M. Ducel, rue des Quatre-Fils, n° 22.

Passons à ce que j'appelle la petite pharmacie du ménage. Lorsqu'on achète des simples, pour les tisanes ou autres remèdes, il n'est que trop ordinaire, après en avoir employé quelques pincées ou poignées, de mettre le reste dans quelque tiroir. Les cornets sans étiquettes, mal fermés, se mêlent, s'ouvrent; les herbes, presque toujours de propriétés différentes, opposées, se confondent pêle-mêle; lorsqu'il arrive ensuite l'occasion de s'en servir de nouveau, on n'ose pas trier ces simples, crainte d'erreur; de plus, on recule devant la perte de temps: on court donc chez l'herboriste acheter des herbes qui bientôt auront le même sort. La dépense est légère, dit-on; d'accord, mais elle se répète, mais le fondement de l'économie domestique est d'éviter toute dépense inutile. Puis, en cas de maladie, où les frais sont si élevés, où il est impossible d'épargner sur le soulagement du malade, ne convient-il pas d'économiser sur tout ce qui se peut. Pour cela il faudrait avoir un petit meuble commun, à peu près comme un chiffonnier, et mettre dans chaque tiroir, séparément, les simples; comme le nombre de leurs espèces dépassera celui des tiroirs, et qu'ils seront vraisemblablement en petite quantité, ayez de petites boîtes en carton (qui coûtent deux à trois sous pièce), et mettez-y les diverses herbes; cette boîte portera une étiquette, de sorte que vous trouverez du premier coup-d'œil les simples dont vous aurez besoin.

Il est bien d'acheter moins, mais il serait encore mieux de

né pas acheter du tout ; aux avantages d'économie se joindront bien d'autres avantages. Supposons que la maîtresse de maison ait le bonheur d'être mère, et que ses enfants soient jeunes encore, dans leurs promenades à la campagne elle leur fera cueillir des guimauves, bourrache et autres herbes pectorales : des centaurées, millefeuilles, bouillon blanc, violettes, orties blanches, pas d'âne, fumeterre, racine de patience, chicorée sauvage, pétales de roses, têtes de pavots, coquelicots, racines de fraisier, d'oseille, feuilles d'absinthe, de sauge, de lierre terrestre et autres herbes médicinales : tout en dirigeant cette occupation, qui les amusera beaucoup, elle leur en apprendra les noms, les propriétés ; elle leur en fera remarquer les caractères, les ressemblances, et leur inspirera le goût de la botanique, à laquelle elle les disposera en jouant. En les apprenant à dessécher leur récolte, à séparer les espèces d'herbes, à les ranger convenablement, elle leur donnera le soin de l'ordre : que de germes précieux, sans compter le meilleur de tous, le désir de soulager les maux de ses semblables !

La maîtresse de maison prendra toutes les précautions nécessaires pour prévenir les rhumes et leurs suites souvent fâcheuses, en établissant chez elle l'usage des chaussures de santé à semelles de liége, des socques ; mais elle n'en fera pas moins, à l'automne, une petite provision de remèdes sucrés contre les maux de poitrine, tels que pâte de guimauve, de jujube, sirop de gomme, de capillaire, de lichen d'Islande, dont elle trouvera les recettes dans le *Manuel du Limonadier*, faisant partie de l'*Encyclopédie-Roret*.

Il devra y avoir aussi, dans la petite pharmacie domestique, beaucoup de racines de guimauve et de farine de lin, qui forment des cataplasmes si précieux pour toutes les inflammations ; une boule de mars, d'acier ou de Nancy, car on donne tous ces noms à une boule préparée que l'on frotte au fond d'un vase dans du vin ou de l'eau pour obtenir des boissons ferrugineuses, si bonnes pour accélérer la circulation du sang, et aussi pour fermer les écorchures et donner du ton aux chairs (1). Des feuilles de vigne, de cassis, séchées doivent encore se trouver pour remplacer le vulnéraire ; enfin, il est bon d'avoir du gruau concassé pour préparer des boissons rafraîchissantes.

Sans métamorphoser ma maîtresse de maison en commère distributrice de remèdes, ni empiéter sur les droits

(1) La maîtresse de maison devra recueillir la rouille des vieux morceaux de fer pour faire du safran de mars

des médecins, je vais indiquer quelques recettes contre les accidents journaliers auxquels il est urgent de remédier très-vite.

Cure radicale des cors aux pieds, sans le secours de l'instrument tranchant.

M. B. Matton, chirurgien de la marine, après avoir fait le procès à tous les moyens connus et usités pour la destruction plus ou moins complète des cors aux pieds, nous a fait connaître un mode de traitement qu'il a employé sur lui-même et qui lui a parfaitement réussi. Il dit :

« Étant atteint de cors que je ne pouvais enlever avec l'instrument tranchant, à cause de leur position entre les doigts du pied et de la douleur excessive qu'ils me causaient, j'ai eu recours au nitrate d'argent fondu ; et avant de décrire mon procédé, il est bon de définir la nature du cor et sa composition.

» Le cor n'est autre chose qu'une production épidermique, ou, pour mieux dire, que l'épiderme lui-même considérablement épaissi et résistant par la pression directe ou indirecte que les corps environnants exercent sur lui ; or, et pour extirper le cor en entier, il suffit d'enlever tout l'épiderme épaissi qui le constitue. Avec un bistouri, on ne pourra jamais l'enlever complètement sans causer une vive douleur au patient ; avec le nitrate d'argent fondu, rien de plus simple, de moins douloureux et de plus facile.

» Après avoir préalablement pris un bain de pieds et enlevé la partie la plus saillante du cor au moyen d'un canif, ou mieux encore des ongles, on prend un crayon de nitrate d'argent dont on humecte l'extrémité libre, et on le promène, en pressant légèrement, sur toute la surface de l'épiderme endurci et même un peu au-delà, sur l'épiderme sain ; cette opération ne doit jamais durer plus d'une minute ; on attend, avant de mettre le bas, que la partie sur laquelle on a ainsi promené le caustique soit entièrement sèche, et on la laisse dans cet état pendant huit à dix jours. Or voici ce qui se passe pendant cet intervalle : le lendemain de l'application du nitrate d'argent, toute la partie sur laquelle on l'a promené devient noire ; il se forme une eschare aux dépens de l'épiderme qui constitue le cor, et un peu aussi aux dépens de l'épiderme voisin ; il y a là un cercle noir dont le point culminant du cor occupe le centre. La circonférence du cercle formé par l'épiderme sain ne tarde pas à se soulever peu à peu dans tout son pourtour, à cause d'une légère vésication produite par le sel, cette vésication s'étend même au-dessous du cor dans toute son étendue, mais elle est si légère qu'on ne s'en aperçoit même pas ; la petite quantité de sérosité secrétée ne pouvant se faire jour au dehors à cause de l'eschare qui la retient, elle est bientôt résorbée ; un épiderme de nouvelle formation la remplace au-dessous du cor, et, au bout de huit à dix jours, en exerçant avec les doigts ou avec une pince à disséquer, quelques légères tractions de la circonférence au centre de l'eschare, on parvient à extirper en entier, et sans douleur aucune, tout l'épiderme endurci, et, par conséquent tout le cor, sans qu'il en reste la plus légère trace.

Si par la pression de la chaussure, le cor venait à reparaître, on ferait une nouvelle application de nitrate d'argent ; tels sont, ajoute M. Matton, les résultats que j'ai obtenus de l'emploi de cet agent précieux. J'engage les personnes, qui ont des cors, à faire usage de mon procédé et leur promets d'avance une guérison certaine et radicale.

Recettes contre les brûlures.

Lorsque la brûlure est légère, et la peau seulement rougie, trempez la partie malade dans l'eau froide. Au même degré, et même un peu plus, appliquez du coton en rame ou du typha.

La peau est-elle boursoufflée? employez la pomme de terre crue râpée, ou une bouillie de farine de froment et de vinaigre : il faut laisser la pulpe ou la pâte tomber d'elle-même. Pour guérir instantanément les plus fortes brûlures, il faut frotter à deux reprises la partie souffrante d'une dissolution de 31 grammes (1 once) d'opium dans un demi-litre d'esprit-de-vin.

Recettes contre les coupures, écorchures.

Avant l'inflammation de la plaie, appliquez dessus des feuilles de chélidoine jaune mêlées avec quelques gouttes d'huile d'olive. L'usage du papier brûlé est excellent en pareil cas. Pour combattre encore ce genre d'accidents, la maîtresse devra avoir du taffetas d'Angleterre.

Recettes contre les maux de tête.

Des bains de pieds savonneux très-chauds, et dans lesquels on ne reste que huit à dix minutes ; un linge imbibé d'eau fraîche appliqué sur le front, l'*essence basalmique éthérée* (que l'on vend chez tous les pharmaciens), adoucissent les maux de tête, qui tiennent presque toujours à une cause interne, et cèdent principalement au repos.

Amandé, boisson rafraîchissante.

Prenez deux poignées d'orge mondé, faites-le bouillir ; après le premier bouillon, jetez la première eau, comme cela se pratique habituellement pour la cuisson de l'orge ; mettez-le dans une eau nouvelle, faites-le cuire, et dès qu'il sera bien crevé, pressez-le en l'écrasant dans une passoire. A la pulpe ou bouillie qu'il produira, vous ajouterez deux poignées d'amandes pilées, et vous délaierez le tout ensemble, d'abord avec de l'eau sucrée, un demi-litre environ, puis autant de lait. Si l'amandé est trop épais, on l'éclaircit au point désiré en ajoutant l'eau et le lait nécessaire. On peut remplacer l'orge mondé par le gruau. Dans tous les cas, cette préparation fournit une boisson rafraîchissante et agréable.

Thé nervin.

Faites une infusion de feuilles d'oranger et de fleurs de tilleul, que vous sucrerez légèrement. Vous pourrez y ajouter un peu de lait d'amandes.

Tisane contre les maux de gorge.

Faites bouillir une tête de pavot et quelques morceaux de racines de guimauve dans un litre d'eau ; coulez et édulcorez avec suffisante quantité de sirop de mûres, que l'on emploie de préférence pour l'irritation de la gorge.

Boisson pectorale.

Prenez riz mondé et lavé, 30 grammes (1 once) ; faites-le cuire dans un litre d'eau jusqu'à ce que le riz soit bien crevé ; retirez du feu et faites-y infuser, pendant un quart-d'heure, de la racine de réglisse et de guimauve ratissées, de chaque, 15 grammes (1/2 once) ; décantez et ajoutez du miel ou du sucre.

Bouillon pectoral.

Mélangez parties égales de bouillon gras non salé et de bon lait ; sucrez fortement avec du sucre candi, et buvez chaud le matin.

Il est encore fort bon pour la poitrine de prendre chaque matin, à jeun, un jaune d'œuf cru parfaitement frais, que l'on sature de sucre candi en poudre.

Poudre dentifrice.

La maîtresse de maison doit aussi savoir faire les préparations à la fois hygiéniques et cosmétiques pour le soin de sa personne et celui de ses filles. Elle préparera donc de la poudre dentifrice, soit avec des croûtons de pain brûlé, soit avec du charbon. Lorsqu'au moyen d'un pilon elle en aura pulvérisé les morceaux dans un égrugeoir à sel ordinaire, elle attachera une gaze ou une mousseline sur l'ouverture de cet égrugeoir, et la renversera ensuite en la secouant au-dessus d'une large assiette. La poudre qui s'échappera par le tissu sera véritablement impalpable, et l'opération se fera assez vite. Cette pratique est de beaucoup préférable à l'em-ploi du papier piqué avec une épingle, parce que tous les trous se bouchent, et du reste cette piqûre est longue et en-nuyeuse à faire. Il faudra ajouter du sucre que l'on pilera et passera en même temps que le charbon ou le pain, sur 15 grammes (4 gros) de charbon en poudre, on met 15 grammes (1/2 once) de sucre. Il est très-avantageux d'ajouter à ces doses deux grains de sulfate de kinine. Pour animer l'eau avec laquelle on se rince la bouche en se nettoyant les dents, on fera dissoudre 4 grammes (1 gros) d'ammoniac dans un litre d'eau-de-vie.

Eau pour fortifier la vue.

Dans un demi-litre d'eau de rivière, mettez dissoudre 3 grammes (6 grains) de sulfate de zinc (couperose blanche) et 15 décigram. (31 grains) de racine d'iris de Florence en poudre (pour 10 centimes de l'un et de l'autre); bouchez ensuite la bouteille; mettez-la dans un endroit frais. Le re-mède est achevé après vingt-quatre heures; on l'emploie en ouvrant l'œil fatigué, dans un petit bassin à baigner l'œil ou dans une cuillère à bouche remplie de cette eau.

Pour adoucir l'inflammation des paupières, ce qui arrive après avoir été exposé à la poussière, au vent, à la fumée, la maîtresse de maison aura des paquets de mélilot dont elle fera une légère infusion.

Pastilles alcalines de M. D'Arcet, ou pastilles des eaux de Vichy.

Lorsqu'on est obligé de travailler immédiatement après le repas, la digestion est ordinairement laborieuse? Il en est de même après un dîner de cérémonie, quelque sobriété qu'on y ait mise, car en cette occasion il est impossible de ne pas dé-passer le besoin. La bonne maîtresse de maison aura donc pour prévenir le mal une boîte des pastilles qui présentent les qualités digestives des eaux de Vichy, même à un degré supérieur. On les doit au savant M. D'Arcet qui, éprouvant quelque dérangement de l'estomac, les composa pour son usage.

Ces pastilles avantageusement connues se trouvent maintenant chez tous les pharmaciens; mais si la ménagère habitait une très-petite ville, elle pourrait, à la rigueur, les préparer elle-même ainsi qu'il suit :

Prenez : Bi-carbonate de soude sec
    et pur, en poudre fine. . . 5 grammes.
    Sucre blanc en poudre fine. . 95 grammes.

Mettez dans une bouteille que vous agitez fortement pour bien mélanger; retirez de la bouteille, et formez une pâte à l'aide d'un mucilage de gomme adragant, c'est-à-dire en faisant dissoudre un peu de cette gomme dans une grande quantité proportionnelle d'eau; aromatisez la pâte avec un peu de baume de tolu. Après avoir bien pétri le tout sur un marbre, vous en formez des pastilles qui pèseront chacune 1 gramme lorsqu'elles seront sèches.

Une, deux ou trois de ces pastilles se prennent avant ou après le repas : elles n'ont aucun mauvais goût.

La maîtresse de maison ne laissera préparer aucun champignon dans sa cuisine, ni mettre aucun mousseron dans les ragoûts, qu'elle ne les ait examinés soigneusement, d'après sa connaissance particulière, et l'excellente *Instruction sur les Champignons*, rédigée par MM. *Parmentier, Deyeux, Thouret, Huzard, Leroux, Dupuytren et Cadet*. On trouve cette instruction dans le *Manuel d'Economie domestique*.

La ménagère apportera aussi le plus grand soin à ce qu'on ne laisse jamais refroidir aucun mets dans des casseroles de cuivre; elle veillera à ce que l'étamage soit toujours blanc et épais; il ne faut pas même attendre que la couleur du cuivre paraisse. En général, l'écurage de la batterie de cuisine doit attirer son attention.

Les bassinoires à braise sont d'un usage malsain ; elle aura une bassinoire qui se remplit par la douille d'eau bouillante. Cette douille se ferme par un bouchon à vis.

Elle assortira la nourriture à la saison et à la disposition où se trouveront les personnes de sa famille. Pour ne point se tromper sur un article si important, et qui ne donne aucune peine lorsqu'on y veut faire attention, elle se munira d'un bon livre d'hygiène domestique (1); là, elle apprendra à connaître les symptômes d'échauffement, de débilité de l'estomac et autres dispositions; elle verra quelles sont les propriétés des aliments, et, sans s'astreindre au régime, fera servir ceux qui seront les plus convenables. Par exemple, en

(1) Voir le *Manuel de l'Hygiène et Médecine domestique*, de l'Encyclopédie-Roret.

cas de constipation, d'aphthes, de légers boutons au visage,
elle se gardera de faire apprêter des œufs durs, des écrevisses,
du céleri, etc., et servira des potages au lait, des ragoûts
d'oseille, de laitue, des viandes blanches. En cas de relâche-
ment dans les organes digestifs, elle donnera du riz, du
bouillon gras, du chocolat, du bœuf bien cuit, etc. Au reste,
il lui faudra étudier le tempérament de son mari, de ses
enfants, pour leur offrir la nourriture la plus salutaire.

Après avoir donné pendant quelque temps des boissons
rafraîchissantes, s'il y a lieu, comme *eau de poulet, de laitue,
de cerises, de prunes, bouillon de veau, gruau* (Voyez *Manuel d'Économie domestique, de l'Encyclopédie-Roret*), elle
fera bien de prévenir l'affaiblissement de l'estomac par une
tasse de légère infusion de camomille ou de millefeuille. Au
reste, qu'elle se garde bien de jamais administrer des remèdes actifs, comme bols, médecines, vomitifs, même tisanes
composées, sans l'avis d'un médecin. Qu'il soit choisi parmi
ses amis, s'il est possible; qu'on entre avec lui dans les
plus grands détails; que la maîtresse de maison tienne note
de ses observations sur le tempérament des siens, et les lui
soumette; qu'enfin, ce médecin ne soit jamais changé, à
moins de circonstances impérieuses, contre lesquelles la volonté ne peut rien.

Je ne puis mieux finir ce chapitre relatif à l'hygiène,
que par une instruction sur le précieux usage des chlorures.

Usages divers des chlorures de soude et de chaux.

Depuis la funeste invasion du choléra, on connaît généralement les propriétés désinfectantes du chlorure; mais beaucoup de personnes pensent aussi qu'il n'est utile que dans
les temps d'épidémie. C'est une erreur dont il importe de dé-
sabuser la bonne ménagère. La salubrité est de toutes les
époques; et si elle pouvait oublier cette importante loi,
l'agrément, le bien-être, lui rappelleraient bientôt combien
le chlorure est précieux. Et d'abord à l'égard des aliments,
la plus fraîche marée, le poisson le plus récent, d'eau douce,
répandent toujours une odeur fort désagréable. La mue dans
laquelle on engraisse quelques poulets, les lapins que l'on
conserve quelques jours vivants, le gibier un peu trop *fai-
sandé*, diverses autres causes, infectent plus ou moins la
cuisine ou d'autres parties de la maison. Des viandes, des
poissons conservés pendant un long espace de temps, peuvent par l'oubli de quelques simples précautions contracter
une fétidité repoussante. Le chlorure remédie à tous ces in-

convénients, étendu d'eau, il enlève à tous ces objets leur odeur fétide, et rend les viandes trop salées, aussi bonnes, aussi inodores que toute autre viande parfaitement saine (1).

On sait combien les choux, choux-fleurs, petits pois, et les asperges surtout, rendent l'odeur de l'urine rebutante. Quelques gouttes d'essence de térébenthine changent, à la vérité, cette odeur en parfum de violette ; mais il faut manier cette essence, dont la moindre évaporation suffit pour incommoder. Avec le chlorure, la mauvaise odeur disparaît complètement, et n'est remplacée par aucune.

Non-seulement le chlorure doit servir dans ce cas, mais il doit encore de temps à autre être employé à dégager les tables de nuit des miasmes qui les infectent, surtout pendant l'été. Une tasse pleine d'eau, à laquelle on aura ajouté une cuillerée de chlorure, mise dans la table de nuit fermée, suffira pour lui enlever toute odeur en un jour ! cela est préférable au lavage des parois de ce meuble avec la solution de chlorure, parce qu'on risque de tacher le bois.

Dans les latrines les mieux tenues, même dans les lieux à l'anglaise, il s'exhale souvent quelque odeur. Un vase d'eau mêlée d'un peu de chlorure la détruira habituellement.

Des circonstances accidentelles rendent encore cet agent chimique bien précieux. Des vidanges doivent avoir lieu dans le voisinage, dans la maison. Ce sera plusieurs nuits d'insomnie, de véritable tourment. L'argenterie sera noircie, l'émail, les dorures, les vases de cuivre même seront couverts d'un enduit brun, tachés peut-être sans ressource..... Rien de tout cela n'aura lieu, si vous avez recours au chlorure, légèrement étendu d'eau.

Si vous en arrosez les chambres, si vous en placez des vases auprès des portes, des grands encadrements de glaces, de tableaux à préserver, les gaz délétères seront détruits avant d'arriver jusqu'à ces objets, jusqu'à vous, et de toute manière, vous pourrez dormir en paix.

Est-ce là tout le service du chlorure ? ce sont là les accessoires de ses services tout au plus. Si la maîtresse de maison devient nourrice, garde-malade, elle pourra en apprécier les effets. Il n'est point d'évacuations putrides, d'exutoires (cautères, sétons) vieillis, d'ulcères de fâcheuse nature, dont le chlore ne détruise promptement, complètement, les dangereuses exhalaisons. Des lotions chlorurées, la vapeur du

____

(1) Quand les petits pois conservés en bouteilles s'altèrent faute d'être bien bouchés, on les rend mangeables en les faisant tremper dans l'eau chlorurée. Je viens d'en faire l'expérience.

Maîtresse de Maison. 28

chlore dégagée de vases placés dans la chambre des malades, suffisent à son assainissement.

Après de si graves indications, je n'ose vraiment pas parler d'une autre propriété du chlorure...... Il ôte les taches de fruit sur les étoffes blanches en coton, sur les indiennes dont la couleur est très-solide, car autrement il agirait à la fois sur la tache et sur la couleur. Pour opérer prudemment, il faut d'abord essayer sur un morceau à part. Si quelques gouttes pures mises très-légèrement à l'aide d'une plume à écrire, n'enlèvent point la couleur, vous pourrez ainsi frotter sur la tache, et vous la verrez disparaître à l'instant.

Pour conserver au chlorure toute sa puissance, gardez-le dans une bouteille bien bouchée, que vous envelopperez d'une étoffe épaisse de couleur noire : tenez cette bouteille dans l'obscurité. Moyennant cette précaution, j'use depuis dix-huit mois de chlorure aussi fort que le premier jour.

Je crois avoir donné tous les conseils véritablement utiles pour la conduite d'une maison : ce sera aux ménagères à suppléer à ce que je n'ai pu dire : on sent assez que les localités et d'autres circonstances me forcent à généraliser ; mais je suis persuadée qu'une femme qui suivrait cet avis, qui se répéterait comme des maximes constantes : *ordre et propreté, ne rien laisser perdre, rendre tout utile ou agréable*, qui se regarderait comme l'artisan obligé du *bien-être* de tous les siens, ferait la fortune, et ce qui est mieux encore, le bonheur de sa maison.

CHAPITRE XX.

DES SOINS A DONNER AUX ENFANTS.

L'un des plus importants, et le plus cher devoir de la maîtresse de maison, est le soin de sa jeune famille ; mais trop souvent, à cet égard, la routine et le préjugé lui font commettre de graves erreurs. Ces erreurs, je veux les combattre, ou plutôt les prévenir. J'y suis autorisée en quelque sorte, par l'approbation qu'ont bien voulu accorder à mon *Manuel des Nourrices*, messieurs les médecins et chirurgiens de l'hospice des Enfants-Trouvés, de Paris.

Je suppose ici que la ménagère est en état de remplir un devoir bien doux, et dont l'accomplissement reconnaît moins d'obstacles qu'on ne le pense généralement. Combien de femmes, en apparence délicates, ont des nourrissons vigoureux, jouissent d'une santé parfaite, tandis que d'autres femmes, infiniment plus robustes, sont fatiguées, tourmentées par la suppression forcée du lait qu'elles ont refusé à leur enfant! cet enfant, de son côté, souffre et dépérit. Heureux encore si cette position maladive se borne, pour la mère, à la jeunesse, à l'enfance pour le nourrisson; et, si l'une ne voit pas sa vieillesse torturée par un cancer au sein, si l'autre ne gémit pas, pendant toute sa triste vie, de la débile constitution des maux gastrites, des infirmités qu'il doit aux négligences, à l'opiniâtreté d'une nourrice mercenaire! Ce double résultat s'explique aisément par le puissant secours que prête la nature à la mère qui nourrit, par l'efficacité des soins maternels.

Réfléchissez un moment à toutes les qualités nécessaires pour former une bonne nourrice, pour assurer le bien-être de son élève, et dites-moi si vous vous flattez de les trouver aisément réunies. D'abord, dans l'ordre physique, jeunesse et fraîcheur; forte et saine constitution; absence de toutes maladies héréditaires, ou qui se transmettent avec le lait; absence même de légères difformités, comme d'avoir la bouche de travers, de loucher, de peur que le penchant inné de l'imitation ne porte l'enfant à contrefaire sa nourrice; lait de nouvelle date (ce dont il est bien difficile de s'assurer) pour éviter le grave inconvénient d'offrir à l'élève un aliment beaucoup trop substantiel pour son estomac; lait abondant, de bonne qualité, légèrement épais et sucré. La nourrice qu'on vous propose réunit-elle par bonheur ces conditions? il faut encore les suivantes: air pur, habitation saine, habitudes d'ordre et de propreté; aisance enfin, parce que la pauvreté condamne trop de nourrices à de pénibles travaux, à des veilles, à une nourriture grossière, insuffisante, dont le nourrisson souffre extrêmement, parce qu'elle leur conseille mille moyens de bénéfice, tous à son détriment. Ai-je besoin de vous avertir qu'elles font alors profiter leur famille du savon, du sucre, du linge de leur nourrisson?

Dans l'ordre moral, c'est bien plus chanceux encore. On peut connaître la probité, les mœurs d'une nourrice, mais comment s'assurer qu'elle est étrangère aux saisissements de la peur, à l'accablement du chagrin, aux appréhensions de la crainte, aux emportements de la colère, aux anxiétés d'un cœur envieux, enfin aux tourments de la jalousie? Il faudrait l'œil de Dieu, et pourtant sans cette assurance, on expose son enfant aux effets d'un lait empoisonné par ces funestes passions, et ces effets sont les convulsions, l'épilepsie, l'idiotisme!..... J'en pourrais apporter des preuves frappantes, terribles, si l'étendue de ce travail me le permettait.

Il faudrait d'ailleurs s'assurer si la nourrice est docile; si elle possède assez d'intelligence pour comprendre les raisonnements à l'aide desquels vous devrez combattre les préjugés relatifs à sa mission : il faudrait connaître sa modération à l'égard de la nourriture, de la danse, des plaisirs, et son désintéressement, et ses principes religieux...... Ce n'est pas encore tout; d'exactes notions sur le caractère, les mœurs de son mari, seraient bien nécessaires...... Tout cela est décidément impossible, et force est bien de s'en remettre presque au hasard...... Au hasard de la santé, de l'existence, de la moralité de vos enfants!

Vous nourrissez donc, ou du moins vous avez une *nourrice sur lieu*, c'est-à-dire, établie chez vous, et vous dirigez la nourriture dont elle n'est que l'instrument. Je vais donc, en tous les cas, m'adresser à vous comme si vous étiez nourrice.

§ 1er. DE LA LAYETTE.

Occupons-nous d'abord de la layette, nécessairement plus soignée quand on nourrit chez soi. Les petites chemises, les brasselières, les béguins du *premier* et du *second âge*, doivent être assez larges pour entrer sans le moindre effort. Le petit enfant ne faisant aucun mouvement pour aider à l'habiller, si vous voulez lui passer des manches trop étroites, vous l'importunez, vous excitez ses cris, vous prolongez désagréablement l'action de le vêtir qui lui déplaît toujours, enfin vous vous exposez à froisser ses membres si frêles. Après cette première précaution, la plus importante est d'employer de la fine toile vieillie, ou de fin calicot, car le contact d'une toile neuve et dure suffit pour déterminer un érysipèle sur la peau délicate de l'enfant.

Il faut au moins trois douzaines de langes sans coutures, sans morceaux rapportés, de peur de le blesser en l'enveloppant; puis deux douzaines de petites chemises, savoir : une douzaine pour le premier âge, et une autre pour le second; six brasselières pour chaque âge, douze dessus de langes, dont quatre en molleton de laine pour l'hiver, quatre de molleton de coton pour l'été, quatre en bazin ou piqués anglais, doublés de calicot. Ces derniers sont ordinairement garnis d'une bande de mousseline festonnée et plissée, mais il vaut beaucoup mieux omettre cette garniture, et préparer de six à douze *surtouts* en percale ou jaconas, brodés au plumetis, à dents tout autour. Un surtout se compose d'un d'étoffe, arrondi par le bas, et s'attachant à la ceinture de l'enfant comme un tablier un peu croisé, mais ouvert par-devant. Une jeune mère élégante assortit le dessin de ces surtouts à la broderie du tour de la chemisette, broderie qui se rabat sur la brasselière, et garnit aussi ses petites manches. Ce genre de luxe maternel séduit tellement les nourrices fashionnables, que j'ai vu chez de brillantes lingères ces chemisettes, coûtant chacune soixante-douze et quatre-vingts francs. On les fait alors en beau jaconas, en batiste d'Ecosse, et surtout en batiste de Flandres.

Les petits bonnets sont surtout l'objet de ce luxe gracieux. Une passe de hauteur et largeur convenables pour embrasser exactement, mais facilement la tête, ayant près du bord deux rangées d'une guirlande délicate, et sur toute la surface, un *semé* ou *plein* de fleurettes également délicates, assorties à la guirlande; une rondelle qui rassemble les plis formés vers le haut du bonnet, et présentant un petit bouquet ou bien une rosace, telle est maintenant la façon constante des bonnets d'enfants qui se faisaient naguères à trois et à six pièces. La garniture est formée d'une ruche double de 3 mètr. 60 centim. (3 aunes) de tulle uni qu'il faut défaire, et remonter à petits plis creux à chaque blanchissage. L'étoffe adoptée est batiste ou jaconas, tulle ou mousseline. Assez communément, dans ce dernier cas, on double de satin rose s'il s'agit d'une petite fille, et de satin bleu s'il s'agit d'un garçon.

Pendant les premiers mois, lorsque l'enfant est à demeure dans son berceau, on se borne à garnir les bonnets d'une petite dentelle, sans autres plis que ceux qu'exige la partie arrondie du bord. Au lieu de les broder aussi, on les fait en *brillantine*, et autres jolies étoffes de coton brochées. Le nouveau-né doit porter alors un serre-tête ou béguin de toile bien fine ou calicot un peu usé. Il faut dix-huit de ces serre-tête : neuf non garnis pour la nuit, et neuf garnis d'une dentelle haute d'un doigt pour le jour.

Tout ces objets seront disposés de façon à n'employer jamais d'épingles qui pourraient blesser cruellement le nourrisson. C'est une précaution que les médecins ne cessent de recommander, et l'expérience le recommande également. A cet effet, les dessus de langes auront, par le bas, une coulisse avec ses cordons pour être serrés sous les pieds de l'enfant en manière de bourse; on retrousse librement de manière à présenter une espèce de large sac (Je ne pense devoir insister ici sur l'absurdité et les dangers d'un maillot serré; je croirais faire injure aux mères en les priant de ne point torturer ainsi leur enfant, de ne point s'obstiner à nuire ainsi au développement de ses forces, à la régularité de ses formes, à toutes les conditions de la vie, la circulation, la digestion). Par le haut, le lange et son dessus seront maintenus autour de la brasselière, croisée sur elle-même par une large ceinture, qu'une boucle métallique, semblable à la nôtre, maintiendra en permettant de lâcher ou serrer à volonté les vêtements de l'enfant.

Les béguins et bonnets seront fixés sous le cou au moyen d'une bande de batiste repliée longitudinalement en deux, cousue par un bout après le bonnet vers l'oreille, et se boutonnant de l'autre au même point.

Deux objets nécessitent encore de riches broderies pour les nourrissons élégants. C'est 1° un petit oreiller carré pour élever leur tête dans le berceau. C'est 2° une sorte de petit matelas léger, posé sur une claire-voie pour porter le petit horizontalement sur les deux bras. J'engage fortement la bonne mère à faire prendre cette habitude à la porteuse, afin de prévenir les déviations de la taille, causées trop souvent par la coutume routinière de tenir l'enfant de côté, assis sur le bras replié. Il faut pour l'oreiller et le matelas des *taies* ou enveloppes, garnies ou brodées comme les surtouts. Deux rubans doivent se trouver à chaque bord du matelas pour y fixer solidement l'enfant sans le gêner et l'empêcher de rouler par terre.

Je ne vous recommanderai point de bannir de votre maison les berceaux d'osier et les berceaux en bois sans pied, terminés aux deux bouts, en bas, par une sorte de croissant qui permet d'imprimer, au moindre mouvement, un bercement fort et prolongé. L'usage en a fait bonne justice. On sait maintenant que les premiers sont des repaires à punaises, que les seconds sont éminemment dangereux par l'agitation qu'ils provoquent, par leur manque de solidité.

Les berceaux adoptés aujourd'hui sont aussi gracieux que sains et commodes. Un pied horizontal ou traverse, supporte, à chaque extrémité, un montant vertical; entre ces deux montants, d'inégale hauteur, se balance à peine un berceau à jour, formé de lames d'acajou. Le plus haut montant, celui de la tête, une fois plus élevé que l'autre, se recourbe agréablement en manière de flèche sur le berceau pour porter les rideaux. Ils sont à l'ordinaire en taffetas vert-émeraude, ou bien en jaconas frangé.

Ce joli berceau, comme d'ailleurs tout autre, ne doit point être placé très-près du mur, ni demeurer trop enveloppé des rideaux, ni être frappé par côté du jour ou de la lumière. Un motif de salubrité commande ces premières mesures; la crainte de faire contracter le *strabisme* à l'enfant, commande la seconde. On sait en effet que dans cette position, il tourne toujours l'œil pour chercher la clarté, et louche immanquablement. Bien choisi, bien placé, le berceau doit être encore bien garni; pour cela, on n'y déposera qu'un léger matelas de crin, placé sur une toile gommée. Dès que ce matelas sera trempé d'urine, on le remplacera par un matelas pareil, puis on le plongera dans l'eau pour le mettre à sécher, et le substituer bientôt à son remplaçant. Cette pratique est infiniment préférable à l'usage des matelas de laine, des lits de plume, des ballasses d'avoine, toutes choses qui, retenant les urines, exhalent les miasmes les plus malsains et les plus repoussants.

Un meuble encore indispensable au nourrisson, est une petite baignoire; le préjugé qui défend de baigner les enfants, de les laver à grande eau, est, je l'espère méprisé de vous comme il devrait l'être de toutes les nourrices. Un préjugé analogue, et non moins rebutant, qui les condamne aux gourmes de la tête, au suintement des oreilles, excitera de même votre pitié, et vous laverez hardiment chaque jour ces parties avec de l'eau tiède légèrement aromatisée avec quelques feuilles de sauge, de menthe, ou bien aiguisée avec quelques gouttes d'eau-de-vie, une cuillerée de vin.

Vous rejetterez également la pernicieuse habitude de donner à l'enfant une nourriture solide, avant que la dentition ne soit venue révéler le développement des forces gastriques; mais pour l'y habituer graduellement, pour ménager votre santé, vous lui ferez sucer du lait coupé, non point coupé comme on a coutume, avec de l'eau d'orge, ou de gruau, car au lieu d'éclaircir ce liquide, c'est l'épaissir par une addition de fécule, mais avec de l'eau tiède sucrée, ou mieux encore avec une légère dissolution de gélatine. Le savant Vauquelin, ayant décomposé le lait de femme pour en bien apprécier la nature, pour en indiquer précisément l'imitation, recommande de mélanger trois parties de lait de vache, et deux parties de bouillon faible pour obtenir autant que possible un lait semblable au lait de femme. Le lait, d'ailleurs, ne doit pas toujours être coupé dans la même proportion, ni même être coupé constamment. Dans les premiers temps, le lait de vache a besoin d'être mêlé d'environ moitié d'autre liquide; plus tard, vous diminuez peu à peu le liquide ajouté jusqu'à l'âge de huit ou dix mois, époque à laquelle le nourrisson est capable de prendre le lait pur. Vous sentez d'ailleurs que cette addition graduelle a pour but d'imiter la progression d'épaisseur qui a lieu dans le lait maternel à mesure que l'enfant grandit, et qu'il faut

nécessairement comparer avec soin ce lait, au mélange
préparé.

Gardez-vous d'imiter les nourrices ignorantes, dans l'introduction de ce lait coupé. Sans savoir, sans réfléchir que
l'enfant tette afin de prendre le lait goutte à goutte, de pénétrer chaque goutte de salive, elles le lui font boire à l'aide
d'une cuillère à café, ou même avec un verre. Précipiter ainsi
en masse ce liquide dans l'estomac du nourrisson, c'est absolument comme si l'on faisait avaler à un homme ses aliments sans les mâcher. Vous n'agirez point ainsi, vous,
bonne mère ; vous introduirez le lait au moyen d'un biberon
ordinaire, sorte de tasse plate demi-couverte, et pourvue d'un
long goulot au bout duquel on adapte une fine éponge, ou
bien un morceau de linge, qui doivent être l'un et l'autre
tenus dans la plus grande propreté. Mais si vous voulez
mieux faire, si une indisposition de quelques jours vous
oblige d'interrompre l'allaitement pendant cet intervalle,
vous devez absolument avoir recours aux *biberons* ou *bouts
de sein artificiels*, que madame Breton, sage-femme à Paris,
a mis en usage depuis quelques années. Plusieurs médecins
(entr'autres M. *Ratier*, dans sa *médecine domestique*) donnent les plus grands éloges à cette invention. Voici, dit ce
docteur, en quoi elle consiste : « un flacon de cristal est percé,
vers les trois quarts de sa hauteur, d'un petit trou destiné à
permettre l'introduction de l'air, absolument comme le fausset que l'on met aux tonneaux. A ce flacon s'adapte un bouchon fermé à l'émeri ; ce bouchon percé au centre d'un
petit trou est surmonté d'un mamelon artificiel ayant tout-à-
fait la forme, la grosseur et la souplesse d'un pis de vache.
Le flacon rempli, le lait pressé par l'air extérieur passe à
travers l'étroit conduit du bouchon dans le pis de vache que
l'enfant suce exactement comme si c'était le pis naturel. »

Mais ces mamelons sont coûteux, mais ils doivent se renouveler de temps en temps, mais lorsqu'on habite la province, il est désagréable et dispendieux d'avoir toujours à
s'adresser à Paris, souvent d'ailleurs on ne peut attendre.....
Mais l'utile *Journal des Connaissances usuelles*, qui vient au
secours de toutes les nécessités domestiques, qui déjà nous
a rendu tant de services, va nous être encore bien secourable
en nous indiquant la manière de préparer nous-mêmes, ou du
moins de faire préparer ces précieux biberons par le premier
pharmacien du voisinage.

Procédés pour faire des biberons ou bouts de sein artificiels.

On prend des tétines de vaches ou de chèvres, qu'on se
procure aisément chez tous les bouchers, auxquels on recom-

mande de les couper au niveau de la mamelle. On introduit dans le canal qui donne passage au lait, un fil qu'on arrête à la partie extérieure de ce canal, près du bout libre du mamelon; on ramène de dehors en dedans la peau extérieure, puis, au moyen d'un bistouri, on détache tout le tissu lamelleux serré qui remplit la tétine, ne laissant que la peau du mamelon qui doit avoir 2 à 3 millim. (1 ligne à 1 ligne 1/2) d'épaisseur; on dégage avec soin le bout du canal, réservant à cette partie l'ouverture telle qu'elle est dans l'état naturel. Ce tissu lamelleux, fort dur et fort épais, ne paraît être que nuisible, et comme je l'ai dit, il faut l'enlever complètement. Pour y parvenir, on peut retourner le pis sur un morceau de bois de la forme de la tétine, fixer les bords de la peau par quatre épingles, puis enfin disséquer avec précaution, tenant d'une main le bistouri, et de l'autre la peau avec une pince. Quand l'opérateur est exercé, il retourne la tétine sur le doigt indicateur de la main gauche, et dissèque avec la main droite armée de l'instrument.

L'opération terminée, on fait prendre chez un tanneur de l'eau de seconde cuve, c'est-à-dire de l'eau de chaux dont l'action est affaiblie par la macération des peaux; on en remplit un bocal, puis on suspend dans cette eau chaque pis attaché avec un fil; on les laisse ainsi baigner soixante heures, et même plus sans nul inconvénient.

Après ce bain, on retire chaque pis, on l'étend sur une planchette, on le frotte d'un couteau de bois pour enlever l'épiderme; on lui donne le grain à l'aide d'une pierre à aiguiser trempée dans l'eau (principalement la pierre à aiguiser le tranchant des faulx). Cela fait, on retourne la tétine pour répéter la même opération à la paroi interne, puis on la jette dans l'eau fraîche, l'immergeant et la lavant dans plusieurs eaux successives, jusqu'à ce que la peau ait complètement perdu le goût de chaux. Si l'opération est bien faite, la tétine est d'un blanc rosé, ferme, mais souple, élastique, et présentant un mamelon de forme agréable. Alors on la place sur le flacon précédemment décrit, ou bien on la met sur le bout du sein, ou capuchon en bois et ivoire, la fixant sur ce bout par une rainure qui reçoit un fil pour fixer solidement les bords de la tétine. Ce bout de sein est inappréciable pour préserver les mères des crevasses au sein.

Lorsqu'on veut conserver ces mamelons, il faut les faire dessécher sur un bout de bois plus petit qu'eux, afin qu'en se desséchant ils ne perdent pas par une distension trop grande l'élasticité qui fait tout leur mérite. Car cette qualité perdue, les deux parois se collent l'une contre l'autre par l'action de téter, et le lait ne pouvant plus arriver à l'enfant, il se fatigue et refuse de téter. Quand vient le moment d'utiliser ces mamelons ainsi séchés, on les fait tremper dans de l'eau quarante-huit heures à l'avance ; s'ils sont montés sur bois, on met tremper ce bout dans une tasse à café, ou dans un verre à liqueur plein d'eau. Pour rendre plus rare le renouvellement de ces tétines, quelques précautions sont nécessaires : 1° il importe de ne pas rendre la peau trop faible, car alors elles s'usent très-promptement, et selon l'auteur de ce procédé, c'est le désagrément spécial des tétines préparées à Paris. 2° Il est essentiel de les maintenir avec une propreté minutieuse, car faute de ce soin elles contractent au bout de huit jours un goût de lait gâté qui déplaît beaucoup à l'enfant.

M. Darbo fils, marchand tabletier, passage Choiseul, n° 86, à Paris, vient d'inventer un *mamelon en liége,* que M. le docteur Deneux préfère aux mamelons précédents, parce que ces tétines contractent une odeur d'aigre ; parce qu'elles sont d'un prix trop élevé ; parce que la nécessité où l'on est pour conserver leur souplesse, de les maintenir continuellement dans l'eau, favorise leur décomposition, et contribue, selon ce médecin, au *muguet* (maladie de la bouche), dont sont atteints les enfants pour lesquels on fait usage de ces tétines de vache. Ces objections ont bien du poids ; mais d'abord, les mamelons étant peu coûteux, grâce au mode indiqué, on peut les renouveler fréquemment, et par conséquent prévenir l'effet de leur putréfaction lente ; il n'est d'ailleurs pas absolument nécessaire de les tenir constamment dans l'eau pour les avoir propres, il suffit de les bien laver immédiatement après que l'enfant a tété. Si l'on veut employer l'instrument de M. Darbo, il faut prendre des soins particuliers pour le tenir propre, à l'aide d'une petite pompe que cet inventeur a jointe à cet effet.

Quelques mamelons que vous choisissiez, ayez-en, bonne mère, en forme de bouts de sein, pour vous préserver de la pression des lèvres de l'enfant, en cas de premier allaitement, de gerçures, de laborieuse montée du lait. Si les nourrices faisaient usage de ces précieux instruments, les maux de sein si communs, si cruels, deviendraient presque impossibles.

Dans les premiers temps de la naissance, le lait étant léger, aqueux, ou du moins affaibli par l'usage des boissons délayantes prescrites à la nourrice, le nouveau-né digère promptement et doit téter pendant la nuit ; mais à mesure qu'il se fortifie (et selon sa bonne constitution, on le peut dès les six premières semaines), accoutumez-le à ne point être allaité pendant la nuit. Votre sommeil sera paisible, et le lait par conséquent plus rafraîchissant et plus pur. Ce serait d'ailleurs une grave erreur de présenter le sein à l'enfant chaque fois qu'il crie. Il ne crie guère de besoin, à moins d'une grande négligence qui n'est guère à supposer ; mais il peut crier pour cent autres causes, pour les coliques, les maux d'estomac que lui procure la surabondance du lait dont on le gorge imprudemment. Ses regards, ses gestes, l'avidité avec laquelle il cherche le sein, sont les signes qui doivent vous engager à lui offrir le mamelon. Il est d'une extrême importance de ménager les forces digestives de l'enfant, soit par une sage distribution du lait maternel, soit par la nature, soit par l'introduction du liquide destiné à le suppléer ; car la dentition s'accompagne toujours d'un trouble gastrique plus ou moins grave, suivi d'une diarrhée, improprement nommée *germe des dents.*

A l'époque de la dentition, on met l'enfant en robe, et bientôt après on s'occupe de lui apprendre à marcher. Que ce soin superflu, ridicule, ne vous occupe nullement : que les *lisières*, chariots à marcher, et autres machines allant directement contre le but proposé, n'affligent jamais chez vous les regards de l'ami de l'enfance. Que jamais non plus une pitoyable économie ne vous engage à chausser l'enfant en sabots ; qu'une coquetterie non moins pitoyable ne vous porte à lui mettre des souliers justes et nécessairement trop durs pour son pied délicat. Ces deux sortes de chaussures nuiraient beaucoup à la netteté, à l'assurance de ses pas. Chaussez-lui des chaussons de tricot épais en laine ; asseyez-le sur une natte, sur un tapis ; donnez-lui quelques simples jouets, et le surveillant à quelque distance sans quitter votre ouvrage, laissez-le s'ébattre, tomber, se relever de lui-même. Seulement quand il sera un peu exercé, excitez-le à venir à vous, en lui ouvrant des bras carressants, en lui présentant quelque riante image.

Dans l'intérêt de la mère et du nourrisson, le sevrage ne doit jamais être brusque. D'une part, l'attention de rendre de plus en plus courts, de plus en plus rares, les moments consacrés à l'allaitement ; de remplacer graduellement votre lait par du lait de vache, et celui-ci par des bouillies, par des panades bien cuites, épaissies aussi par degrés ; d'enduire enfin le mamelon d'une substance amère comme l'aloès, et d'écarter pendant quelques jours l'enfant de votre présence. D'autre part, le soin de vous soumettre à un régime délayant, aux boissons faiblement nitrées, de dégorger doucement la mamelle au moyen de la pompe à sein, tous ces moyens rendront le sevrage presque inaperçu pour les deux intéressés.

La pompe à sein est un instrument très-simple, que l'on peut remplacer en se faisant téter par un petit chien.

Qu'il y aurait encore de choses à dire sur cet intéressant sujet ! Ce serait la vaccine qu'on peut pratiquer sans danger six semaines après la naissance; la vaccine, cet inappréciable préservatif, qu'on ne saurait assez bénir, et que tant de gens à préjugés méprisent : ce serait la nécessité d'habituer, après le sevrage, l'enfant à une nourriture simple, saine, abondante, mais non prodiguée, non capable d'exciter sa friandise, de fatiguer son estomac, comme les pâtisseries, les bonbons dont on se plaît à le combler. Ce seraient d'importants avis sur le besoin d'exercice, besoin si impérieux à cet âge; sur les vêtements qui doivent toujours être amples, commodes, ni trop chauds pendant l'hiver, ni trop légers pendant l'été, crainte de déterminer une délicatesse dangereuse : ce seraient encore des conseils pour prévenir la déplorable patience avec laquelle tant de petites filles, par une coquetterie d'instinct, souffrent sans se plaindre la gêne d'un corset trop serré, de souliers trop étroits. Ce serait la défense absolue d'user de rigueur pour faire perdre aux enfants des habitudes vicieuses (comme téter leurs doigts et se salir), car la rigueur les tourmente au lieu de les corriger. Ce seraient d'énergiques réflexions sur le danger de les effrayer, soit qu'on veuille se faire de la peur un moyen d'éducation, soit qu'on se borne à se donner un stupide plaisir. Ce seraient surtout de puissantes considérations sur les moyens propres à s'emparer de ces jeunes âmes, lorsque dès l'âge de six semaines, le rire et les pleurs annoncent le réveil du sentiment; d'agir sur elles d'abord par la sympathie, plus tard par l'exemple, plus tard encore par l'enchaînement des idées : de leur apprendre à *regarder* avec l'œil de l'observation, de *parler* avec le secours de l'attention, d'éclairer, d'animer, de féconder toutes ces leçons premières, de la grande pensée de Dieu.... Que de choses attachantes, indispensables, sacrées !.... Je les ai traitées, sinon avec talent, du moins avec toute l'ardeur du sentiment, la profondeur de la conscience, dans l'ouvrage dont je vous ai parlé en commençant (*Le Manuel des Nourrices*, de l'*Encyclopédie-Roret*). Feuilletez-le, bonnes mères ! qu'il supplée à tout ce que j'omets forcément ici; qu'il éclaire votre amour; qu'il contribue à la santé, au bonheur, à la moralité des pauvres petits enfants, et qu'il vous fasse chérir celle qui seconde avec un tendre respect les saintes obligations des mères.

SUPPLÉMENT.

Limonade gazeuse.

Sucrez légèrement un litre d'eau, de manière à la rendre agréable, sans être trop sucrée, ajoutez-y une cuillerée d'eau-de-vie de vin ou de cerise.

Prenez d'autre part : bi-carbonate de
    soude . . . . 5 gram. (1 gros 1/2).
Acide citrique. . . . . 4 gram. (1 gros).

Mêlez.

Introduisez brusquement dans la bouteille que vous fermez bien, ficelez-la, et laissez reposer jusqu'à l'instant d'en faire usage. Pour avoir la boisson moins chère, remplacez l'acide citrique par de l'acide tartarique. Aromatisez-la avec quelques gouttes d'essence de citron, avec un morceau de sucre que l'on frotte sur la surface extérieure d'un citron.

Limonade sèche.

Une petite quantité de sucre aromatisé.

Acide citrique. . . . . 7 gram. (2 gros).
Bi-carbonate de soude. . . . . 7 gram. (2 gros).

Ayez ces substances en paquets séparés dans du papier de diverses couleurs. 1° Le sucre et l'acide mêlés ; 2° le bi-carbonate de soude.

Commencez par mettre dans l'eau le premier paquet, puis quand son contenu est dissous, ajoutez au moment de boire le second paquet. Il est bon de faire les paquets à la dose d'un ou deux verres. On peut ajouter une petite partie d'eau-de-vie.

Entretien du vernis des meubles.

Les meubles vernis sont les plus beaux sans doute, mais ils perdent bien par l'action du temps ; toutefois ce n'est point pour eux un *irréparable outrage*, si on les entretient convenablement.

On y parvient en ayant soin d'*essuyer* (et non de frotter journellement) le vernis avec de vieux linges secs et blancs. On fait disparaître les petites taches qui peuvent survenir avec un linge un peu mouillé, et en passant ensuite un linge blanc et sec. L'huile d'olive fait aussi disparaître ces petites taches; mais il faut en mettre très-peu, ne pas lui laisser le temps de pénétrer le vernis, et sécher de suite avec un linge sec. On remédie à des taches plus grandes par une eau de savon bien forte, que l'on pose sur le vernis et qu'on laisse sécher.

On aide, s'il le faut, cette dessiccation avec du tripoli, puis on essuie le tout avec un linge fin et sec. Quand le vernis a souffert de cette réparation, on le ravive avec un tampon légèrement imbibé d'esprit-de-vin.

Par ces moyens, on rend au vernis sa première beauté. Lorsque le vernis est enlevé, on ne peut lui rendre son lustre, il faut revernir de nouveau.

Eau de rose par infusion.

Remplissez un vase de terre vernissée de pétales de roses fraîchement recueillies : versez-y une fort petite quantité d'eau très-légèrement acidulée avec de l'acide sulfurique. Laissez macérer pendant vingt-quatre heures; au bout de ce temps, filtrez sans expression à travers un linge, vous recueillerez une liqueur d'un beau rosé, très-aromatique et parfaitement limpide.

Quoique cette eau de rose soit à peine acide, elle ne pourrait pas, sans inconvénient, être mélangée au lait et à la crème pour les préparations culinaires. Il y a un moyen d'y suppléer pour cet usage.

Ayez un petit bocal ou une bouteille à large goulot; remplissez ce vase de sucre en poudre et de pétales de roses fraîches, en mettant alternativement une couche de pétales et une couche de sucre. Pour une partie de pétales de roses en poids, il faudra employer environ trois parties de sucre. Bouchez bien le vase avec un bouchon de liége, assujetti à l'aide d'un morceau de peau ou de parchemin mouillé, lié autour du goulot : placez le tout au soleil pendant trois jours; au bout desquels le sucre sera bien fondu; s'il ne l'était pas, il faudrait attendre encore un peu. Quand le sucre bien fondu a été ainsi tenu quelque temps en macération, vous versez le tout sur un tamis fin, et vous laissez s'écouler, sans presser, le sirop de sucre que vous conservez ensuite dans une bouteille bien bouchée. Le vase dont on se sert pour cette opération doit être fort, pour résister sans peine à la distillation produite par la chaleur, et à la fermentation qui se manifeste quelquefois.

J'ai vu des amateurs de tabac se servir avec succès d'un moyen analogue pour obtenir cet arôme.

Dans une bouteille de demi-litre à verre très-épais, ils entassent, en les foulant avec un bâton, la plus grande quantité de pétales frais. Ensuite ils bouchent leur bouteille avec un très-bon bouchon ficelé et goudronné comme pour les bouteilles de vin de Champagne : cela fait, ils l'exposent au soleil pendant un mois ou même davantage ; car on peut, sans inconvénient, prolonger l'exposition. Au bout de ce temps, une fermentation complète a, pour ainsi dire, décomposé les feuilles de roses ; la bouteille est remplie d'une matière noirâtre et sans forme, mais conservant une très-forte odeur de rose. Une petite quantité de ces pétales mise dans le tabac suffit pour l'aromatiser.

Fixe-Bouchon, par MM. Leprovost *et* Doliet *, à Paris.*

Un collier métallique avec deux brisures. Au moyen de ces brisures, le collier peut se développer pour faciliter l'entourage du col de la bouteille, puis le collier se ferme sous forme circulaire, la partie circulaire fixe du collier reçoit l'extrémité à demeure d'une chaîne ou chaînette qui, lorsque le bouchon en liége est placé sur la bouteille vient passer au-dessus de ce bouchon ; or, l'extrémité opposée de cette chaînette vient se fixer à un point quelconque de sa longueur, dans l'un de ses anneaux sur un crochet, contre la brisure du collier.

Pour placer le collier sur le col de la bouteille, il n'est pas nécessaire de le développer entièrement, car ce collier s'agrandit circulairement au moyen d'une coulisse horizontale pratiquée dans la brisure, et l'on règle le développement de ce collier par le bouton d'une vis appartenant à la brisure. Il résulte de cette disposition que lorsque la bouteille contient un liquide gazeux, on y met le bouchon en liége, après avoir préalablement adapté le fixe-bouchon autour du col de la bouteille ; puis en appuyant le doigt sur le bouchon, pour le maintenir, on passe dessus la chaînette, que l'on arrête en tirant de haut en bas sur le crochet du collier.

Si l'on veut déboucher la bouteille, on presse légèrement sur le bouchon pour faire détendre la chaînette, on dégrafe celle-ci du crochet, et le bouchon s'enlève, puis on effectue la fermeture de la bouteille de nouveau, au besoin, comme il vient d'être expliqué.

Au moyen de ce fixe-bouchon, on obtient une fermeture solide que l'on mobilise à volonté, et qui supprime les ficelles et les fils-de-fer, sans détériorer le bouchon de liége.

FIN.

TABLE DES MATIÈRES.

APPENDICE.

BAR-SUR-SEINE. — IMP. DE SAILLARD,

www.ingramcontent.com/pod-product-compliance
Lightning Source LLC
Chambersburg PA
CBHW060137200326
41518CB00008B/1056